计算机系列教材

殷立峰　主　编

杨同峰　邹新国　房志峰　副主编

# JSP Web应用开发

清华大学出版社

北京

## 内 容 简 介

本书通过通俗易懂的语言和实用生动的例子,系统地介绍了 Web 应用开发的基本常识、开发环境与开发工具、JavaScript 语言、JSP 基本语法、内置对象、JavaBean 技术、Servlet 技术、实用组件、数据库应用开发和高级程序设计等技术,并且在每一章的后面提供了习题,方便读者及时验证自己的学习效果。本书内容深入浅出、循序渐进、程序案例生动易懂,注重 Web 应用技术实践能力的培养。全书附加了大量案例,可以让学生通过案例的学习,快速提升自己的 Web 应用开发能力。

本书既可以作为高等院校计算机科学与技术相关专业及方向本科和专科学生的"Web 程序设计"、"网络程序设计"、"Web 应用开发"、"动态网站设计制作"、"JSP 程序设计"等课程的教材,又可以作为教师、自学者的参考用书,同时也可作为 JSP 初学者及各类 Web 应用开发设计人员的培训教材和学习参考书。

本书配有电子教案及相关教学资源,读者可从清华大学出版社网站(www.tup.com.cn)下载。

**图书在版编目(CIP)数据**

JSP Web 应用开发/殷立峰主编. —北京:清华大学出版社,2015(2017.1 重印)
计算机系列教材
ISBN 978-7-302-39332-0

Ⅰ. ①J…　Ⅱ. ①殷…　Ⅲ. ①JAVA 语言—网页制作工具—高等学校—教材　Ⅳ. ①TP312
②TP393.092

中国版本图书馆 CIP 数据核字(2015)第 024957 号

责任编辑:白立军
封面设计:常雪影
责任校对:白　蕾
责任印制:刘海龙

出版发行:清华大学出版社
　　　　网　　　址:http://www.tup.com.cn,http://www.wqbook.com
　　　　地　　　址:北京清华大学学研大厦 A 座　　　　邮　　编:100084
　　　　社 总 机:010-62770175　　　　　　　　　　　邮　　购:010-62786544
　　　　投稿与读者服务:010-62776969,c-service@tup.tsinghua.edu.cn
　　　　质 量 反 馈:010-62772015,zhiliang@tup.tsinghua.edu.cn
　　　　课 件 下 载:http://www.tup.com.cn,010-62795954
印 装 者:北京鑫海金澳胶印有限公司
经　　销:全国新华书店
开　　本:185mm×260mm　　　　印　张:28.25　　　字　　数:688 千字
版　　次:2015 年 3 月第 1 版　　　　印　次:2017 年 1 月第 2 次印刷
印　　数:2001～3000
定　　价:49.00 元

产品编号:063187-01

基于 B/S 架构的 Web 信息系统已经成为目前计算机信息系统的主流实现方案,并在政府、企业、公共事业服务等领域得到广泛应用。Web 技术是目前网络信息应用的基础,是信息管理、计算机等专业的一项主要信息技术,是当今从事信息专业的技术人员和管理者需要掌握的重要技能。Web 技术涵盖静态网页、动态网页、HTML、CSS、JSP、ASP、JavaScript、Java、数据库、计算机网络等基础理论知识,以及 Photoshop、Flash、Dreamweaver 等图像、动画、页面设计、信息系统分析与设计、计算机程序设计等技术,可以说是计算机信息技术的综合运用。

本书包含 JSP Web 应用开发需要熟练掌握的以下三方面内容。

(1) JSP Web 开发与运行环境搭建技术。主要涉及 JSP Web 应用开发软、硬件平台搭建的基本技术。

(2) Web 前端开发。主要内容包括 HTML 基础,Web 前端开发工具,网页的创建和编辑,网页布局,CSS 和 JavaScript,目前业界最流行的前端开发类库 ExtJs 以及基本的 Web 编程能力。

(3) Web 后端开发。主要内容包括 Web 服务器的安装与配置、Servlet、JSP 页面标记、内置对象、JavaBean、数据持久化、MVC 架构,以及业界最流行的 Struts、Spring 和 Hibernate。

本书编者具有多年的 JSP Web 应用开发教学与多个 JSP Web 项目开发经历,具有丰富的 JSP Web 应用开发经验。因此,本书是编者丰富的理论和实践经验相结合的结晶,具有以下 4 个特点。

(1) 本书从动态网站开发最基础的 HTML,到网站开发最常用的 ExtJs、Struts、Spring、Hibernate。涵盖 JSP Web 应用开发设计所需的全部知识内容,让学生从对 JSP Web 应用开发一无所知到掌握 JSP Web 应用开发设计的全部技术,是一本名副其实的"JSP Web 应用开发从入门到精通"的教材。

(2) 面向应用型人才培养需求。组织编写教材内容时,以应用为导向,以 Web 应用开发过程为基础,系统全面地介绍目前市场主流和成熟 JSP Web 应用开发技术。

(3) 采用案例驱动方式组织教材内容,以案例带动知识的理解和学习。本书强调在做中学,在学中做,把实践与理论知识的学习密切结合。本书提供了丰富的案例,所有案例均在 Windows 7+Tomcat+MySQL 和 Windows XP+Tomcat+MySQL 个人版环境下调试通过。

　　（4）开发过程详尽。针对学生的水平参差不齐、缺乏基础知识的情况，书中对于给出的例子均配有大量的步骤说明和截图，使学生能按照流程自行完成项目的开发。书中对开发中可能出现的错误进行了较为详细的描述，使学生在实际开发中能轻松排除错误。

　　书中每章后面都有习题，其目的是使学生掌握核心知识、概念和技术。在实训中还提供了一些综合应用的课题。

　　本书由殷立峰统筹策划，第 1～3 章和第 5 章由殷立峰编写，第 4 章和第 6～8 章和第 10 章由房志峰编写，第 9 章和第 11～15 章由杨同峰编写。邹新国在本书的编写过程中做了大量的指导工作，另外，本书的写作与出版得到董瑜老师的鼎力协助，在此表示衷心的感谢。

　　感谢读者选择使用本书，欢迎对本书的结构、内容提出批评和修改建议。

编　者

2015 年 1 月

FOREWORD

# 第一部分　简介与环境

## 第二部分　前端开发

# 第三部分　后　端　开　发

# 第一部分

# 简介与环境

# 第 1 章　Web 应用开发基础——万丈高楼平地起

**本章主要内容**

- 计算机网络基础知识。
- Internet 和 WWW。
- TCP/IP 的作用是什么。
- 端口及其作用。
- IP 地址、域名和 URL。
- 网页及其构成元素。
- 静态网页和动态网页。
- Web 开发环境与开发技术
- JSP Web 应用开发相关技术。
- JSP 的处理过程和 JSP 的技术特征。

## 1.1　计算机网络基础知识

### 1.1.1　计算机网络

计算机网络是通过通信线路和通信设备,将地理位置不同、具有独立功能的计算机系统及其外部设备连接起来,在网络操作系统、网络管理软件和网络通信协议的管理和支持下,实现彼此之间数据通信和共享硬件、软件、数据信息等资源的系统。图 1-1 形象地展示了一个简单的计算机网络。

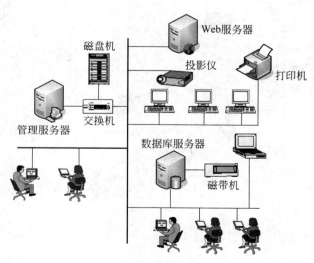

图 1-1　计算机网络示意图

计算机网络的两个主要功能是数据通信和资源共享。数据通信就是把计算机连接起来,使网络用户之间可以便捷地交换数据信息。资源共享就是使用户可以共享网上的所有公共资源,包括各种各样的软件、硬件、数据、文档、娱乐内容和游戏等。

从不同的角度,可以把计算机网络划分成不同的种类,从网络覆盖地域范围大小的角度可以将网络分为局域网、城域网和广域网。

(1) 局域网(Local Area Network,LAN)是在一个地域有限的地理范围内(如一个公司、学校或工厂内),将各种计算机、外部设备等互相连接起来组成的计算机网络。局域网可以实现硬件、软件和其他数据资源的共享,如共享打印机、扫描仪,共享工作组内的日程安排、电子邮件和传真通信服务等。局域网严格意义上是封闭型的,它可以由办公室内几台甚至数十台计算机组成。

(2) 城域网(Metropolitan Area Network,MAN)是指在地域上覆盖一个城市范围的网络。MAN 属于宽带局域网,网中传输时延较小,它的传输媒介主要采用光缆,传输速率在100Mbps 以上。

(3) 广域网(Wide Area Network,WAN)也称远程网,通常覆盖的地理范围很大,从几十千米到几千千米,它是指连接多个城市或省份,甚至连接几个国家或横跨几个省并能提供远距离通信的远程网络。广域网的连接一般采用专用线路、VPN 虚拟专用网、DDN、X.25、卫星信道和帧中继等通信线路。它将分布在不同地区的局域网或计算机系统互连起来,达到资源共享的目的。Internet 是世界范围内最大的广域网,如图 1-2 所示。

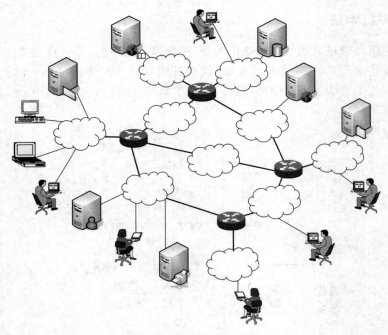

图 1-2  Internet 示意图

### 1.1.2  Internet

Internet 是以一组通用的协议,通过通信链路把世界范围内数目众多的计算机相互连接,形成逻辑上巨大的国际网络。互联网是网络与网络相互连接所形成的世界上最大的、开放的、覆盖全球的庞大网络。它把世界上难以计数的计算机、人、数据库、软件和文件连接在一起,汇集了全球大量的信息资源,是当代人们交流信息不可缺少的手段和途径。

互联网在现实生活中得到广泛应用。人们利用互联网可以聊天、交友、发送邮件、听音乐、玩游戏、查阅信息资料、购物等。它给人们的现实生活带来了极大便利。它把广袤的地球缩小成了一个地球村,人们可以在互联网的信息库里寻找自己学业上、事业上的所需,通过网络进行工作、学习、生活与娱乐。

Internet 的结构如图 1-2 所示,与 Internet 相连的任何一台计算机均可称为主机,Internet 上所有的计算机和网络等设备都是通过标准的通信协议 TCP/IP 来进行通信的。

## 1.1.3　TCP/IP

计算机网络中计算机要进行通信,必须遵守某种事先约定好的通信规则,这些规则在专业领域被称为协议,Internet 中计算机互连通信的协议是 TCP/IP。

TCP/IP(Transmission Control Protocol/Internet Protocol)中文翻译为传输控制协议/因特网互联协议,是 Internet 最基本的协议和 Internet 国际互联网络的基础。TCP/IP 定义了电子设备如何连入因特网,以及数据如何在它们之间传输的标准。协议采用了 4 层的层级结构,每一层都需要它的下一层所提供的服务来完成自己的功能。通俗地讲,TCP 负责传输控制,IP 负责传输内容。

# 1.2　IP 地址、域名和 URL

## 1.2.1　IP 地址

### 1. IP 地址及其作用

在 Internet 里,IP 给因特网的每一台联网设备规定一个唯一的地址,这个地址称为 IP 地址,用来标识网络上的一台计算机,如图 1-3 所示。IP 地址就像每个人的通信地址一样,通过它可以收发数据,实现计算机与计算机之间的数据交流。Internet 是由几千万台计算机互相连接而成的。而人们要确认网络上的每一台计算机,靠的就是能唯一标识该计算机的网络 IP 地址。Internet 里每个计算机(或设备)分配一个 32 位的二进制数 IPv4(IP 的早期版本)或 128 位的 IPv6(IP 的现代版本)地址,通过这个 IP 地址,可以在互联网世界里准确找到相应的主机或设备。

### 2. IP 地址的表示

为了便于记忆,IPv4 版本对 IP 地址采用"点分十进制"表示法,每个 IP 地址都由一个 32 位的二进制数构成,将它们分为 4 组,每组 8 位,由小数点分开,用 4 个字节来表示,每个字节再转化成 0～255 之间的十进制数,这种书写方法称为点分十进制表示法。如某计算机的 IP 地址的点分十进制表示是 203.73.64.169,与其对应的二进制形式表示如下:

| 二进制 IP 地址 | 11001011 | 01001001 | 00110110 | 10101001 |
|---|---|---|---|---|
| 4 组十进制 IP 地址 | 203 . | 73 . | 64 . | 169 |

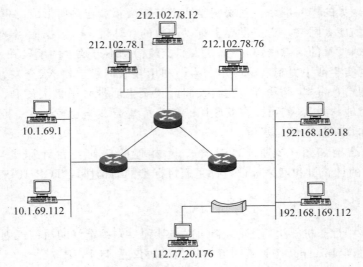

图 1-3  计算机网络 IP 地址示意图

32 位的 IP 地址共有 $2^{32}$ 个,理论上可以为 $2^{32}$ 台计算机分配 IP 地址,但实际上可用的 IP 地址数远小于 $2^{32}$ 这个数。关于 IP 地址更多的知识请阅读计算机网络课程进一步了解。

## 1.2.2  域名

正如现实生活中每个人都有标识自己身份的身份证号码和姓名一样,姓名便于记忆而身份证号码难于记忆。网上主机的 IP 地址是 32 位的二进制数,即使转换为 4 组十进制数,也还是不便记忆。为便于记忆起见,人们为互联网上的主机起了易于记忆的全球唯一的名字,称为域名,Internet 上主机域名的命名方法与邮政系统类似,采用层次树状结构方法。寄信时,人们要在信封上写上国家、省(市)、区、街道、门牌号等收信人地址。用英文书写信封时,地址要先小后大,按照门牌号、街道、区、市、国家的顺序书写。计算机网络中主机的地址"域名"是由西方国家发明的,所以命名采用了英文寄信地址的习惯,采用先小后大方式,地址形式为主机名. 三级域名. 二级域名. 顶级域名。域(Domain)是域名名字空间中一个可以被管理的区域,域可以划分为子域,子域还可以继续划分,构成顶级域、二级域、三级域等。以常见的百度网站的域名 www. baidu. com 为例,百度网站的网址是由三部分组成,其中标号 baidu 代表百度公司,WWW 代表百度网主机,而最后的标号 com 则是该域名的后缀,代表的这是一个 com 国际域名,是顶级域名。域名只是个逻辑概念,并不代表计算机所在的物理地点,使用变长的域名和有助记忆的字符串,是为了便于人们记忆和使用,相比较而言,IP 地址是定长的 32 位二进制数字,非常便于机器进行处理。网络上数据的传送最终是靠 IP 地址实现的,为了使主机的域名与它的 IP 地址一一对应,人们设计了一个域名解析系统(Domain Name System,DNS)来完成域名解析,运行域名解析程序的机器称为域名服务器,域名服务器程序在专设的网络主机上运行。当网络用户与 Internet 上某台主机交换信息时,只需要使用域名,DNS 系统会自动把域名转换成 IP 地址,通过 IP 地址找到这台主机,这个过程称为域名解析。域名解析从下至上逐级进行,当某一联网单位内的主机访问互联网上的资源时,先在本地的 DNS 服务器解析其地址;如果该地址在本地 DNS 服务器中找不到,则将此地址交给上一级的 DNS 服务器,直到互联网的根 DNS 服务器;如果还不能找到,则说明所要求的是一个不存在的域名。由此可见,域名到 IP 地址的解析是由若干个域名服务器协同完成的。

域名一般由主机名、三级域名、二级域名、顶级域 4 个区域构成,从左到右表示的区域范围越来越大。顶级域名又称一级域名,分为国家顶级域名、通用顶级域名和基础结构域名三大类。其中国家顶级域名代表国家,如 us 表示美国、uk 表示英国等。通用顶级域名代表行业或者机构,最早的顶级域名有:com 代表公司和企业,net 代表网络服务机构,org 代表非营利性组织,edu 代表美国专用的教育机构,gov 代表政府部门,mil 代表军事部门,int 代表国际组织等,通用顶级域名在不断增加,如新增加的 tv 域名等。基础结构域名(Infrastructure Domain)只有一个,即 arpa,用于反向域名解析,因此又称为反向域名。

在我国,CERNET(中国教育互联网)负责二级域名 edu 下三级域名的注册申请,中国互联网信息中心(CNNIC)负责社会上二级域名下的三级域名申请。"主机名"是第四级域名,用有意义的英文名称代表主机,主机较多的单位第四级域名可能会进一步细分,可分成五级或六级。域名 www.people.com.cn 中,cn 为顶级域名,表示中国;com 是二级域名代表商业组织;people 是三级域名,表示人民网这一组织结构;www 是主机名,表示人民网主机。

## 1.2.3 URL

统一资源定位符(Uniform Resource Locator,URL)是互联网上标准资源的地址,互联网上的每个文件都有一个唯一的 URL,它指出文件在互联网上的位置以及在浏览器中应该怎么访问它。

URL 由协议、://、主机名、端口号和路径五部分组成。例如:

```
http://WWW.163.net:8080/software/default.html
telnet://tshinghua.bbb.com:70
ftp://ftp.N3.org/pub/www/doc
```

### 1. 协议

协议告诉浏览器如何处理将要打开的文件。访问互联网中资源最常用的协议是超文本传输协议(Hypertext Transfer Protocol,HTTP),常见的协议有 3 种。

(1) HTTP——超文本传输协议。

(2) FTP——文件传输协议。

(3) Telnet——Internet 远程登录服务的标准协议。

### 2. ://

://是 URL 规范要求的标记,在 URL 中必须包含。

### 3. 主机名

主机名是包含被访问资源的服务器的全名(包括域名和主机名),主机名可以用服务器的 IP 地址替代。WWW、163、sohu 或者 202.108.191.76 等都是主机名。

**4. 端口号**

一般一台主机只拥有一个 IP 地址,却可以提供如 Web 网页访问服务、FTP 文件传输服务、SMTP 邮件服务等,所有这些服务都是通过一个 IP 地址实现的。那么,主机是怎样区分不同的网络服务呢? 也就是说主机是怎样知道它接收的是哪一种网络数据资源并采用相应的软件去处理它的呢? 显然单靠 IP 地址是不行的,因为 IP 地址与网络服务的关系是一对多的关系。实际上主机是通过"IP 地址+端口号"来区分不同的服务的。对于每个 TCP/IP 实现来说,FTP 服务器的 TCP 端口号都是 21,每个 Telnet 服务器的 TCP 端口号都是 23,每个简单文件传送协议(Trivial File Transfer Protocol,TFTP)服务器的 UDP 端口号都是 69。由此可见,TCP/IP 中的端口可进行如下比喻:如果把 IP 地址比作一套房子,那么端口就可以比作这套房子各个房间的门,端口号就是打开各个房间的钥匙,每个房间功能不同,可以为房子主人提供不同的服务。一个 IP 地址的端口有 65 536 个。端口通过端口号来标识,端口号只有整数,范围从 0~65 535。

1~255 之间的端口号称为知名端口号,已被规定用于专门的用途,如端口号 80 提供 HTTP 服务,专门提供 Web 服务。介于 256~1023 之间的端口号通常由 UNIX 系统占用,提供一些特定的 UNIX 服务,也就是说,提供一些只有 UNIX 系统才有的而其他操作系统可能不提供的服务,IANA(互联网数字分配机构)管理 1~1023 之间所有的端口号。

**5. 文件路径**

文件路径是服务器上保存目标文件的目录,它是浏览器访问的最终目标。

有时候,URL 以斜杠"/"结尾,而没有给出文件名,在这种情况下,URL 引用路径中最后一个目录中的默认文件(通常对应于主页),这个文件常常称为 index. html 或 default. htm。

URL 有绝对 URL 和相对 URL 两种,绝对 URL(Absolute URL)显示文件的完整路径,这意味着绝对 URL 本身所在的位置与被引用的当前文件的位置无关。相对 URL(Relative URL)以当前 URL 本身的文件夹的位置为参考点,描述目标文件夹的位置。如果目标文件与当前页面(也就是包含 URL 的页面)在同一个目录,那么这个文件的相对 URL 仅仅是文件名和扩展名,如果目标文件在当前目录的子目录中,那么它的相对 URL 是子目录名,后面是斜杠,然后是目标文件的文件名和扩展名。

一般来说,对于同一服务器上的文件,应该总是使用相对 URL,它们更容易输入,而且在将页面从本地系统转移到服务器上时更方便,只要每个文件的相对位置保持不变,链接仍然有效。

**6. 文件定位的几种方式**

文件定位可以有 3 种方式:域名方式、IP 地址方式和文件目录方式。可以在浏览器的地址栏目里使用这 3 种方式查询信息。例如,某服务器的域名是 www. sha. net. cn,IP 地址是 202.126.198.56。在地址栏目输入 www. sha. net. cn 和 202.126.198.56 都可以看到该服务器的默认主页。如果用浏览器查看本机的文件,在地址中输入文件目录及文件名,如 C:/webdir/root/defalut. html,就可以看到 defalut 页面。

# 1.3　Web 概述

## 1.3.1　WWW 万维网

自计算机网络技术诞生以来,科学家们就致力于依托计算机网络的资源共享技术建设一个世界性的信息网络。在这个信息网络中,信息不仅能被全世界的人方便地存取,而且通过链接能方便地获取任何地方的信息,这个信息网络就是今天的 WWW。WWW 是英文 World Wide Web 的缩写,也称为 Web、WWW 或者 W3,在中文里称为环球信息网、万维网或者环球网等。WWW 最普遍的简称是 Web,分为 Web 客户端和 Web 服务器程序。WWW 可以让 Web 客户端(常用浏览器)访问浏览 Web 服务器上的页面。是一个由许多互相链接的超文本组成的系统,通过互联网访问。在这个系统中,每个有用的事物都称为"资源";并且由一个全局"统一资源标识符"(URI)标识;这些资源通过超文本传输协议(Hypertext Transfer Protocol)传送给用户,用户通过单击链接就可以非常方便地获得资源。

万维网联盟(World Wide Web Consortium,W3C)又称为 W3C 理事会。1994 年 10 月在麻省理工学院(MIT)计算机科学实验室成立。万维网联盟的创建者是万维网的发明者蒂姆·伯纳斯-李。万维网并不等同互联网,万维网只是互联网所能提供的服务之一,是依靠互联网运行的一项服务。

## 1.3.2　什么是网页

网页(Web 页)是构成网站的基本元素,是一种可以在 WWW 上传输,并能被浏览器软件解释输出成页面的文件。

任何网站都是由一个个的网页组成,其中访问网站时见到的第一个网页称为主网页,简称主页。图 1-4 就是通过在浏览器 Internet explorer 软件的地址栏中输入域名 www.sohu.

图 1-4　搜狐网站的主页

com 后访问搜狐网站所看到的该网站的主网页。人们通过在浏览器中输入网站的域名来访问网站，而访问网站的结果就是打开网页，网站的功能通过构成网站的网页来体现。

网页是保存在计算机中的一个文件，由超文本标记语言（HTML）编写而成，例 1-1 就是一个用 HTML 语言编写的简单网页，可以使用记事本软件输入下列内容，并将输入的内容保存为 example1_1. htm 文件，这样就建立了一个简单的网页文件，网页文件的名字可以随便起，但文件扩展名必须是 htm 或者 html。当然，文件的取名最好能有一定的意义，例如本网页名字 example1_1. htm 的含义是"本书第 1 章的第 1 个例子"，其中 example 代表例子，1_1 中第一个 1 代表章，第二个 1 代表第 1 章的第一个例子。

**【例 1-1】** 网页文件 example1_1. htm。

```
<html>
<title>HTML 语言</title>
<body>
<h1>欢迎认识 HTML 语言</h1>
<p>大家好，我就是一个用 HTML 语言编写的网页，看到了吗，本文件中所有的尖括号以及尖括号括
起来的内容称为标记，HTML 语言由相当数量类似的标记组成。</p>
</body>
</html>
```

在保存该网页文件的路径下找到该文件，然后用鼠标双击就可以通过浏览器解释输出，图 1-5 是用浏览器 Internet explorer 打开网页文件 example1_1. htm 输出的情形。

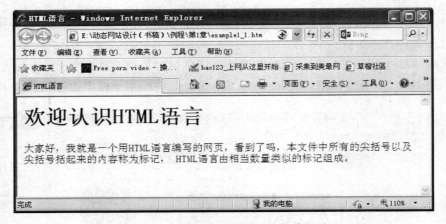

图 1-5　用 HTML 语言编写的简单网页

当然，图 1-5 所示的网页是一个非常简单的网页，其实大部分网页都像图 1-4 所示的搜狐网站的主网页那样具有丰富的网页元素。

### 1.3.3　构成网页的基本元素

构成网页的元素主要有文本、表格、表单、图像、动画、声音、视频等，图 1-6 是一个包含多种元素的网页。

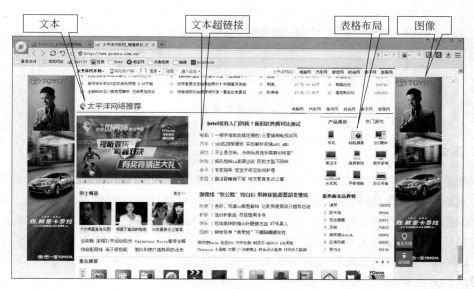

图 1-6 构成网页的基本元素

**1．文本**

文本是构成网页的重要元素,参见图 1-6,它在网页中的主要功能是显示信息和超链接。制作网页时,为了通过具体的文字内容与不同的文字格式来显示信息,可以根据需要设置文本的字体、字号、颜色以及所需要的其他格式。文本作为网页中的一个对象,常常是超级链接的触发体,通过文本表达的链接目标指向相关内容,浏览网页时,当鼠标移动到某些文字上方时,鼠标呈现出一个小手的摸样,这些文字就是超级链接的触发体。

**2．表格**

表格是网页页面布局的一种方式。为达到不同的视觉效果,可以控制表格边框的显示与否,如果网页具有横竖分明的风格,一般都是用表格布局的。图 1-6 的标注展示了用表格对手机、笔记本、台式机等电子产品报价进行布局的情形,可以看到各种电子产品的图标横竖排列整齐,但这里的表格边框并未显示出来。

**3．表单**

图 1-7 所示的单选按钮、复选按钮、文本输入框等称为网页的表单,表单在网页上的主要用途是让浏览者输入信息,如用户的要求、意见等;浏览者也可以输入关键字搜索相关网页,如百度搜索;浏览者也常使用表单注册网站会员,注册邮箱,或以会员身份登录。表单由功能不同的表单域组成,表单必须包含一个输入区域和一个提交按钮。浏览者通过输入文本、选中复选框和单选按钮,从下拉列表框中选择选项等方式输入信息,然后单击"提交"按钮将信息上传网站。根据表单的功能和处理方式,可以将其分为注册表单、反馈表单、搜索表单、留言簿表单等不同类型。

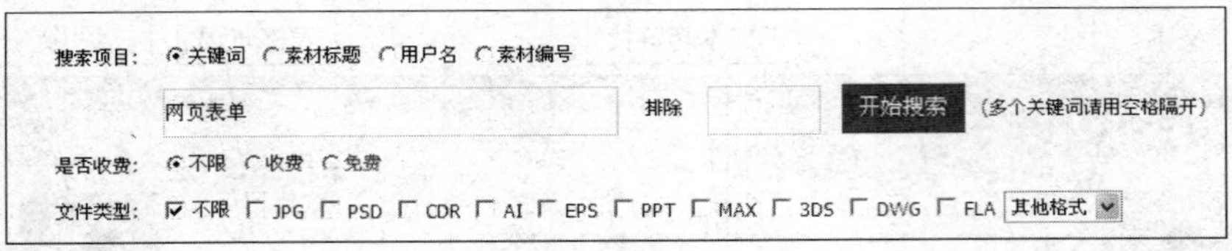

图 1-7　网页的表单元素

### 4. 图像

图像是网页中常见的元素,参见图 1-6。图像在网页中可以起到美化网页、体现风格的装饰作用和提供信息、展示作品的表达作用,可以非常直观地表达所要表达的内容。图像可以用来制作网页的标题、网站的标志、网页的背景,可以用作链接按钮、导航条、网页主图等。尽管常见的计算机图像文件格式多达十几种,如 GIF、JEPG、BMP、EPS、PCX、PNG、FAS、TGA、TIF 和 WMF,但目前网页浏览器 Internet Explorer 和 Netscape Navigator 所能支持的图像的格式主要有 GIF、JPEG、PNG。

(1) GIF 图像。GIF(Graphics Interchange Format)是 CompuServe 公司 1987 年开发的图像文件格式,支持 64 000 像素的图像,最多能支持 256 色到 16MB 颜色的调色板,GIF 文件的扩展名是 gif。GIF 常用于卡通、图像、Logo(公司标志或者徽标)以及带有透明区域图像和动画的制作,目前几乎所有相关图像处理软件都支持它。只要 GIF 格式的图像不多于 256 色,就能采用无损压缩技术,在保证相对清晰的成像质量基础上,有效减少文件的大小,因此 GIF 格式的图像显示时占用系统内存少,网络传输时所用的时间少,特别适合于互联网,尤其适合多媒体制作与网页制作。

(2) JPEG 图像。联合图像专家小组(Joint Photographic Experts Group,JPEG)是第一个特别为照片图像设计的国际图像压缩标准。JPEG 文件格式的扩展名为 JPG。JPEG 文件采用先进的压缩算法(包括无损压缩和有损压缩两种算法),能用有损压缩方式去除冗余的图像数据,在获得极高的压缩率的同时还能保证图像的丰富生动,被广泛应用于图像、视频处理领域。换句话说,就是可以用最少的磁盘空间得到较好的图像品质。JPEG 是一种很灵活的格式,具有调节图像质量的功能,允许用不同的压缩比例对文件进行压缩,支持多种压缩级别,压缩比率通常在 10∶1 到 40∶1,压缩比越大,品质就越低;相反地,品质就越高。

(3) PNG 图像。可移植网络图形(Portable Network Graphic,PNG)是专门针对 Web 开发的一种无损压缩图像,其目的是试图替代 GIF 和 TIFF 文件格式,同时增加一些 GIF 文件格式所不具备的特性。它的压缩比要比传统的图像无损压缩算法大许多,同时还支持透明背景和动态效果。PNG 文件格式的扩展名是 png。PNG 用来存储灰度图像时,灰度图像的深度可多到 16 位;存储彩色图像时,彩色图像的深度可多到 48 位。很多网络浏览器经过很长时间才开始完全支持 PNG 格式,如 Microsoft Windows 默认的 Internet Explorer 浏览器一直到 7.0 版才支持 PNG 格式中的半透明效果,较早期的版本(如 6.0 SP1)需要下载 Hotfix 或由网站提供额外的 Script 去支持,这造成 PNG 格式并没有得到广泛的认知。

图像能提高网页的魅力,公司的主页加入一些有代表性的图像可以充分展示公司的形象,企业在网上推广自己的产品时,网页上放上几幅产品的照片对客户了解产品也有很大的帮助,图文并茂的网页,可以让浏览者流连忘返。但在网页设计中使用图像必须考虑两个问题:第一个需要考虑的是网页下载速度问题,如果网页使用的图像文件比较大,就会造成网页下载时间比较长,尤其对于那些网速慢的网络,打开网页要几分钟、十几分钟甚至几十分钟,试问这种网页谁还有耐心访问。第二要考虑的是颜色问题。尽管网页颜色越丰富,网页越漂亮,效果就越好。但颜色值越多,网页文件越会越大,下载速度也就越慢。所以,如果没有特殊要求,最好使用 256 色的 GIF 图像;如果有特殊要求的话,最好使用 JPEG 图像。

### 5. 动画

医学证明人类具有"视觉暂留"的特性,人的眼睛看到一幅画或一个物体后,在 0.34s 内不会消失。利用这一原理,在一幅画还没有消失前播放下一幅画,就会给人造成一种流畅的视觉变化效果。电影和电视就是利用视觉暂留原理,连续播放的画面给视觉造成连续变化的图画。动画也是采用这种原理,把表情、动作、变化等分解后画成许多动作瞬间的画幅,再用摄影机拍摄一系列画面,将拍摄的画面连续播放就形成了动画。由于活动的对象比静止的对象更具有吸引力,在网页中添加动画可以有效地吸引浏览者的注意。因而网页上通常有大量的动画。GIF 动画和 Flash 动画是网页中使用较多的动画,对网页显示信息、展示作品、装饰网页、动态交互提供了良好的支持。

### 6. 声音

声音是构成多媒体网页的重要元素之一。在数字时代,声音存储在声音文件中,声音文件有不同的格式如 midi、wave、mp3、ogg、aiff 以及 au 等,在将声音文件添加到网页中时,要充分考虑声音文件的格式、品质、大小、用途以及与浏览器的兼容等问题。一般网页常用的是 MIDI、MAV、MP3 和 AIF 等。声音文件最好不要作为网页的背景音乐,否则会影响网页的下载速度。

### 7. 视频

视频可以让网页精彩而动感。网页中常用的视频文件的格式也不少,RealPlayer、MPEG、AVI 和 DivX 等格式的视频都可以用在网页中,网络上有许多插件使向网页中插入视频文件变得非常简单。

## 1.3.4　网页的分类

网页有静态网页和动态网页之分。

在网站设计中,纯粹 HTML(标准通用标记语言下的一个应用)格式的网页通常称为"静态网页",静态网页是标准的 HTML 文件,它的文件扩展名是 htm、html,可以包含文本、图像、声音、Flash 动画、客户端脚本和 ActiveX 控件及 Java 小程序等。静态网页是网站建设的基础,早期的网站一般都是由静态网页制作的。静态网页是相对于动态网页而言,是指没有后台数据库、不含程序和不可交互的网页。静态网页更新起来相对比较麻烦,适用于一般更新较少的展示型网站。实际上静态也不是完全静态,它也可以出现各种动态的效果,如 GIF 格式的动画、Flash、滚动字幕等。

动态网页是指跟静态网页相对照的一种网页编程技术。随着 HTML 代码的生成,静态网页页面的内容和显示效果就基本上不会发生变化了,除非修改页面代码。而动态网页则不然,页面代码虽然没有变,但是显示的内容却是可以随着时间、环境或者数据库操作的结果而发生改变的。

值得强调的是,不要将动态网页和页面内容是否有动感混为一谈。这里说的动态网页,与网页上的各种动画、滚动字幕等视觉上的动态效果没有直接关系,动态网页也可以是纯文字内容的,也可以是包含各种动画的内容,这些只是网页具体内容的表现形式,无论网页是否具有动态效果,只要是采用了动态网站技术生成的网页都可以称为动态网页。

总之,动态网页是基本的 HTML 语法规范与 Java、VB、VC 等高级程序设计语言、数据库编程等多种技术的融合,以期实现对网站内容和风格的高效、动态和交互式的管理。因此,从这个意义上来讲,凡是结合了 HTML 以外的高级程序设计语言和数据库技术进行的网页编程生成的网页都是动态网页。

从网站浏览者的角度来看,无论是动态网页还是静态网页,都可以展示基本的文字和图片信息,但从网站开发、管理、维护的角度来看就有很大的差别。

早期的动态网页主要采用公用网关接口(Common Gateway Interface,CGI)技术。您可以使用不同的程序编写适合的 CGI 程序,如 Visual Basic、Delphi 或 C/C++ 等。虽然 CGI 技术已经发展成熟而且功能强大,但由于编程困难、效率低下、修改复杂,所以有逐渐被新技术取代的趋势。

与静态网页相比,动态网页能与后台数据库进行交互和数据传递。也就是说,网页文件的后缀不是 .htm、.html、.shtml、.xml 等静态网页常见的格式,而是 .aspx、.asp、.jsp、.php、.perl、.cgi 等形式的后缀,动态网页可以用 Visual Studio 2008 等来实现。

## 1.4　Web 开发与运行环境概述

随着计算机信息技术的迅速发展,Web 应用范围越来越广,Internet 上五花八门的网站,城市的行政办公平台,企业园区的 ERP 企业资源管理系统,校园的行政、办公、教务、学籍等管理系统,都是典型的 Web 应用案例。而基于智能手机的移动互联 Web 应用更是给人们的生产、生活、交流等带来极大便利。

搭建 Web 开发与运行环境是开发 Web 应用系统的前提,只有搭建好 Web 开发环境,才能在开发环境中开发、测试、运行各种各样的 Web 应用程序。Web 开发环境由计算机硬件和相应的软件构成,常用的 Web 开发运行环境有 JSP、ASP/ASP. NET 和 PHP。这 3 种 Web 开发运行环境具有与图 1-8 相似的网络硬件结构,但在软件环境上却各不相同,特点上也各有千秋,本章主要介绍目前广为流行的 JSP 开发环境的搭建。

### 1.4.1　简单的 Web 应用开发运行环境

简单的 Web 开发运行环境如图 1-9 所示,它的硬件环境由两台计算机联网组成,一台作为服务器,一台作为客户机;它的软件环境可以根据需要,选择安装 JSP、ASP/ASP. NET 和 PHP 3 种软件系统的一种,分别在客户机和服务器上安装相应的软件,并需要进行恰当的配置。

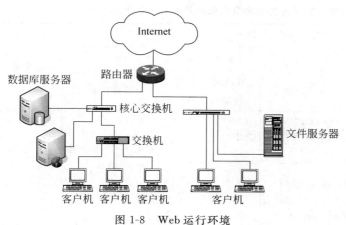

图 1-8　Web 运行环境

图 1-9　简单的 Web 开发运行环境

## 1.4.2　虚拟的 Web 应用开发运行环境

即使仅有一台计算机，也可以虚拟出一个最简单的 Web 开发运行环境，如图 1-10 所示，在这台计算机上安装数据库、Tomcat 或者 IIS(Internet Information Server)Web 服务器软件、IE(Internet Explorer)浏览器软件以及 Web 开发工具，把它既当服务器，又当客户机，就搭建了一个 JSP Web 应用开发环境，可完成大部分 JSP Web 应用的开发与测试工作。

图 1-10　单机 Web 开发运行环境

## 1.4.3　几种 Web 动态网页开发技术

下面是目前几种常用的动态网页的开发技术，每种开发技术所用到的软件及开发工具如表 1-1 所示。

### 1．CGI

通用网关接口(Common Gateway Interface，CGI)是一种最早用来创建动态网页的技术。CGI 是外部应用程序与 Web 服务器之间的接口标准，是一种程序设计规范，它允许使用不同的语言来编写适合 CGI 规范的程序，这种程序放在 Web 服务器上运行。每当客户端发出请求给服务器时，服务器就会根据客户的请求建立一个新的进程来执行指定的 CGI 程序，并将执行结果以网页的形式传输到客户端的浏览器上进行显示，由此可以使浏览器与服务器之间产生互动关系，将静态 Web 超媒体文档变成一个新的交互式媒体。CGI 应该说是 Web 应用程序的基础技术，但这种技术方式下程序的编制比较困难而且效率低下，因为页面每次被请求的时候，都要求服务器重新将 CGI 程序编译成可执行的代码。

表 1-1　Web 动态网页开发技术常用软件及工具一览表

| 类别 | 软件 | | | | | 数据库 |
|---|---|---|---|---|---|---|
| | 客户机端 | | 服务器端 | | | |
| | 操作系统 | 浏览器 | 操作系统 | Web 服务器及其他系统软件 | 开发工具 | |
| CGI | Windows 系列 | Internet Explorer、Opera 等 | UNIX（CERN 或 NCSA 格式的服务器） | CGI | C/C++、Java 和 Perl 等语言 | Oracle SQL Server My-SQL DB2 等所有 OD-BC 可连接的数据库 |
| | Windows 系列 | Netscape、Opera 等 | Windows 系列 | CGI | | |
| ASP | Windows 系列 | Internet Explorer、Opera 等 | Windows XP Windows Vista Windows 7 Windows 8 Windows 2000 等 | IIS（Internet Information Server）等 | VBScript JavaScript Java、C♯等 | |
| ASP. NET | Windows 系列 | Internet Explorer、Opera 等 | Windows XP Windows Vista Windows 7 Windows 8 Windows 2000 等 | IIS（Internet Information Server） | Visual Studio SharpDevelop MonoDevelop Visual Basic、. NET、C♯、J♯等 | |
| PHP | Windows 系列或者 Linux 等 | Internet Explorer、Opera 等 | UNIX / Linux / Windows 系列 / MAC | PHP 1.0～PHP 5.6、Apache Web 服务器等 | PHP 语言等 | |
| JSP | Windows 系列或者 Linux 等 | Internet Explorer、Opera 等 | Windows 系列、UNIX、Linux 等 | Tomcat IIS（Internet Information Server）等 | Java 语言等 | |

### 2. ASP

ASP（Active Server Page）是一种使用广泛的开发动态网站的技术。它通过在 HTML 语言编写的网页页面代码中嵌入 VBScript 或 JavaScript 脚本语言来生成动态的内容，嵌入的脚本语言代码通过在服务器端安装的解释器解释执行。然后将执行结果与 HTML 语言编写的静态内容部分结合成一个页面文档并传送到客户端浏览器上显示。对于一些复杂的操作，ASP 通过调用存在于后台服务器的 COM 组件来完成，所以说 COM 组件无限地扩充了 ASP 的能力；正因如此，依赖本地的 COM 组件，使得 ASP 主要用于 Windows 平台中。ASP 存在很多优点，简单易学，并且 ASP 是与微软公司的 IIS（Internet Information Server）捆绑在一起，在安装 Windows 2000、Windows XP 的同时安装上 IIS，就可以运行 ASP 应用程序。

### 3. ASP.NET

ASP.NET 也是一种建立动态 Web 应用程序的技术,它的前身是 ASP 技术,是.NET FrameWork 的一部分,是一项微软公司的技术,是一种使嵌入网页中的程序语言脚本可由因特网服务器执行的服务器端脚本技术,它可以在通过 HTTP 请求文档时再在 Web 服务器上动态创建它们。可以使用任何.NET 兼容的语言,如 Visual Basic、.NET、C♯、J♯ 等来编写 ASP.NET 应用程序。这种 ASP.NET 页面(Web Forms)编译后可以提供比脚本语言更出色的性能表现。Web Forms 允许在网页基础上建立强大的窗体。当建立页面时,可以使用 ASP.NET 服务端控件来建立常用的 UI 元素,并对它们编程来完成一般的任务。这些控件允许开发者使用内建可重用的组件和自定义组件来快速建立 Web Form,使代码设计简单化。

### 4. PHP

超文本预处理器(Hypertext Preprocessor,PHP)是一种开发动态网页技术的名称,它的语法类似于 C,并且混合了 Perl、C++ 和 Java 的一些特性。它是一种开源的 Web 服务器脚本语言,与 ASP 和 JSP 一样可以在页面中加入脚本代码来生成动态内容。用 PHP 做出的动态页面与其他编程语言相比,PHP 是将程序嵌入到 HTML(标准通用标记语言下的一个应用)文档中去执行,执行效率比完全生成 HTML 标记的 CGI 要高许多;PHP 还可以执行编译后代码,编译可以达到加密和优化代码运行,使代码运行更快。对于一些复杂的操作可以封装到函数或类中,PHP 提供了许多已经定义好的函数,例如,标准的数据库接口函数,使得数据库连接方便,扩展性强。PHP 可以被多个平台支持,主要广泛应用于 UNIX/Linux 平台。由于 PHP 本身的代码对外开放,经受许多软件工程师的检测,是目前为止具有公认的安全性能的 Web 开发技术。

### 5. JSP

JSP(Java Server Pages)是由 Sun Microsystems 公司倡导、许多公司共同参与建立的一种响应客户端请求,动态生成 HTML、XML 或其他格式文档的 Web 网页的技术标准。是在 Servlet 基础上开发的技术,其根本是一个简化的 Servlet 设计,它继承了 Java Servlet 的各项优秀功能。JSP 在传统的网页 HTML 文件(＊.htm、＊.html)中以＜％Java 程序片段％＞的语法形式加入 Java 程序片段(Scriptlet)和 JSP 标签,插入的 Java 程序段可以操作数据库、重新定向网页以及发送 E-mail 等,实现建立动态网站所需要的功能。HTML 语句和嵌入其中的 Java 语句一起构成 JSP 网页。Web 服务器在遇到访问 JSP 网页的请求时,首先执行其中的程序段,然后将执行结果连同 JSP 文件中的 HTML 代码一起返回给客户端。JSP 与 Servlet 一样,在服务器端执行。把执行结果也就是一个 HTML 文本返回给客户端,客户端只要有浏览器就能浏览。所有程序操作都在服务器端执行,网络上传送给客户端的仅是程序运行得到的结果,这种技术大大降低了对客户浏览器的要求,即使客户浏览器端不支持 Java,也可以访问 JSP 网页。

JSP 是在 Servlet 的基础上开发的一种新技术,所以 JSP 与 Servlet 有着密不可分的关系。JSP 页面在执行过程中会被转换为 Servlet,然后由服务器执行该 Servlet。

JSP 技术使用 Java 编程语言编写类 XML 的 tags 和 scriptlets 来封装产生动态网页的处理逻辑。网页还能通过 tags 和 scriptlets 访问存在于服务端的资源的应用逻辑。JSP 将网页逻辑与网页设计的显示分离,支持可重用的基于组件的设计,使基于 Web 的应用程序的开发变得迅速和容易。JSP 是一种动态页面技术,它的主要目的是将表示逻辑从 Servlet 中分离出来。通过应用 JSP,程序员或非程序员可以高效率地创建 Web 应用程序,并使得开发的 Web 应用程序具有安全性高、跨平台等优点。

自 JSP 推出后,众多大公司都支持 JSP 技术的服务器,如 IBM、Oracle、Bea 公司等,所以 JSP 迅速成为商业应用的服务器端语言。它具有如下优点和缺点。

1) 优点

(1) 一次编写,到处运行。除了系统之外,代码不用做任何更改。

(2) 系统的多平台支持。基本上可以在所有平台上的任意环境中开发,在任意环境中进行系统部署,在任意环境中扩展。相比 ASP 的局限性,JSP 的优势是显而易见的。

(3) 强大的可伸缩性。从只有一个小的 Jar 文件就可以运行 Servlet/JSP,到由多台服务器进行集群和负载均衡,到多台 Application 进行事务处理,消息处理,一台服务器到无数台服务器,Java 显示了巨大的生命力。

(4) 多样化和功能强大的开发工具支持。这一点与 ASP 很像,Java 已经有了许多非常优秀的开发工具,而且许多可以免费得到,并且其中许多已经可以顺利地运行于多种平台之下。

(5) 支持服务器端组件。Web 应用需要强大的服务器端组件来支持,开发人员需要利用其他工具设计实现复杂的功能的组件供 Web 页面调用,以增强系统性能。JSP 可以使用成熟的 Java Beans 组件来实现复杂的商务功能。

2) 缺点

(1) 与 ASP 一样,Java 的一些优势正是它致命的问题所在。正是由于为了跨平台的功能,为了极度的伸缩能力,所以极大地增加了产品的复杂性。

(2) Java 的运行速度是用 class 常驻内存来完成的,所以它在一些情况下所使用的内存比起用户数量来说确实是“最低性能价格比”了。

### 1.4.4 常用的 Web 动态网页开发软件

常用的 Web 应用开发的软件比较多,分别介绍如下。

#### 1. 操作系统

操作系统的种类比较多,从 Web 应用角度来讲,目前流行的操作系统有以下 3 类。

(1) 单机版操作系统。主要供 PC 使用的如 Windows XP、Windows Vista、Windows 7、Windows 8 等,在 Web 运行环境中,这些操作系统一般安装在客户机上,作为客户端软件的支持平台使用,如个人使用的计算机多数安装使用这些操作系统。由于这些操作系统都是基于 Windows NT 内核,具有网络操作系统的部分功能,可以作为服务器使用,因此可以用一台安装上述任一操作系统的计算机,既当服务器,又当客户机,完成大部分 Web 应用的开发与测试工作,模拟搭建虚拟的 Web 应用开发运行环境。

(2) 网络操作系统。主要供网络中服务器安装使用的主流网络操作系统如 UNIX、

Netware 和 Windows NT 等。历史上它们都存在过不同的版本,如 Windows NT 操作系统就曾出现过 Windows NT 3.1、Windows NT 4.x、Windows NT 5.x、Windows NT 6.x、Windows NT 2000、Windows NT 2003、Windows NT 2005、Windows NT 2010、Windows NT 2012 等。在 Web 运行环境中,这些操作系统一般安装在服务器上,作为服务端软件的支持平台使用。对于单个的 Web 应用开发者,也可以用一台安装上述任何一种网络操作系统的计算机,同时充当客户机和服务器使用,搭建一个虚拟的 Web 应用开发运行环境。对于一个 Web 应用软件开发的团队,最好选择一台性能比较高、安装网络操作系统的计算机,作为软件开发团队共同的服务器使用。

(3) 移动操作系统(Mobile Operating System,Mobile OS)。移动操作系统和台式机上运行的操作系统差不多,具备无线通信功能,但通常功能较为简单。一般安装在智能手机、个人数码助理(Personal Digital Assistant,PDA)、平板电脑、嵌入式系统、移动通信设备、无线设备上使用。目前流行的这类操作系统有谷歌公司的 Android、苹果公司的 iOS、微软公司的 Windows Phone。它们都支持 Web 应用,而且逐渐成为 Web 应用的主要操作系统平台。由于这些移动设备硬件配置简单,不适合作为 Web 应用的开发平台使用,因此开发这类操作系统平台的 Web 应用时,一般在台式机上安装特定的软件,仿真一个模拟的移动设备的开发环境。

**2. 浏览器软件**

浏览器是 Web 应用和开发重要的客户端软件,Windows 系列的操作系统一般自带浏览器软件 Internet Explorer。浏览器软件种类比较多,目前流行的有 Opera、The World、360SE、火狐、Green Browser、AVANT browser、Netscape 等。Web 应用的网页可通过浏览器软件解释输出,浏览器软件是 Web 网页测试和应用的重要支持环境。这些浏览器软件可以从互联网上下载安装(需要注意版权问题),本书基于浏览器软件 Internet Explorer 环境编写。

**3. Java 的软件开发工具包 JDK(Java Development Kit)**

JDK 是运行 Java 程序所必需的环境 JRE(Java Runtime Enviroment)软件和 Java 程序开发过程中常使用的库文件的安装包。它最早由美国 Sun 公司开发,后被 Oracle 公司收购,该软件历史上有不同的版本,可从 Oracle 公司的官方网站(http://www.oracle.com/cn/index.html)上免费下载安装。下载过程如下:打开浏览器,进入 Oracle 官方主页,选择 Downloads 选项卡,选择 Java Runtime Environment(JRE),然后按照下载向导操作即可。本书下载使用的 JDK 安装文件是 jdk7_32_win_jb51net.rar。

**4. Web 服务器**

Web 服务器也称为 WWW(World Wide Web)服务器,是提供网上信息浏览服务的重要软件。Web 服务器软件种类较多,目前常用的有 7 种。

(1) IIS(Internet Information Services)。它是 Microsoft 公司开发的允许在公共 Intranet 或 Internet 上发布信息的 Web 服务器,是目前最流行的 Web 服务器产品之一,很多著名的网站都是建立在 IIS 的平台上。IIS 提供图形界面的管理工具,称为 Internet 服务管理器,可用于监视配置和控制 Internet 服务。IIS 是 Windows 操作系统的重要组件之一,随着操作系统软件一起发布,在安装操作系统时可以选择安装。

（2）Kangle。Kangle Web 服务器(简称 Kangle)是一款跨平台、功能强大、安全稳定、易操作、专为做虚拟主机研发的高性能 Web 服务器和反向代理服务器软件。虚拟主机采用独立进程、独立身份运行,有效实现用户之间的安全隔离,一个用户出问题不影响其他用户。完全支持 PHP、ASP、ASP. NET、Java、Ruby 等多种动态开发语言。

（3）WebSphere。WebSphere Application Server 是一种功能完善、开放的 Web 应用程序服务器,是 IBM 公司电子商务计划的核心部分,是基于 Java 的应用环境,用于建立、部署和管理 Internet 和 Intranet Web 应用程序。WebSphere 是 IBM 的软件平台,包含编写、运行和随需应变 Web 应用程序和跨平台、跨产品解决方案所需要的整个中间件基础设施,如服务器、服务和工具。WebSphere 提供可靠、灵活和健壮的软件。

（4）WebLogic。BEA WebLogic Server 是一种多功能、基于标准的 Web 应用服务器,为企业构建自己的应用提供了坚实基础。各种应用开发、部署所有关键性的任务,无论是集成各种系统和数据库,还是提交服务、跨 Internet 协作,起始点都是 BEA WebLogic Server。由于它具有全面的功能、对开放标准的遵从性、多层架构、支持基于组件的开发,基于 Internet 的企业都选择它来开发、部署最佳的应用。

（5）Apache。Apache 是世界上应用最多的 Web 服务器,市场占有率达 60% 左右。它源于 NCSAhttpd 服务器。世界上很多著名的网站都是 Apache 的产物,它的成功之处主要在于它的源代码开放、有一支开放的开发队伍、支持跨平台的应用(可以运行在几乎所有的 UNIX、Windows、Linux 系统平台上)以及它的可移植性等方面。

（6）Tomcat。Tomcat 是一个开放源代码、运行 Servlet 和 JSP Web 应用软件的基于 Java 的 Web 应用软件容器。Tomcat Server 是根据 Servlet 和 JSP 规范执行的,因此可以说 Tomcat Server 也实行了 Apache Jakarta 规范且比绝大多数商业应用软件服务器要好。

Tomcat 是 Java Servlet 2.2 和 Java Server Pages 1.1 技术的标准实现,是基于 Apache 许可证下开发的自由软件。Tomcat 是完全重写的 Servlet API 2.2 和 JSP 1.1 兼容的 Servlet/JSP 容器。Tomcat 使用了 JServ 的一些代码,特别是 Apache 服务适配器。随着 Catalina Servlet 引擎的出现,Tomcat 第 4 版的性能得到提升,使得它成为一个值得考虑的 Servlet/JSP 容器,因此许多 Web 服务器都是采用 Tomcat。

（7）Web。Web 服务器组件是 Windows Server 2003 系统中 IIS 6.0 的服务组件之一,默认情况下并没有被安装,用户需要手动安装 Web 服务组件。

目前存在多种 JSP Web 服务器软件,比较有名的有 Apache 的 Tomcat、Caucho. com 的 resin、Allaire 的 Jrun、New Atlanta 的 ServletExec 和 IBM 的 WebSphere 等。本书采用的 Tomcat 是一个小型的、支持 JSP 和 Servlet 技术的 Web 服务器,读者可以从 http://tomcat. apache. org 站点下载,文件名为 apache tomcat 6. 0. 39. exe。

### 5. 数据库管理系统 SQL Server 2005

它是微软公司在 Windows 系列平台上开发的、功能完备的数据库管理系统,包括支持开发的引擎、标准 SQL 语句、扩展特性等功能,同时也具有存储过程、触发器等大型数据特性。

**6. 编程软件和开发工具**

主要有 Dreamweaver、Flash、FrontPage、Eclipse、Java、JavaScript 等。

# 1.5　JSP 及其相关技术介绍

要真正地搞清楚 JSP 技术，必须首先了解以下与 JSP 技术密切相关的一些概念。

## 1.5.1　Java 语言

Java 语言是美国 Sun 公司在 1995 年，为了解决家用电器（如电话、电视机、闹钟、烤面包机）的控制和通信问题而开发的程序设计语言，它原名叫 Oak。由于当时智能化家电的市场需求没有预期的高，Oak 语言的应用推广并不理想，就在它濒临失败的时候，互联网的发展却给它带来生机，因为它非常适合开发 Internet 应用，Sun 公司看到了 Oak 语言在计算机网络上的广阔应用前景，于是对 Oak 进行了改造，并更名为 Java 正式发布。目前它已成为 Internet 应用开发的主要语言之一。

Java 语言的风格与 C、C++ 语言十分接近，也是一种面向对象的程序设计语言，它继承了 C 的语法，它的对象模型从 C++ 改编而来，所以很容易学习。它在继承 C++ 语言面向对象技术的基础上，去掉了 C++ 语言中的指针、结构、内存的申请与释放等容易导致程序员出错的功能，利用接口取代多重继承，利用引用代替指针。针对内存的申请和释放而引起的系统安全问题，增加垃圾回收器功能来回收不再被引用的对象所占据的内存空间，使程序员出错的几率大大降低。Java 语言对计算机硬件要求较低。在 Java SE 1.5 版本中，Java 还增加了泛型编程（Generic Programming）、类型安全的枚举、不定长参数和自动装/拆箱等功能。

与 C++ 等编译执行计算机语言和 Basic 等解释执行的计算机语言相比，Java 首先将程序源代码编译成二进制字节码（bytecode），然后通过不同平台上的虚拟机来解释执行字节码，从而实现“一次编译、到处执行”的跨平台特性。因此 Java 是一种简单、面向对象、分布式、解释性、健壮、可移植、高性能、多线程、安全与系统无关的高性能跨平台程序开发语言。应用 Java 语言开发的程序可以非常方便地移植到不同的操作系统中运行。

与传统语言不同，Java 语言是 Sun 公司作为一种开放的技术推向业界的，“靠群体的力量而非公司的力量”是 Sun 公司推广 Java 语言的口号之一，要求全世界不计其数的 Java 开发公司保证设计的 Java 软件必须相互兼容。这一要求得到广大 Java 软件开发商的认同。这虽然与微软公司所倡导的注重精英和封闭式的模式完全不同，但它促进了 Java 语言的流行。Java 语言是目前 JSP 应用开发的主要语言之一。

## 1.5.2　Servlet 技术

Servlet 是用 Java 语言编写的在服务器上运行的小程序，这些小程序主要用来扩展服务器的性能，如当用户浏览网页时，网页上的数据如果需要从数据库提取，就需要在服务器上编写根据用户输入访问数据库的程序，这些程序以前常使用公共网关接口（Common Gateway Interface，CGI）应用程序完成，但这种程序不但可用 Java 编程语言实现，而且它们的执行速度比 CGI 程序更快。

Servlet 的主要功能在于能使客户交互式地浏览和修改数据,其过程如下:客户端发送请求到服务器端;服务器将请求信息发送给 Servlet,Servlet 程序执行生成响应内容并将其传给服务器,生成动态 Web 内容。Servlet 具有可移植(可在多种系统平台和服务器平台下运行)、功能强大、安全、可扩展和灵活等优点。

### 1.5.3　JavaBean 技术

JavaBean 是一种使用 Java 语言编写的可重用组件,也是按照特殊的规范要求编写的普通的 Java 类。每一个 JavaBean 都实现一个特定的功能,通过合理地组织具有不同功能的 JavaBean,可以快速地生成一个全新的应用程序。如果把应用程序比作汽车,那么 JavaBean 就像是组成汽车的不同零件。使用 JavaBean 的最大好处就是充分提高代码的可重用性,这非常有利于程序员对程序的维护和扩展。

使用 JavaBean 可以将功能、运算、控件、数据库访问等封装成对象,任何软件开发者都可以通过内部的 JSP 页面、Servlet、其他 JavaBean、Applet 程序或者应用来使用这些对象。

JavaBean 按功能分为可视化和不可视化两种类型。可视化 JavaBean 主要在图形界面编程中应用,不可视化 JavaBean 主要在 JSP 编程中应用,主要用来封装各种业务逻辑,如连接数据库、获取当前时间等。这样,当在开发程序的过程中需要连接数据库或实现其他功能时,就可直接在 JSP 页面或 Servlet 中调用实现该功能的 JavaBean 来实现。

通过应用 JavaBean,可以实现业务逻辑和前台显示代码的分离,从而极大地提高程序的可读性和易维护性。

### 1.5.4　JSP 开发与运行环境

本书搭建的 JSP 开发运行环境如图 1-11 所示,其硬件由客户端、Web 服务器和数据库服务器以及交换机组成,其中 Web 服务器和数据库服务器可由一台安装 Tomcat Web 服务器软件和数据库系统软件的服务器充当。其软件如下。

(1)操作系统:Windows 7,浏览器是 Windows 7 操作系统自带的 IE。

(2)Java 软件开发工具包 JDK(Java Development Kit)。JDK 包含开发 JSP 程序常使用的库文件以及运行 Java 程序时所必需的 Java 运行时环境(Java Runtime Enviroment,JRE)。

(3)Web 服务器 Tomcat。Tomcat 是一个目前较为流行的、小型的、支持 JSP 和 Servlet 技术的 Web 服务器。

(4)数据库 MySQL 是一个开放源码的小型关联式数据库管理系统,开发者为瑞典 MySQL AB 公司。MySQL 被广泛地应用在 Internet 上的中小型网站中。由于其体积小、速度快、成本低,尤其是开放源码这一特点,许多中小型网站为了降低网站总体拥有成本而选择 MySQL 作为网站数据库。

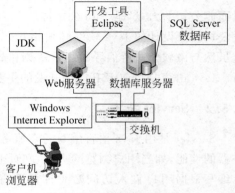

图 1-11　JSP 开发运行环境

### 1.5.5 JSP 运行机制

JSP 的处理过程如图 1-12 所示,步骤如下。

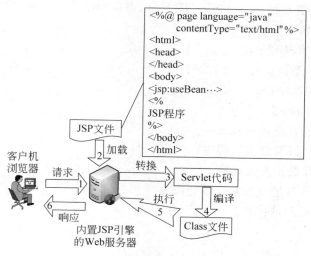

图 1-12　JSP 运行过程

（1）请求。客户端通过浏览器向内置 JSP 引擎的 Web 服务器发出请求,请求中包含了所请求资源文件的路径和名称(URL)以及客户端自己的网络地址(IP 地址),服务器接收到该请求后就可以知道被请求的资源在网络的什么位置和请求来自哪个客户机。

（2）加载。服务器根据客户端请求资源的位置信息来加载被请求的资源文件(JSP文件)。

（3）转换。服务器中的 JSP 引擎会将被加载的资源中的 Java 语句内容转化为 Servlet,而 HTML 语句部分保持不变。

（4）编译。JSP 引擎将上一步生成的 Servlet 代码编译成 Java 虚拟机上可执行 Class文件。

（5）执行。服务器上的 Java 虚拟机执行这个 Class 文件,执行的结果和资源文件中的HTML 语句部分合成为 Web 页面文件。

（6）响应。服务器将执行结果也就是上一步合成的 Web 页面文件,按照客户端的网络地址发送给客户端,客户端收到后交给浏览器进行显示。

从上面的介绍可以看出,JSP 运行包括请求、加载、转换、编译、执行和响应 6 个步骤,但并非服务器每次收到客户端的请求都需要重复进行上述过程。如果是服务器第一次接收到来自客户端对某个 JSP 文件资源的请求,JSP 引擎会进行上述的处理过程,加载被请求的JSP 文件并将其 Java 语句部分编译成 Class 文件。如果后续有对同一页面的重复请求,在页面没有进行任何改动的情况下,服务器就只需调用该 JSP 文件第一次被请求时生成的Class 文件执行即可。所以当某个 JSP 文件资源第一次被请求时,会有一些延迟,而再次访问时会感觉快很多。如果被请求的 JSP 文件资源经过了修改,服务器将会重新编译这个文件,然后执行。

## 1.6 习　　题

1. 名词解释：计算机网络、Internet、IP 地址、端口、WWW、域名、URL。
2. 简述 WWW 和 Internet 的关系。
3. 简述 IP 地址的表示方式。
4. 静态网页和动态网页有什么区别？
5. 简述域名的层次结构。
6. 构成 Web 页的元素有哪些？
7. DNS 域名解析的作用是什么？
8. Web 动态网页开发技术有哪些？
9. 试述与 JSP 开发相关的技术。
10. JSP 开发运行环境一般包含哪些内容？
11. JSP 的运行机制是什么？

# 第 2 章　开发环境搭建
## ——工欲善其事，必先利其器

**本章主要内容**

- JSP 开发与运行环境的搭建。
- 掌握 JDK 软件的安装与环境的配置。
- 学会安装 Tomcat 软件，并测试安装是否正确。
- MyEclipse 安装、配置与使用。
- MySQL 数据库系统的安装、配置与使用。
- 编写、运行一个简单 JSP 页面，测试 JSP 运行环境的搭建是否正确。

## 2.1　JSP 开发运行环境及其安装配置

计算机是人类目前发明的最极致的工具。生产工具是界定人类社会发展层次的标准。对于同样的软件开发任务，开发工具不同，造成开发效率会差别很大。本章主要介绍 JSP 开发环境的搭建，也就是准备 JSP 开发工具，为以后的学习和开发打下基础。

JSP 开发运行环境有多种配置选择。为了学习的方便，本书硬件选用一台计算机，安装 Windows 7 操作系统，自带 Internet Explorer 浏览器，Web 服务器选择 Tomcat，Java 的软件开发工具包选择 JDK，数据库选择 MySQL，搭建一个虚拟的 Web 应用开发环境，安装配置的步骤如下。

### 2.1.1　JSP 安装准备工作

安装配置虚拟的 JSP 开发和运行环境，需要做好以下准备工作。

#### 1. 硬件环境

安装配置一个虚拟的 JSP 开发和运行环境，对计算机硬件的要求比较低，对于本书的学习来讲，只要计算机能运行 Windows XP 操作系统或者 Windows 7 就可以满足要求，目前市场上的计算机基本能满足需要。

#### 2. 操作系统

支持 Web 应用和开发的操作系统有多种，本书选用的是 Windows 7 操作系统，其自带 IE 浏览器，但首先需要在计算机上正确安装它。Windows 7 操作系统的安装比较简单，具体安装方法网络上也有很多文章可以参考，在此不作赘述。需要说明的是在 Windows 系列中搭建 JSP 开发运行环境的步骤基本相同，所以本书 Windows 7 操作系统的 JSP 开发运行环境的搭建步骤，完全可以作为 Windows XP、Windows NT、Windows 2000、Windows 2003 等操作系统下搭建 JSP 开发运行环境的参考。

### 3. 软件开发工具包 JDK

本书使用的 JSP 开发工具 JDK 文件名称是 jdk-7u17-windows-i586. exe,由 Sun 公司开发,Sun 公司目前已被 Oracle 公司收购,所以读者需要在 Oracle 公司的官方网站上免费下载。

### 4. 支持 JSP(Servlet)的 Web 服务器

目前有多种 JSP Web 服务器软件,比较有名的有 Apache 的 Tomcat、Caucho 的 Resin、Allaire 公司的 Jrun、New Atlanta 的 ServletExec、IBM 公司的 Web Sphere 等。本书选用 Tomcat,文件名为 apache-tomcat-6. 0. 39. exe。读者可以从 http://tomcat. apache. org 网站下载。

### 5. 数据库管理系统

本书编写使用的数据库是 MySQL AB 公司开发的 MySQL Server,安装文件名是 mysql-essential-5. 0. 87-win32. msi,读者可以从其公司官方网站 http://www. mysql. com/downloads/mysql/上下载。

## 2.1.2 安装与配置 JDK

### 1. 安装 JDK

JDK 是 Java 运行环境,对计算机软硬件环境的要求比较低,安装与配置比较简单,步骤如下。

(1) 退出所有当前正在运行的程序,直接双击 jdk-7u17-windows-i586. exe 安装文件,程序执行并进入安装进程,出现如图 2-1 所示的对话框,在弹出的对话框中单击"下一步"按钮,出现如图 2-2 所示的对话框。

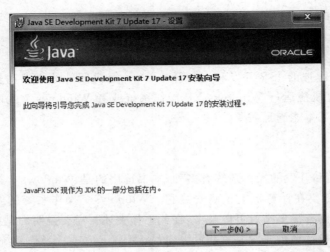

图 2-1 "JDK 安装向导"对话框

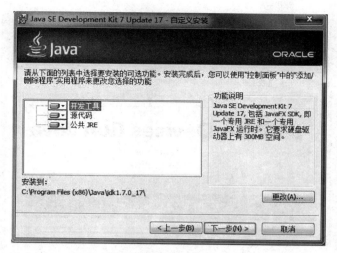

图 2-2 "JDK 自定义安装"对话框

（2）在图 2-2 中单击"下一步"按钮，出现如图 2-3 所示的对话框。在图 2-3 中，单击"更改"按钮可以改变安装路径。在这里直接单击"下一步"按钮，选择默认的安装路径 C:\ Program Files(x86)\Java\jre7\，将 JDK 安装到 C 盘，路径为 C:\Program Files(x86)\java\ jre7\的文件夹中，然后单击"确定"按钮。

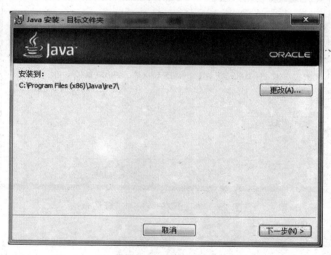

图 2-3 "JDK 安装目标文件夹选择"对话框

（3）出现如图 2-4 所示的安装进度界面，复制 JDK 软件到目标文件夹。最后出现如图 2-5 所示的对话框，安装完成，单击"关闭"按钮，完成安装。

**2. 配置 JDK 开发运行环境**

JDK 安装完成后，必须正确配置系统环境变量 Path、JAVA_HOME 和 CLASSPATH 才能正常工作。其中 JAVA_HOME 是 JDK 的安装目录，对于本书来讲就是 C:\Program Files(x86)\Java\jdk1.7.0_17\bin，CLASSPATH 是类和包的搜索路径。

图 2-4　JDK 安装进度界面

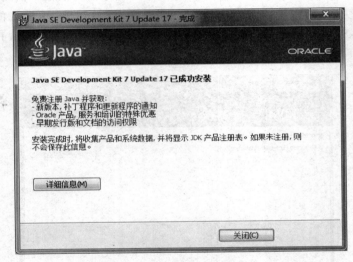

图 2-5　"JDK 安装完成"对话框

　　1）Path 的配置

　　Path 变量主要提供当前系统的搜索路径，也就是告诉系统在执行某个应用程序时，如果在当前路径下找不到该程序，就要在 Path 环境变量设置的路径列表中依次查找该应用程序。编译 Java 程序时需要执行 javac 命令，该命令文件保存在目录 C:\Program Files(x86)\Java\jdk1.7.0_17\bin 下，必须把 javac 命令所在目录添加到 Path 环境变量中，添加步骤如下。

　　（1）在 Windows 7 桌面上右击"计算机"图标，在弹出的快捷菜单中选择"属性"。弹出如图 2-6 所示界面（注：本步骤在 Windows XP 系统中是右击"我的电脑"图标，弹出"系统属性"对话框）。

　　（2）在图 2-6 中单击左侧"高级系统设置"项，弹出如图 2-7 所示的"系统属性"对话框。

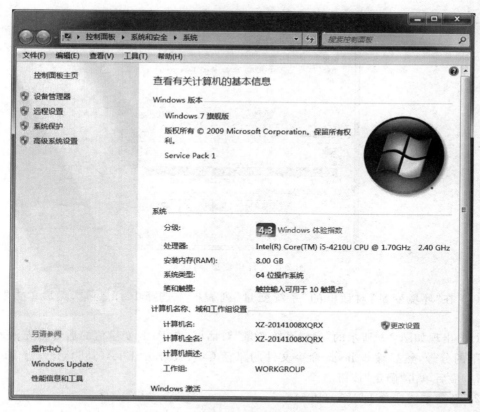

图 2-6　系统界面

图 2-7　"系统属性"对话框

（3）在图 2-7 所示的"系统属性"对话框中选择"高级"选项卡，然后单击"环境变量"按
钮，弹出如图 2-8 所示的"环境变量"对话框。

图 2-8 "环境变量"对话框

（4）在"环境变量"对话框的"系统变量"列表框中选择 Path 变量，然后单击"编辑"按钮。

（5）出现如图 2-9 所示的"编辑系统变量"对话框，在 Path 变量值的后部首先输入英文状态下的分号，然后输入 javac 命令文件的路径 C:\Program Files(x86)\Java\jdk1.7.0_17\bin，最后单击"确定"按钮。

2）新建系统变量 JAVA_HOME

在图 2-8 所示的"系统变量"列表框的下方，单击"新建"按钮，出现"新建系统变量"对话框，如图 2-10 所示，在变量名编辑框中输入 JAVA_HOME，在变量值编辑框中输入 C:\Program Files(x86)\Java\jdk1.7.0_17，然后单击"确定"按钮。

图 2-9 "编辑系统变量"对话框

图 2-10 "新建系统变量"对话框（一）

3）新建环境变量 CLASSPATH

在图 2-8 所示的"系统变量"列表框的下方，单击"新建"按钮，出现"新建系统变量"对话框，在变量名编辑框中输入 CLASSPATH，如图 2-11 所示，并设置其值为

.;%JAVA_HOME%\lib\dt.iar;%JAVA HOME%\lib\tools.iar;
%JAVA HOME%\jre\lib\rt.iar;C:\Tomcat 6.0\lib\servlet-api.iar;

配置完成后，单击"确定"按钮，关闭"环境变量"窗口，然后再单击"确定"按钮，关闭"系统属性"窗

图 2-11 "新建系统变量"对话框（二）

口,到此为止,JDK 系统环境变量配置完毕。

**3. 测试 JDK 安装配置的方法**

完成 JDK 的安装且配置系统环境变量后,需要测试 JDK 的安装与配置是否正确,测试方法如下。

(1) 在桌面上,单击"开始"按钮,在弹出的菜单中选择"所有程序"→"附件"→"C:\命令提示符",出现 MS -DOS 命令提示符窗口。

(2) 在 MS-DOS 命令提示符窗口中的提示符后面,输入 javac 后按 Enter 键,如果出现如图 2-12 所示的 java 命令使用帮助信息,说明安装配置正确。

图 2-12　javac 命令执行结果

## 2.1.3　服务器软件 Tomcat 的安装与配置

### 1. Tomcat 的安装

(1) 直接双击 apache-tomcat-6.0.39.exe 安装文件,出现 Tomcat"安装向导"对话框,如图 2-13 所示。在对话框中单击 Next 按钮,出现如图 2-14 所示的协议窗口,单击 I Agree 按钮,接受协议。

(2) 在图 2-14 中单击 I Agree 按钮,进入 Apache Tomcat Setup 对话框,如图 2-15 所示。选择要安装的 Tomcat 组件,一般选择默认选项即可,也可以多选,选好后单击 Next 按钮,

图 2-13 "Tomcat 安装向导"对话框

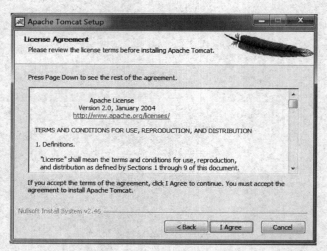

图 2-14 Tomcat 安装协议窗口

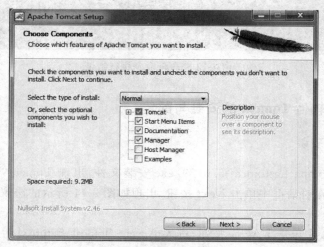

图 2-15 "Tomcat 安装组件选择"对话框

出现"配置"对话框，如图 2-16 所示。在此窗口的 User Name 编辑框中输入管理员的用户名 admin，在下面的 Password 编辑框中输入密码，为了方便管理，建议密码也输入 admin，然后单击 Next 按钮。

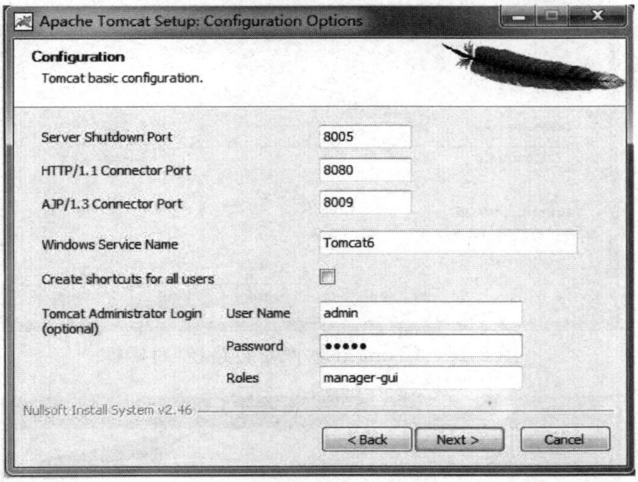

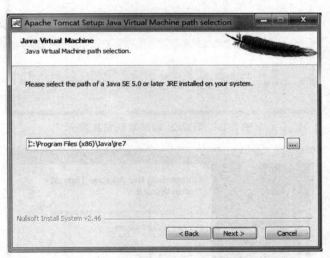

图 2-16　"配置"对话框

（3）弹出"虚拟机路径设置"对话框，如图 2-17 所示，单击 Next 按钮选择 JDK 的默认安装路径 C:\Program Files（x86）\Java \jre7，然后单击 Next 按钮。

图 2-17　"虚拟机路径设置"对话框

（4）弹出"Tomcat 软件安装路径"对话框，如图 2-18 所示，在路径编辑框中输入 Tomcat 安装路径 C:\Tomcat6.0，然后单击 Install 按钮，开始复制安装 Tomcat，界面如图 2-19 所示。安装完成后出现的对话框如图 2-20 所示。保持复选框 Run Apache Tomcat 选中。单击复选框 Show Readme 去掉选中状态，然后单击 Finish 按钮，关闭安装程序并运行 Tomcat 服务器。

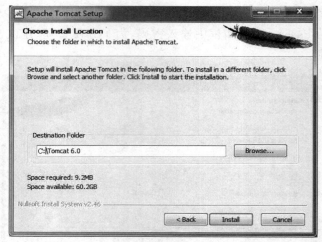

图 2-18 "Tomcat 软件安装路径"对话框

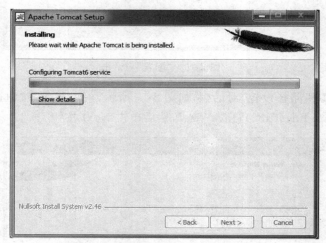

图 2-19 Tomcat 软件复制安装界面

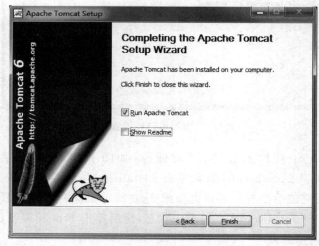

图 2-20 "Tomcat 安装完成"对话框

**2. Tomcat 的测试**

安装完 Tomcat 后，打开浏览器，在地址栏中输入 http：//localhost. 8080 或 http：//127.0.0.1:8080，按下 Enter 键，如果看到如图 2-21 所示的 Tomcat 默认主页，说明安装成功。

**3. Tomcat 的启动和停止**

Tomcat 运行时会在屏幕的右下角任务栏上出现 Tomcat 作业图标，如图 2-22 所示。如果该图标没有出现，说明 Tomcat 没有运行。此时可以单击"开始"→"所有程序"→Apache Tomcat 7→Monitor Tomcat 启动 Tomcat 程序，此时出现 Tomcat 作业图标。Tomcat 启动后，作业图标上出现绿色箭头，停止后出现红色方块。右击该图标，弹出如图 2-23 所示 Tomcat 服务器管理菜单。在 Tomcat 启动状态下，选择 Stop service，停止 Tomcat 服务器。在 Tomcat 停止状态下，选择 Start service 选项，启动 Tomcat 服务器。

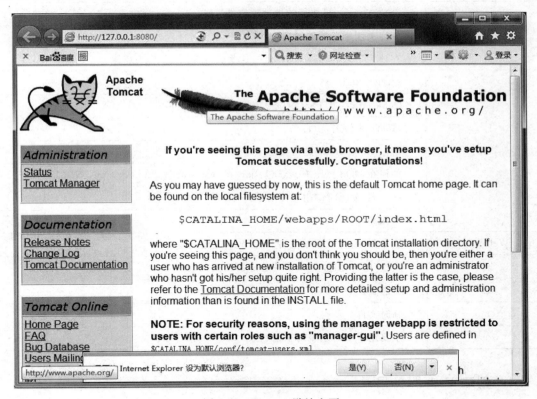

图 2-21　Tomcat 默认主页

**4. Tomcat 的目录结构**

Tomcat 服务器由一系列的批处理文件、程序文件、日志文件和临时文件组成，这些文件存放在不同的目录（文件夹）下，Tomcat 的目录结构如图 2-24 所示，各个目录下存放的内容如表 2-1 所示。

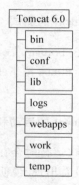

(a) 自动　　(b) 停止

图 2-22　Tomcat 启、停图标　　　图 2-23　Tomcat 管理菜单　　　图 2-24　Tomcat 目录结构

**表 2-1　Tomcat 服务器目录存放内容一览表**

| 目录（文件夹） | 存放的文件和内容 |
| --- | --- |
| bin 目录 | 存放 Tomcat 可执行的批处理文件 |
| | 开启关闭服务器的程序 startup |
| | 存放为了兼容 UNIX 的文件,这些文件都以 .sh 作为后缀 |
| conf | service.xml |
| | Connector：端口号,端口号连接配置 |
| | Host：主机名,主目录 |
| | Unpack WARS：是否支持 war 文件的解压 |
| | 如何在 DOS 里压缩 war 包：jar -cf test.war *.html *.jpg WEB-INF |
| | server：关闭时调用程序的端口号 |
| | web.xml |
| Webapps | 服务目录,存放网站或者其他 Web 应用 |
| lib | 放置 Tomcat 和 Web 应用程序所用到的 jar 包 |
| logs | 日志文件 |
| temp | 临时文件 |
| work | 主要用作 JSP 引擎解析的目录 |

## 2.1.4　创建 Web 服务目录

网站或者其他 Web 应用的 JSP 页面、服务器上运行的 Servlet 小程序、Java 语言编写的 JavaBean 组件,必须在某个 Web 服务目录中按一定结构存放,才能被客户通过浏览器访问。

### 1. Web 服务目录结构

Tomcat 安装完成时,会自动生成 webapps 发布目录。webapps 发布目录下的任何一个子目录都是一个 Web 服务目录，存放一个 Web 应用程序。J2EE 不同于传统 Web 应用开发的技术架构，包含许多组件，可简化且规范应用系统的开发与部署，提高可移植性、安全与再利用价值。Web 应用程序的文件按照一定的结构进行组织，J2EE 定义的 Web 程序目录结构如下。

1）Web 应用程序目录结构

（1）Web 应用程序目录包含子目录 WEB-INF。

WEB-INF 目录中包含下列内容。

① classes 文件夹：存放编译好的 class 文件。

② lib 文件夹：存放第三方包 ＊.jar（jar 包是许多 class 文件的集合），jar 包的使用需要配置 CLASSPATH 环境变量。

③ 文件 web.xml：该文件完成 Servlet 小程序在 Web 容器中的注册。

**注**：如果不按照 Sun 公司的规范来管理存放 Web 程序，Web 容器会找不到这些程序，比如 web.xml 件写错了，启动 Tomcat 的时候会报错。

（2）凡是客户端能访问的资源（＊.html，＊.jpg），必须跟 WEB-INF 并列放在同一目录下。

（3）凡是 WEB-INF 里面的文件，都不能被客户端直接访问（如隐藏的信息）。

2）Web 应用程序的部署

（1）Webapps 子目录下存放 Web 应用程序，通过 http://localhost:8080 寻找。

（2）webappd 是 Tomcat 服务器的根目录。

3）Web 服务器 Tomcat 的查找顺序

首先在 webapps 默认目录下找，找不到时再到 root 根目录下找。

**2. 创建虚拟目录**

虚拟目录是相对 Web 主目录而言的，主目录是 Web 程序所在的根目录，例如，MYWEB 是 C 盘上根目录下的一个文件夹，把 C:\MYWEB 作为 Web 的主目录，可以在 MYWEB 文件夹下创建子目录 A，为了便于对网站资源进行灵活管理，可以把一些文件存放在本地计算机的其他文件夹中或者其他计算机的共享文件夹中，然后再把这个文件夹映射到网站主目录中的文件夹 A 上，我们把这个文件夹 A 称为"虚拟目录"。每个虚拟目录都有一个别名，这样用户就可以通过这个虚拟目录的别名来访问与之对应的真实文件夹中的资源了。虚拟目录的好处是在不需要改变别名的情况下，可以随时改变其对应的文件夹。

虚拟目录能隐藏有关站点目录结构的重要信息。因为在浏览器中，客户通过选择"查看源代码"，很容易就能获取页面的文件路径信息，如果在 Web 页中使用物理路径，将暴露站点目录的重要信息，这容易导致系统受到攻击。

对于 Tomcat 服务器所在的计算机，把除主发布目录外的其他目录设为 Web 服务目录。虚拟目录在物理上可以不被包含在主目录中，但是，在逻辑上就像在主目录中一样。例如，把 F:\example03 的 Web 服务目录，设为名为 BookShop 的发布目录，使用户可以用 BookShop 别名访问 F:\example03 下的 JSP 文件，如 example03_01.jsp 文件。创建方法为，在 Tomcat 的 conf 目录中，找到 server.xml 文件，在文件最后中找到</host>标记，在</host>前添加以下语句：

```
< context path = "/BookShop"  docBase = "F:/example03" debug = "0" reloadble = "
true">
```

其中：

（1）path 值为虚拟目录的别名，是在浏览器地址栏目中输入的路径。

（2）docBase 值为应用程序的实际路径，即在硬盘上的存放位置（绝对路径）。

**注意**：xml 文件区分大小写，＜context＞标记中的大小写不可以写错。

设置完成后，保存文件，重新启动 Tomcat，虚拟路径会起作用。该语句将 F 盘上的 example03 目录设为虚拟发布路径，它的别名为 BookShop。在浏览器的地址栏目输入 http://127.0.0.1:8080/BookShop/example03_01.jsp，就可看到 F 盘上 example03 文件夹下 example03_01.jsp 程序执行的结果。

## 2.2　JSP 开发工具 MyEclipse 的安装、配置与使用

JSP 开发最常用的集成开发环境有 Eclipse、MyEclipse 和 JBuider，本节主要介绍 MyEclipse 的安装与使用。

### 2.2.1　Eclipse 与 Myclipse

Eclipse 是一个免费获得的、开放源代码的、可扩展的、用于 JSP 开发的开发平台。很多用户把它当作 Java 语言的集成开发环境（IDE）使用，但 Eclipse 实质上只是一个框架和一组服务，是通过在这个框架上添加插件组件构建开发环境的。Eclipse 附带一个标准的插件集，包括 Java 开发工具 JDK（Java Development Kit）。此外，Eclipse 还包括插件开发环境（Plug-in Development Environment，PDE），这个组件可以使软件开发人员构建与 Eclipse 环境无缝集成的工具，以插件组件的方式对 Eclipse 进行扩展。Eclipse 是使用 Java 语言开发的，但它的用途并不限于 Java 语言的开发；还支持如 C、C++、COBOL、PHP 等编程语言的插件，给用户提供一致和统一的集成开发环境，使所有工具的开发人员都可以使用它进行插件开发。

MyEclipse 是在 Eclipse 的基础上加上自己的插件开发而成的功能强大的企业级集成开发环境，是优秀的用于开发 Java、J2EE 的 Eclipse 插件集合，支持 JDBC 数据库连接，支持 HTML、Struts、JSP、CSS、JavaScript、Spring、SQL、Hibernate 等语言和开发工具，主要用于 Java、Servlet、AJAX、JSP、Struts、Spring、Hibernate、EJB3 以及移动应用的开发，是功能丰富的 JavaEE 集成开发环境。MyEclispe 包括 Eclipse 的所有功能，而且比 Eclipse 的功能更加强大，开发 Web 应用也比 Eclipse 更专业，但 MyEclispe 是收费的。

### 2.2.2　安装 MyEclipse

**注**：本书 MyEclipse 的安装文件是 myeclipse-10.0-offline-installer-windows.exe，读者可以从 MyEclipse 的官网 http://www.myeclipseide.cn/上下载安装试用。

MyEclipse 安装与配置比较简单，步骤如下。

(1) 退出当前运行的所有程序，双击 myeclipse-10. 0-offline-installer-windows. exe 安装文件，程序执行并进入安装进程，出现如图 2-25 所示的安装向导。

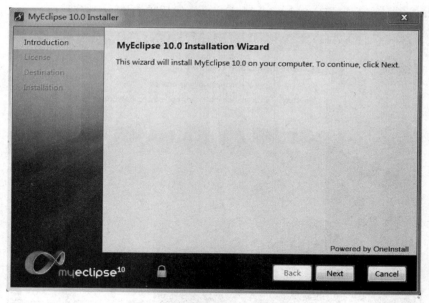

图 2-25　MyEclipse 安装向导

(2) 在如图 2-25 所示的对话框中单击 Next 按钮，出现如图 2-26 所示的"MyEclipse 协议确认"对话框。单击 I accept the terms of the license agreement 前面的复选框，选择同意协议内容，然后单击 Next 按钮。

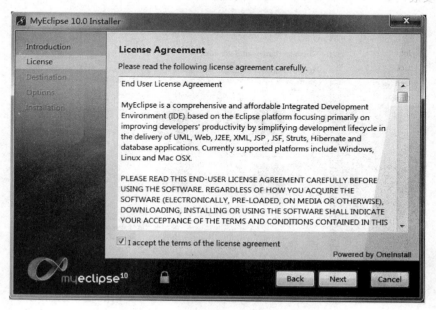

图 2-26　"MyEclipse 协议确认"对话框

（3）弹出如图 2-27 所示的"安装路径输入"对话框，在对话框的 Directory 标签后面的文本编辑框中，可以输入自己选择的安装路径。这里选择系统自动提供的默认安装路径 C:\Users\Administrator\AppData\Local\MyEclipse，然后单击 Next 按钮。

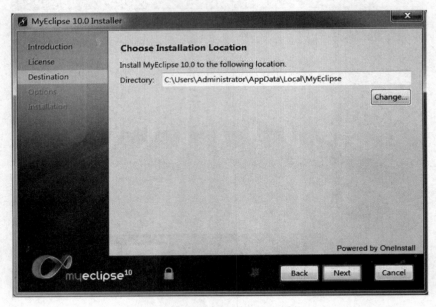

图 2-27  "安装路径输入"对话框

（4）弹出如图 2-28 所示的对话框，在这里可以选择自己想要安装的组件。建议选择系统默认的安装内容（All），然后单击 Next 按钮。

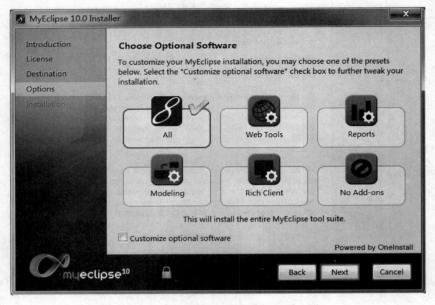

图 2-28  "安装软件选择"对话框

（5）弹出如图 2-29 所示的对话框，MyEclipse 提供 32 位和 64 位两种架构的安装内容，考虑到和 JSP 其他开发软件的兼容，这里选择安装 32 位架构的，单击 32bit 图标，会在该图标右上角出现一个对号，表明已被选中，然后单击 Next 按钮，弹出如图 2-30 所示的对话框，在这里等待一会儿直到出现如图 2-31 所示的对话框。

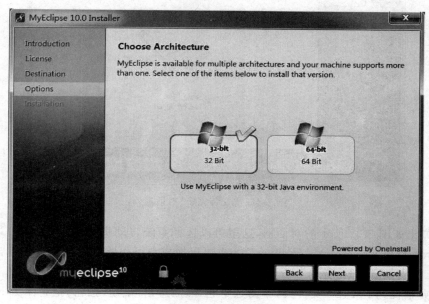

图 2-29 "安装架构选择"对话框

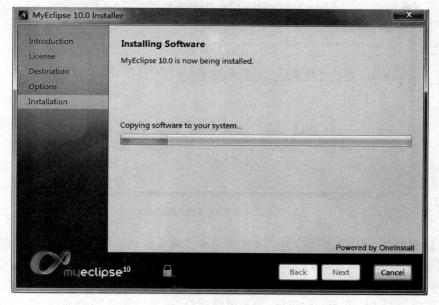

图 2-30 "安装内容复制进度"对话框

（6）在图 2-31 中，仔细观察一下，选中 Launch MyEclipse 复选框，然后单击 Finish 按钮，程序安装完毕，并且开始装载运行 MyEclipse。

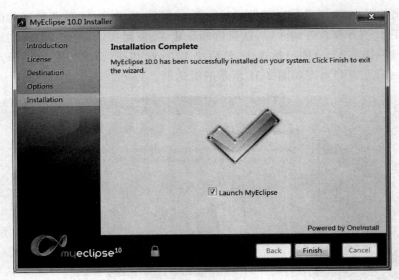

图 2-31 "安装完毕"对话框

(7) 弹出如图 2-32 所示的对话框,这里可以选择系统自动提供的默认路径 C:\Users\Administrator\Workspaces\MyEclipse 10,也可以换成自己想要的文件路径。单击 Browse 浏览按钮,弹出如图 2-33 所示对话框,在这个对话框中用单击的方式打开 D 盘,在 D 盘展开的文件夹中找到 MYJSP 文件夹,单击选中它,然后单击"确定"按钮,把它作为 MyEclipse 项目的工作区。弹出如图 2-34 所示的对话框。

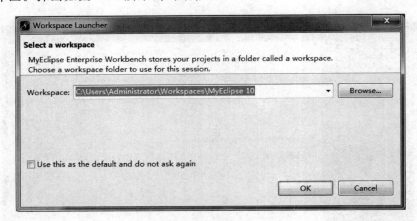

图 2-32 "工作区设置"对话框

需要说明的是,D 盘上的 MYJSP 文件夹是本书编者自己事先在 D 盘上创建的文件夹,用它来保存 MyEclipse 开发的 JSP 项目。读者可以建立自己的文件夹作为自己安装的 MyEclipse 的工作区,用来保存 JSP 应用项目。

(8) 在图 2-34 中,单击 OK 按钮,程序继续运行,弹出如图 2-35 所示的 MyEclipse 软件运行主窗口,接着弹出 Go to the Software and Workspace Center 对话框,单击 No Thanks 按钮,出现如图 2-36 所示窗口,这标志着 MyEclipse 软件安装运行一切正常。

图 2-33 "工作区目录选择"对话框

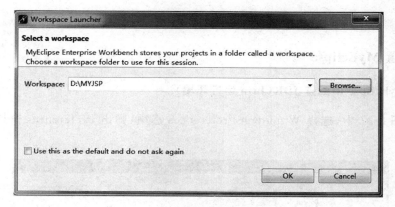

图 2-34 "工作区路径设定"对话框

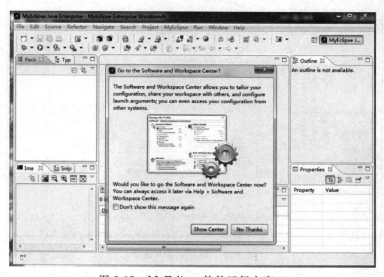

图 2-35 MyEclipse 软件运行主窗口

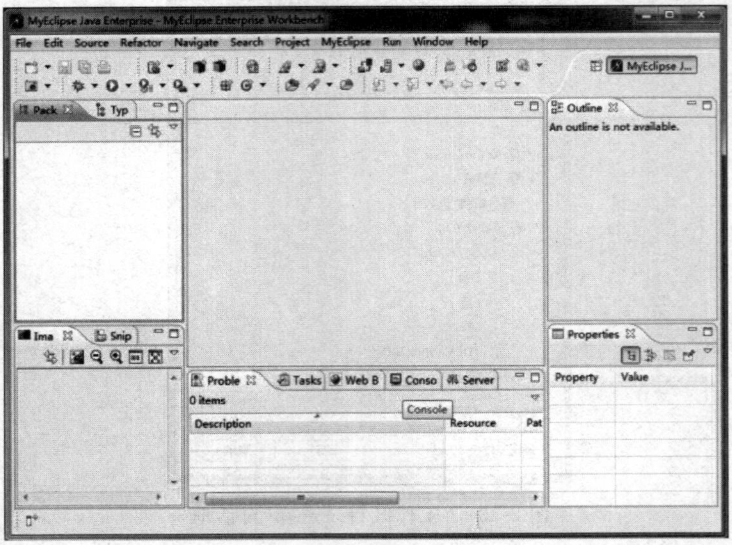

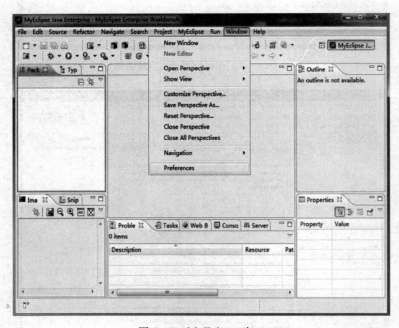

图 2-36　MyEclipse 主窗口

## 2.2.3　配置 MyEclipse

### 1. 在 MyEclipse 中配置 JDK（Java 运行环境）

（1）在图 2-37 中，选择 Window→Preferences 选项，弹出 Preferences 窗口，如图 2-38 所示。

图 2-37　MyEclipse 窗口

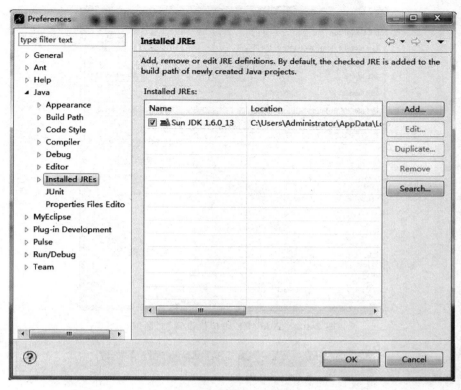

图 2-38　Preferences 窗口

（2）在图 2-38 所示的窗口中，单击 Add 按钮，弹出增加 Java 虚拟机的类型选择窗口，如图 2-39 所示。在窗口的 Installed JRE Types 列表中，单击选中 Standard VM。然后单击 Next 按钮，出现如图 2-40 所示的对话框，在图 2-40 中，在 JRE name 编辑框中输入 MYJDK（此处输入的内容是 JRE 的名字，可以自己选择），然后单击 Directory 按钮设置 JRE home 目录，此时弹出"浏览文件夹"对话框，如图 2-41 所示。

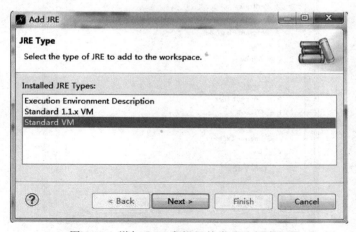

图 2-39　增加 Java 虚拟机的类型选择窗口

图 2-40　"Add JRE 虚拟机设置"对话框

图 2-41　"浏览文件夹"对话框

（3）在图 2-41 中，依次选择 C→program files(x86)→Java→jdk1.7.0_17，然后单击"确定"按钮，弹出如图 2-42 所示的对话框，选中 Java 的安装目录 C:\Program Files(x86)\Java\jdk1.7.0_17\作为 MyEcliplse 的 Java 虚拟机 JRE home，也就是设置本机安装的 JDK 为 Myeclipse 的 Java 开发运行环境。然后单击 Finish 按钮确认即可。经过上面两步就把 Myeclipse 的 Java 运行环境设置好了。

图 2-42　"Add JRE 虚拟机设置"对话框

需要说明的是，MyEclipse 默认的是 JRE 的运行环境，在这里要设为 JDK 的，如果不这样设置，那么 MyEclipse 无法正常运行，Tomcat 服务器也就无法正常运行。

**2. 在 MyEclipse 中配置 Tomcat（本书安装目录为 C:\Tomcat）**

（1）如图 2-43 所示，运行 MyEclipse 程序，然后选择 Window→Preferences，弹出如图 2-44 所示的窗口，在此窗口中，在左侧的目录树中首先单击选中 MyEclipse→Servers→Tomcat，可以看到 Tomcat 下有几个 Tomcat 版本，因为本书编写时安装的 Tomcat 是版本 6，所以选中 Tomcat6.x。接下来单击选中单选按钮 Enable，设置 Tomcat server 为 Enable 状态，然后单击与窗口标签 Tomcat home directory 在同一行的 Browse 按钮，弹出如图 2-45 所示对话框。

（2）在图 2-45 中，单击本地磁盘 C，然后在展开的目录树中选择 Tomcat 6.0，然后单击"确定"按钮，弹出如图 2-46 所示对话框，并且可以看到 Tomcat home directory 已被设置为 C:\ Tomcat 6.0，Tomcat base directory 和 Tomcat temp directory 也已经自动设置好了。

（3）继续选择 Window→Preferences，弹出如图 2-47 所示的对话框，在此对话框中，在左侧的目录树中选择 MyEclipse/Servers/Tomcat，可以看到 Tomcat 下有几个 Tomcat 版

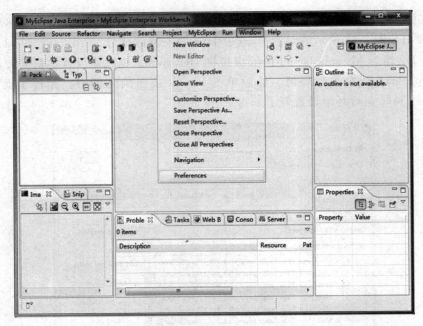

图 2-43　MyEclipse 的 Prefrence 窗口(一)

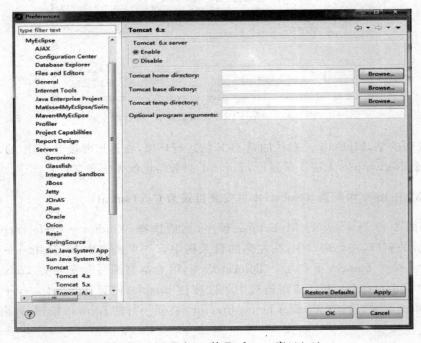

图 2-44　MyEclipse 的 Prefrence 窗口(二)

本,选中 Tomcat 6.x。在展开的目录树中单击选中 JDK,然后单击窗口右侧的 Tomcat 6.x JDK name 列表的下拉箭头,在弹出的列表中选中为 MyEclipse 配置的 Java 虚拟机环境 MYJDK,然后单击 OK 按钮即可。到此 MyEclipse 的安装配置完毕。MyEclipse 自带了 Eclipse,所以 MyEclipse 安装之后无须再安装 Eclipse 了。

图 2-45 "浏览文件夹"对话框

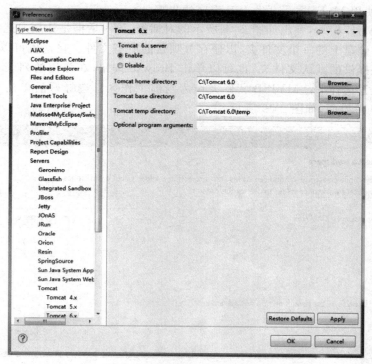

图 2-46 "Tomcat 设置"对话框

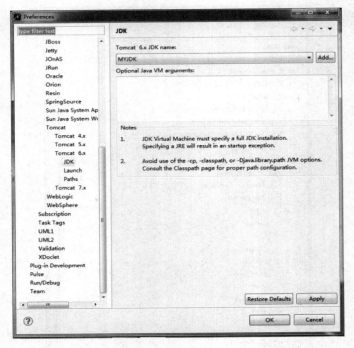

图 2-47　"MyEclipse 的 Tomcat JDK 设置"对话框

### 2.2.4　MyEclipse 开发 JSP 程序的步骤

下面介绍使用 MyEclipse 开发 JSP 程序的步骤。

（1）启动 MyEclipse，弹出如图 2-48 所示的对话框，该对话框是让用户选择一个工作空间，也就是选择硬盘上的一个文件夹，以便存放项目的所有文件。在这里可以直接单击 OK 按钮，选择系统提供的默认文件夹，也可以单击 Browse 按钮，在弹出的列表中选择自己中意的文件夹，这里选择 D:\MYJSB 文件夹作为当前工作区。选择好后单击 OK 按钮进入 MyEclipse 的开发界面，如图 2-49 所示。

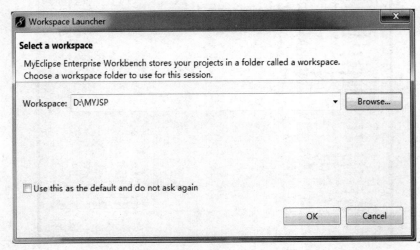

图 2-48　"MyEclipse 项目工作区设置"对话框

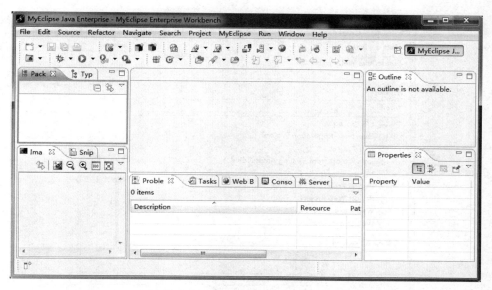

图 2-49　MyEclipse 的开发界面

（2）新建 JSP 项目，在图 2-49 中选择 File 菜单，如图 2-50 所示。选择 New→Project 子菜单，弹出的对话框如图 2-51 所示。

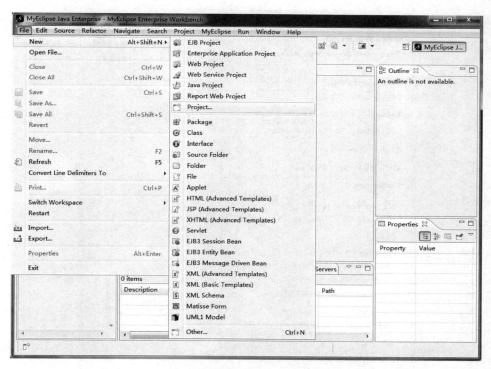

图 2-50　MyEclipse 的开发界面

（3）在图 2-51 中，选择 Web Project，然后单击 Next 按钮，弹出如图 2-52 所示的对话框。

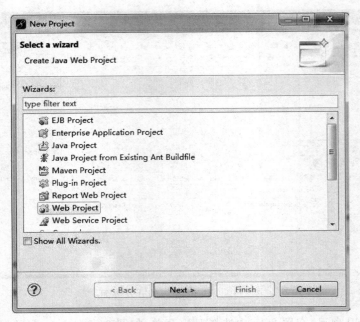

图 2-51 "新建项目"对话框

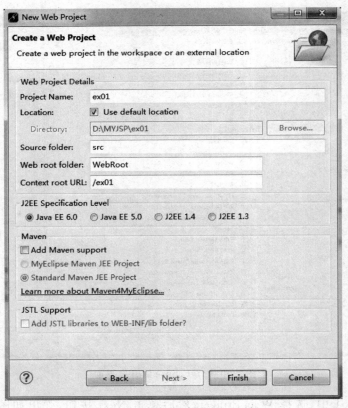

图 2-52 "新建 Web 项目"对话框

（4）在图 2-52 中，在 Project Name 后的文本编辑框中输入新建项目的名字（项目名称可由自己决定，最好采用英文或者字母给项目取名），这里输入新建项目的名字是 ex01，然后单击窗口中 J2EE Specification Lable 区的 Java EE 6.0 单选按钮，然后单击 Finish 按钮，完成新建项目 ex01 的创建，出现的窗口如图 2-53 所示。

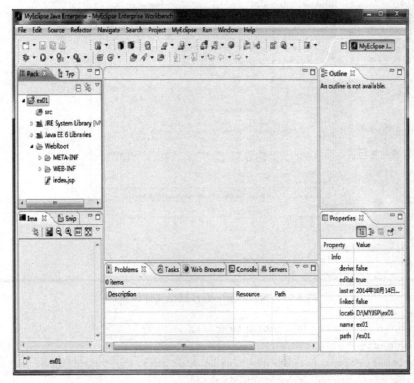

图 2-53　MyEclipse 创建的 ex01 项目

（5）图 2-53 所示的窗口是刚才新建项目 ex01 的开发窗口，该窗口的左侧列表是项目 ex01 的目录树，单击 ex01 图标展开目录树，在展开的目录树中继续单击 WebRoot 展开项目根目录会看到 WEB-INF 图标，单击该图标将目录树继续展开会看到 index.jsp 文件，这个文件是创建 ex01 项目时 MyEclipse 自动为其创建的主页面文件。双击 index.jsp 文件，会在 MyEclipse 的代码编辑器里显示 index.jsp 文件的程序源码，显示情况如图 2-54 所示，程序员可以在代码编辑器里阅读、修改程序源码，修改完后，单击 File 菜单，然后再在弹出的下拉菜单中继续单击 Save 按钮保存即可。项目里面任何其他程序文件都可以通过这种方式编辑、修改和保存。

（6）在图 2-54 所示的项目程序文件编辑器中，编辑修改系统自动创建的 index.jsp 文件，使 index.jsp 网页文件的内容如下。

**程序清单 2-1（index.jsp）：**

```
<%@page  contentType="text/html;charset=utf-8" language="java" import="
java.util.*,java.util.Date,java.text.*" pageEncoding="utf-8"%>
<%
```

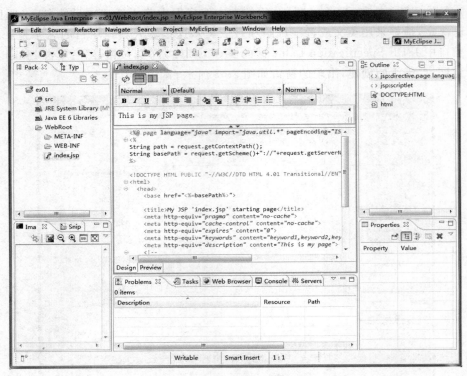

图 2-54　MyEclipse 项目程序文件编辑器

```
Calendar cal=Calendar.getInstance();
Date nowday=cal.getTime();
SimpleDateFormat format=new SimpleDateFormat("yyyy-MM-dd HH:mm:ss");
String time=format.format(nowday);
cal.getTime();
int w=cal.get(Calendar.DAY_OF_WEEK)-1;
String[] weekDays={"星期日","星期一","星期二","星期三","星期四","星期五","星期六"};
%>
<!DOCTYPE HTML PUBLIC "-//W3C//DTD HTML 4.01 Transitional//EN">
<html>
  <head>
    <title>My JSP 'index.jsp' starting page</title>
    <meta http-equiv="pragma" content="no-cache">
    <meta http-equiv="cache-control" content="no-cache">
    <meta http-equiv="expires" content="0">
    <meta http-equiv="keywords" content="keyword1,keyword2,keyword3">
    <meta http-equiv="description" content="This is my page">
    <!--
    <link rel="stylesheet" type="text/css" href="styles.css">
    -->
  </head>
```

```
<body>
  <center>
    <table border="1" width="400">
    <tr height="40"><td align="center">好提示</td></tr>
    <tr height="80"><td align="center">现在时刻为:<%=time%>,<%=weekDays
[w]%></td></tr>
  </body>
</html>
```

（7）修改完 index.jsp 的内容，检查无误后，单击 File 菜单，然后再在弹出的下拉菜单中继续单击 Save 按钮保存，到此为止具有一个页面的 JSP 应用项目已经完成。

注：index.jsp 文件是一个 JSP 页面文件，本节只是让读者了解使用 MyEclipse 开发 JSP 应用的步骤，至于 index.jsp 网页文件的具体内容后面章节会详细解释。

下面几步主要介绍如何把 JSP 应用项目发布到 Tomcat 服务器，以及如何在浏览器里访问 JSP 项目的页面内容。

（8）修改完 index.jsp 的内容保存后就可以将 ex01 项目发布了，方法是在 MyEclipse 的工具栏中找到发布工具，然后单击它，弹出如图 2-55 所示的窗口，从该窗口的"项目"列表中找到 ex01 项目后单击选中，表示要发布它。然后继续单击 Add 按钮，弹出如图 2-56 所示的窗口。

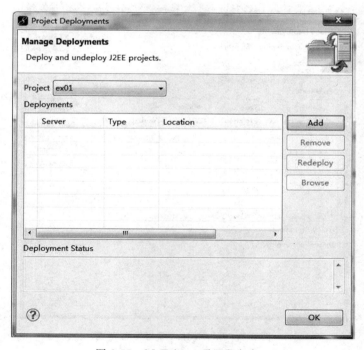

图 2-55  MyEclipse 项目发布窗口

（9）在如图 2-56 所示的窗口中，需要选择要发布的服务器 Server 的类型，因为本书安装的是 Tomcat 6.0 Web 服务器，所以单击 Server 列表右侧的下拉箭头并在列表中单击选中 Tomcat 6.x，发布位置 Delpoy Location 自动设置为 C:\Tomcat 6.0\webapps\ex01。然

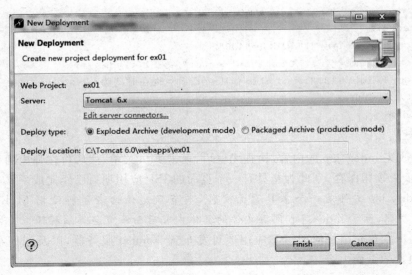

图 2-56　MyEclipse 项目程序文件编辑器

后单击 Finish 按钮，弹出如图 2-57 所示的窗口。在图 2-57 所示的窗口中继续单击 OK 按钮即完成了项目 ex01 在 Tomcat 服务器上的发布。

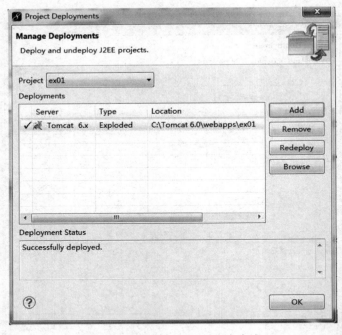

图 2-57　MyEclipse 项目发布完成

（10）这一步主要验证 ex01 项目是否已经正确地发布到 Tomcat 服务器，也就是页面内容是否能通过浏览器访问，验证方法是打开 Internet 浏览器，在浏览器的地址栏中输入 http://127.0.0.1:8080/ex01，如果浏览器中出现如图 2-58 所示的内容，说明使用 MyEclipse 开发的 JSP 项目 ex01 开发并且发布成功。到这里已经介绍了使用 MyEclipse

开发的 JSP 项目的基本步骤。

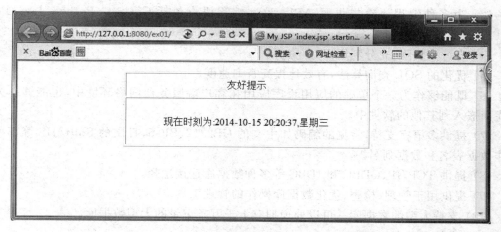

图 2-58 ex01 JSP 项目在浏览器中的显示效果

## 2.3 MySQL 数据库的安装、配置与使用

数据库是 JSP 开发环境的重要组成部分，是动态页面数据的主要来源，本节以 MySQL 数据库为例，介绍 Windows 7 操作系统环境下数据库的安装方法。

### 2.3.1 MySQL 数据库

MySQL 是由瑞典 MySQL AB 公司开发的关系型数据库管理系统，目前属于 Oracle 公司。MySQL 是最流行的关系型数据库管理系统，在 Web 应用方面 MySQL 是最好的关系数据库管理系统（Relational Database Management System，RDBMS）应用软件之一。MySQL 是一种关联数据库管理系统，关联数据库将数据保存在不同的表中，而不是将所有数据放在一个大仓库内，这样就增加了速度并提高了灵活性。MySQL 所使用的 SQL 语言是用于访问数据库的最常用标准化语言。MySQL 软件采用了双授权政策，它分为社区版和商业版，由于其体积小、速度快、总体拥有成本低，尤其是开放源码这一特点，一般中小型网站的开发都选择 MySQL 作为网站数据库。由于其社区版的性能卓越，搭配 PHP 和 Apache 可组成良好的开发环境。

与其他的大型数据库（如 Oracle、DB2、SQL Server 等）相比，MySQL 自有它的不足之处，但是这丝毫没有减少它受欢迎的程度。对于一般的个人使用者和中小型企业来说，MySQL 提供的功能已经绰绰有余，而且由于 MySQL 是开放源码软件，因此可以大大降低总体拥有成本。Linux 作为操作系统，Apache 和 Nginx 作为 Web 服务器，MySQL 作为数据库，PHP/Perl/Python 作为服务器端脚本解释器。由于这 4 个软件都是免费或开放源码软件（FLOSS），因此使用这种方式不用花一分钱（除人工成本）就可以建立起一个稳定、免费的网站系统。此外，MySQL 具有如下优点。

（1）使用 C 和 C++ 编写，并使用了多种编译器进行测试，保证源代码的可移植性。

（2）支持 AIX、FreeBSD、HP-UX、Linux、Mac OS、NovellNetware、OpenBSD、OS/2

Wrap、Solaris、Windows 等多种操作系统。

（3）为多种编程语言提供了 API。这些编程语言包括 C、C++ 、Python、Java、Perl、PHP、Eiffel、Ruby、. NET 等。

（4）支持多线程，充分利用 CPU 资源。

（5）优化的 SQL 查询算法，有效地提高查询速度。

（6）既能够作为一个单独的应用程序应用在客户端服务器网络环境中，也能够作为一个库而嵌入到其他的软件中。

（7）提供多语言支持，常见的编码如中文的 GB2312、BIG5，日文的 Shift_JIS 等都可以用作数据表名和数据列名。

（8）提供 TCP/IP、ODBC 和 JDBC 等多种数据库连接途径。

（9）提供用于管理、检查、优化数据库操作的管理工具。

（10）支持大型的数据库。可以处理拥有上千万条记录的大型数据库。

（11）支持多种存储引擎。

（12）MySQL 是开源的，所以人们不需要支付额外的费用。

（13）MySQL 使用标准的 SQL 数据语言形式。

（14）MySQL 对 PHP 有很好的支持，PHP 是目前最流行的 Web 开发语言。

（15）MySQL 是可以定制的，采用了 GPL 协议，人们可以修改源码来开发自己的 MySQL 系统。

### 2.3.2 安装 MySQL

**注**：本书 MySQL 数据库的安装文件是 mysql-essential-5.0.87-win32. msi，读者可以从 MySQL 的官网 http://www.myeclipseide.cn/上下载。

MySQL 安装与配置比较简单，步骤如下。

（1）退出当前运行的所有程序，双击 mysql-essential-5.0.87-win32. msi 安装文件，程序执行并进入安装进程，出现如图 2-59 所示的对话框。

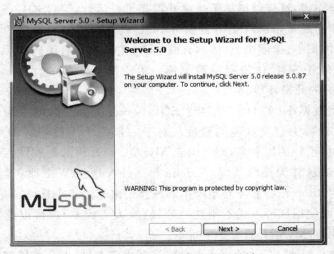

图 2-59 "MySQL 安装向导"对话框

（2）在图 2-59 中单击 Next 按钮，出现如图 2-60 所示对话框。共有 Typical（默认）、Complete（完全）和 Custom（用户自定义）3 个选项，在这里单击 Custom 单选框，选择 Custom 选项意味着在安装 MySQL 的时候可以自己选择想要安装的内容。选定后单击 Next 按钮，弹出如图 2-61 所示的对话框。

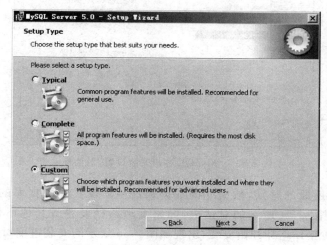

图 2-60　"MySQL 安装类型选择"对话框

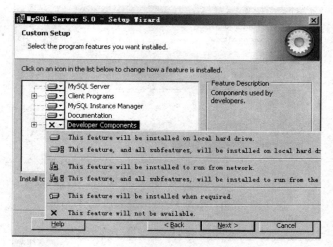

图 2-61　"MySQL 安装内容用户选择"对话框

（3）在图 2-61 中，选择 Developer Components→"This feature，and all subfeatures，will be installed on local hard drive."，意思是"将此部分及下属子部分内容全部安装在本地硬盘上"。对本窗口中的 MySQL Server（MySQL 服务器）、Client Programs（MySQL 客户端程序）和 Documentation（文档）也跟 Developer Components 一样操作，以保证安装所有文件。安装内容选择完成后对话框如图 2-62 所示。

（4）在图 2-62 所示对话框中单击 Change 按钮，设置 MySQL 的安装目录。在对话框的 Directory 标签后面的文本编辑框中，输入自己选择的安装路径 D:\Server\MySQL\MySQL Server 5.0，如图 2-63 所示。建议不要把数据库和操作系统安装在同一分区，这样

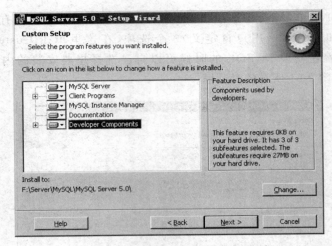

图 2-62 "MySQL 客户安装设置"对话框

可以避免系统备份还原的时候,数据库的数据被清空。设置好数据库的安装目录后单击 OK 按钮继续,出现图 2-64 所示的对话框,如果发现路径设置或其他不合心意,可以单击 Back 返回重做。单击 Install 开始安装,出现如图 2-65 所示的安装进度对话框,表示正在安装中,请稍候,直到出现如图 2-66 所示的对话框。

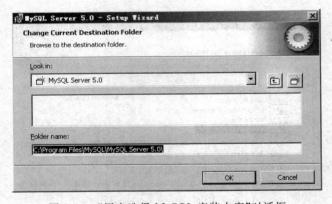

图 2-63 "用户选择 MySQL 安装内容"对话框

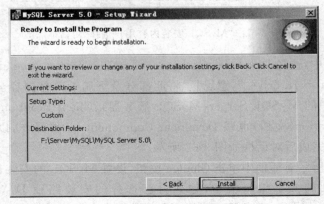

图 2-64 "MySQL 客户安装设置"对话框

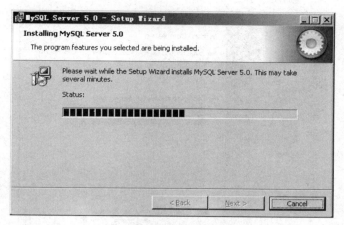

图 2-65　"安装进度"对话框

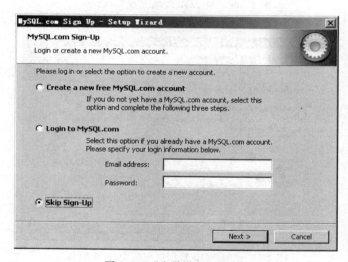

图 2-66　"账号设置"对话框

（5）图 2-66 所示的对话框，询问是否要注册一个 mysql.com 网站的账号，或者使用已有的账号登录 mysql.com 网站，这个网站在安装数据库的时候一般是不需要登录的，所以这里直接单击 Skip Sign-Up 单选按钮，然后再单击 Next 按钮略过此步骤。此时会出现如图 2-67 所示的对话框。

（6）图 2-67 所示的对话框表示 MySQL 软件安装完成，观察可以发现对话框上的 Configure the Mysql Server now 复选框处于选中状态，这是询问 MySQL 数据库安装完成是否接着进行数据库服务器的配置，在选中 Configure the Mysql Server now 复选框的前提下，单击 Finish 按钮完成软件的安装并启动 MySQL 配置向导，如图 2-68 所示。

（7）在图 2-68 所示的对话框中，有 Detailed Configuration（详细配置）和 Standard Configuration（标准配置）两种配置方式，这里选择 Detailed Configuration，以便使读者熟悉配置过程。单击 Detailed Configuration 单选按钮选中它，然后单击 Next 按钮，弹出如图 2-69 所示的对话框。

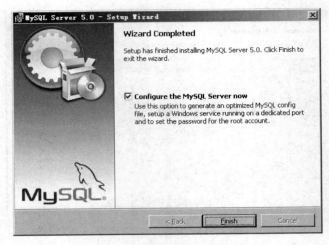

图 2-67 "MySQL 安装完成"对话框

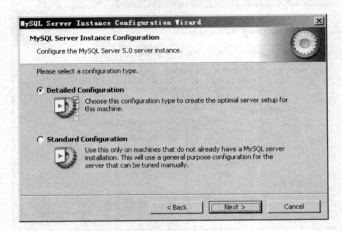

图 2-68 "MySQL 数据库配置向导"对话框

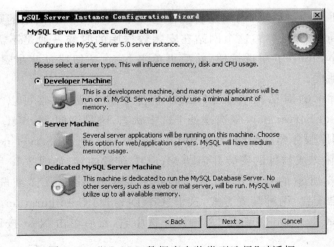

图 2-69 "MySQL 数据库安装类型选择"对话框

（8）在图 2-69 所示的对话框中，有 Developer Machine（开发测试型，MySQL 占用很少资源）、Server Machine（服务器型，MySQL 占用较多资源）和 Dedicated MySQL Server Machine（专门数据库服务器型，MySQL 占用所有可用资源）3 种配置方式，这里单击 Server Machine（服务器型）单选按钮，选择服务器类型。然后单击 Next 按钮，弹出如图 2-70 所示的对话框。

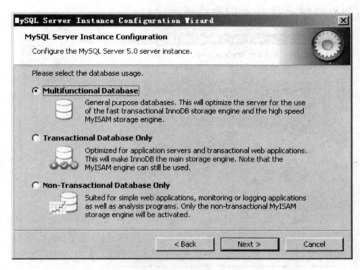

图 2-70　"MySQL 数据库用途类型选择"对话框

（9）图 2-70 所示的对话框中有 Multifunctional Database（通用多功能型）、Transactional Database Only（事务处理型）和 Non-Transactional Database Only（非事务处理型，较简单，主要做一些监控、记数用，对 MyISAM 数据类型的支持仅限于 nontransactional）3 种配置方式，可以根据安装数据库的用途自己进行选择。这里单击 Multifunctional Database 单选按钮，选择通用多功能类型。然后单击 Next 按钮，弹出如图 2-71 所示的对话框。

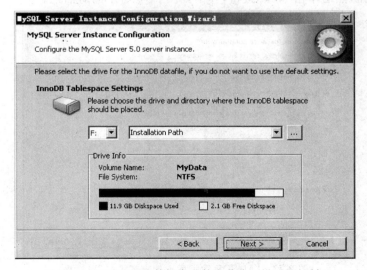

图 2-71　"MySQL 的数据库文件安装位置设置"对话框

（10）在图 2-71 所示的对话框中，主要让安装者对 InnoDB Tablespace 进行配置，为 InnoDB 数据库文件选择存储空间，就是选择把 InnoDB 数据库文件存放在哪个磁盘以及磁盘的哪个文件夹里，系统提供的默认位置和数据库系统文件在同一磁盘上，用户可以根据自己的需要自己设置。需要说明的是，重装数据库的时候要选择一样的地方，否则可能会造成数据库损坏。当然，如果对数据库做备份就没问题了，在此不再详述。这里使用默认位置，单击 Next 按钮，弹出如图 2-72 所示的对话框。

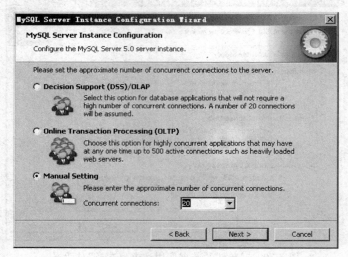

图 2-72 "MySQL 数据库同时访问数量配置"对话框

（11）在图 2-72 所示的对话框中，主要让安装者配置 MySQL 数据库同时连接的数目，也就是有多少个用户会同时连接访问数据库，这里有 Decision Support(DSS)/OLAP(20 个左右)、Online Transaction Processing(OLTP)(500 个左右)和 Manual Setting(手动设置，自己输一个数)3 种选择，可以根据自己的需要进行设置，这里单击 Decision Support(DSS)/OLAP)单选按钮，然后单击 Next 按钮，弹出如图 2-73 所示的对话框。

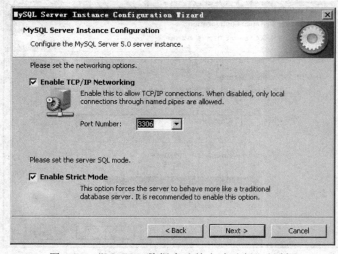

图 2-73 "MySQL 数据库连接方式选择"对话框

（12）在图 2-73 所示的对话框中，主要让安装者进行数据库的网络连接类型配置，本对话框有两个选项，一个选项是 Enable TCP/IP Networking，意思是是否启用 TCP/IP 连接，设定端口，如果不启用，就只能在本机上访问 MySQL 数据库，在这里单击 Enable TCP/IP Networking 单选按钮，选择启用，把连接端口 Port Number 设置为 3306。另一个选项是 Enable Strict Mode，意思是严格的数据库访问方式，启用这种方式，访问 MySQL 数据库的时候不会允许细小的语法错误，如果是新手，建议取消这种模式以减少麻烦。如果熟悉 MySQL，则尽量选用这种模式，因为它可以降低有害数据进入数据库的可能性。在这里我们将两种方式都选中启用，然后单击 Next 按钮，弹出如图 2-74 所示的对话框。

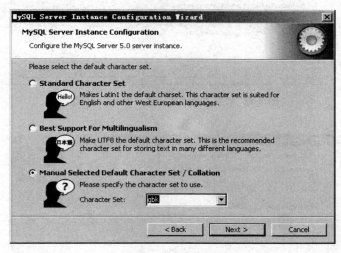

图 2-74 "MySQL 数据库字符编码配置选择"对话框

（13）在图 2-74 所示的对话框中，主要让安装者对 MySQL 默认的数据库语言编码进行设置，这里有 3 种选择，第一种是 Standard Character Set，也就是标准的西文编码；第二种是 Best Support For Multilingualism，也就是多字节的通用 UTF8 编码，这两种都不是通用的编码，所以这里选择第三种 Manual Selected Default Character Set/Collation，然后在 Character Set 那里选择或填入 gbk，也可以选择或填入 gb2312，它们的区别就是 gbk 的字库容量大，包括了 gb2312 的所有汉字，并且加上了繁体字和其他的字。使用 MySQL 的时候，在执行数据操作命令之前运行一次"SET NAMES GBK;"（运行一次就行了，GBK 可以替换为其他值，视这里的设置而定），就可以正常地使用汉字（或其他文字）了，否则不能正常显示汉字。这里选择或填入 gb2312，然后单击 Next 按钮，弹出如图 2-75 所示的对话框。

（14）在图 2-75 所示的对话框中，主要让安装者对 MySQL 数据库的服务实例进行配置，可以选择是否将 MySQL 安装为 Windows 服务，指定 Service Name（服务标识名称）；还可以选择是否将 MySQL 的 bin 目录加入到 Windows PATH，加入后，就可以在其他当前目录下直接使用 bin 下的文件，而不用指出文件具体的路径名，比如直接输入"mysql. exe -username -password;"就可以执行 MySQL 命令，不用指出 mysql. exe 的完整地址，这给 MySQL 命令执行者带来很多方便。在这里单击选中对话框显示的两种服务实例配置，服务名 Service Name 的内容保持默认设置 MySQL。然后单击 Next 按钮，弹出如图 2-76 所示的对话框。

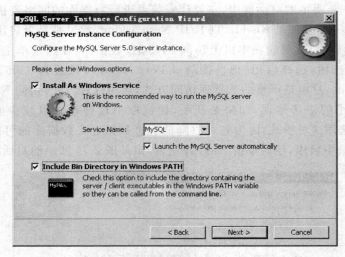

图 2-75　"MySQL 服务实例配置"对话框

图 2-76　"MySQL 数据库管理员用户密码设置"对话框

（15）在图 2-76 所示的对话框中，主要让安装者设置数据库超级管理员用户 root 的密码，root 的密码默认为空，如果要修改密码，就单击选中 Modify Security Settings 复选框，并在 New root password 后面的文本框中输入新密码。在 Confirm（确认）标签后面的文本框内再输一遍，防止输错。如果是重装，并且上一次安装时已经设置了密码，就将 Modify Security Settings 前面的对钩去掉，在数据库安装配置完成后另行修改密码，Enable root access from remote machines 复选框的意思是是否允许 root 用户在其他的机器上登录，如果要安全，就不要勾上；如果要方便，就勾上它。Create An Anonymous Account 的意思是新建一个匿名用户，匿名用户可以连接数据库，不能操作数据，包括查询，一般就不用勾选了，设置完毕后，如果设置有误，单击 Back 按钮返回重新设置，否则单击 Next 按钮继续，弹出如图 2-77 所示的对话框。

（16）图 2-77 和图 2-78 所示的对话框主要显示 MySQL 数据库根据安装者的选择进行

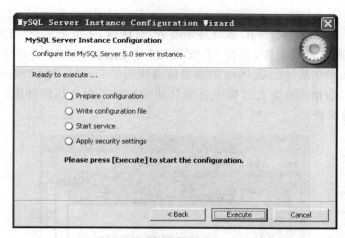

图 2-77 "MySQL 服务实例配置"对话框

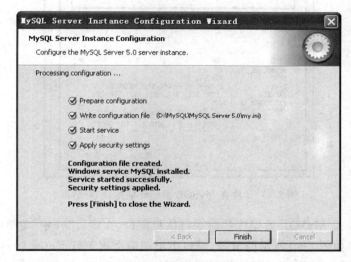

图 2-78 "MySQL 数据库管理员用户密码设置"对话框

的自动配置和启动过程，在图 2-77 的对话框中共有准备配置 Prepare configuration、写配置文件 Write configuration file、启动服务 Start service 和应用安全设置 Apply security setting 4 步。单击 Execute 按钮弹出如图 2-78 所示的对话框，此时系统开始进行自动配置，等待几分钟，这 4 步全都打上对钩，说明 MySQL 数据库安装配置和启动运行正确。然后单击 Finish 按钮结束 MySQL 的安装与配置。

注：安装者经常在这里出现一个比较常见的错误，就是 Start service 打上错号，也就是 MySQL 数据库的服务启动失败。这种情况一般出现在重装数据库的时候，也就是在以前曾经安装过 MySQL 数据库的服务器上重新安装数据库，解决错误的办法是，先保证以前安装的 MySQL 服务器必须彻底卸载掉。重装数据库的时候，应该首先将 MySQL 安装目录下的 data 文件夹备份，也就是备份前面数据库的数据内容，然后删除 MySQL 的安装目录，在正确安装完 MySQL 数据库后，将安装生成的 data 文件夹删除，将备份的 data 文件夹移回来，再重启 MySQL 服务就可以了，这种情况下，可能需要将数据库检查一下，然后修复一

次，防止数据出错。

（17）图 2-79 是"检查 MySQL 系统环境配置"对话框，采用 2.2 节"安装与配置 JDK"配置环境变量部分所描述的步骤，打开"系统属性"对话框的"高级"选项卡，找到系统变量 Path 进行编辑，如果在系统变量 Path 的变量值里找到了 D:\MySQL\MySQL Server 5.0\ Bin，说明 MySQL 数据库在安装过程中已经自动配置好了命令执行环境，否则就需要进行 MySQL 系统环境配置。

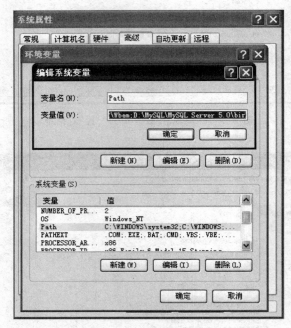

图 2-79 "检查 MySQL 系统环境配置"对话框

（18）图 2-80 是 MySQL 数据库的命令行执行窗口，在窗口"开始"菜单中，找到菜单项，单击执行，会弹出如图 2-80 所示的窗口，窗口中出现命令提示行 Enter Password，要求操作者输入管理数据库的密码，在此输入安装时设定的密码 admin，如果出现 mysql＞，说明数据库安装、配置、运行正常。

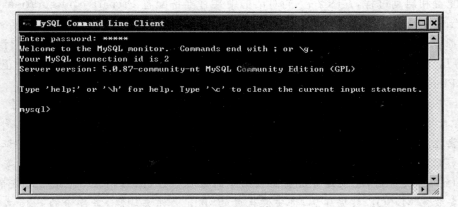

图 2-80 MySQL 数据库的命令执行窗口

## 2.4 习 题

### 2.4.1 简答题

1. 安装 JSP 运行环境需要准备哪些软件？
2. JDK 软件的作用是什么？
3. JDK 安装完成后为什么要配置系统的环境变量？
4. 如何得知 JDK 安装正确？
5. Tomcat 服务器软件的默认发布目录是什么？如何配置？
6. Web 应用程序是否可以存放在 Tomcat 的默认发布目录外？
7. 设置虚拟发布目录，要修改位于何处的哪个文件？

### 2.4.2 上机练习

安装并配置 Windows 7 操作系统下的 JSP 运行环境。

1. 安装 JDK，配置系统的环境变量，测试 JDK 安装是否成功。
2. 安装并配置 Tomcat，安装完成后发布 Tomcat 的默认主页，完成 Tomcat 的启动和停止操作。
3. 安装并且配置 MYSQL 数据库系统，并练习启动和停止数据库。

### 2.4.3 实训课题

在 Windows 7 或者 Windows XP 环境下完成 JDK 和 JSP Web 服务器的安装、配置与信息发布。完成以下工作。

1. 网络的硬件连接。
2. JDK 的安装、配置与测试。
3. JSP Web 服务器的安装、配置与测试。
4. 主页的发布。
5. 安装配置和使用 MyEclipse 开发一个简单的 Web 应用项目。

# 第二部分

# 前 端 开 发

# 第3章 HTML 语言——一切从 HTML 开始

**本章主要内容**

- HTML 的基本概念及其发展历程。
- HTML 的标记及其属性。
- HTML 文件的基本结构。
- HTML 的语法规则。
- 使用 HTML 标记制作网页。
- 合理选用多媒体技术,使页面图、文、声音、色彩齐茂,具有表现力。
- 制作表单,供客户提交信息。
- 恰当使用表格标记和窗口框架标记合理布局页面,使页面逻辑清晰。

## 3.1 HTML 概述

超文本标记语言(HyperText Markup Language,HTML)是一种建立网页文件的语言,人们通过浏览器所看到的网站,都是由 HTML 语言所构成的一系列相互关联的网页所组成。HTML 语言是一系列由尖括号<和>所括住的标记符号构成的指令集合,如<b>就是 HTML 语言的一个标记指令。

HTML 是制作网页的基础语言。网页可由任何文本编辑器如记事本、写字板或网页专用编辑器(如 FrontPage Editor 或者 Dreamweaver 等工具软件)编辑,完成后以 htm 或 html 为扩展名将文件保存为网页文件,该网页文件可以由浏览器打开显示。像 FrontPage、Dreamweaver 等网页制作软件,具有"所见即所得"的优良特点,制作网页简单方便,广受网页制作者的欢迎。但使用这些软件开发的网页的源代码也是基于 HTML 的,网页开发者如果想修改网页、体现个性,就必须读懂网页的 HTML 源代码,才能随心所欲地进行修改。对于那些网页设计开发高手,他们更喜欢直接编写 HTML 代码,开发出简洁高效的网页。要开发动态网站,就要使用 JavaScript、VBScript、ASP、ASP. NET、PHP 和 JSP 等技术。这些代码必须嵌入 HTML 代码中执行,所以 HTML 是 Web 设计的基础语言,是 Web 技术的基础。

HTML 的诞生最早可追溯到 20 世纪 40 年代。早在 1945 年,被誉为"信息时代的教父"的美国著名工程师、科学家管理者 Vannevar Bush 提出了超文本文件的格式,并在理论上建立了一个超文本文件系统 Memex,其目的是要扩充人的记忆力,但该系统仅局限在理论阶段,没有真正开发出来。到了 1965 年,美国信息技术先锋、哲学家及社会学家 TedNelson 第一次使用"超文本"来构造管理信息的系统,但与 Vannevar Bush 一样,他的超文本文件系统的尝试也未获得成功。1967 年,用户语言接口方面的先驱者 AndriesVanDam 在 IBM 公司的资助下,在美国布朗大学研发了世界上第一个真正运行成功的"超文本编辑系统"。1969 年,IBM 公司的 Charles Goldfarb 发明了可用于描述超文本信息的通用标记语言(Generalized Markup Language, GML)。1978 年到 1986 年间,在 ANSI 等组织的努力下,GML 语言进一步发展成为著名的标准通用标记语言(Standard Generalized Markup Language, SGML)。但美中不足的是,SGML 过于复杂,不利于信息的传递和解析。最终"万维网之父"——英国科学家蒂姆·伯纳斯-李(TimBerners-Lee)对 SGML 做了大刀阔斧的简化和完善,在 1990 年创建了图形化的 Web 浏览器 World Wide Web 使用的语言 HTML。

HTML 刚诞生时有很多不同的版本。所以 HTML 没有统一的 1.0 版本,但多数人认为 TimBerners-Lee 的版本应该算初版,尽管这个版本没有 img 元素。1993 年开发了后续版 HTML+,称为"HTML 的一个超集"。为了和当时的各种 HTML 标准相区别,定义为 2.0 版本。

万维网联盟(World Wide Web Consortium, W3C)在 1995 年 3 月发布了 HTML 3.0 规范,该版本在与 2.0 版本兼容的基础上提供了很多新特性,例如文字绕排、表格和复杂数学元素的显示等。但由于实现这个标准的技术复杂,这个标准并没有浏览器的真正支持,而于 1995 年 9 月被中止。历史上 HTML 3.1 版从未被正式提出,随后被提出的版本是 HTML 3.2。HTML 3.2 去掉了大部分 3.0 中的新特性,加入了一些特定浏览器如 Netscape 和 Mosaic 的元素和属性。

HTML 4.0 于 1997 年 12 月 18 日推出,该版本实现了两个重要的功能。

(1) 将文本结构和显示样式分离;

(2) 更广泛的稳定兼容性。

由于当时 CSS 层叠样式表的配套推出,使 HTML 和 CSS 制作网页的能力更加突出。

1999 年 12 月 24 日,W3C 推出了 HTML 4.01 版本,进一步地完善了 HTML 4.0 版本的功能。自 HTML 4.01 后,为了进一步推动 Web 的标准化,一些公司联合起来,成立了一个称为 Web 超文本应用技术工作组(Web Hypertext Application Technology Working Group, WHATWG) 的组织,致力于 Web 表单和应用程序的研究,并于 2004 年提出了 HTML 5 草案的前身 Web Applications 1.0。

2006 年,Web 超文本应用技术工作组和专注于 XHTML 2.0 技术的 W3C 开始合作,2007 年成立了新的 HTML 工作团队,致力于创建一个新版本的 HTML。

HTML 5 的第一份正式草案于 2008 年 1 月 22 日公布。到目前为止 HTML 5 仍处于完善之中。尽管如此,大部分现代浏览器已经具备了对某些 HTML 5 的支持。

2012 年 12 月 17 日,万维网联盟正式宣布了 HTML 5 官方规范稿,并称 HTML 5 是开放的 Web 网络平台的奠基石。

2013 年 5 月 6 日,HTML 5.1 正式草案公布。在这个版本中,推出新的帮助 Web 应用程序作者提高元素互操作性功能。从 2012 年 12 月 27 日至今,进行了多达近百项的修改,包括 HTML 和 XHTML 的标签,相关的 API、Canvas 等,同时 HTML 5 的图像 img 标签及 svg 也进行了改进,性能得到进一步提升。

HTML 5 获得了广泛的浏览器支持,包括 Firefox(火狐浏览器)、IE 9.0 及其更高版本、Chrome(谷歌浏览器)、Safari、Opera 等;国内的遨游浏览器,基于 IE 或 Chromium (Chrome 的工程版或称实验版)所推出的 360 浏览器、搜狗浏览器、QQ 浏览器、猎豹浏览器等国产浏览器同样具备支持 HTML 5 的能力。

移动设备也支持 HTML 5 的开发应用,但目前只有两种方法,要么全使用 HTML 5 的语法,要么仅使用 JavaScript 引擎。纯 HTML 5 手机应用运行缓慢并错漏百出,但优化后的效果会有所好转。HTML 5 手机应用的最大优势就是开发人员可以在网页上轻松调试修改,许多手机杂志客户端是基于 HTML 5 标准开发的。

HTML 是制作网页最基本的语言,尽管不懂 HTML 也能够借助于网页制作工具制作出漂亮的网页,但掌握它可以更方便灵活地控制网页。很多网页制作专家都喜欢用记事本之类的编辑工具编写 HTML 文件,因为采用这种方式编写的网页有如下优点。

(1) 浏览器解释效率高、速度快。

(2) 格式可以随意控制,可以把网页设计得更漂亮。

(3) 不会产生垃圾代码,使网页的传输速度更快。

## 3.1.1　HTML 入门——一个简单的 HTML 案例

【例 3-1】　制作具有链接功能的两个简单网页。网页文件名为 example3_1_1. html 和 example3_1_2. html。将两个网页文件保存在同一文件夹下,然后双击网页文件 example3_1_1. html,浏览器将自动打开并显示网页 example3_1_1. html 的内容。在该页面单击"古诗欣赏-望庐山瀑布"超链接,页面将跳转到 example3_1_2. html 页面,这是网页最基本的功能。

操作步骤如下。

### 1. 编写网页代码

使用文本编辑器 Notepad(记事本)或者 Wordpad(书写板),输入以下两个 HTML 文件的代码,并保存在同一文件夹下。

**程序清单 3-1_1(文件名为 example3_1_1. html):**

```
<html>
<head>
<title>一个简单的 HTML 案例</title>
</head>
<body>
<a href="example3_1_2.html">古诗欣赏-望庐山瀑布</a>
</body>
</html>
```

**程序清单 3-1_2(文件名为 example3_1_2. html):**

```
<html>
<head>
<title>古诗欣赏-望庐山瀑布</title>
</head>
<body>
<p align="center"><font size="7" color="#0000ff">望庐山瀑布</font></p>
<p align="center"><font size="5" color="#0000ff">李白</font></p>
```

```
<!—下面绘出一条横线-->
<hr>
<p align="center"><font size="6" color="#$ff0000">日照香炉生紫烟,</font></p>
<p align="center"><font size="6" color="#00ff00">遥看瀑布挂前川。</font></p>
<p align="center"><font size="6" color="#0000ff">飞流直下三千尺,</font></p>
<p align="center"><font size="6" color="#7b5a3c">疑是银河落九天。</font></p>
</body>
</html>
```

**2. 页面测试**

找到保存上面两个网页文件的文件夹,双击网页文件 example3_01_1.html,浏览器中显示页面文件 example3_01_1.html 的运行结果,如图 3-1 所示。

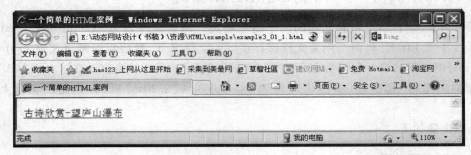

图 3-1　网页 example3_01_1.html

在图 3-1 的页面中单击“古诗欣赏-望庐山瀑布”超链接,页面将转跳至代码 example3_01_2.html 网页的页面,如图 3-2 所示。

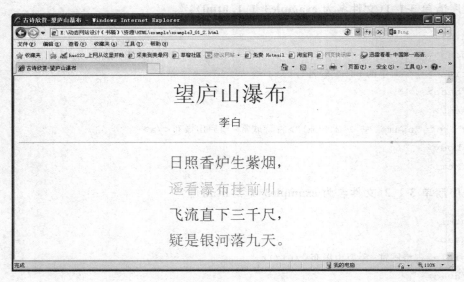

图 3-2　网页 example3_01_2.html

## 3.1.2　HTML 标记的基本概念

要掌握 HTML,首先需要熟悉 HTML 语言的一些基本概念。

**1. HTML 标记及其作用**

HTML 是互联网计算机上安装的浏览器软件能够识别的语言,更确切地说,浏览器软件识别的是构成 HTML 语言的标记。HTML 语言中用于描述功能的符号称为"标记",它主要用来告诉浏览器如何显示 HTML 网页文件中的文字、图形、图像和链接等信息。例 3-1 中的<html>、<head>、<body>、<font>、<p>等用尖括号括起来的都是标记。标记中的字母没有大小写的分别,如<HTML>和<html>功能是一样的,甚至也可以写成<Html>或者<hTMl>。但使用时构成标记的字母最好规范成都大写或者都小写。标记在使用时必须用英文的尖括号"<>"括起来,HTML 语言的标记有单标记和双标记两种,分别是单标记指令(只有<起始标记>指令)和双标记指令(由<起始标记>和</结束标记>构成)。通过浏览器看到的网页都是由 HTML 通过标记式指令,将文字、声音、图片、影像等组织在一起的。

1) 单标记

"单标记"是指只需单独使用就能完成功能表达的标记。这种标记不会成对出现,标记的语法是:

**<标记名称>**

网页文件 example3_1_2. html 中的<hr>就是一个单标记,它的意思是画一条横线。此外,最常用的单标记还有<br>,它表示换行的作用。

2) 双标记

双标记由"初始标记"和"结束标记"两部分构成,在网页文件中必须成对出现。如网页文件 example3_1_2. html 中的<html>和</html>、<font>和</font>、<p>和</p>等,其中初始标记前加一个斜杠(/)即成为结束标记,初始标记告诉 Web 浏览器从此处开始执行该标记所表示的功能,而尾标记告诉 Web 浏览器到这里结束该功能。双标记的语法是:

**<标记>内容</标记>**

其中"内容"是指要被这对标记施加作用的部分。例如,想把文字"日照香炉生紫烟"以粗体的形式显示,可以将此段文字放在<b></b>这对标记对中,写成

**<b>日照香炉生紫烟</b>**

**2. 标记属性**

一些单标记和双标记的始标记内可以包含一些属性,如网页文件 example3_1_2. html 中的<p align="center"><font size="6" color="#00ff00">遥看瀑布挂前川。</font></p>就是标记属性的具体应用,其语法如下:

**<标记名称 属性 1="属性 1 的值"　属性 2="属性 2 的值"　属性 3…>内容</标记名称>**

语句<p align="center">中 p 是标记,表示一个文字段落的开始,align 是标记 p 的对齐属性,center 是 align 属性的值,表示文字段落居中对齐,如果令 align="left"则表示段落左对齐,如果 align="right"表示段落右对齐,可见标记的一个属性可以有不同的属性值。

语句<font size="6" color="#00ff00">中 font 是标记,表示接下来文字字体改变的开始;size 是标记 font 的大小属性,6 是 size 属性的值,表示接下来文字大小为 6 号,color 是标记 font 的颜色属性,#00ff00 是 color 属性的值,表示接下来文字颜色为十六进制数值 #00ff00 定义的颜色;可见标记可以有多个属性,每一个属性可以有不同的属性值,属性和属性之间以空格分开。

标记各属性之间没有先后次序区别,属性可以省略,省略时属性取其默认值。比如单标记<hr>表示在网页当前位置画一条水平线,该标记的属性省略时表示从窗口中当前行的最左端一直画到最右端。该标记可以带一些属性,如<hr size="5" align="right" width="50%">。其中,size 属性用于定义线的粗细,属性值取整数,默认值为 1 个像素;align 属性表示对齐方式,可取 left(左对齐,默认值)、center(居中)、right(右对齐);width 属性用于定义线的长度,可取相对值(由一对""号括起来的百分数,表示相对于整个窗口的百分比),也可取绝对值(用整数表示的屏幕像素点的个数,如 width="400"),默认值是 100%。

**3. 注释语句**

HTML 和其他计算机语言一样也提供了注释语句。注释语句的格式为

<!—注释内容-->

"<!—"表示注释开始,"-->"表示注释结束,中间的所有内容表示注释内容,注释语句可以放在文件中的任何地方,注释内容在浏览器中不显示,仅供设计人员使用。

### 3.1.3　HTML 文件基本架构

HTML 网页文件基本结构如图 3-3 所示,以网页文件初始标记<html>开始,网页文件结束标记</html>结束。用文件头标记对<head>、</head>和文件体标记对<body>、</body>把文件分成文档头部和文档正文两部分。文档头部包含文件的说明信息,这些信息并不显示在网页中。文档正文是将要显示在浏览器中的内容,它包括标题、段落、列表、文字、图像等网页所有的实际内容。

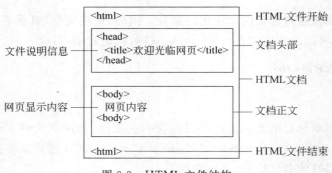

图 3-3　HTML 文件结构

**1. 网页文件标记 html**

<html>处于网页文档的开始一行,标记着网页文件的开始。</html>处于网页文档的结束行,标记着网页文件的结束,中间嵌套其他标记和内容。

**2. 文件头标记 head**

<head>标记文件头区开始,</head>标记文件头区结束。文件头区主要用来说明网页文件的有关信息,如文件的标题、作者、编写时间、搜索引擎可用的关键词等。它一般包含下列标记及内容。

(1)网页标题标记。

语法:

```
<title>网页标题</title>
```

网页标题出现在浏览器的标题栏中。标明网页内容和网页功能,一个网页只有一个标题,并且只能出现在文件的头部。

(2)基地址标记。

语法:

```
<base  href=" URL">
```

用来指定网页中超链接的基准路径,该标记主要用于简化页面中超链接的地址,只需要把超链接的地址设为基于基准路径的相对路径。

(3)文档相关资料标记。

语法:

```
<meta  name="作者"  content="李××"  charset=gb2312>
```

meta 标记的属性主要用来提供文档的相关信息,如上面一行就指明了"李××是作者"这一信息,其 charset 属性用来设置网页使用的字符集。下面一行列出了网页常用字符集的设置情况:

**繁体中文** charset＝big5;**简体中文** charset＝gb2312;**纯英文页面** charset＝iso-8859-1。

**注**:如果网页显示时中文显示为乱码,一般就是因为字符集 charset 属性设置不当造成的。此时可以将 charset 属性设为简体中文字符集,浏览器就能正确显示网页页面了。设置方法如下:

```
<head>
<meta  http-equiv="Content-Type"  content="text/html" charset=gb2312>
</head>
```

(4)<link>标记。

link 标记指名网页需要其他资源的情况、显示检索信息、作者信息等。

(5)CSS 样式标记<style>。

语法:

`<style>…</style>`标记

style 用于在文档中声明样式。

style 使用方法举例如下，具体请参看 CSS 教程。

```
<head>
    <style type="text/css">
    abbr
    {
        font-size: 12px;
    }
    .text10pxwhite
    {
        font-size: 10px;
        color: #FFFFFF;
    }
    </style>
</head>
```

文件头区标记及属性具体应用举例如下：

```
<html>
<head>
  <title>本例主要示范 head 标记的使用</title>
  <base  href="http://www.sddx.edu.cn/">
  <meta  name="作者"  content="text/html" charset=gb2312>
  <style type="text/css">
    abbr
    {
        font-size: 12px;
    }
    .text10pxwhite
    {
        font-size: 10px;
        color: #FFFFFF;
    }
    </style>
</head>
<body>
    <p>本例主要演示如何设置 head 文件头区的内容</p>
</body>
</HTML>
```

### 3. 文件体标记 body

`<body>`标记文件主体区开始，`</body>`标记文件主体区结束。文件主体区是 HTMI 文档的主体部分，网页中的表格、文字、图像、声音和动画等所有内容都包含在这对标记对之间,格式如下。

```
<body
    background="image-URL"
    bgcolor="color"
    text="color"
    link="color"
    alink="color"
    vlink="color"
    leftmargin="value"
    topmargin="value">
</body>
```

其中各属性的含义如下。

(1) background:设置网页的背景图像。

(2) image-URL:图像文件的路径和名称。

(3) bgcolor:设置网页背景颜色,默认为白色。

(4) text:设置网页正文文字的色彩,默认为黑色。

(5) link:设置网页中可链接文字的色彩。

(6) alink:设置网页中链接文字被鼠标点中时的色彩。

(7) vlink:设置网页中可链接文字被单击(访问)过的色彩。

(8) leftmargin:设置网页内容和浏览器左部边框之间的距离,即页面左边距。

(9) topmargin:设置网页内容和浏览器上部边框之间的距离,即页面上边距。

(10) value:表示距离的量,可以是数值,也可以是相对于页面窗口宽度或高度的百分比。

(11) color:表示颜色值。颜色值可以用颜色代码,如 red(红)、blue(蓝)、yellow(黄)、green(绿)、black(黑)、white(白)等表示,也可以用#加红绿蓝(RGB)三基色混合的 6 位十六进制数#RRGGBB 表示。每个基色的最低值是 0(十六进制是#00),最大值是 255(十六进制是#FF),如#FF0000(红)、#00ff00(绿)、#0000FF(蓝)、#000000(黑)、#FFFFFF(白)等。

常用颜色的十六进制数一览表如表 3-1 所示。

表 3-1　常用颜色的十六进制数一览表

| 颜　色 | 十六进制数 | 颜　色 | 十六进制数 |
|---|---|---|---|
| black(黑) | #000000 | cyan(青) | #00FFFF |
| white(白) | #FFFFFF | gray(灰) | #808080 |
| red(红) | #FF0000 | silver(银灰) | #C0C0C0 |
| green(绿) | #00FF00 | magenta(洋红) | #FF00FF |
| blue(蓝) | #0000FF | teal(墨绿) | #008080 |
| yellow(黄) | #FFFF00 | navy(深蓝) | #000080 |

### 3.1.4　HTML 语言的语法规范

任何语言都有语法规则,HTML 也不例外,其语法规则如下。

(1) HTML 网页文件内容是纯文本形式,文件扩展名必须为 htm 或 html。在 UNIX 操作系统中,扩展名必须为 html。

(2) HTML 是大小写不敏感的语言,构成标记的字母可以大写,也可以小写,如<head>、<head>和<HeAd>功能是相同的。

(3) HTML 多数标记可以嵌套使用,但不可以交叉。例如,<p><font size="6" face="华文行楷" color="red">JSP 动态网站设计教程</p></font>将不能正确显示。因为标记<p>与标记<font>出现了交叉。

(4) HTML 文件中,一行可以写多个标记,一个标记中的内容也可以写在多行中,而且不用任何续行符号,但标记中的单词不能分开写,必须连为一体,如不能把<font>写为<fo nt>或者<f ont>等。例如:

```
<p><font face="华文行楷" size="6" color="#$ff0000">日照香炉生紫烟,</font></p>
```

与

```
<p><font face="华文行楷"
size="6" color="#$ff0000">日照香炉生紫烟,</font></p>
```

写法都正确,显示效果也相同。但下列写法是不正确的。

```
<p><fo
nt face="华文行楷" size="6" color="#$ff0000">日照香炉生紫烟,</font></p>
```

因为标记 font 这个单词写在了两行中,所以会导致错误发生。

(5) HTML 文件中的换行符、回车符和空格不产生任何显示效果。如果要想使显示内容产生换行效果,必须用<br>标记。标记<p>起换段作用,<p>表示段落开始,</P>表示段落的结束。

```
<font face="华文行楷">
    JSP 动态网站设计教程
</font>
```

与

```
<font face="华文行楷">
JSP 动 态网 站
设计教程
</font>
```

在浏览器显示效果均为 JSP 动态网站设计教程。可以看出来,空格符和回车符并没有起到空格和换行的作用。

(6) HTML 文件中的特殊符号。

HTML 页面中的空格是通过代码" "控制的," "产生一个半角空格,如需显示多个空格需要多次使用" "。与空格的表示方法相类似,一些特殊的符号都借

由特殊的符号码来实现。一般是由前缀 & 加上字符对应的名字,再加上后缀";",如表 3-2
所示。

表 3-2　HTML 中常用的特殊符号代码

| 特殊符号 | 符号代码 | 特殊符号 | 符号代码 |
| --- | --- | --- | --- |
| > | &gt; | < | &lt; |
| " | &quot; | & | &amp; |
| 版权号 | &copy; | | |

(7) HTML 网页中所有的显示内容都由一个或多个标记限定,不允许有在标记限定之
外的文字、图像,否则会发生错误。

## 3.2　HTML 文本格式标记

在<body>和</body>标记对之间输入的文本内容可以在浏览器窗口中显示,但要
使显示的文本内容格式优美,还需对输入的文本进行修饰,下面介绍的标记就是专门用来修
饰文本的。

### 3.2.1　标题标记<hn>…</hn>

功能:用于标示网页内章节标题的显示格式,被标示的文字将以粗体形式显示。
语法:

```
<Hn align="对齐方式">标题内容</Hn>
```

HTML 定义了 6 级标题,n 可以是 1～6 之间的任意整数,数字越小,字号越大;align 属
性设置标题对齐方式,其值可以为 left(左对齐)、right(右对齐)、center(居中对齐)、bottom
(位于底端)和 top(位于顶部)。

说明:

(1) 该标记实现文章标题的效果有限,通常用 font 标记设置文章标题获得更为丰富多
彩的效果。

(2) 标题标记具有换行功能,每个标题独占一行。

【例 3-2】　标题格式标记举例。

**程序清单 3-2,标题格式标记举例(文件名为 example3_02. html)**:

```
<html>
<title>标题格式标记示例</title>
</head>
<body>
<p>本例子主要演示标题标记的格式及用法</p>
<h1>一级标题</h1>
<h2>二级标题</h2>
<h3>三级标题</h3>
<h4>四级标题</h4>
<h5>五级标题</h5>
```

```
<h6>六级标题</h6>
</body>
</html>
```

上面网页代码在浏览器中显示的效果如图 3-4 所示。

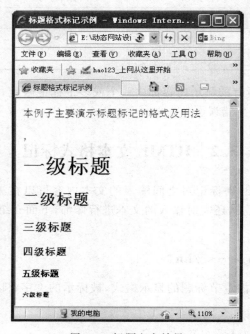

图 3-4  标题文字效果

### 3.2.2  文字格式标记＜font＞…＜/font＞

功能：通过文字格式标记的属性设置文字的字体、大小和颜色，控制文字的显示效果。

语法：

＜font  属性="属性值" …＞文字＜/font＞

＜font＞标记属性如表 3-3 所示。

**表 3-3  ＜font＞标记属性一览表**

| 属性 | 功　　能 | 应 用 示 例 |
|---|---|---|
| face | 设置网页中文字的字体，当设定的字体不存在时，使用默认的字体 | ＜font face="黑体"＞ |
| size | 设置网页中文字字体的字号，共有 1～7 号，7 号最大，默认是 3 号，可以在默认字号的基础上通过加减运算，取得字号值 | ＜font size＝5＞<br>＜font size＝＋2＞ 表示基准字号＋2<br>＜font size＝－1＞ 表示基准字号－1<br>基准字号可以通过下列标记设置<br>＜basefont size="基准字号"＞ |
| color | 设置字体的颜色 | ＜font color=" blue"＞ |

**【例 3-3】** 文字格式标记举例。

**程序清单 3-3，文字格式标记举例（文件名为 example3_03. html）：**

```html
<html>
<title>文字格式标记示例</title>
</head>
<body>
<center>
<p>本例子主要演示文字格式标记的用法</p>
<p><font  face="黑体"  size=7  color="red">黑体 7 号字红色</font></p>
<p><font  face="楷体"  size=6  color="blue">楷体 6 号字蓝色</font></p>
<p><font  face="宋体"  size=5  color="green">宋体 5 号字绿色</font></p>
<p><font  face="幼圆"  size=4  color="yellow">幼圆 4 号字黄色</font></p>
<p><font  face="华文彩云"  size=3  color="teal">华文彩云 3 号字墨绿色</font></p>
<p><font  face="华文琥珀"  size=2  color="magenta">华文琥珀 2 号字洋红色</font>
</p>
<p><font  face="华文中宋"  size=1  color="black">华文中宋 1 号字黑色</font></p>
<basefont  size="3">
<p><font  face="黑体"  size=+4  color="red">黑体 7 号字红色</font></p>
<p><font  face="楷体"  size=-1  color="blue">楷体 2 号字蓝色</font></p>
</body>
</html>
```

网页文件 example3_03. html 在浏览器中显示的效果，如图 3-5 所示。

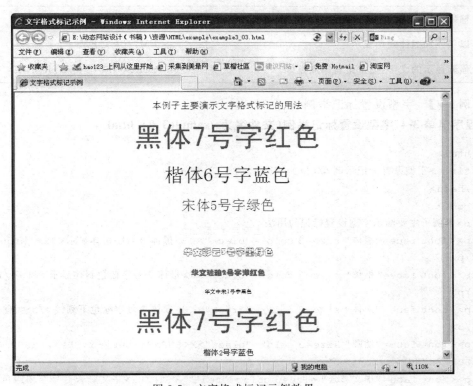

图 3-5  文字格式标记示例效果

### 3.2.3 字型设置标记

字型设置标记主要用来设置文字的显示样式,如黑体、斜体、下划线以及突出显示和按地址显示等。常用的字型设置标记如表 3-4 所示。

表 3-4 字型设置标记

| 文 本 字 型 | 字型设置标记 |
| --- | --- |
| 粗体 | `<B>…</B>` |
| 斜体 | `<I>…</I>` |
| 下划线 | `<U>…</U>` |
| 删除线 | `<STRIKE>…</STRIKE>` |
| 使文字成为前一个字符的上标 | `<SUP>…</SUP>` |
| 使文字成为前一个字符的下标 | `<SUB>…</SUB>` |
| 使文字大小相对于前面的文字减小一级 | `<SMALL>…</SMALL>` |
| 使文字大小相对于前面的文字增大一级 | `<BIG>…</BIG>` |
| 使文字呈现出闪烁效果 | `<Blink>…</Blink>` |
| 以等宽字体显示西文字符 | `<TT>…</TT>` |
| 输出引用方式的字体,通常是斜体 | `<CITE>…</CITE>` |
| 以斜体加黑体强调显示 | `<EM>…</EM>` |
| 强调显示的文字,通常是斜体加黑体 | `<STRONG>…</STRONG>` |

【例 3-4】 字型设置标记举例。

**程序清单 3-4,字型设置标记举例(文件名为 example3_04. html):**

```
<html>
<title>字型设置标记示例</title>
</head>
<body>
<p>本例子主要演示字型设置标记的用法</p>
<p><font face="黑体" size=3 color="black"><B>黑体 3 号字粗体显示</B></font>
</p>
<p><font face="楷体" size=3 color="blue"><I>楷体 3 号字蓝色斜体显示</I></font>
</p>
<p><font face="宋体" size=3 color="green"><U>宋体 3 号字绿色下划线</U></font>
</p>
<p><font face="幼圆" size=3 color="black">X<SUP>2</SUP>+Y<SUP>2</SUP>=Z
<SUP>2</SUP></font></p>
<p><font face="华文彩云" size=3 color="teal"><STRIKE>华文彩云 3 号字墨绿色删除线
</strike></font></p>
```

```
<p><font face="华文琥珀" size=3 color="magenta"><EM>华文琥珀 2 号字洋红色斜体加黑
体</em></font></p>
<p><font face="华文中宋" size=3 color="black"><CITE>华文中宋 3 号字黑色斜体
</cite></font></p>
</body>
</html>
```

网页文件 example3_04.html 在浏览器中显示的效果如图 3-6 所示。

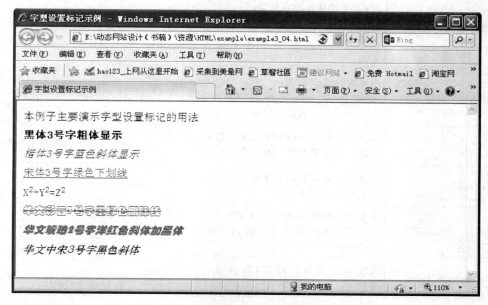

图 3-6　字型设置标记示例效果

## 3.2.4　文字滚动标记

功能：在网页中显示滚动的文字效果。

语法：

```
<marquee
    behavior="value"
    bgcolor="color"
    direction="value"
    height="value"
    width="value"
    loop="value"
    scrollamount="value"
    scrolldelay="value">
    滚动文字
</marquee>
```

＜marquee＞文字滚动标记属性如表 3-5 所示。

表 3-5 ＜marquee＞文字滚动标记属性一览表

| 属　　性 | 说　　明 | 示　　例 |
| --- | --- | --- |
| behavior＝"value" | Behavior 属性设置文字滚动方式,当 behavior＝"alternate"时,文字将从右向左,然后从左向右交替进行滚动;当 behavior＝"slide"时,文字将从右向左移动,到左边后停止;当 behavior＝"scroll"时,文字将从左向右移动 | ＜marquee behavior＝"slide"＞ 或 ＜marquee behavior＝"alternate"＞ |
| bgcolor＝"color" | 设置滚动文字的背景颜色,color 的值与 body 标记中的第 11 项颜色属性取值相同 | ＜marquee bgcolor＝♯FF7A8B＞ |
| direction＝"value" | 设置文字滚动的方向,value 的值有 left、right、top 和 down 4 种,分别表示文字向左、向右、向上和向下滚动 | ＜marquee direction＝"right"＞ |
| width＝"w" height＝"h" | 设置文字移动区域的宽度和高度,w 和 h 的取值为像素数或相对于窗口的百分比 | ＜marquee width＝300 height＝200＞ |
| loop＝"value" | 设置文字滚动的循环次数。默认值为 1,表示无限次循环次数 | ＜marquee loop＝20＞ |
| scrolldelay＝"value" | 设置每一次滚动和下一次滚动之间的延迟时间,单位是毫秒,默认时间间隔是 90ms | ＜marquee scrolldelay＝"80"＞ |
| scrollamount＝"value" | 设置文字滚动的速度,数值越大速度越快 | ＜marquee scrollamount＝"100"＞ |
| hspace＝"w" vspace＝"h" | hspace 属性设置文字滚动区域水平方向最左侧与浏览器窗口网页的左边沿和最右侧与浏览器窗口网页的右边沿之间的间距,vspace 属性设置文字滚动区域垂直方向最上边与网页的上一行最下边沿以及最下边与网页的下一行最上边沿之间的间距 | ＜marquee hspace＝10 vspace＝20＞ |

　　**注**：文字滚动标记的具体应用请参考例 3-5。

## 3.2.5　段落标记

　　HTML 文档中的空格符、Tab 符和回车换行符在浏览器中起不到原有的显示空格和换行的作用,浏览器在解释 HTML 文档时,会自动忽略文档中的回车、空格以及其他一些符号,所以在文档中输入回车,并不意味着在浏览器内将看到一个不同的段落。在网页中要显示空格或者换行,必须使用下列标记。

### 1.　段落标记＜p＞

　　功能：设置文章段落的开始和结束。＜p＞标记表示另起一段,段前空一行,结束标记＜/p＞可以省略。属性 align 设置段落的对齐方式,取值可以为 left(左对齐)、right(右对齐)和 center(居中对齐)。

语法：

```
<p align="水平对齐方式">…</p>
```

### 2. 换行标记<br>

功能：浏览器遇到标记<br>换行，中间不插入空行。

语法：

```
<br>
```

说明：换行标记是单标记，尽管在显示效果上与段落标记类似，但它们也有不同之处：段落标记行距比换行标记行距宽。<br>使用还有一个技巧，当把<br>放在<p></p>标记对的外边时，会创建大的回车换行，即<br>前边和后边文本的行距比较大。

### 3. 禁止换行标记<nobr>

功能：默认状态下，网页内容会随浏览器窗口宽度变窄而自动换行。当不允许页面内容随浏览器窗口变窄而换行时，可以使用禁止换行标记<nobr>，把禁止换行的内容放到<nobr>和</nobr>之间即可。此时，如果显示的行内容超出浏览器的窗口宽度，浏览器窗口下方会出现水平滚动条，浏览者借此可以滚动浏览。

### 4. 插入水平线标记<hr>

功能：在网页上画一条横线，对页面内容进行分割。

语法：

```
<hr  width=value1 size=value2 align=value3 color=value4>
```

属性：<hr>标记有 width、size、align、color 和 noshade 等属性，其中 width 属性设置水平线的宽度，其值 value1 可以像素为单位设置水平线的宽度，如取值 50、100、200 等，也可以设置相对窗口的百分比，如 50% 表示线宽是窗口宽度的一半，100% 表示线宽和窗口一样宽，默认值是 100%；size 属性设置水平线的厚度，value2 的值可以是绝对点数，也可以是(相对长度的)百分比，默认高度为 1；align 属性设置水平线的对齐方式，value3 的值可以是 left(居左)、right(居右)、center(居中)，默认是居中；color 属性设置水平线的颜色，颜色的取值是十六进制 RGB 颜色码或 HTML 给定的颜色常量名；noshade 属性不用赋值，当在标记中设置该属性，就表示画一条没有阴影的水平线(不加入此属性水平线将有阴影)。

### 5. 预格式化标记<pre>

功能：使文字在 HTML 中排好的格式在浏览器中原样显示，也就是空格、回车符等在浏览器中起作用。

语法：

```
<pre>预排格式的文本</pre>
```

说明：若用文本编辑器编好了一段文本，把它保存成网页文件，其文档中的回车、空格以及其他一些符号在浏览器中不起作用,常常需要加许多标记才能实现空格和换行等显示效果。如果在文本开头加上<pre>,在末尾加上</pre>,那么中间的回车换行符就能起作用,是空格的在浏览器显示为空格,回车换行符在浏览器中会起换行的作用。

### 6. 文本缩排标记<blockquote>

功能:缩排标记用于实现页面文字的段落缩排。多次使用缩排标记可以实现多次缩排。

语法:

```
<blockquote>…</blockquote>
```

【例 3-5】 段落标记和文字移动标记举例。

**程序清单 3-5,段落标记和文字移动标记举例(文件名为 example3_05.html):**

```
<html>
<head>
<title>段落格式标记综合示例</title>
</head>
</body>
<p>
    <marquee bgcolor="blue" behavior="alternate" direction="left"
        scrollamount="10" scrolldelay="100" width="800" height="20">
        <font color="white"><b>四时</b>
        </font>
    </marquee>
</p>
<p align="center">陶渊明</p>
<hr width=25% size=2 align="center" color="blue">
<p align="center">
    春水满四泽,夏云多奇峰。<br>秋月扬明晖,冬岭秀寒松。
</p>
<pre>
<marquee bgcolor="red" behavior="scroll" direction="right"
        scrollamount="20" scrolldelay="80" hspace="20" vspace="10">
        <font color="yellow"><b>《饮酒·其五》</b>
        </font>
    </marquee>
                        陶渊明
<hr width=50% size=5 align="left" color="red">
                结庐在人境,而无车马喧。
                问君何能尔?心远地自偏。
                采菊东篱下,悠然见南山。
                山气日夕佳,飞鸟相与还。
                此中有真意,欲辨已忘言。
</pre>
```

```
        &lt;&lt;山中问答 &gt;&gt;
<br>
            李白
<hr width=&0%size=4 align="left" color="magenta">
<blockquote>问余何意栖碧山,</blockquote>
<blockquote>
    <blockquote>笑而不答心自闲。</blockquote>
</blockquote>
<blockquote>
    <blockquote>桃花流水窅然去,</blockquote>
</blockquote>
<blockquote>别有天地非人间。</blockquote>
</body>
</html>
```

网页文件 example3_05.html 在浏览器中显示的效果如图 3-7 所示。

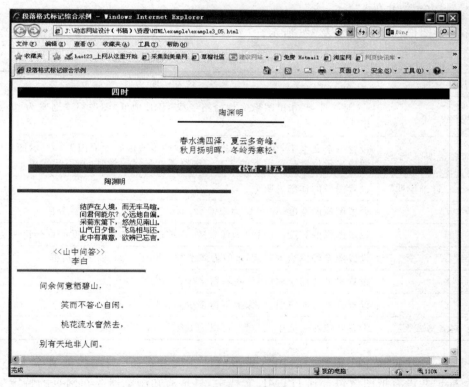

图 3-7 段落标记综合示例效果

# 3.3 图像与多媒体标记

网页中图像和多媒体的使用会使页面更加丰富多彩。

### 3.3.1 图像标记＜img＞

**1.＜img＞图像标记功能**

功能：在网页当前位置插入图像。

语法：

```
<img
    src=" image-URL"
    alt="简要说明"
    longdesc="详细说明"
    width="W" height="H"
    border="L"
    hspace="X"
    vspace="Y"
    align="对齐方式">
```

＜img＞图像标记属性如表 3-6 所示。

**表 3-6 ＜img＞图像标记属性一览表**

| 属 性 | 说 明 |
| --- | --- |
| src＝"image-URL" | src 是必选项,指出图像文件的路径或 URL 地址,图像格式通常为 jpg 或 gif 格式 |
| alt＝"简要说明" | 设置一个文本串,在浏览器未完全装载图像或因其他原因无法显示图像时,在图像显示位置显示设置的文本。浏览器能显示图像时 alt 不起作用 |
| longdesc＝"详细说明" | 设置图像的详细说明 |
| width＝"W" | 设置图像的宽度,W 可以为像素数,也可以为窗口宽度的百分比 |
| height＝"H" | 设置图像的高度,H 可以为像素数,也可以为相对窗口高度的百分比 |
| border＝"L" | 设置图像外围边框宽度,L 值为像素数。border＝0 表示无边框 |
| hspace＝"X" | 设置水平方向空白(图像左右留多少空白) |
| vspace＝"Y" | 设置垂直方向空白(图像上下留多少空白) |
| align＝"对齐方式" | 设置图像在页面中的位置,可以为 left、right 或 center |

说明：width 和 height 属性设置图像显示时的宽度和高度,与图像的真实大小无关。＜img＞标记并没有把图像包含到 HTML 文档中,只是通知浏览器要在网页的特定位置显示设定大小的图像。标记中的 src 属性说明了要显示图像的文件名及其保存的路径,这个路径可以是相对路径,也可以是网址。设置图像文件及其地址时常采用相对路径,相对路径是指所要链接或嵌入到当前 HTML 文档的文件以当前文件所存储的位置作为参考位置所形成的路径。当 HTML 网页文件与要链接或嵌入的图像文件(假设文件名是 welcome.jpg)在同一个目录下时,代码就可以写成＜img src=". welcome.jpg"＞;当图像文件放在当前的 HTML 网页文档所在目录的一个子目录(子目录名假设是 image)下,则代码应为

<img src="/image/welcome.jpg">；当图像文件放在 HTML 网页文档所在目录的上层目录(目录名假设是 home)下，则图像相对路径为".../home/welcome.jpg"，即代码写为<img src="../home/welcome.jpg">；其中".../"表示后退一级目录，即退到 HTML 网页文件所在目录的上一级目录，然后在后边紧跟文件在网站中的路径 home/welcome.jpg。

**2. <img>视频标记功能**

功能：在网页中加入 avi 等格式的视频内容。

语法：

```
<img src="image-URL" dynsrc="avi-URL" loop="n" start="开始时间"  controls
loopdelay="时间间隔">
```

<img>视频标记属性如表 3-7 所示。

表 3-7　　<img>视频标记属性一览表

| 属　　性 | 说　　明 |
| --- | --- |
| src="image-URL" | src 是必选项，指出图像文件的路径或 URL 地址，图像格式通常为 jpg 或 gif 格式。在未载入 avi 文件时，先在 avi 的播放区域显示该图像 |
| dynsrc="avi-URL" | 设置要播放的视频存放的路径和文件名 |
| loop="n" | 设置视频播放的次数。当次数设为 infinite 时，则视频反复播放直到浏览者离开该网页 |
| start="开始时间" | 设置视频文件开播时间，start 属性有 fileopen 和 mouseover 两个值。当值为 fileopen 时打开页面时视频就开始播放，当值为 mouseover 时鼠标移动到 avi 区时就开始播放。start 属性的默认值为 fileopen。另外，当鼠标在 avi 播放区单击时，也可使视频开始播放 |
| controls | 在视频播放区下面显示 Windows 的 avi 文件播放控制条 |
| loopdelay="时间间隔" | 设置视频两次播放的间隔时间，单位为毫秒 |
| width="W" | 设置视频播放区的宽度，W 可以为像素数，也可以为窗口宽度的百分比 |
| height="H" | 设置视频播放区的高度，H 可以为像素数，也可以是相对窗口高度的百分比 |
| align="对齐方式" | 设置视频播放区在页面中的位置，可以为 left、right 或 center |

## 3.3.2　背景音乐标记<bgsound>

功能：在网页中加入 wma、mp3 或者 mid 格式的声音。

语法：

```
<bgsound  src="声音文件的 URL 地址"  loop="n">
```

说明：src 属性用于指明声音文件的 URL 地址；loop 属性用于设定声音的播放次数，n 取 −1 或 infinite 时，声音将一直播放到浏览者离开该网页为止。

## 3.3.3　多媒体标记<embed>

功能：在网页中添加 Flash 动画、MP3 音乐、电影等多媒体。

语法：

```
<embed src="file-URL" height="h" width="w" hidden=" hidden_value " autostart="
autostart_ value "  loop=" loop_ value "></embed>
```

<embed>多媒体标记属性如表 3-8 所示。

表 3-8 　<embed>多媒体标记属性一览表

| 属　　性 | 说　　明 |
|---|---|
| src="file-URL" | src 是必选项,设置多媒体文件所在的路径,多媒体文件包括 SWF 动画、MP3 音乐、mpeg 格式的视频和 avi 格式的视频 |
| height="h" | 设置多媒体播放区的高度,h 可以为像素数,也可以为窗口宽度的百分比 |
| width="w" | 设置多媒体播放区的宽度,W 可以为像素数,也可以为窗口宽度的百分比 |
| hidden="hidden_value" | 设置播放面板的显示和隐藏。当 hidden="true"时,隐藏面板;当 hidden="false"时,显示面板 |
| autostart="autostart_value" | 用于设置多媒体内容是否自动播放。当 autostart ="true"时,自动播放;当 autostart="false"时,不自动播放 |
| loop="value" | 设置多媒体内容是否循环播放。当 loop="false"时,仅播放一次;当 loop="true"时,无限次循环播放 |

**【例 3-6】** 图像标记应用举例。

**程序清单 3-6,图像标记应用举例(文件名为 example3_06. html)：**

```
<html>
<!—文件名:example3_06.html-->
<!—多媒体标记应用综合示例-->
<head>
<title>段多媒体标记综合示例</title>
</head>
</body>
<p align="left">BGSOUND 背景音乐标记应用举例</p>
<bgsound  src="../material/music/html_cyzn.mp3"  loop="infinite">
<hr width="25%" color="blue" size="2" align="left">
<p align="left">IMG 图像标记应用举例</p>
<hr width="25%" color="red" size="3" align="left">
<p align="left">< img src="../material/image/html_img01.jpg" alt="山水画"
width="300" height="200"></p>
<embed src="../material/cartoon/jiangxue.swf" width="300" height="200" hidden
="false"  autostart="false" align="center"  loop="false"></p>
</body>
</html>
```

网页文件 example3_06. html 在浏览器中显示的效果如图 3-8 所示。

图 3-8　多媒体标记综合示例效果

# 3.4　HTML 的超链接标记

超链接是网页页面之间相互链接的桥梁。浏览者通过超链接可以从当前页面跳转到其他位置,如互联网上的另一个 Web 页,本机硬盘或者网络上其他计算机的文件、FTP 或者 Telnet 站点,电子邮箱以及同一个页面的其他位置。

功能:建立超链接。

语法:

```
<a href="file-URL" target="value">链接热点</a>
```

属性说明如下。

(1) href:file-URL 是要链接目标的 URL 地址,可以是文件名,也可以一个网页的 URL。

(2) target:指定打开链接的目标窗口。当 target="_self"时,在当前窗口显示链接内容;当 target="_blank"时,打开一个新窗口显示链接内容;当 target="_parent"时,在当前窗口的上一级窗口中显示链接内容；当 target＝"_top"时，忽略任何框架并在浏览器的整个窗口中显示链接内容；默认时在当前窗口中显示链接内容。

**【例 3-7】** 超链接标记应用举例。

**程序清单 3-7，超链接标记应用举例（文件名为 example3_07. html）：**

```html
<html>
<!-超链接标记应用示例>
<head>
<title>超链接标记应用示例</title>
</head>
<body>
<a href="http://www.sohu.com" target="_self">搜狐网站</a>
<a href="http://www.163.com" target="_blank">网易网站</a>
<a href="http://www.ifeng.com" target="_parent">凤凰网</a>
</body>
</html>
```

网页文件 example3_07. html 在浏览器中显示的效果如图 3-9 所示。

图 3-9　超链接标记示例效果

# 3.5　HTML 的表格、列表与块容器标记

## 3.5.1　表格标记＜table＞

表格常用于将构成网页的文本和图像进行分隔、分块、分段，按行和列进行合理布局，使信息分类、分格，规范有序，逻辑清楚，层次清晰，增强网页的美感。

表格由表格标题、表头、行、列和单元格组成。可以根据需要对表格和单元格的背景和前景颜色进行设置，使页面呈现丰富多采的特征。

创建表格的标记对是＜table＞…＜/table＞，创建表格标题的标记对是＜caption＞…＜/caption＞，创建表格内任一表头的标记对是＜th＞…＜/th＞，创建表格内任一行的标记对是＜tr＞…＜/tr＞，创建表格内任一单元格的标记对是＜td＞…＜/td＞。一个表格的创建需要表格、表头、行、单元格这 5 种标记的综合使用。

功能：＜table＞…＜/table＞标记对用来创建表格。

语法：

```
<table summary="表格简要说明信息" bgcolor="colorl" background="image-URL"
    border="value" bordercolor="color2" width="w" height="h" align="value">
    <caption align="top/bottom/left/right">表格标题</caption>
    <tr>
        <th>第 1 列表头</th>
        <th>第 2 列表头</th>
        ⋮
        <th>第 n 列表头</th>
    </tr>
    <tr>
        <td>第 1 行第 1 列单元格</td>
        <td>第 1 行第 2 列单元格</td>
        ⋮
        <td>第 1 行第 n 列单元格</td>
    </tr>
    <tr>
        <td>第 2 行第 1 列单元格</td>
        <td>第 2 行第 2 列单元格</td>
        ⋮
        <td>第 2 行第 n 列单元格</td>
    </tr>
    ⋮
    <tr>
        <td>第 n 行第 1 列单元格</td>
        <td>第 n 行第 2 列单元格</td>
        ⋮
        <td>第 n 行第 n 列单元格</td>
    </tr>
</table>
```

表格由<table>、<caption>、<tr>、<td>标记对共同创建,它们各自的功能如下。

(1) 标记对<table>…</table>之间创建表格,内容包括标题、表头、行和单元格。<table>表格标记的属性如表 3-9 所示。

表 3-9　<table>表格标记属性一览表

| 属　　性 | 说　　明 | 示　　例 |
|---|---|---|
| summary="表格简要说明信息" | summary 属性主要用来对表格的格式、内容等进行简要说明,这些说明信息并不在网页上显示,仅起到对表格的注释作用 | summary="本表是优秀学生的名单" |
| bgcolor="colorl" | 设置表格的背景颜色,colorl 的值与 body 标记中的第 11 项颜色属性取值相同 | <table bgcolor=♯FF7A8B> |

续表

| 属　性 | 说　明 | 示　例 |
|---|---|---|
| background="Image-URL" | 设置表格的背景图像，Image-URL 指明图像的 URL 地址 | <table background="example.jpg"> |
| border="value" | 设置表格边框线的宽度（粗细），value 取整数，单位是像素数，value 可以加英文引号括起来，也可以不加 | <table border=2> |
| Bordercolor="color2" | 设置表格边框线的颜色，color2 的值与 body 标记中的第 11 项颜色属性取值相同 | <table bordercolor="red"> |
| width="w" | 设置表格的宽度，w 取值为像素数或相对于窗口的百分比 | <table width=300> |
| height="h" | 设置表格的高度，取值为像素数或相对于宽度的百分比 | <table height=70％> |
| align="value" | 设置表格在页面中的相对位置，value 取值为 left 表示表格居左，为 right 表示表格居右，为 center 表示表格居中，为 top 表示表格居页面顶部，为 bottom 表示表格居页面底部 | <table align="center"> |

（2）<caption>…</caption>是表格标题的标记，该标记具有 align 属性，其值可以为 left、right、center、top 或 bottom，分别对应标题在表格上部左边、表格上部右边、表格上部居中、表格上面或表格底部。

（3）标记对<tr>…</tr>用来定义表格的一行，按照 HTML 语法规定，<tr>…</tr>标记对只能嵌套在<table>与</table>标记对之间使用，同样<th>…</th>和<td>…</td>标记对也必须嵌套在<tr>…</tr>标记对之间使用。

（4）标记对<th>…</th>用来定义表格某一列的名称，也就是表格某一列的表头及其内容。一个表格有几列就需要几对<th>…</th>分别定义每列名称，所有列的名称构成表格的表头。<th>…</th>标记对可以并联使用，表格头的字体通常是黑体且居中显示。

（5）标记对<td>…</td>用来定义表格的单元格及其内容，表格有几列一般每一行也同样有几个单元格，每一个单元格及其内容都需要一对<td>…</td>标记来设定。

<tr>、<th>和<td>标记的属性如表 3-10 所示。

**表 3-10　<tr>、<th>和<td>标记属性一览表**

| 属　性 | 说　明 | 示　例 |
|---|---|---|
| align="value" | 设置行或者单元格内内容的对齐方式，value 取值为 left 表示内容靠左对齐，为 right 表示内容靠右对齐，为 center 表示内容居中对齐 | <tr align="left"><td align="right"> |

续表

| 属　　性 | 说　　明 | 示　　例 |
|---|---|---|
| valign="value" | 设置单元格内内容的对齐方式，value 取值为 top 表示内容靠上对齐，为 bottom 表示内容靠下对齐，为 middle 表示内容居中对齐 | <tr align="left"><td valign="bottom"> |
| bgcolor="colorl" | 设置单元格的背景颜色，colorl 的值与 body 标记中的第 11 项颜色属性取值相同，默认为白色 | <td bgcolor="red"> |
| background="image-URL" | 设置单元格的背景图像，Image-URL 指明图像的 URL 地址 | <td background="beijing.jpg"> |
| width="w"，height="h" | 设置单元格的宽度和高度，w、h 的取值为像素数或相对于窗口的百分比，默认为自动分配 | <td width=20，height=10> |
| rowspan=n | 设置单元格向下跨 n 行，相当于合并了 n 行单元格，n≤表格行数 | <td rowspan=3> |
| colspan=m | 设置单元格向右跨 m 列，相当于合并了 m 列单元格，m≤表格列数 | <td colspan=2> |
| nowrap | <td>标记有 nowrap 属性，禁止表格单元格内的内容自动换行 | <td nowrap > |

说明：

（1）<caption>、<th>、<td>标记之间可以嵌套其他格式标记，如<p>、<font>等。

（2）<th>、<td>均可以作为单标记使用。

（3）<th>标记还可以用于每行的第一列，设置列标题。

（4）单元格内容可以是文字，也可以是图像。

（5）表格可以嵌套，通过表格嵌套可以产生复杂的表格。

**【例 3-8】** 表格标记综合应用举例。

**程序清单 3-8，表格标记综合应用举例（文件名为 example3_08.html）：**

```
<html>
<head>
<title>表格标记单元格合并属性应用示例</title>
</head>
<body>
<table border="l" align="center">
<caption align="center">网站开发技术一览表</caption>
<tr>
<th>技术类别</th><th>技术名称</th><th>说明</th>
</tr>
<tr>
<td rowspan=7>
语言类
```

```
</td>
<td>
HTML 语言
</td>
<td>
```

超文本标记语言是标准通用标记语言下的一个应用,也是一种规范,一种标准,它通过标记符号来标记要显示的网页中的各个部分。

```
</td>
</tr>
<tr>
<td>
PHP 语言
</td>
<td>
```

PHP 为 Personal Home Page 的缩写,已经正式更名为 Hypertext Preprocessor。中文名为"超文本预处理器",是一种通用开源脚本语言。语法吸收了 C 语言、Java 和 Perl 的特点,易于学习,使用广泛,主要适用于 Web 开发领域。

```
</td>
</tr>
<tr>
<td>
CSS 语言
</td>
<td>
```

CSS 是英文 Cascading Style Sheets 的缩写。中文意思是级联样式表,它是一种用来表现 HTML (标准通用标记语言的一个应用)或 XML (标准通用标记语言的一个子集)等文件样式的计算机语言。

```
</td>
</tr>
<tr>
<td>
JavaScript 语言
</td>
<td>
```

JavaScript 一种直译式脚本语言,是一种动态类型、弱类型、基于原型的语言,内置支持类型。它的解释器称为 JavaScript 引擎,为浏览器的一部分,广泛用于客户端的脚本语言,最早是在 HTML (标准通用标记语言下的一个应用)网页上使用,用来给 HTML 网页增加动态功能。

```
</td>
</tr>
<tr>
<td>
VBScript 语言
</td>
<td>
```

VBScript 是微软公司开发的一种解析型的服务端(也支持客户端)脚本语言,可以看作是 VB 语言的简化版,与 VBA 的关系也非常密切。它具有原语言容易学习的特性。目前这种语言广泛应用于网页和 ASP 程序制作,同时还可以直接作为一个可执行程序,用于调试简单的 VB 语句非常方便。

```
</td>
</tr>
<tr>
<td>
```

Java 语言

```
</td>
<td>
```

Java 是一种可以撰写跨平台应用软件的面向对象的程序设计语言,是由 Sun Microsystems 公司于 1995 年 5 月推出的 Java 程序设计语言和 Java 平台 (即 JavaEE、JavaME、JavaSE) 的总称。Java 自面世后就非常流行,发展迅速,对 C++语言形成了有力冲击。Java 技术具有卓越的通用性、高效性、平台移植性和安全性,广泛应用于 PC、数据中心、游戏控制台、科学超级计算机、移动电话和互联网,同时拥有全球最大的开发者专业社群。在全球云计算和移动互联网的产业环境下,Java 更具备了显著优势和广阔前景。

```
</td>
</tr>
<tr>
<td>
```

C#语言

```
</td>
<td>
```

C#是微软公司发布的一种面向对象的、运行于 .NET Framework 之上的高级程序设计语言。并定于在微软职业开发者论坛 (PDC) 上登台亮相。C#是微软公司研究员 Anders Hejlsberg 的最新成果。C#看起来与 Java 有着惊人的相似,它包括了诸如单一继承、接口、与 Java 几乎同样的语法和编译成中间代码再运行的过程。但是 C#与 Java 有着明显的不同,它借鉴了 Delphi 的一个特点,与 COM(组件对象模型) 是直接集成的,而且它是微软公司 .NET Windows 网络框架的主角。

```
</td>
</tr>
<tr>
<td rowspan=2>
```

开发模型

```
</td>
<td>
```

ASP 技术

```
</td>
<td>
```

ASP 是 Active Server Page 的缩写,意思为"动态服务器页面"。ASP 是微软公司开发的代替 CGI 脚本程序的一种应用,它可以与数据库及其他程序进行交互,是一种简单、方便的编程工具。ASP 的网页文件的格式是 .asp,现在常用于各种动态网站中。ASP 是一种服务器端脚本编写环境,可以用来创建和运行动态网页或 Web 应用程序。ASP 网页可以包含 HTML 标记、普通文本、脚本命令以及 COM 组件等。

```
</td>
</tr>
<tr>
<td>
```

JSP 技术
</td>
<td>
由 Sun Microsystems 公司倡导、许多公司参与一起建立的一种动态网页技术标准。JSP 技术有点类似 ASP 技术,它是在传统的网页 HTML(标准通用标记语言的子集)文件(＊.htm、＊.html)中插入 Java 程序段(Scriptlet)和 JSP 标记(tag),从而形成 JSP 文件,后级名为(.jsp)。用 JSP 开发的 Web 应用是跨平台的,既能在 Linux 下运行,也能在其他操作系统上运行。
</td>
</tr>
<tr>
<td rowspan=4>
开发工具
</td>
<td>
Photoshop
</td>
<td>
Adobe Photoshop 简称 PS,是由 Adobe Systems 开发和发行的图像处理软件。Photoshop 主要处理以像素所构成的数字图像。使用其众多的编修与绘图工具,可以有效地进行图片编辑工作。PS 有很多功能,在图像、图形、文字、视频、出版等各方面都有涉及。
</td>
</tr>
<tr>
<td>
Flash
</td>
<td>
Flash 又称为"闪客",是由 Macromedia 公司推出的交互式矢量图和 Web 动画的标准,由 Adobe 公司收购。网页设计者使用 Flash 创作出既漂亮又可改变尺寸的导航界面以及其他奇特的效果。
</td>
</tr>
<tr>
<td>
Dreamweaver
</td>
<td>
Adobe Dreamweaver 简称"DW",中文名称为"梦想编织者",是美国 Macromedia 公司开发的集网页制作和管理网站于一身的所见即所得网页编辑器,DW 是第一套针对专业网页设计师特别发展的视觉化网页开发工具,利用它可以轻而易举地制作出跨越平台限制和跨越浏览器限制的充满动感的网页。
</td>
</tr>
<tr>
<td>

```
Frontpage
</td>
<td>
```

微软公司出品的一款网页制作入门级软件。FrontPage 使用方便简单,会用 Word 就能做网页,所
见即所得是其特点,该软件结合了设计、程式码、预览 3 种模式。微软公司在 2006 年年底前停止提
供 FrontPage 软件。

```
</td>
</tr>
<tr>
<td rowspan=3>
```

数据库

```
</td>
<td>
```

Access

```
</td>
<td>
```

Microsoft Office Access 是微软公司把数据库引擎的图形用户界面和软件开发工具结合在一起
的一个数据库管理系统。它是微软公司 Office 的一个成员,在包括专业版和更高版本的 Office
版本里被单独出售。

```
</td>
</tr>
<tr>
<td>
```

SQL Server

```
</td>
<td>
```

美国 Microsoft 公司推出的一种关系型数据库系统。SQL Server 是一个可扩展的、高性能的、为
分布式客户机/服务器计算所设计的数据库管理系统。

```
</td>
</tr>
<tr>
<td>
```

Oracle

```
</td>
<td>
```

Oracle Database 又名 Oracle RDBMS,或简称 Oracle,是甲骨文公司的一款关系数据库管理系
统。目前仍在数据库市场上占有主要份额。

```
</td>
</tr>
</table>
</body>
</html>
```

网页文件 example3_08.html 在浏览器中显示的效果图 3-10 所示。

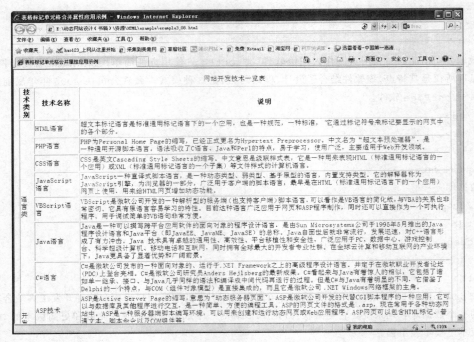

图 3-10　表格标记示例效果

### 3.5.2　列表标记

列表标记主要使网页中级别相同的内容按条目显示，起到清晰明了的作用。列表分为无序列表、有序列表和描述列表 3 种。

**1. 无序列表＜ul＞**

功能：定义无序列表。

语法：

```
<ul type="value">
    <li type="value">列表项目 1</li>
    <li type="value">列表项目 2</li>
    ⋮
    <li type="value">列表项目 n</li>
</ul>
```

说明：

（1）＜ul＞…＜/ul＞标记对和＜li＞…＜/li＞标记对配合并嵌套使用来定义无序列表。＜ul＞…＜/ul＞标记对标示无序列表的开始和结束，＜li＞…＜/li＞标记对用来定义无序列表中的具体条目，有几项条目就需要几对标记对来定义，＜li＞…＜/li＞标记对内还可以嵌套使用像＜hn＞标题标记或者＜font＞字体标记等。

（2）＜ul＞标记和＜li＞标记都具有 type 属性，type 属性的值 value 有 3 种选择：当value＝"disc"时，列表符号为●（实心圆）；当 value＝"circle"时，列表符号为○（空心圆）；当

value＝"square"时,列表符号为■(实心方块)。在一个列表中,尽管不同的列表项目可以用不同的列表符号,但一般情况下还是设置相同的列表符号。

### 2. 有序列表＜ol＞

功能:定义有序列表,列表中各项的序号由浏览器自动给出。
语法:

```
<ol type="value1" start="value2">
    <li type="value">列表项目 1</li>
    <li type="value">列表项目 2</li>
      ⋮
    <li type="value">列表项目 n</li>
</ol>
```

说明:

(1)＜ol＞…＜/ol＞标记对和＜li＞…＜/li＞标记对配合并嵌套使用来定义有序列表。＜ul＞…＜/ul＞标记对标示有序列表的开始和结束,＜li＞…＜/li＞标记对用来定义有序列表中的具体条目,有几项条目就需要几对标记对来定义,＜li＞…＜/li＞标记对内还可以嵌套使用像＜hn＞标题标记或者＜font＞字体标记等。

(2)＜ol＞标记具有 type 属性和 start 属性,type 属性的值 value1 取值及其含义如下:当 value1＝1 时,用数字 1、2、3 等来设置有序列表的序号;当 value1＝A 时,用大写字母 A、B、C 等来设置有序列表的序号;当 value1＝a 时,用小写字母 a、b、c 等来设置有序列表的序号;当 value1＝Ⅰ时,用大写罗马字母Ⅰ、Ⅱ、Ⅲ等来设置有序列表的序号;当 value1＝i 时,用小写罗马字母 i、ii、iii 等来设置有序列表的序号;type 属性的值默认是 1。start 属性的值 value2 指定列表从哪个数字或者字母开始,例如,对于 type 属性值 value1＝a 的有序列表,当 start 属性的值 value2＝3 时,这个有序列表的第一项将从 c 开始,接下来为 d、e、f 等;对于 type 属性值 value1＝1 的有序列表,当 start 属性的值 value2＝2 时,这个有序列表的第一项将从Ⅱ开始,接下来为Ⅲ、Ⅳ、Ⅴ、Ⅵ等。＜li＞标记有属性 type,其值 value 可以把当前项的列表编号设定为特定的值。

### 3. 定义列表＜dl＞

功能:定义术语及其概念内容。
语法:

```
<dl compact>
    <dt>术语
    <dd>术语定义 1
    <dd>术语定义 2
    <dt>术语
    <dd>术语定义
</dl>
```

说明:定义列表的任何一项都由术语及术语的定义两部分组成,由＜dl＞标记开始,

</dl>标记结束。列表项嵌套在<dl>…</dl>标记对之间,表中可以有若干列表项,每个列表项都有两部分,一部分是用<dt>标记标示的"术语",另一部分是由标记<dd>标示的"术语"的定义。<dl>标记有 compact 属性,该属性存在时,术语和它的定义在网页的同一行里显示。

【例 3-9】 列表标记综合应用举例。

程序清单 3-9,列表标记综合应用举例(文件名为 example3_09.html):

```html
<html>
<!-列表标记综合应用示例>
<head>
<title>列表标记综合应用示例</title>
</head>
<body>
    <h3>
        <font color="red">无序列表标记举例</font>
    </h3>
    <h4>我最喜欢的体育运动</h4>
    <ul type="disk">
        <li>游泳</li>
        <li>篮球</li>
        <li>乒乓球</li>
        <li>排球</li>
    </ul>
    <h3>
        <font color="blue">有序列表标记举例</font>
    </h3>
    <h4>我最喜欢的旅游景点</h4>
    <ol type="i">
        <li>杭州西湖</li>
        <li>黄山</li>
        <li>张家界</li>
        <li>峨嵋山</li>
    </ol>
    <h3>
        <font color="green">定义列表标记举例</font>
    </h3>
    <dl>
        <dt>科学家
        <dd>科学家是指专门从事科学研究并以此为生的人士,包括自然科学家和社会科学家两
大类。所有自然科学和社会科学的研究人员,达到了一定的造诣,获得了有关部门和行业内的认可,
均可以称之为科学家。
    </dl>
    <dl compact>
```

```
    <dt>导游
      <dd>导游主要分为中文导游和外语导游。其主要工作内容为引导游客感受山水之美,解
决旅途中可能出现的突发事件,并给予游客食、宿、行等方面的帮助。
    </dl>
</body>
</html>
```

网页文件 example3_09.html 在浏览器中显示的效果如图 3-11 所示。

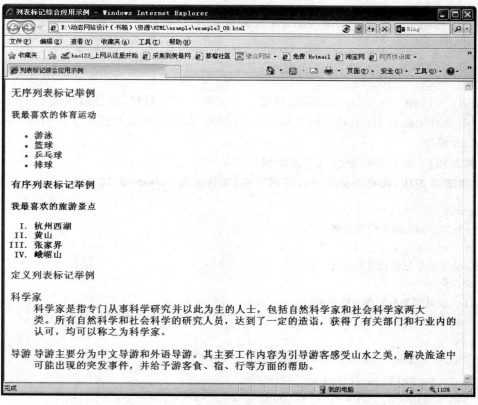

图 3-11　列表标记示例效果

## 3.5.3　块容器标记<div>和<span>

在设计网页版面时,有时需要将页面分成几个块,这些块就像一个个容器,把构成页面的文字、图像、动画等内容组装在一起,使得页面更具条理性。

**1. <div>标记**

功能:网页中定义独立的块容器。

语法:

```
<div align="value1"  style=" value2">
</div>
```

说明：<div>…</div>标记对定义一个独立的块，块前和块后都会自动换行，标记对之间构成块容器，可以容纳 HTML 标记及其显示的元素。块是一个独立的对象，可以被调用。<div>标记有 align 属性和 style 属性。align 属性设置块内元素的对齐方式，当其值 value1＝"left"时表示块内元素左对齐，为 right 时右对齐，为 center 时居中对齐，为 justify 时两端对齐。style 属性设置块内元素的显示样式，包括字体、字符颜色、背景色等。

**2. <span>标记**

功能：把网页中的一行的某些部分定义为独立容器块。

语法：

```
<span>…</span>
```

说明：<span>…</span>标记对定义一个独立的容器块，该容器块处于一行，块前和块后不会自动换行，标记对之间可以容纳 HTML 标记及其显示的元素。<span>标记没有 align 属性。

【例 3-10】 块容器标记综合应用举例。

程序清单 3-10，块容器标记综合应用举例（文件名为 example3_10. html）：

```
<html>
<!-块容器标记综合应用示例>
<html>
<!-块容器标记综合应用示例>
<head>
<title>块容器标记综合应用示例</title>
</head>
<body>
    <div style="background:e0e0e0">
             
        <img src="..\material\image\html_img05.jpg"
            width=80
            height=60>
        <font size=2>紫罗兰</font>
    </div>
    <br>
    <br>
    <span style="background:e0e0e0"><font size=2>茉莉花</font><img
        src="..\material\image\html_img06.jpg" width=80 height=60>
</span>     
    <span style="background:e0e0e0"><font size=2>睡莲</font><img
        src="..\material\image\html_img07.jpg" width=80 height=60></span>
</body>
</html>
```

网页文件 example3_10.html 在浏览器中显示的效果如图 3-12 所示。

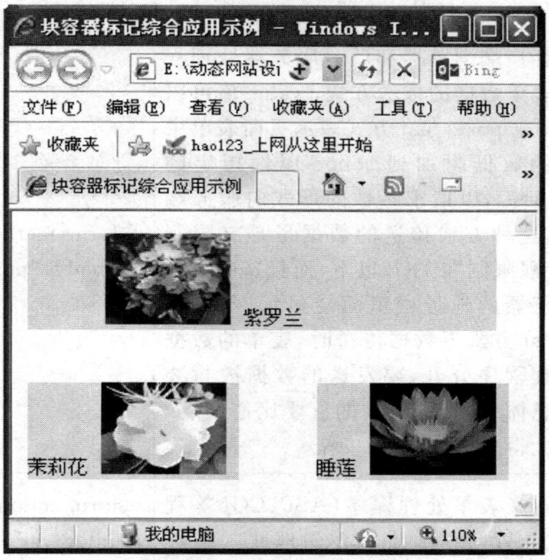

图 3-12 块容器标记示例效果

# 3.6 表 单 标 记

表单是 HTML 页面提供与客户进行信息交互的重要手段。表单的主要功能如下。

（1）提供信息输入的控件，如单选按钮、文本框、下拉列表等。

（2）指出信息提交的方式，说明信息以何种方式提交给服务器。

（3）说明服务器端由哪个程序来接收处理浏览器端客户上传的数据信息。

## 3.6.1 表单标记＜form＞…＜/form＞

功能：在网页中定义表单。

语法：

```
<form name="form_name" method="value" action="url" enctype="type">
    ...
</form>
```

＜form＞表单标记属性如表 3-11 所示。

表 3-11 ＜form＞表单标记属性一览表

| 属　　性 | 说　　明 | 示　　例 |
| --- | --- | --- |
| name＝"form_name" | name 属性是可选项，主要用来定义表单的名字，以便区别多个表单 | ＜form name＝"personal_information"＞ |

续表

| 属　　性 | 说　　明 | 示　　例 |
|---|---|---|
| method="value" | 设定客户端浏览器和后台服务器处理程序间表单数据的传送方式,value 值可以是 get 或 post。get 方式表示页面表单中输入的数据附加到 action 属性指定的 URL 后面,以请求参数的形式向服务端发送,这种方式传送的数据量是有限制的,一般限制在 1KB 以下,而且这些数据在浏览器的地址栏里面会显示,不够安全;post 方式下数据传送时,表单的数据和处理程序分开,要发送的数据被封装在消息体中,传送的数据量要比使用 get 方式大得多,而且相对安全 | <form method="get"> 或者 <form method="post"> |
| action="url" | 用来定义表单处理程序(ASP、CGI 等程序)的位置(相对地址或绝对地址) | <form action="http://www.163.com/counter.cgi"> |
| enctype="type" | 设置表单中输入数据的编码方式。在 method="post"时有效 | |
| target | 设置返回信息的显示窗口 | |

### 3.6.2　输入标记<input>

功能:在网页上定义一个控件,类型由其 type 属性决定。

语法:

```
<form>
    <input type="v1" name="v2" value="v3" maxlength=v4 size=v5…>
</form>
```

输入标记<input>必须放在<form>标记对之间,其属性如表 3-12 所示。

表 3-12　<input>输入标记属性一览表

| 属　　性 | 说　　明 | 示　　例 |
|---|---|---|
| type="v1" | type 属性主要用来定义输入控件的类型,type 属性的值 value1 及其类型详见表 3-13 | <input type="button"> 或者 <input type="text"> |
| name="v2" | name 属性用于定义控件的名称。以便区分同一表单中相同类型的控件。服务器通过控件的名称来获取控件中输入的数据 | <input name="filename"> 或者 <input name="password"> |
| value="v3" | value 属性用来设定控件输入域的初始值 | <input name="age" value="20"> |

续表

| 属　　性 | 说　　明 | 示　　例 |
|---|---|---|
| maxlength＝v4 | maxlength 属性用来设置控件输入域中允许最多输入的字符个数 | ＜input maxlength＝10＞ |
| size＝v5 | size 属性用来设置控件输入域的大小 | ＜input size＝20＞ |
| checked | checked 属性用来设置单选按钮和复选按钮控件的初始状态 | ＜input checked＝true＞或者＜input checked＝false＞ |
| url | url 属性的值指明了图像按钮控件中使用的图像保存的位置 | |
| align | align 属性的值指明了图像的对齐方式 | |

　　输入标记＜input＞的 type 属性的值及其指定的控件类型如表 3-13 所示。

表 3-13　＜input＞输入标记的 type 属性值一览表

| type 属性的值 | 控件类型及其作用 |
|---|---|
| type＝"text" | 控件是文本输入框,用于输入文字和数字等 |
| type＝"password" | 控件是密码输入框,用于输入密码,输入的文字均以星号 ＊ 或圆点显示。此时 maxlength 属性设置密码输入框的最大输入字符数;size 为密码输入框的宽度 |
| type＝"file" | 控件是文件输入域,用户可在域内填写文件路径,然后通过表单上传,实现文件输入域的基本功能,比如在线发送 E-mail 时,常用文件输入域添加邮件附件。文件输入域的外观是一个文本框加一个"浏览"按钮,用户可直接将要上传给网站的文件的路径写在文本框内,也可通过单击"浏览"按钮,在计算机中找到要上传的文件 |
| type＝"button" | 控件是按钮,可以是普通按钮、提交按钮或者复位按钮。主要是用来配合程序(如 JavaScript 脚本)进行表单处理 |
| type＝"submit" | 控件是提交按钮,单击该按钮,将表单中数据向服务器提交 |
| type＝"radio" | 控件是单选按钮 radio,使浏览者进行项目的单项选择 |
| type＝"checkbox" | 控件是复选框 checkbox,使浏览者进行项目的多项选择,其中,checked 表示此项被默认选中;value 表示选中项目后传送到服务器端的值 |
| type＝"reset" | 控件是"重置"按钮 reset,单击"重置"按钮,可以清除表单的内容,恢复默认的表单内容 |
| type＝"image" | 控件是图像按钮,单击图像将表单数据发送到服务器 |
| type＝"hidden" | 控件是隐藏表单组件,把表单中的一个或者多个表单组件隐藏起来 |
| type＝"textarea" | 控件是多行文本框,用于输入多行文本 |

### 3.6.3　下拉列表框标记＜select＞…＜/select＞

功能：在网页上定义菜单、列表框或者滚动式列表框。

语法：

```
<form>
    <select name="v1" size=v2>
        <option value="v11" selected>选项一
        <option value="v12">选项二
        ⋮
        <option value="v1n">选项 n
    </select>
</form>
```

说明：＜select＞和＜option＞标记配合设计网页中的菜单和列表，＜select＞标记对必须放在＜form＞＜/form＞标记对之间。＜select＞标记有 3 个属性，如表 3-14 所示。

表 3-14　＜select＞标记属性一览表

| 属　性 | 说　明 | 示　例 |
|---|---|---|
| name＝"v1" | name 属性的值 v1 是菜单或者列表的名称 | ＜select name＝"country"＞ |
| size＝v2 | size 属性的值 v2 设置列表能显示的选项数目 | ＜select name＝"country" size＝6＞ |
| multiple | 允许进行多项选择 | |

＜option＞标记用来设定列表或菜单的一个选项，它必须放在＜select＞和＜/select＞标记对之间。＜option＞标记有两个属性，如表 3-15 所示。

表 3-15　＜option＞标记属性一览表

| 属　性 | 说　明 | 示　例 |
|---|---|---|
| value | 设定控件的初始值 | ＜option value＝"v11" selected＞ |
| selected | 表示该项预先选定 | ＜select name＝"country" size＝6＞ |

### 3.6.4　多行文本框标记＜textarea＞…＜/textarea＞

功能：在网页上定义多行文本框，用于输入多行文本。

语法：

```
<textarea name="v1" cols=m  rows=n>…</textarea>
```

说明：＜textarea＞标记的 name 属性的值 v1 用于定义文本框的名字，cols 属性的值 m 用于设定文本行的宽度，rows 属性的值 n 用于设定文本框中最大的文本行数。

【例 3-11】　表单标记综合应用举例。

**程序清单 3-11,表单标记综合应用举例(文件名为 example3_11. html):**

```
<html>
<!-表单标记综合应用示例>
<head>
<title>表单标记综合应用示例</title>
</head>
<body>
    <h3 align="center">留学申请</h3>
    <hr width=700 align="left">
    <form method="post" action="university_select.asp"
        name="university_application">
        请输入姓名:<input type="text" name="student_name" size=12 maxlength=6>
        <p>
            请输入密码:<input type="password" name="passwd" size=12 maxlength=6>
        <p>
            请输入性别:<select name="sex"><p>
                    <option>男
                    <option>女
            </select>
        <p>请选择大学,可选择多所</p>
        <input type="checkbox" name="university1" checked />普林斯顿大学
        <input type="checkbox" name="university2" />哈佛大学
        <input type="checkbox" name="university3" />耶鲁大学
        <input type="checkbox" name="university4" />哥伦比亚大学
        <input type="checkbox" name="university5" />斯坦福大学
        <input type="checkbox" name="university6" />麻省理工学院
        <p>
            请选择付学费方式<input type="radio" name="paymethod">现金<input
                type="radio" name="paymethod" checked />信用卡
        <p>
            请上传个人简历文件:< input type = " file " name = " profile " size = 20
            maxlength=21>
        <p>
            <textarea name="needtxt" cols=80 rows=4>请留言:</textarea>
        <p>
            <input type="reset" name="reset_button" value="取消" />
            <input type="submit" name="affirm_button" value="提交" />
        <p>
    </form>
</body>
</html>
```

网页文件 example3_11. html 在浏览器中显示的效果如图 3-13 所示。

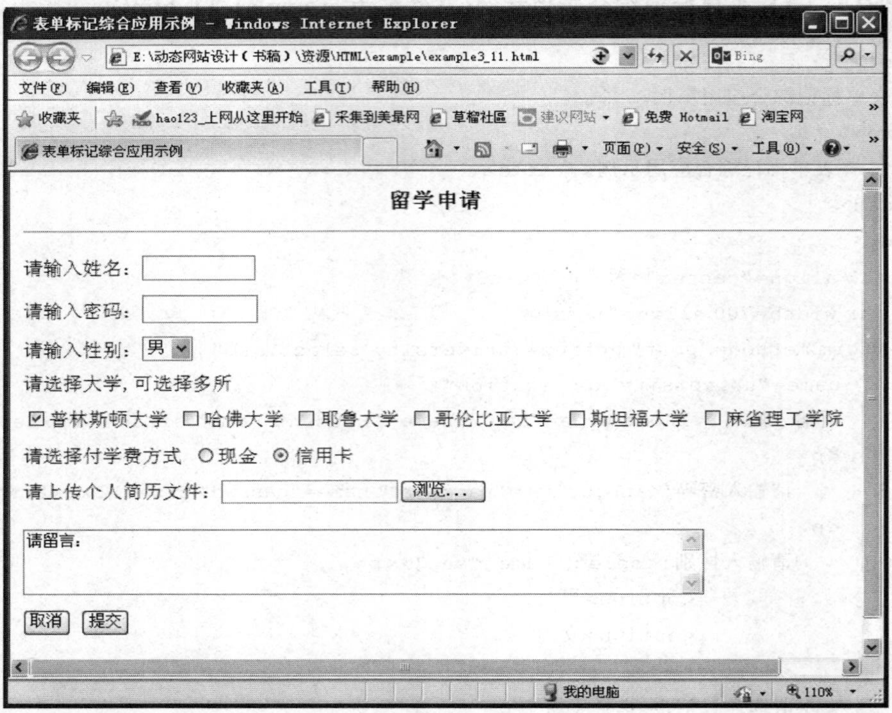

图 3-13　表单标记综合示例效果

# 3.7　窗口框架标记＜frameset＞

框架标记＜frameset＞的作用是把浏览器窗口划分成几个大小不同的子窗口,在每个子窗口装载各自的 HTML 网页文件显示不同的页面,使浏览者可在同一时间浏览不同的页面。

## 3.7.1　窗口框架标记＜frameset＞

功能:＜frameset＞标记在网页上定义窗口框架集,＜frame＞标记定义窗口框架,作用是分割页面窗口,将网页划分成几个独立的显示区域。

语法:

```
< frameset rows="行高列表" cols="列宽列表" frameborder=0|1 border=n
    bordercolor="color">
    < frame src="file_name" name="window_name">
      ⋮
    </frame>
</frameset>
```

说明:框架标记对＜frame＞…＜/frame＞必须放在＜frameset＞…＜/frameset＞框架集标记对之间使用,两个标记对必须配合使用,框架集标记的属性如表 3-16 所示。

**表 3-16　＜frameset＞框架集标记属性一览表**

| 属　　性 | 说　　明 | 示　　例 |
|---|---|---|
| rows＝"窗口行高列表" | rows 属性用来说明窗口水平分割情况,"窗口行高列表"是一组用","号分割的数值,分别指明各个子窗口的高度,数值单位可以是像素,也可以是整个浏览器窗口的百分数或者 * 号,其中 * 表示剩余部分 | ＜frameset rows＝"40％,20％, * "＞<br>或者<br>＜frameset rows＝"40％, * , * "＞ |
| cols＝"窗口列宽列表" | cols 属性用来说明窗口垂直分割情况,"窗口列宽列表"是一组用","号分割的数值,分别指明各个子窗口的宽度,数值单位可以是像素,也可以是整个浏览器窗口的百分数或者 * 号,其中 * 表示剩余部分 | ＜frameset cols＝"30％,40％, * "＞<br>或者<br>＜frameset cols＝"20％,50％, * "＞ |
| frameborder＝0|1 | 用来设定框架中所有的子窗口是否有边框,当属性值是 1 时有边框,是 0 时无边框 | ＜frameset frameborder＝1＞<br>或者<br>＜frameset frameborder＝0＞ |
| framespacing＝"value" | 设定框架集边框的宽度 | ＜frameset framespacing＝"20"＞ |
| border＝n | 设定框架边框的宽度,其单位是像素 | ＜frameset border＝6＞ |
| bordercolor＝"color" | 设定框架边框的颜色 | ＜frameset bordercolor＝"red"＞ |

　　页面框架由框架集和框架两部分组成,框架集定义了把一个网页分成相对独立的几个显示区域,定义了每个显示区域的长和宽。每个显示区域都能载入独立的网页。框架是指网页上定义的一个显示区域。在使用了框架集的页面中,页面的＜body＞标记被＜frameset＞标记取代,通过＜frame＞标记定义每一个框架。

　　＜frame＞标记有 src、name、scrolling 和 noresize 4 个属性,src 属性用于设定框架(独立的页面显示区域)中要装载的网页文件,其属性值就是网页文件名称及其保存的路径。name 属性设定框架的名称,以区别同一框架集内几个不同的框架。框架名称必须以字母开始,框架名称区分大小写。scrolling 属性设置是否显示滚动条,其属性值为 yes 时显示滚动条,为 no 时不显示。noresize 属性存在时禁止改变框架的大小。

## 3.7.2　不支持框架标记＜noframes＞

　　功能:＜noframes＞…＜/noframes＞标记对放在＜frameset＞…＜/frameset＞标记对之间,用来在不支持框架的浏览器中显示网页页面。

　　语法:

```
<frameset>
    <noframes>
    ...
    </noframes>
</frameset>
```

　　【例 3-12】　窗口框架标记综合应用举例。本例子由 5 个网页文件组成,内容如下。

**程序清单 3-12，窗口框架标记综合应用举例（文件名为 example3_12. html）：**

```html
<html>
<!-框架标记综合应用示例>
<head>
<title>框架标记综合应用示例</title>
</head>
<frameset rows="20%,*" frameborder=1 border=3 bordercolor="red">
    <frame src="example3_11_top.html" scrolling="no" name="top">
    <frameset cols="30%,*" frameborder=1 border=2 bordercolor="blue">
        <frame src="example3_11_bottom_left.html" scrolling="yes"
            name="bottom_left">
        <frame src="example3_11_bottom_right01.html" scrolling="yes"
            name="bottom_right">
        <noframes>
            <body>对不起,您的浏览器不支持框架!!!
            </body>
    </frameset>
</html>
```

文件 1：Example3_11_top. html。

```html
<html>
<!-窗口顶部区域>
<head>
<title>我的业余爱好</title>
</head>
<body>
    <center>
        <font face="隶书" size=30 color="red"><b>我的业余爱好</b>
        </font>
</body>
</html>
```

文件 2：example3_11_bottom_left. html。

```html
<html>
<head>
<title>我的业余爱好</title>
</head>
<body>
    <center>
        <font face="华文行楷" color="blue">
            <p>
                <a href="example3_11_bottom_right01.html" target="bottom_
                right">我喜欢的体育运动</a>
            </p><a href="example3-11_bottom_right02.html" target="bottom_
```

```
        right">我喜欢的旅游景点</a>
        </font>
</body>
</html>
```

文件 3：example3_11_bottom_left.html。

```
<html>
<head>
<title>我的业余爱好</title>
</head>
<body>
    <center>
        <font face="华文行楷" color="blue">
            <p>
                <a href="example3_11_bottom_right01.html" target="bottom_
                right">我喜欢的体育运动</a>
            </p><a href="example3_11_bottom_
            right02.html" target="bottom_right">我喜欢的旅游景点</a>
        </font>
</body>
</html>
```

文件 4：example3_11_bottom_right01.html。

```
<html>
<head>
<title>我喜欢的体育运动</title>
</head>
<body>
    <center>
        <font face="华文新魏" size=10 color="green">
            <ul>
                <li>篮球</li>
                <li>排球</li>
                <li>游泳</li>
                <li>网球</li>
                <li>登山</li>
            </ul></font>
</body>
</html>
```

文件 5：example3_11_bottom_right02.html。

```
<html>
<head>
<title>我喜欢的旅游景点</title>
</head>
```

```
<body>
    <center>
        <font face="华文新魏" size=10 color="#f71217">
            <ol>
                <li>普陀山</li>
                <li>峨嵋山</li>
                <li>五台山</li>
                <li>清凉山</li>
                <li>龙虎山</li>
            </ol></font>
</body>
</html>
```

网页文件 example3_12.html 在浏览器中显示的效果如图 3-14 所示。

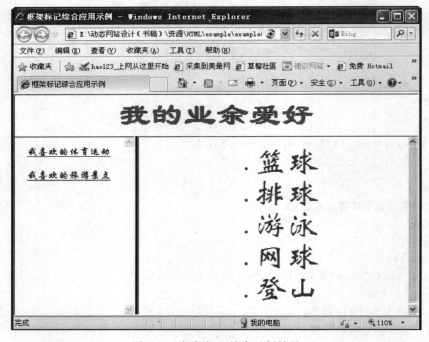

图 3-14　框架标记综合示例效果

## 3.8　页面动态刷新和浮动窗口

### 3.8.1　页面动态刷新标记＜meta＞

功能：页面动态刷新标记＜meta＞用来实现在浏览器中显示一个网页页面几秒钟后，自动跳转到另一个页面。

语法：

```
<meta http-equiv="refresh"  content="seconds; url=destination_address">
```

说明：＜meta＞标记有 http-equiv、content、url 3 个属性，其中 http-equiv 属性的值 refresh 指明网页能动态刷新；content 属性的值 seconds 设定隔多少秒后跳转到另一个页面，如 content＝8 时表明显示当前页面 8s 后自动跳转到另一个页面；url 指定了自动跳转页面的网页文件在网络中的存放位置和名称。

**【例 3-13】** 页面动态刷新标记标记应用举例。

**程序清单 3-13，页面动态刷新标记标记应用举例（文件名为 example3_13. html）：**

```
<html>
<!-页面动态刷新标记应用示例>
<head>
<meta http-equiv="refresh" content="8;url=example3_11.html">
<title>页面动态刷新标记应用示例</title>
</head>
<body>
    <p>你好!本例测试页面动态刷新标记。</p>
    <p>8秒钟后自动打开上一节的框架综合应用示例网页。
    <p>
</body>
</html>
```

网页文件 example3_13. html 在浏览器中显示的效果如图 3-15 所示，等待 8s 后页面动态刷新自动显示图 3-14 所示的页面，读者可以自己测试一下。

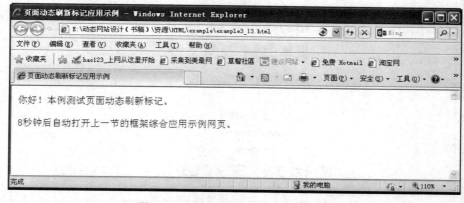

图 3-15　页面动态刷新标记示例效果

## 3.8.2　浮动窗口标记＜iframe＞

功能：在当前页面中创建一个浮动窗口。

语法：

```
<iframe>浏览器不支持浮动窗口时,在此需要文字说明</iframe>
```

说明：＜iframe＞标记在页面内部创建一个浮动窗口，其使用方法和＜frame＞标记类似。

**【例 3-14】** 页面动态刷新标记标记应用举例。

**程序清单 3-14, 页面动态刷新标记标记应用举例（文件名为 example3_14. html）：**

```html
<html>
<!-浮动窗口标记应用示例>
<head>
<title>浮动窗口标记应用示例</title>
</head>
<body>
    <iframe name="float_window" width=800 height=400>浮动窗口</iframe>
    <p>
        <a href="example3_2.html" target="float_window">标题格式标记示例</a>
        <a href="example3_3.html" target="float_window">文字格式标记示例</a>
    </p>
</body>
</html>
```

网页文件 example3_14. html 在浏览器中测试的效果如图 3-16 所示, 本例题用到了标题格式和文字格式例题的网页文件。

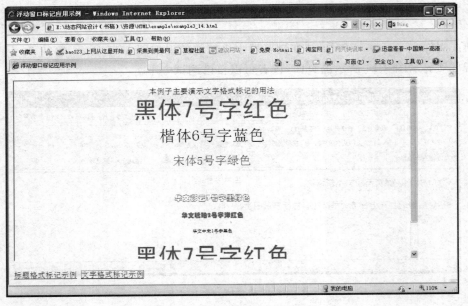

图 3-16　浮动窗口标记示例效果

## 3.9　网页中嵌入 Java 语言小程序的标记＜applet＞

功能：将 Java 语言编写的小程序嵌入到 HTML 语言编写的网页中, 在浏览器环境中执行。

语法：

```html
<applet code="file_name" width=w  height=h></applet>
```

说明：＜applet＞标记有 code、width、height 3 个属性，其中 code 属性的值 file_name 指明网页 HTML 代码中嵌入的 Java 小程序生成的字节码文件（由 Java 源程序编译得到）名称；width 属性的值 w 和 height 属性的值 h 分别设定了 Java 小程序运行结果在网页中出现的窗口宽度和高度。

下面给出一个例题，本例题由网页文件（文件名：example3_15.html）和 Java 程序字码文件（文件名：testapplet.class）组成，其中 testapplet.class 字节码文件由 Java 源程序文件 testapplet.java 编译而来。该例题要想正确测试，必须首先在测试机器里安装好 Java 开发环境。

【例 3-15】　网页中嵌入 Java 小程序应用举例。

**程序清单 3-15，网页中嵌入 Java 小程序应用举例（文件名为 example3_15.html）：**

```html
<html>
<!-页面中加入 Java 小程序标记应用示例>
<head>
<title>页面中加入 Java 小程序标记应用示例</title>
</head>
<body>
    <p face="华文行楷" size=10 color="#f31617">页面中加入 Java 小程序标记"applet"
应用</p>
    <applet code="TestApplet.class" width=400 height=200></applet>
</body>
</html>
```

```java
TestApplet.java
import java.applet.*;
import java.util.Random;
import java.awt.*;


public class TestApplet extends Applet {
    public void paint(Graphics g) {
        String str="hello world!";
        Color[] c={ Color.black, Color.blue, Color.cyan, Color.gray,
                Color.red, Color.green, Color.yellow };
        char[] temp=str.toCharArray();
        int x=10, x0=50;
        int y=10, y0=50;
        Random ram=new Random();
        for (int i=0; i<temp.length; i++) {
            int num=ram.nextInt(c.length);
            g.setColor(c[num]);
            g.setFont(new Font(Font.DIALOG, Font.BOLD, 20));
            g.drawChars(temp, i, 1, x0+x, y0+y);
            x=x+15;
            try {
                Thread.currentThread().sleep(500);
```

```
        } catch (Exception e) {
        }
    }
}
```

## 3.10 习　　题

### 3.10.1　填空题

1. HTML 网页文件的标记是_____,网页文件主体的标记是_____,页面标题的标记是_____。

2. 表格的标记是_____,单元格的标记是_____。

3. 表格的宽度可以用百分比和_____两种单位来设置。

4. 用来输入密码的表单域是_____。

5. RGB 方式表示的颜色都是由红、绿、_____这 3 种基色调和而成。

6. 表格有 3 个基本组成部分:行、列和_____。

7. 一个分为左右两个框架的框架组,如果要想使左侧的框架宽度不变,应该用_____单位来定制其宽度,而右侧框架则使用_____单位来定制。

8. 网页标题会显示在浏览器的标题栏中,则网页标题应写在开始标记符_____和结束标记符_____之间。

9. 要设置一条 2 像素粗的水平线,应使用的 HTML 语句是_____。

10. 表单对象的名称由_____属性设定;提交方法由_____属性指定;若要提交大数据量的数据,则应采用_____方法;表单提交后的数据处理程序由_____属性指定。

### 3.10.2　选择题

1. 下列(　　)将页面设置为红背景色。
    A. ＜body background＝red＞　　　　　B. ＜body vlivk＝red＞
    C. ＜body bgcolor＝＃FF0000＞　　　　D. ＜body bgcolor＝＃00FF00＞

2. 下列(　　)表示的不是按钮。
    A. type＝"submit"　　　　　　　　　　B. type＝"reset"
    C. type＝"text"　　　　　　　　　　　D. type＝"button"

3. 下面(　　)属性不是文字样式标记的属性。
    A. nbsp;　　　　　B. color　　　　　C. size　　　　　D. face

4. 当设置块容器中的文本对齐方式时,下列(　　)设置是不正确的。
    A. 居左对齐:＜div align="left"＞…＜/div＞
    B. 居右对齐:＜div align="right"＞…＜/div＞
    C. 居中对齐:＜div align="middle"＞…＜/div＞
    D. 两端对齐:＜div align="justify"＞…＜/div＞

5. 下面(　　)是用于换行的标记。

A. ＜pre＞　　　　B. ＜embed＞　　　　C. ＜br＞　　　　D. ＜p＞

6. 下列(　　　)用于设置在新窗口中打开网页文档。

A. _blank　　　　B. _parent　　　　C. _self　　　　D. _top

7. 在建立框架集时,下面(　　　)属性不能设置。

A. 子框架的宽度或者高度　　　　　　　B. 边框颜色

C. 滚动条　　　　　　　　　　　　　　D. 边框宽度

8. 当不需要显示表格的边框时,应设置表格 border 属性的值是(　　　)。

A. 1　　　　　B. 0　　　　　C. 3　　　　　D. 4

9. 在网页设计中,(　　　)是所有页面中的重中之重,它起到对其他页面的导航作用。

A. 引导页　　　　B. 脚本页面　　　　C. 导航栏　　　　D. 主页面

10. 在 HTML 中,字体标记＜font＞设置文字大小的 size 属性最大取值是(　　　)。

A. 9　　　　　B. 8　　　　　C. 7　　　　　D. 6

11. 在 HTML 中,＜pre＞标记的作用是(　　　)。

A. 标题标记　　　B. 预排版标记　　　C. 转行标记　　　D. 文字效果标记

12. 在 HTML 中把整个文档的各个元素作为对象处理的技术是(　　　)。

A. HTML　　　　B. CSS　　　　C. DOM　　　　D. Script(脚本语言)

13. 在网页中,用来设置超链接的标记是(　　　)。

A. ＜a＞…＜/a＞　　　　　　　　　　B. ＜B＞…＜/B＞

C. ＜link＞…＜/link＞　　　　　　　　D. ＜ol＞…＜/ol＞

14. 下列 HTML 标记中,属于非成对出现的标记是(　　　)。

A. ＜embed＞　　　B. ＜ul＞　　　C. ＜B＞　　　D. ＜table＞

15. 用 HTML 标记语言编写的网页的最基本的结构是(　　　)。

A. ＜html＞＜head＞…＜/head＞＜frame＞…＜/frame＞＜/html＞

B. ＜html＞＜head＞…＜/head＞＜body＞…＜/body＞＜/html＞

C. ＜html＞＜title＞…＜/title＞＜frame＞…＜/frame＞＜/html＞

D. ＜html＞＜title＞…＜/title＞＜body＞…＜/body＞＜/html＞

16. 如果把图片文件 flower. jpg 设置为网页的背景图形,下列语句正确的是(　　　)。

A. ＜body background＝"flower. jpg "＞

B. ＜body bground＝"flower. jpg "＞

C. ＜body bgcolor＝"flower. jpg "＞

D. ＜body image＝"flower. jpg "＞

17. 下列语句中,用于定义一个单元格的是(　　　)。

A. ＜td＞＆nbsp;＜/td＞　　　　　　　B. ＜tr＞…＜/tr＞

C. ＜table＞…＜/table＞　　　　　　　D. ＜caption＞…＜/caption＞

18. 以下标记中,用来产生滚动文字或图形的是(　　　)。

A. ＜scroll＞　　　B. ＜marquee＞　　　C. ＜textarea＞　D. ＜form＞

19. 创建一个框架集,要求右边框架宽度是左边框架的 3 倍,下列语句正确的(　　　)。

A. ＜frameset cols＝" * ,2 * "＞　　　　B. ＜frameset cols＝" * ,3 * "＞

C. ＜frameset rows＝" * ,2 * "＞　　　　D. ＜frameset rows＝" * ,3 * "＞

20. 下列创建 mail 链接的方法,正确的是(　　　)。

    A. ＜a href＝"salor@163.com"＞销售＜/a＞

    B. ＜a href＝"callto：salor@163.com"＞销售＜/a＞

    C. ＜a href＝"mailto：salor@163.com"＞销售＜/a＞

    D. ＜a href＝"Email：salor@163.com"＞销售＜/a＞

### 3.10.3　简答题

1. 什么是 HTML? HTML 有哪些基本的语法规则?

2. 什么是框架? 框架的作用有哪些? 框架和表格有什么区别?

3. HTML 文档的扩展名是什么?

4. 表单在页面中起什么作用? 它包含哪些元素?

5. 表格标记可以嵌套使用吗? 使用时的注意事项是什么?

6. 文本框控件的属性 size 与 maxlengh 的区别是什么?

7. 简述在表单中,method＝get 与 method＝post 的区别。

### 3.10.4　实训题

1. 制作一个页面,把背景设置为一个风景图片,有与背景相配套的循环播放的音乐,页面要有设置为超链接的文字。当单击文字链接时,页面链接到其他页面。

2. 制作一个页面,页面上显示本学期使用的课表。

3. 制作一个如图 3-17 所示的框架结构的页面,主题和内容自定。要求在框架上部 Top 栏中显示页面的标题,在框架左侧的 left 栏显示与主题相关的栏目名称。把栏目名称设置为超链接,当单击栏目超链接时,在框架的 Main 栏中显示相关内容;Bottom 栏显示联系方式。

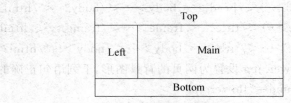

图 3-17　框架结构页面

4. 开发一个个人业余爱好的网站,该网站至少具有以下内容。

(1) 个人业余爱好简要介绍。

(2) 最喜欢的旅游景点介绍,包括文字及其风景图片。

(3) 最喜欢的诗词作家介绍,包括作者生平及其代表作。

(4) 最喜欢的音乐作品介绍,包括作者生平及其代表作。

(5) 最喜欢的体育运动等。

# 第 4 章　网页布局之 DIV＋CSS——从此变得美丽

**本章主要内容**

- CSS 的概念和使用方法。
- CSS 的基本语法。
- CSS 样式主要属性的设置。
- CSS 的框模型的基本结构。
- 使用 DIV＋CSS 开发网页界面的方法。

## 4.1　CSS 基础

我们经常见到非常漂亮的网页,也常看到丑陋得难以忍受的网页。它们之间真的差异那么大吗? 人们常说,没有丑女人,只有懒女人。丑陋的网页和漂亮的网页之间,也许只差CSS。CSS 就像是网页的化妆品,让我们学会用 CSS 装扮我们的网页吧!

CSS(Cascading Style Sheets)是一种用来表现 HTML(标准通用标记语言的一个应用)或 XML(标准通用标记语言的一个子集)等文件样式的计算机语言。可以说,HTML 或XML 为网页的骨架,CSS 是网页的衣服,不同 CSS 样式搭配,可以展现不同的页面效果。"CSS 禅意花园"网站上就有各方 CSS 高手设计的 CSS 页面效果,就是在同一个 HTML 基础上,套用不同的 CSS,最终页面展示出各式各样的绚丽效果。

CSS 目前最新版本为 CSS3,它是能够真正做到网页表现与内容分离的一种样式设计语言。相对于传统 HTML 的表现而言,CSS 能够对网页中的对象的位置排版进行像素级的精确控制,支持几乎所有的字体、字号样式,拥有对网页对象和模型样式编辑的能力,并能够进行初步交互设计,是目前基于文本展示最优秀的表现设计语言。CSS 能够根据不同使用者的理解能力,简化或者优化写法,针对各类人群,有较强的易读性。

### 4.1.1　CSS 的创建与使用

如何插入样式表呢? 当读到一个样式表时,浏览器会根据它来格式化 HTML 文档。插入样式表的方法有 3 种。

#### 1. 外部样式表

当样式需要应用于很多页面时,外部样式表将是理想的选择。在使用外部样式表的情况下,可以通过改变样式表文件来改变整个站点的外观。每个页面使用<link>标签链接到样式表。<link>标签在(文档的)头部如下:

```
<head>
    <link rel="stylesheet" type="text/css" href="mystyle.css" />
</head>
```

该 head 应属于代码段,此处加一个换行。浏览器会从文件 mystyle. css 中读到样式声明,并根据它来格式文档。

外部样式表可以在任何文本编辑器中进行编辑。文件不能包含任何 HTML 标签。样式表应该以 css 为扩展名进行保存。下面是一个样式表文件的例子。

```
hr {color: sienna;}
p {margin-left: 20px;}
body {background-image: url("images/back40.gif");}
```

不要在属性值与单位之间留有空格。假如使用"margin-left:20 px"而不是"margin-left:20px",它仅在 IE 6.0 中有效,但是在 Mozilla/Firefox 或 Netscape 中却无法正常工作。

【例 4-1】 外部样式示例。

CSS 文件

**程序清单 4-1(test. css):**

```
body {background-color: yellow}
h1 {background-color: #00ff00}
h2 {background-color: transparent}
p {background-color: rgb(250,0,255)}
p.no2 {background-color: gray; padding: 20px;}
```

HTML 文件

**程序清单 4-2(example4_01. html):**

```
<html>
<head>
<link rel="stylesheet" type="text/css" href="test.css" />
</head>
<body>
<h1>这是标题 1</h1>
<h2>这是标题 2</h2>
<p>这是段落</p>
<p class="no2">这个段落设置了内边距。</p>
</body>
</html>
```

### 2. 内部样式表

当单个文档需要特殊的样式时,就应该使用内部样式表。可以使用 <style>标签在文档头部定义内部样式表,就像这样:

```
<head>
<style type="text/css">
    hr {color: sienna;}
    p {margin-left: 20px;}
    body {background-image: url("images/back40.gif");}
```

```
</style>
</head>
```

【例 4-2】 内部样式示例。

程序清单 4-3(example4_02.html):

```
<html>
<head>
<style type="text/css">
    body {background-color: yellow}
    h1 {background-color: #00ff00}
    h2 {background-color: transparent}
    p {background-color: rgb(250,0,255)}
    p.no2 {background-color: gray; padding: 20px;}
</style>
</head>
<body>
<h1>这是标题 1</h1>
<h2>这是标题 2</h2>
<p>这是段落</p>
<p class="no2">这个段落设置了内边距。</p>
</body>
</html>
```

### 3. 内联样式

由于要将表现和内容混杂在一起,内联样式会损失掉样式表的许多优势。请慎用这种方法,例如当样式仅需要在一个元素上应用一次时,可以使用内联样式。

要使用内联样式,需要在相关的标签内使用样式(style)属性。style 属性可以包含任何 CSS 属性。本例展示如何改变段落的颜色和左外边距:

```
<p style="color: sienna; margin-left: 20px">
    This is a paragraph
</p>
```

### 4. 多重样式

如果某些属性在不同的样式表中被同样的选择器定义,则属性值将从更具体的样式表中继承过来。

例如,外部样式表拥有针对 h3 选择器的 3 个属性:

```
h3 {
    color: red;
    text-align: left;
    font-size: 8pt;
}
```

而内部样式表拥有针对 h3 选择器的两个属性:

```
h3 {
    text-align: right;
    font-size: 20pt;
}
```

假如拥有内部样式表的这个页面同时与外部样式表链接，那么 h3 得到的样式如下：

```
color: red;
text-align: right;
font-size: 20pt;
```

即颜色属性将被继承于外部样式表，而文字排列（text-align）和字体尺寸（font-size）会被内部样式表中的规则取代。

### 4.1.2 CSS 语法

#### 1. CSS 基础语法

CSS 规则由两个主要的部分构成：选择器，以及一条或多条声明。

```
selector {declaration1; declaration2; … declarationN}
```

选择器通常是人们需要改变样式的 HTML 元素。

每条声明由一个属性和一个值组成。

属性（property）是用户希望设置的样式属性（style attribute），每个属性有一个值，属性和值用冒号分开。

```
selector {property: value}
```

下面这行代码的作用是将 h1 元素内的文字颜色定义为红色，同时将字体大小设置为 14 个像素。

在这个例子中，h1 是选择器，color 和 font-size 是属性，red 和 14px 是值。

```
h1 {color:red; font-size:14px;}
```

上面这段代码的结构如图 4-1 所示。

**注意**：请使用花括号来包围声明。

除了英文单词 red，还可以使用十六进制的颜色值＃ff0000：

图 4-1　CSS 代码的解释

```
p { color: #ff0000; }
```

为了节约字节，可以使用 CSS 的缩写形式：

```
p { color: #f00; }
```

还可以通过两种方法使用 RGB 值：

```
p { color: rgb(255,0,0); }
p { color: rgb(100%,0%,0%); }
```

请注意,当使用 RGB 百分比时,即使当值为 0 时也要写百分比符号,但是在其他的情况下就不需要这么做了。比如说,当尺寸为 0 像素时,0 之后不需要使用 px 单位,因为 0 就是 0,无论单位是什么。如果值为若干单词,则要给值加引号:

```
p {font-family: "sans serif";}
```

如果要定义不止一个声明,则需要用分号将每个声明分开。下面的例子展示出如何定义一个红色文字的居中段落。最后一条规则不需要加分号,因为分号在英语中是一个分隔符号,不是结束符号。然而,大多数有经验的设计师会在每条声明的末尾都加上分号,这么做的好处是,当人们从现有的规则中增减声明时,会尽可能地减少出错的可能性。就像这样:

```
p {text-align:center; color:red;}
```

应该在每行只描述一个属性,这样可以增强样式定义的可读性,就像这样:

```
p {
    text-align: center;
    color: black;
    font-family: arial;
}
```

**2. 选择器的分组**

可以对选择器进行分组,这样,被分组的选择器就可以分享相同的声明。用逗号将需要分组的选择器分开。在下面的例子中,对所有的标题元素进行了分组,所有的标题元素都是绿色的。

```
h1,h2,h3,h4,h5,h6 {
    color: green;
}
```

**3. 继承及其问题**

根据 CSS,子元素从父元素继承属性,但是它并不总是按此方式工作。看看下面这条规则:

```
body {
    font-family: Verdana, sans-serif;
}
```

根据上面这条规则,站点的 body 元素将使用 Verdana 字体(假如访问者的系统中存在该字体的话)。

通过 CSS 继承,子元素将继承最高级元素(在本例中是 body)所拥有的属性(这些子元素诸如 p、td、ul、ol、ul、li、dl、dt 和 dd)。不需要另外的规则,所有 body 的子元素都应该显示 Verdana 字体,子元素的子元素也一样。并且在大部分的现代浏览器中,也确实是这样的。

如果不希望"Verdana,sans-serif"字体被所有的子元素继承,又该怎么做呢?比方说,

希望段落的字体是 Times。可以这样做,创建一个针对 p 的特殊规则,这样它就会摆脱父元素的规则:

```
body  {
    font-family: Verdana, sans-serif;
}
td, ul, ol, ul, li, dl, dt, dd  {
    font-family: Verdana, sans-serif;
}
p  {
    font-family: Times, "Times New Roman", serif;
}
```

### 4.1.3  派生选择器

通过依据元素在其位置的上下文关系来定义样式,可以使标记更加简洁。

在 CSS1 中,通过这种方式来应用规则的选择器称为上下文选择器(contextual selectors),这是由于它们依赖于上下文关系来应用或者避免某项规则。从 CSS2 开始,它们称为派生选择器,但是无论如何称呼它们,它们的作用都是相同的。

派生选择器允许人们根据文档的上下文关系来确定某个标签的样式。通过合理地使用派生选择器,可以使 HTML 代码变得更加整洁。

例如,希望列表中的 strong 元素变为斜体字,而不是通常的粗体字,可以这样定义一个派生选择器:

```
li strong {
    font-style: italic;
    font-weight: normal;
}
```

请注意标记为<strong>的代码的上下文关系:

```
<p><strong>我是粗体字,不是斜体字,因为我不在列表当中,所以这个规则对我不起作用</strong></p>
<ol>
<li><strong>我是斜体字。这是因为 strong 元素位于 li 元素内。</strong></li>
<li>我是正常的字体。</li>
</ol>
```

在上面的例子中,只有 li 元素中的 strong 元素的样式为斜体字,无须为 strong 元素定义特别的 class 或 id,代码更加简洁。

再看看下面的 CSS 规则:

```
strong {
    color: red;
}
h2 {
```

```
        color: red;
}
h2 strong {
        color: blue;
}
```

下面是它施加影响的 HTML：

```
<p>The strongly emphasized word in this paragraph is<strong>red</strong>.</p>
<h2>This subhead is also red.</h2>
<h2>The strongly emphasized word in this subhead is<strong>blue</strong>.
</h2>
```

## 4.1.4　id 选择器

### 1. id 选择器

id 选择器可以为标有特定 id 的 HTML 元素指定特定的样式。id 选择器以 # 来定义。

下面的两个 id 选择器，第一个可以定义元素的颜色为红色，第二个定义元素的颜色为绿色：

```
#red {color:red;}
#green {color:green;}
```

下面的 HTML 代码中，id 属性为 red 的 p 元素显示为红色，而 id 属性为 green 的 p 元素显示为绿色。

```
<p id="red">这个段落是红色。</p>
<p id="green">这个段落是绿色。</p>
```

### 2. id 选择器和派生选择器

在现代布局中，id 选择器常常用于建立派生选择器。

```
#sidebar p {
    font-style: italic;
    text-align: right;
    margin-top: 0.5em;
}
```

上面的样式只会应用于出现在 id 是 sidebar 的元素内的段落。这个元素很可能是 div 或者是表格单元，尽管它也可能是一个表格或者其他块级元素。

一个选择器，多种用法。即使被标注为 sidebar 的元素只能在文档中出现一次，这个 id 选择器作为派生选择器，也可以被使用很多次：

```
#sidebar p {
    font-style: italic;
    text-align: right;
```

```
    margin-top: 0.5em;
}
#sidebar h2 {
    font-size: 1em;
    font-weight: normal;
    font-style: italic;
    margin: 0;
    line-height: 1.5;
    text-align: right;
}
```

在这里,与页面中的其他 p 元素明显不同的是,sidebar 内的 p 元素得到了特殊的处理;同时,与页面中其他所有 h2 元素明显不同的是,sidebar 中的 h2 元素也得到了不同的特殊处理。

### 4.1.5　CSS 类选择器

在 CSS 中,类选择器以一个点号显示:

```
.center {text-align: center}
```

在上面的例子中,所有拥有 center 类的 HTML 元素均为居中。

在下面的 HTML 代码中,h1 和 p 元素都有 center 类。这意味着两者都将遵守 center 选择器中的规则。

```
<h1 class="center">
This heading will be center-aligned
</h1>
<p class="center">
This paragraph will also be center-aligned.
</p>
```

与 id 一样,class 也可被用作派生选择器:

```
.fancy td {
    color: #f60;
    background: #666;
    }
```

在上面这个例子中,类名为 fancy 的更大的元素内部的表格单元都会以灰色背景显示橙色文字(名为 fancy 的更大的元素可能是一个表格或者一个 div)。

元素也可以基于它们的类而被选择:

```
td.fancy {
    color: #f60;
    background: #666;
}
```

在上面的例子中,类名为 fancy 的表格单元将是带有灰色背景的橙色。

```
<td class="fancy">
```

可以将类 fancy 分配给任何一个表格元素任意多的次数。那些以 fancy 标注的单元格都会是带有灰色背景的橙色。那些没有被分配名为 fancy 的类的单元格不会受这条规则的影响。还有一点值得注意，class 为 fancy 的段落也不会是带有灰色背景的橙色。当然，任何其他被标注为 fancy 的元素也不会受这条规则的影响。这都是由于人们书写这条规则的方式，这个效果被限制于标注为 fancy 的表格单元（即使用 td 元素来选择 fancy 类）。

### 4.1.6　CSS 属性选择器

可以为拥有指定属性的 HTML 元素设置样式，而不仅限于 class 和 id 属性。

**注意**：只有在规定了 !DOCTYPE 时，IE 7.0 和 IE 8.0 才支持属性选择器。在 IE 6.0 及更低的版本中，不支持属性选择。

#### 1. 属性选择器

下面的例子为带有 title 属性的所有元素设置样式：

```
[title]
{
    color:red;
}
```

#### 2. 属性和值选择器

下面的例子为 title＝W3School 的所有元素设置样式：

```
[title=W3School]
{
    border:5px solid blue;
}
```

#### 3. 属性和值选择器-多个值

下面的例子为包含指定值的 title 属性的所有元素设置样式。适用于由空格分隔的属性值：

```
[title~=hello] { color:red; }
```

下面的例子为带有包含指定值的 lang 属性的所有元素设置样式。适用于由连字符分隔的属性值：

```
[lang|=en] { color:red; }
```

#### 4. 设置表单的样式

属性选择器在为不带有 class 或 id 的表单设置样式时特别有用：

```
input[type="text"]
```

```
{
    width:150px;
    display:block;
    margin-bottom:10px;
    background-color:yellow;
    font-family: Verdana, Arial;
}
input[type="button"]
{
    width:120px;
    margin-left:35px;
    display:block;
    font-family: Verdana, Arial;
}
```

CSS 属性选择器的相关描述如表 4-1 所示。

表 4-1 CSS 属性选择器

| 选 择 器 | 描 述 |
|---|---|
| [attribute] | 用于选取带有指定属性的元素 |
| [attribute＝value] | 用于选取带有指定属性和值的元素 |
| [attribute～＝value] | 用于选取属性值中包含指定词汇的元素 |
| [attribute\|＝value] | 用于选取带有以指定值开头的属性值的元素,该值必须是整个单词 |
| [attribute^＝value] | 匹配属性值以指定值开头的每个元素 |
| [attribute $＝value] | 匹配属性值以指定值结尾的每个元素 |
| [attribute * ＝value] | 匹配属性值中包含指定值的每个元素 |

# 4.2 CSS 样式

## 4.2.1 CSS 背景

CSS 允许应用纯色作为背景,也允许使用背景图像创建相当复杂的效果。CSS 在这方面的能力远远在 HTML 之上。

### 1. 背景色

可以使用 background-color 属性为元素设置背景色,这个属性接受任何合法的颜色值。下面这条规则把元素的背景设置为灰色:

```
p {background-color: gray;}
```

如果希望背景色从元素中的文本向外稍有延伸,只需增加一些内边距:

```
p {background-color: gray; padding: 20px;}
```

可以为所有元素设置背景色,这包括 body 一直到 em 和 a 等行内元素。

background-color 不能继承,其默认值是 transparent。transparent 有"透明"之意。也就是说,如果一个元素没有指定背景色,那么背景就是透明的,这样其祖先元素的背景才能可见。

### 2. 背景图像

要把图像放入背景,需要使用 background-image 属性。background-image 属性的默认值是 none,表示背景上没有放置任何图像。

如果需要设置一个背景图像,必须为这个属性设置一个 URL 值:

```
body {background-image: url(/i/eg_bg_04.gif);}
```

大多数背景都应用到 body 元素,不过并不仅限于此。下面例子为一个段落应用了一个背景,而不会对文档的其他部分应用背景:

```
p.flower {background-image: url(/i/eg_bg_03.gif);}
```

甚至可以为行内元素设置背景图像,下面的例子为一个链接设置了背景图像:

```
a.radio {background-image: url(/i/eg_bg_07.gif);}
```

理论上讲,甚至可以向 textareas 和 select 等替换元素的背景应用图像,不过并不是所有用户代理都能很好地处理这种情况。

### 3. 背景重复

如果需要在页面上对背景图像进行平铺,可以使用 background-repeat 属性。

属性值 repeat 导致图像在水平垂直方向上都平铺,就像以往背景图像的通常做法一样。repeat-x 和 repeat-y 分别导致图像只在水平或垂直方向上重复,no-repeat 则不允许图像在任何方向上平铺。默认地,背景图像将从一个元素的左上角开始。请看下面的例子:

```
body
{
    background-image: url(/i/eg_bg_03.gif);
    background-repeat: repeat-y;
}
```

### 4. 背景定位

可以利用 background-position 属性改变图像在背景中的位置。下面的例子在 body 元素中将一个背景图像居中放置:

```
body
{
    background-image:url('/i/eg_bg_03.gif');
    background-repeat:no-repeat;
    background-position:center;
}
```

为 background-position 属性提供值有很多方法。首先,可以使用一些关键字:top、bottom、left、right 和 center。通常,这些关键字会成对出现,不过也不总是这样。还可以使用长度值,如 100px 或 5cm,最后也可以使用百分数值。不同类型的值对于背景图像的放置稍有差异。

图像放置关键字最容易理解,其作用如其名称所表明的。例如,top right 使图像放置在元素内边距区的右上角。根据规范,位置关键字可以按任何顺序出现,只要保证不超过两个关键字——一个对应水平方向,另一个对应垂直方向。如果只出现一个关键字,则认为另一个关键字是 center。

所以,如果希望每个段落的中部上方出现一个图像,只需声明如下:

```
p
{
    background-image:url('bgimg.gif');
    background-repeat:no-repeat;
    background-position:top;
}
```

百分数值的表现方式更为复杂。假设人们希望用百分数值将图像在其元素中居中,这很容易:

```
body
{
    background-image:url('/i/eg_bg_03.gif');
    background-repeat:no-repeat;
    background-position:50%50%;
}
```

这会导致图像适当放置,其中心与其元素的中心对齐。换句话说,百分数值同时应用于元素和图像。也就是说,图像中描述为 50% 50% 的点(中心点)与元素中描述为 50% 50% 的点(中心点)对齐。如果图像位于 0% 0%,其左上角将放在元素内边距区的左上角。如果图像位置是 100% 100%,会使图像的右下角放在右边距的右下角。

因此,如果想把一个图像放在水平方向 2/3、垂直方向 1/3 处,可以这样声明:

```
body
{
    background-image:url('/i/eg_bg_03.gif');
    background-repeat:no-repeat;
    background-position:66%33%;
}
```

如果只提供一个百分数值,所提供的这个值将用作水平值,垂直值将假设为 50%。这一点与关键字类似。background-position 的默认值是 0% 0%,在功能上相当于 top left。这就解释了背景图像为什么总是从元素内边距区的左上角开始平铺,除非人们设置了不同的位置值。

长度值解释的是元素内边距区左上角的偏移。偏移点是图像的左上角。

例如,如果设置值为 50px 100px,图像的左上角将在元素内边距区左上角向右 50 像素、向下 100 像素的位置上:

```
body
{
    background-image:url('/i/eg_bg_03.gif');
    background-repeat:no-repeat;
    background-position:50px 100px;
}
```

**注意**:这一点与百分数值不同,因为偏移只是从一个左上角到另一个左上角。也就是说,图像的左上角与 background-position 声明中的指定的点对齐。

**5. 背景关联**

如果文档比较长,那么当文档向下滚动时,背景图像也会随之滚动。当文档滚动到超过图像的位置时,图像就会消失。可以通过 background-attachment 属性防止这种滚动。通过这个属性,可以声明图像相对于可视区是固定的(fixed),因此不会受滚动的影响:

```
body
{
    background-image:url(/i/eg_bg_02.gif);
    background-repeat:no-repeat;
    background-attachment:fixed
}
```

background-attachment 属性的默认值是 scroll,也就是说,在默认的情况下,背景会随文档滚动。

**6. CSS 背景属性**

CSS 背景属性如表 4-2 所示。

表 4-2　CSS 背景属性

| 属　　　　性 | 描　　　　述 |
| --- | --- |
| background | 简写属性,作用是将背景属性设置在一个声明中 |
| background-attachment | 背景图像是否固定或者随着页面的其余部分滚动 |
| background-color | 设置元素的背景颜色 |
| background-image | 把图像设置为背景 |
| background-position | 设置背景图像的起始位置 |
| background-repeat | 设置背景图像是否及如何重复 |

## 4.2.2　CSS 文本

CSS 文本属性可定义文本的外观。通过文本属性,人们可以改变文本的颜色、字符间距,对齐文本,装饰文本,对文本进行缩进等。

### 1. 缩进文本

把 Web 页面上的段落的第一行缩进,这是一种最常用的文本格式化效果。

CSS 提供了 text-indent 属性,该属性可以方便地实现文本缩进。通过使用 text-indent 属性,所有元素的第一行都可以缩进一个给定的长度,甚至该长度可以是负值。这个属性最常见的用途是将段落的首行缩进,下面的规则会使所有段落的首行缩进 5em:

```
p {text-indent: 5em;}
```

一般来说,可以为所有块级元素应用 text-indent,但无法将该属性应用于行内元素,图像之类的替换元素上也无法应用 text-indent 属性。不过,如果一个块级元素(如段落)的首行中有一个图像,它会随该行的其余文本移动。

使用负值。text-indent 还可以设置为负值。利用这种技术,可以实现很多有趣的效果,比如"悬挂缩进",即第一行悬挂在元素中余下部分的左边:

```
p {text-indent:-5em;}
```

不过在为 text-indent 设置负值时要当心,如果对一个段落设置了负值,那么首行的某些文本可能会超出浏览器窗口的左边界。为了避免出现这种显示问题,建议针对负缩进再设置一个外边距或一些内边距:

```
p {text-indent:-5em; padding-left: 5em;}
```

使用百分比值。text-indent 可以使用所有长度单位,包括百分比值。

百分数要相对于缩进元素父元素的宽度。换句话说,如果将缩进值设置为 20%,所影响元素的第一行会缩进其父元素宽度的 20%。

在下例中,缩进值是父元素的 20%,即 100 像素:

```
div {width: 500px;}
p {text-indent: 20%;}


<div>
<p>this is a paragragh</p>
</div>
```

text-indent 属性可以继承,请考虑如下标记:

```
div#outer {width: 500px;}
div#inner {text-indent: 10%;}
p {width: 200px;}


<div id="outer">
<div id="inner">some text. some text. some text.
<p>this is a paragragh.</p>
</div>
</div>
```

以上标记中的段落也会缩进 50 像素,这是因为这个段落继承了 id 为 inner 的 div 元素的缩进值。

### 2. 水平对齐

text-align 是一个基本的属性,它会影响一个元素中的文本行互相之间的对齐方式。它的前 3 个值相当直接,不过第 4 个和第 5 个则略有些复杂。值 left、right 和 center 会导致元素中的文本分别左对齐、右对齐和居中。

text-align:center 与＜center＞。＜center＞不仅影响文本,还会把整个元素居中。text-align 不会控制元素的对齐,而只影响内部内容。元素本身不会从一段移到另一端,只是其中的文本受影响。

### 3. justify

最后一个水平对齐属性是 justify。在两端对齐文本中,文本行的左右两端都放在父元素的内边界上。然后,调整单词和字母间的间隔,使各行的长度恰好相等。

### 4. 字间隔

word-spacing 属性可以改变字(单词)之间的标准间隔。其默认值 normal 与设置值为 0 是一样的。word-spacing 属性接受一个正长度值或负长度值。如果提供一个正长度值,那么字之间的间隔就会增加。为 word-spacing 设置一个负值,会把它拉近:

```
p.spread {word-spacing: 30px;}
p.tight {word-spacing:-0.5em;}


<p class="spread">
This is a paragraph. The spaces between words will be increased.
</p>
<p class="tight">
This is a paragraph. The spaces between words will be decreased.
</p>
```

### 5. 字母间隔

letter-spacing 属性与 word-spacing 的区别在于,字母间隔修改的是字符或字母之间的间隔。

与 word-spacing 属性一样,letter-spacing 属性的可取值包括所有长度。默认关键字是 normal(这与 letter-spacing:0 相同)。输入的长度值会使字母之间的间隔增加或减少指定的量。

### 6. 字符转换

text-transform 属性处理文本的大小写。这个属性有 4 个值,即 none、uppercase、lowercase、capitalize。

默认值 none 对文本不做任何改动,将使用源文档中的原有大小写。顾名思义, uppercase 和 lowercase 将文本转换为全大写和全小写字符。最后,capitalize 只对每个单词的首字母大写。

作为一个属性,text-transform 可能无关紧要,不过如果人们突然决定把所有 h1 元素变为大写,这个属性就很有用。不必单独地修改所有 h1 元素的内容,只需使用 text-transform 完成以下修改:

```
h1 {text-transform: uppercase}
```

使用 text-transform 有两方面的好处。首先,只需写一个简单的规则来完成这个修改, 而无须修改 h1 元素本身。其次,如果决定将所有大小写再切换为原来的大小写,可以更容易地完成修改。

**7. 文本装饰**

接下来,讨论 text-decoration 属性,这是一个很有意思的属性,它提供了很多非常有趣的行为。

text-decoration 有 5 个值,即 none、underline、overline、line-through、blink。

underline 会对元素加下划线,就像 HTML 中的 U 元素一样。overline 的作用恰好相反,会在文本的顶端画一个上划线。值 line-through 则在文本中间画一个贯穿线,等价于 HTML 中的 S 和 strike 元素。blink 会让文本闪烁,类似于 Netscape 支持的颇招非议的 blink 标记。

none 值会关闭原本应用到一个元素上的所有装饰。通常,无装饰的文本是默认外观, 但也不总是这样。例如,链接默认地会有下划线。如果希望去掉超链接的下划线,可以使用以下 CSS 来做到这一点:

```
a {text-decoration: none;}
```

还可以在一个规则中结合多种装饰。如果希望所有超链接既有下划线,又有上划线,则规则如下:

```
a:link a:visited {text-decoration: underline overline;}
```

**8. 文本方向**

如果阅读的是英文书籍,人们就会从左到右、从上到下地阅读,这就是英文的流方向。 不过,并不是所有语言都如此。我们知道古汉语就是从右到左来阅读的,当然还包括希伯来语和阿拉伯语等。CSS2 中引入了 direction 属性来描述文本的方向,该属性可以用来决定块级元素中文本的书写方向、表中列布局的方向、内容水平填充其元素框的方向,以及两端对齐元素中最后一行的方向。direction 属性有两个值:ltr 和 rtl。大多数情况下,默认值是 ltr,显示从左到右的文本。如果显示从右到左的文本,应使用值 rtl。

**9. CSS 文本属性**

CSS 文本属性如表 4-3 所示。

表 4-3　CSS 文本属性

| 属　　性 | 描　　述 |
| --- | --- |
| color | 设置文本颜色 |
| direction | 设置文本方向 |
| line-height | 设置行高 |
| letter-spacing | 设置字符间距 |
| text-align | 对齐元素中的文本 |
| text-decoration | 向文本添加修饰 |
| text-indent | 缩进元素中文本的首行 |
| text-shadow | 设置文本阴影。CSS 2 包含该属性,但是 CSS 2.1 没有保留该属性 |
| text-transform | 控制元素中的字母 |
| unicode-bidi | 设置文本方向 |
| white-space | 设置元素中空白的处理方式 |
| word-spacing | 设置字间距 |

## 4.2.3　CSS 字体

CSS 字体属性定义文本的字体系列、大小、加粗、风格(如斜体)和变形(如小型大写字母,即与小写字母一样高,外形与大写字母一致)。

### 1. CSS 字体系列

在 CSS 中,有两种不同类型的字体系列名称:特定字体系列,即具体的字体系列(如 Times 或 Courier);除了各种特定的字体系列外,CSS 定义了 5 种通用字体系列,即 serif 字体、sans-serif 字体、monospace 字体、cursive 字体和 fantasy 字体。

可以使用 font-family 属性定义文本的字体系列。

如果希望文档使用一种 sans-serif 字体,但并不关心是哪一种字体,以下就是一个合适的声明:

```
body {font-family: sans-serif;}
```

这样用户代理就会从 sans-serif 字体系列中选择一个字体(如 Helvetica),并将其应用到 body 元素。因为有继承,这种字体选择还将应用到 body 元素中包含的所有元素,除非有一种更特定的选择器将其覆盖。

除了使用通用的字体系列,还可以通过 font-family 属性设置更具体的字体。下面的例子为所有 h1 元素设置了 Georgia 字体:

```
h1 {font-family: Georgia;}
```

这样的规则同时会产生另外一个问题,如果用户代理上没有安装 Georgia 字体,就只能使用用户代理的默认字体来显示 h1 元素。可以通过结合特定字体名和通用字体系列来解决这个问题：

```
h1 {font-family: Georgia, serif;}
```

如果读者没有安装 Georgia 字体，但安装了 Times 字体（serif 字体系列中的一种字体），用户代理就可能对 h1 元素使用 Times。尽管 Times 与 Georgia 并不完全匹配，但至少足够接近。因此，建议在所有 font-family 规则中都提供一个通用字体系列。这样就提供了一条后路，在用户代理无法提供与规则匹配的特定字体时，就可以选择一个候选字体。

使用引号。如果字体名中有一个或多个空格（比如 New York），或者如果字体名包括 # 或 $ 之类的符号，需要在 font-family 声明中加引号。单引号或双引号都可以接受。但是，如果把一个 font-family 属性放在 HTML 的 style 属性中，则需要使用该属性本身未使用的那种引号：

```
<p style="font-family: Times, TimesNR, 'New Century Schoolbook', Georgia, 'New York', serif;">…</p>
```

### 2．字体风格

font-style 属性最常用于规定斜体文本。该属性有 3 个值：normal（文本正常显示）、italic（文本斜体显示）和 oblique（文本倾斜显示）。

font-style 非常简单，用于在 normal 文本、italic 文本和 oblique 文本之间选择。唯一有点复杂的是明确 italic 文本和 oblique 文本之间的差别。

斜体（italic）是一种简单的字体风格，对每个字母的结构有一些小改动，来反映变化的外观。与此不同，倾斜（oblique）文本则是正常竖直文本的一个倾斜版本。通常情况下，italic 和 oblique 文本在 Web 浏览器中看上去完全一样。

### 3．字体变形

font-variant 属性可以设定小型大写字母。小型大写字母不是一般的大写字母，也不是小写字母，这种字母采用不同大小的大写字母。

### 4．字体加粗

font-weight 属性设置文本的粗细。使用 bold 关键字可以将文本设置为粗体。

关键字 100～900 为字体指定了 9 级加粗度。如果一个字体内置了这些加粗级别，那么这些数字就直接映射到预定义的级别，100 对应最细的字体变形，900 对应最粗的字体变形。数字 400 等价于 normal，而 700 等价于 bold。

如果将元素的加粗设置为 bold，浏览器会设置比所继承值更粗的一个字体加粗。与此相反，关键词 light 会导致浏览器将加粗度下移而不是上移。例如：

```
p.normal {font-weight:normal;}
p.thick {font-weight:bold;}
p.thicker {font-weight:900;}
```

### 5．字体大小

font-size 属性设置文本的大小。font-size 值可以是绝对或相对值。如果没有规定字体大小,普通文本(如段落)的默认大小是 16 像素(16px＝1em)。

通过像素设置文本大小,可以对文本大小进行完全控制:

```
h1 {font-size:60px;}
h2 {font-size:40px;}
p {font-size:14px;}
```

使用 em 来设置字体大小。如果要避免在 Internet Explorer 中无法调整文本的问题,许多开发者使用 em 单位代替 pixels。

W3C 推荐使用 em 尺寸单位,1em 等于当前的字体尺寸。如果一个元素的 font-size 为 16 像素,那么对于该元素,1em 就等于 16 像素。在设置字体大小时,em 的值会相对于父元素的字体大小改变。浏览器中默认的文本大小是 16 像素。因此 1em 的默认尺寸是 16 像素。可以使用下面这个公式将像素转换为 em:

```
pixels/16=em
```

**注意**:16 像素等于父元素的默认字体大小,假设父元素的 font-size 为 20px,那么公式需改为 pixels/20＝em。

```
h1 {font-size:3.75em;}   /* 60px/16=3.75em */
h2 {font-size:2.5em;}    /* 40px/16=2.5em */
p {font-size:0.875em;}   /* 14px/16=0.875em */
```

在上面的例子中,以 em 为单位的文本大小与前一个例子中以像素计的文本大小相同。不过,如果使用 em 单位,则可以在所有浏览器中调整文本大小。

结合使用百分比和 em。在所有浏览器中均有效的方案是为 body 元素(父元素)以百分比设置默认的 font-size 值:

```
body {font-size:100%;}
h1 {font-size:3.75em;}
h2 {font-size:2.5em;}
p {font-size:0.875em;}
```

在所有浏览器中,可以显示相同的文本大小,并允许所有浏览器缩放文本的大小。

### 6. CSS 字体属性

CSS 字体属性如表 4-4 所示。

表 4-4　CSS 字体属性

| 属　　性 | 描　　述 |
| --- | --- |
| font | 简写属性,作用是把所有针对字体的属性设置在一个声明中 |
| font-family | 设置字体系列 |
| font-size | 设置字体的尺寸 |
| font-size-adjust | 当首选字体不可用时,对替换字体进行智能缩放(CSS 2.1 已删除该属性) |

续表

| 属　　　性 | 描　　　述 |
|---|---|
| font-stretch | 对字体进行水平拉伸（CSS 2.1 已删除该属性） |
| font-style | 设置字体风格 |
| font-variant | 以小型大写字体或者正常字体显示文本 |
| font-weight | 设置字体的粗细 |

### 4.2.4　CSS 链接

能够以不同的方法为链接设置样式。能够设置链接样式的 CSS 属性有很多种（例如 color、font-family、background 等）。链接的特殊性在于能够根据它们所处的状态来设置它们的样式。

链接有 4 种状态。

（1）a:link。设置 a 对象在未被访问前（未单击过和鼠标未经过）的样式表属性。也就是 HTML a 锚文本标签的内容初始样式。

（2）a:visited。设置 a 对象在其链接地址已被访问过时的样式表属性。也就是 HTML a 超链接文本被单击访问过后的 CSS 样式效果。

（3）a:hover。设置对象在其鼠标悬停时的样式表属性，也就是鼠标刚刚经过 a 标签并停留在 a 链接上时样式。

（4）a:active。设置 a 对象在被用户激活（在单击与鼠标释放之间发生的事件）时的样式表属性。也就是单击 HTML a 链接对象与释放鼠标右键之间很短暂的样式效果。

如以下例子：

```
a:link {color:#FF0000;}          /* 未被访问的链接 */
a:visited {color:#00FF00;}       /* 已被访问的链接 */
a:hover {color:#FF00FF;}         /* 鼠标指针移动到链接上 */
a:active {color:#0000FF;}        /* 正在被单击的链接 */
```

当为链接的不同状态设置样式时，请按照以下次序规则：

a:hover 必须位于 a:link 和 a:visited 之后；

a:active 必须位于 a:hover 之后。

在上面的例子中，链接根据其状态改变颜色。其他几种常见的设置链接样式的方法如下。

① 文本修饰。text-decoration 属性大多用于去掉链接中的下划线：

```
a:link {text-decoration:none;}
a:visited {text-decoration:none;}
a:hover {text-decoration:underline;}
a:active {text-decoration:underline;}
```

② 背景色。background-color 属性规定链接的背景色：

```
a:link {background-color:#B2FF99;}
a:visited {background-color:#FFFF85;}
a:hover {background-color:#FF704D;}
```

```
a:active {background-color:#FF704D;}
```

## 4.2.5　CSS 列表

　　CSS 列表属性允许放置、改变列表项标志,或者将图像作为列表项标志。从某种意义上讲,不是描述性的文本的任何内容都可以认为是列表。

### 1.　列表类型

　　要影响列表的样式,最简单(同时支持最充分)的办法就是改变其标志类型。例如,在一个无序列表中,列表项的标志(marker)是出现在各列表项旁边的圆点。在有序列表中,标志可能是字母、数字或另外某种计数体系中的一个符号。要修改用于列表项的标志类型,可以使用属性 list-style-type:

```
ul {list-style-type:square}
```

　　上面的声明把无序列表中的列表项标志设置为方块。

### 2.　列表项图像

　　有时,常规的标志是不够的。人们可能想对各标志使用一个图像,这可以利用 list-style-image 属性做到:

```
ul li {list-style-image:url(xxx.gif)}
```

　　只需要简单地使用一个 url()值,就可以使用图像作为标志。

### 3.　列表标志位置

　　CSS 2.1 可以确定标志出现在列表项内容之外还是内容内部。这是利用 list-style-position 完成的。

### 4.　简写列表样式

　　为简单起见,可以将以上 3 个列表样式属性合并为一个方便的属性:list-style,如下:

```
li {list-style : url(example.gif) square inside}
```

　　list-style 的值可以按任何顺序列出,而且这些值都可以忽略。只要提供了一个值,其他的就会填入其默认值。

## 4.2.6　CSS 表格

### 1.　CSS 表格

　　CSS 表格属性允许控制表格的外观及利用表格布局。border-collapse 属性设置是否把表格边框合并为单一的边框。示例如下:

```
table{ border-collapse: collapse; }
```

两种属性设置效果对比如图 4-2 所示。

caption-side 属性设置表格标题（caption）的位置。该属性可能的取值如下。

（1）top。默认值，标题在表格的上边。

（2）right。标题在表格的右边。

（3）bottom。标题在表格的下边。

（4）left。标题在表格的左边。

(a) collapse效果

(b) separate效果

图 4-2　两种属性效果设置的对比

border-spacing 属性用于设置单元格边框的距离，该设置仅在 border-collapse 属性为 separate 有效，例如：

```
table{
    border-collapse: separate;
    border-spacing: 10px;
}
```

empty-cells 属性设置是否显示内容空单元格（边框），该设置仅在 border-collapse 属性为 separate 有效。

### 2. 表格 CSS 应用示例

以下为某网站表格 CSS 设置的示例，仅供参考。

```
table{
    width:90%;
    border-collapse: collapse;
    border: 1px solid black;
    line-height: 1.5em;
    margin-bottom: 8px;
}
table caption{
    line-height: 1.8em;
    text-align: left;
}
table th{
    border:1px solid gray;
    padding: 2px;
    background-color: #CCCCCC;
}
table td{
    border:1px solid gray;
    padding: 3px 0 2px 5px;
    background: #F6F6F6;
}
```

可参考的 HTML 代码如下：

```
<table>
<caption>这是表格标签:</caption>
  <tr>
    <th width="20%">编号</th>
    <th>题目</th>
  </tr>
  <tr>
    <td>1</td>
    <td>文章题目一</td>
  </tr>
  <tr>
    <td>2</td>
    <td>文章题目二</td>
  </tr>
</table>
```

### 3. CSS 表格属性

CSS 表格属性如表 4-5 所示。

**表 4-5　CSS 表格属性**

| 属　　性 | 描　　述 |
|---|---|
| border-collapse | 设置是否把表格边框合并为单一的边框 |
| border-spacing | 设置分隔单元格边框的距离(仅用于 separated borders 模型) |
| caption-side | 设置表格标题的位置 |
| empty-cells | 设置是否显示表格中的空单元格(仅用于 separated borders 模型) |
| table-layout | 设置显示单元、行和列的算法 |

## 4.2.7　CSS 轮廓

### 1. CSS 轮廓

轮廓(outline)是绘制于元素周围的一条线,位于边框边缘的外围,可起到突出元素的作用。CSS outline 属性规定元素轮廓的样式、颜色和宽度。基本语法形式如下:

```
outline : outline-color || outline-style || outline-width
```

例如:

```
img { outline: red }
p { outline: double 5px }
button { outline: #E9E9E9 double thin }
```

### 2. CSS 轮廓属性

CSS 轮廓属性如表 4-6 所示。

表 4-6　CSS 轮廓属性

| 属　性 | 描　述 | 属　性 | 描　述 |
|---|---|---|---|
| outline | 在一个声明中设置所有的轮廓属性 | outline-style | 设置轮廓的样式 |
| outline-color | 设置轮廓的颜色 | outline-width | 设置轮廓的宽度 |

### 4.2.8　CSS 对齐

在 CSS 中,可以使用多种属性来水平对齐元素。其中,比较重要的是有关块元素的对齐。块元素指的是占据全部可用宽度的元素,并且在其前后都会换行。

以下是块元素的例子:

```
<h1>
<p>
<div>
```

#### 1. 使用 margin 属性来水平对齐

可通过将左和右外边距设置为 auto 来对齐块元素。把左和右外边距设置为 auto,规定的是均等地分配可用的外边距,结果就是居中的元素,例如:

```
.center
{
    margin-left:auto;
    margin-right:auto;
    width:70%;
    background-color:#b0e0e6;
}
```

**注意**:如果宽度是 100%,则对齐没有效果。

#### 2. 使用 position 属性进行左和右对齐

对齐元素的方法之一是使用绝对定位,例如:

```
.right
{
    position:absolute;
    right:0px;
    width:300px;
    background-color:#b0e0e6;
}
```

#### 3. 使用 float 属性来进行左和右对齐

对齐元素的另一种方法是使用 float 属性,例如:

```
.right
```

```
{
    float:right;
    width:300px;
    background-color:#b0e0e6;
}
```

# 4.3　CSS 框模型

CSS 框模型（Box Model）规定了元素框处理元素内容、内边距、边框和外边距的方式，其基本结构如图 4-3 所示。

图 4-3 中元素框的最里边的部分是实际要显示的内容，直接包围内容的是内边距。内边距呈现了元素的背景。内边距的边缘是边框。边框以外是外边距，外边距默认是透明的，因此不会遮挡其后的任何元素。背景则是应用于由内容和内边距、边框组成的区域。

内边距、边框和外边距都是可选的，默认值是零。但是，许多元素将由用户代理样式表设置外边距和内边距。可以通过将元素的 margin 和 padding 设置为零来覆盖这些浏览器样式。这可以分别来进行，也可以使用通用选择器对所有元素进行设置：

```
* {
    margin: 0;
    padding: 0;
}
```

在 CSS 中，width 和 height 指的是内容区域的宽度和高度。增加内边距、边框和外边距不会影响内容区域的尺寸，但是会增加元素框的总尺寸。假设框的每个边上有 10 个像素的外边距和 5 个像素的内边距。如果希望这个元素框达到 100 个像素，就需要将内容的宽度设置为 70 像素，如图 4-4 所示。

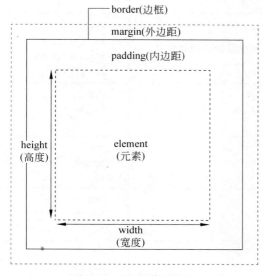

图 4-3　CSS 框模型结构

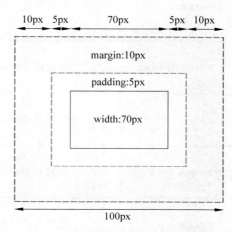

图 4-4　框模型的边距设置示意图

CSS 代码如下：

```
#box {
    width: 70px;
    margin: 10px;
    padding: 5px;
}
```

其中，外边距可以是负值，而且在很多情况下都要使用负值的外边距。在这里我们把 padding 和 margin 统一地称为内边距和外边距。边框内的空白是内边距，边框外的空白是外边距。

## 4.4　CSS 边距

CSS 边距属性用于定义元素周围的空间。在 4.3 节中讲到了如何使用 CSS 代码来设置元素的内、外边距，接下来来看有关边距设置的几个例子。

```
p.leftmargin {margin-left: 2cm}
p.topmargin {margin-top: 5cm}
p.margin {margin: 2cm 4cm 3cm 4cm}
```

CSS 边距属性定义元素周围的空间。采用负值对内容进行叠加是可能的。通过使用独立的属性，可以对上、右、下、左边距进行改变。而简写边距属性也可以被用于同时改变所有的边距。

CSS 边距属性的说明如表 4-7 所示。

表 4-7　CSS 边距属性的说明

| 属　　性 | 描　　述 | 值 |
| --- | --- | --- |
| margin | 简写属性。在一个声明中设置边距属性 | margin-top<br>margin-right<br>margin-bottom<br>margin-left |
| margin-bottom | 设置元素的下边距 | auto<br>length<br>% |
| margin-left | 设置元素的左边距 | auto<br>length<br>% |
| margin-right | 设置元素的右边距 | auto<br>length<br>% |
| margin-top | 设置元素的上边距 | auto<br>length<br>% |

# 4.5　DIV＋CSS 网页布局

## 4.5.1　块状元素和内联元素

### 1. 块状元素和内联元素的概念

在用 CSS 布局页面时,人们会将 HTML 标签分成两种,块状元素和内联元素(平常用到的 div 和 p 就是块状元素,链接标签 a 就是内联元素),这是在 CSS 布局页面中很重要的两个概念。

块状元素(Block Element)一般是其他元素的容器,可容纳内联元素和其他块状元素。块状元素排斥其他元素与其位于同一行,宽度(width)和高度(height)起作用。常见块状元素为 div 和 p。

内联元素(Inline Element)只能容纳文本或者其他内联元素,它允许其他内联元素与其位于同一行,但宽度(width)和高度(height)不起作用。常见的内联元素为 a。

下面以一个例子来说明这两者之间的区别。

ID 为 div1 的红色(♯900)区域,宽度和高度均为 300 像素,并且包含一个 ID 为 div2 的绿色(♯090)区域,长度宽度均为 100 像素的 div2。完整代码如下:

**程序清单 4-4,最简单的 JSP 页面(example4_03. html):**

```
<!DOCTYPE HTML PUBLIC "-//W3C//DTD HTML 4.01 Transitional//EN">
<html xmlns="http://www.w3.org/1999/xhtml">
<head>
<meta http-equiv="Content-Type" content="text/html; charset=gb2312" />
<title>CSS 学习---可容纳内联元素和其他块状元素</title>
<style type="text/css">
<!--
#div1{width:300px; height:300px; background:#900;}
#div2{width:100px; height:100px; background:#090;}
-->
</style>
</head>
<body>
<div id="div1">
<div id="div2"></div>
</div>
</body>
</html>
```

效果如图 4-5 所示。

在 div1 里放入一个链接 a,内容为"可容纳内联元素和其他块状元素"颜色为白色。

CSS 代码如下:

图 4-5　块状元素示例一

```
#div1{width:300px; height:300px; background:#900;}
#div2{width:100px; height:100px; background:#090;}
a{color:#fff;}
```

HTML 代码如下：

```
<div id="div1">
<div id="div2"></div>
<a href="#">可容纳内联元素和其他块状元素</a>
</div>
```

效果如图 4-6 所示。

可以看得到 div1 这个块状元素里面拥有两个元素，一个是块状元素 div2，另一个是内联元素 a，这就是块状元素概念里面说的"一般是其他元素的容器，可容纳内联元素和其他块状元素"。块状元素不只是用来做容器，有时还有其他用途，比如利用块状元素将上下两个元素隔开些距离，再比如利用块状元素来实现父级元素的高度自适应等。

接下来，在 div1 里面 div2 的后面再放入一个 ID 为 div3 的长宽均为 100 像素的蓝色（＃009）区域块，CSS 代码如下：

```
#div1{width:300px; height:300px; background:#900;}
#div2{width:100px; height:100px; background:#090;}
#div3{width:100px; height:100px; background:#009;}
a{color:#fff;}
```

HTML 代码如下：

```
<div id="div1">
<div id="div2"></div>
<div id="div3"></div>
<a href="#">可容纳内联元素和其他块状元素</a>
</div>
```

效果如图 4-7 所示。

图 4-6 块状元素示例二

图 4-7  块状元素示例三

## 2. float 的含义

常见的页面布局有两种方式: float(浮动方式)、position(定位方式)。接下来通过一个例子来说明 float 的含义。

两个方块,一个红色(#900),一个蓝色(#009),红色方块宽度和高度均为 200 像素,蓝色方块宽度为 300 像素,高度为 200 像素,红色方块和蓝色方块上外边距(margin-top)和左外边距(margin-left)均为 20 像素。代码如下。

**程序清单 4-5(example4_04. html):**

```
<!DOCTYPE html PUBLIC "-//W3C//DTD XHTML 1.0 Transitional//EN" "http://www.w3.
org/TR/xhtml1/DTD/xhtml1-transitional.dtd">
<html xmlns="http://www.w3.org/1999/xhtml">
<head>
<meta http-equiv="Content-Type" content="text/html; charset=gb2312" />
<title></title>
<style type="text/css">
body,div{padding:0; margin:0;}
#redBlock{
    width:200px;
    height:200px;
    background:#900;
    margin-top:20px;
    margin-left:20px;
}
#blueBlock{
    width:300px;
    height:200px;
    background:#009;
    margin-top:20px;
    margin-left:20px;
}
</style>
</head>
<body>
<div id="redBlock"></div>
<div id="blueBlock"></div>
</body>
</html>
```

效果如图 4-8 所示。

为了让红色和蓝色方块都处在一行,只需要在红色方块的 CSS 里面加上"float:left;"。但是不同的浏览器对此的解释方式是不同的,为了解决这个浏览器兼容的问题,只需要在蓝色方块的 CSS 代码中也加入"Float:left;"就可以了。效果如图 4-9 所示。

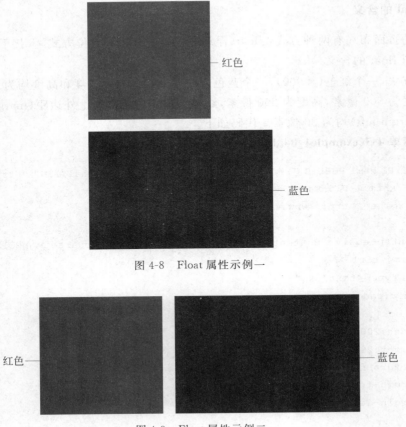

图 4-8　Float 属性示例一

图 4-9　Float 属性示例二

### 4.5.2　制作网页导航条

#### 1. CSS 标签重置

因为每个浏览器都有一个自己默认的 CSS 文件,对 HTML 中的所有的标签进行定义,以便没有定义 CSS 的页面能够正常显示在页面,页面在加载的时候如果没有找到自带的 CSS 文件,浏览器就用事先为用户准备好的 CSS 样式,但是这个对于页面布局来说没有什么用,因此需要将最常用的标签的内外边距设为零。例如,一个页面中用到下面 div、p、ul 和 li 4 个标签,那么重置代码就要这么写:

```
body,div,p,ul,li{margin:0; padding:0;}
```

#### 2. 制作容器

要做的导航条的效果如图 4-10 所示。

| CSS学习 | 学前准备 | 入门教程下载 | 提高教程 | 布局基础教程 | 精彩应用 |

图 4-10　要制作的导航条的效果图

鼠标移动上去背景变黑，并且字体颜色变成白色。

先做一个容器（要求：ID 为 nav，宽度为 960px，高度为 35px，位于页面水平正中，与浏览器顶部的距离是 30px），这个容器就是用来放导航的，代码如下。

HTML 代码：

```
<div id="nav"></div>
```

CSS 代码：

```
body,div{padding:0; margin:0;}
#nav{
width:960px;
height:35px;
background:#CCC;        /*为了便于查看区域范围大小,故加个背景色*/
margin:0 auto;          /*水平居中*/
margin-top:30px;        /*顶部为 30px*/
}
```

制作出来的效果是一个灰色条，位于页面的正中间。

### 3. 制作导航条内的条目

在 div 中嵌入无序列表 ul 元素来实现。
HTML 代码：

```
<ul>
    <li>CSS 学习</li>
    <li>学前准备</li>
    <li>入门教程下载</li>
    <li>提高教程</li>
    <li>布局基础教程</li>
    <li>精彩应用</li>
</ul>
```

CSS 代码：

```
#nav ul{
    width:960px;
    height:35px;
}
```

但是在上述情况下，导航条内的条目是纵向排列的，这时给 li 元素需要加入 float 属性：

```
#nav ul li{ float:left;}
```

效果如图 4-11 所示。

• CSS学习学前准备入门教程提高教程布局教程精彩应用

图 4-11 横向显示的导航条条目

但是，还有两个问题，一是导航条在不同的浏览器下的显示高度不一致；二是导航条的每个条目前都有黑色的圆点。第一个问题的解决方法是将 ul 和 li 元素也和 body 等元素一样重置：

```
body,div,ul,li{padding:0; margin:0;}
```

第二个问题的解决方法是将 li 的默认样式强制去掉，在 li 中加入如下 CSS 代码：

```
list-style:none;
```

效果如图 4-12 所示。

CSS学习学前准备入门教程提高教程布局教程精彩应用

图 4-12　修改后的导航条

### 4. 导航条内容的修饰

首先，把条目之间的距离拉开。设置 ＜li＞ 标签的宽度为 100 像素，把 li 的高度设置成盒子的高度 35 像素。CSS 代码如下：

```
#nav ul li{
    width:100px;
    float:left;
    list-style:none;
    line-height:35px;
}
```

在此基础上，要让每个条目 li 在自己的宽度内水平居中，需要在上述代码中加入：

```
text-align:center;
```

再加入左右边距，完整 CSS 代码如下：

```
#nav ul li{
    width:100px;
    float:left;
    list-style:none;
    line-height:35px;
    text-align:center; .
    padding:0 10px;
}
```

效果如图 4-13 所示。

| CSS学习 | 学前准备 | 入门教程下载 | 提高教程 | 布局基础教程 | 精彩应用 |

图 4-13　加入了上述修饰的导航条效果

**5. 给导航条条目加入链接**

需要将上面的导航条做以下几个修改：一是给上面的导航加上链接；二是链接文字大小修改为 12px；三是并且规定链接样式，鼠标移上去和拿开的效果。

给导航条条目加链接的 HTML 代码如下：

```
<ul>
    <li><a href="#">CSS 学习</a></li>
    <li><a href="#">学前准备</a></li>
    <li><a href="#">入门教程下载</a></li>
    <li><a href="#">提高教程</a></li>
    <li><a href="#">布局基础教程</a></li>
    <li><a href="#">精彩应用</a></li>
</ul>
```

文字大小为 12px，CSS 代码如下：

```
a{font-size:12px;}
```

鼠标移到上面和拿开效果的 CSS 代码如下：

```
#nav ul li a{color:#333; text-decoration:none;}
#nav ul li a:hover{color:#fff; text-decoration:underline;}
```

接下来，还需要将超链接的高度做成和 div 的高度一致 35px，但是由于 a 元素不是块元素，不能使用 height 和 width 属性。因此，必须将 a 元素转变成块元素才行。同时还需要修改其左右边距，其 CSS 代码如下：

```
display:block;
height:35px;
float:left;
padding:0 10px;
```

然后，将 a:hover 的 CSS 代码中背景颜色改成黑色"#000"：

```
background:#000;
```

完整的 CSS 代码如下：

**程序清单 4-6：**

```
<style type="text/css">
body,div,ul,li{padding:0; margin:0;}
#nav{
width:960px;
height:35px;
background:#CCC;          /*为了便于查看区域范围大小,故加个背景色*/
margin:0 auto;            /*水平居中*/
margin-top:30px;          /*顶部为 30px*/
}
```

```
#nav ul{
    width:960px;
    height:35px;
}
#nav ul li{
    width:100px;
    float:left;
    list-style:none;
    line-height:35px;
    text-align:center;
    padding:0 10px;
}
a{font-size:12px;}
#nav ul li a{
    color:#333;
    text-decoration:none;
    display:block;
    height:35px;
    float:left;
    padding:0 10px;
}
#nav ul li a:hover{
    color:#fff;
    text-decoration:underline;
    background:#000;
}
</style>
```

效果如图 4-14 所示。

图 4-14　导航条的最终效果图

### 4.5.3　网页布局设计

所有的设计第一步就是构思,构思好了,一般来说还需要用 PhotoShop 或 FireWorks 等图片处理软件将需要制作的界面布局简单地勾画出来,网页布局效果的示例图如图 4-15 所示。

仔细分析一下图 4-15,我们不难发现,该图大致分为以下几个部分。

(1) 顶部部分,其中又包括 LOGO、MENU 和一幅 Banner 图片。

(2) 内容部分又可分为侧边栏、主体内容。

(3) 底部,包括一些版权信息。

有了以上的分析,就可以很容易布局了,因此层的设计如图 4-16 所示。

图 4-15 某网站网页布局效果图

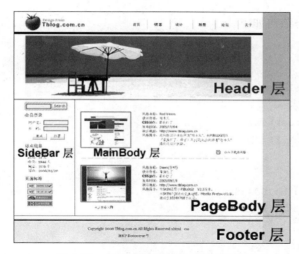

图 4-16 某网站网页布局划分示意图

根据图 4-16,给出一个实际的页面布局结构图,说明一下层的嵌套关系,如图 4-17 所示。

网页的基本结构如下所示:

│ body {} / * 这是一个 HTML 元素 * /
└Container {} / * 页面层容器 * /
　　├Header {} / * 页面头部 * /
　　├PageBody {} / * 页面主体 * /
　　│　├Sidebar {} / * 侧边栏 * /
　　│　└MainBody {} / * 主体内容 * /
　　└Footer {} / * 页面底部 * /

以上是网页的布局与规划,接下来在一个文件夹中

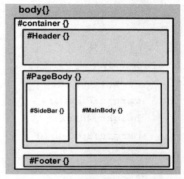

图 4-17 某网站网页布局结构图

新建一个网页文件 mypage. html 和一个 CSS 文件 css. css。

mypage. html 基本代码结构如下。

**程序清单 4-7：**

```
<body>
<div id="container">页面层容器
  <div id="Header">页面头部</div>
  <div id="PageBody">页面主体
    <div id="Sidebar">侧边栏
    </div>
    <div id="MainBody">主体内容
    </div>
  </div>
  <div id="Footer">页面底部
  </div>
</div>
</body>
```

css. css 基本代码结构如下。

**程序清单 4-8：**

```
body {
    font:12px Tahoma;
    margin:0px;
    text-align:center;
    background:#FFF;
}
    /*页面层容器*/
#container {width:100%;}
    /*页面头部*/
#Header {
    width:800px;
    margin:0 auto;
    height:100px;
    background:#FFCC99;
    background:url(logo.jpg) no-repeat;
}
    /*页面主体*/
#PageBody {
    width:800px;
    margin:0 auto;
    height:400px;
    margin:8px auto;
}
#Sidebar {
    width:160px;               /*设定宽度*/
```

```
        height:380px;
        text-align:left;              /* 文字左对齐 */
        float:left;                   /* 浮动居左 */
        clear:left;                   /* 不允许左侧存在浮动 */
        overflow:hidden;              /* 超出宽度部分隐藏 */
        border:1px solid #E00;
}
#MainBody {
        width:636px;
        height:380px;
        text-align:left;
        float:left;                   /* 浮动居右 */
        clear:right;                  /* 不允许右侧存在浮动 */
        overflow:hidden;
        border:1px solid #E00;
}
    /* 页面底部 */
#Footer {width:800px;margin:0 auto;height:50px;}
```

# 4.6  习　　题

1. 什么是标记选择器、类别选择器、ID 选择器？并举例说明。
2. 在 CSS 中一个独立的框模型由哪几部分组成？
3. 举例说明什么是块级元素和行内元素。
4. 解释 div 标签的作用。
5. 解释以下 CSS 样式的含义。

```
table{
    border: 1px #333 solid;
    font: 12px arial;
    width: 500px
}
td,th{
    padding: 5px;
    border: 2px solid #EEE;
    border-bottom-color: #666;
    border-right-color: #666;
}
```

6. 解释以下 CSS 样式的含义。

```
form{
    border:1px dotted #AAAAAA;
    padding:3px 6px 3px 6px;
    margin:0px;
```

```
        font:14px Arial;
        }
select{
    width:80px;
    background-color:#ADD8E6;
    }
```

7. 写出下列要求的 CSS 样式表。

（1）设置页面背景图像为 login_back.gif，并且背景图像垂直平铺。

（2）使用类选择器，设置按钮的样式，按钮背景图像为 login_submit.gif，字体颜色为 #FFFFFF，字体大小为 14px，字体粗细为 bold，按钮的边界、边框和填充均为 0px。

8. 写出下列要求的 CSS 样式表。

（1）使用＜td＞标签样式，设置字体颜色为 #2A1FFF，字体大小为 14px，内容与边框之间的距离为 5px。

（2）使用超链接伪类：初始状态不显示下划线；颜色：#333333。当鼠标悬停在超链接上方时，显示下划线；字体颜色：#FF5500。

9. 网页布局及实现题。

某公司要开发公司的宣传网站，需要创建一个 Web 页面。请通过 XHTML 代码写出网页的结构，并用 CSS 美化网页，页面效果如图 4-18 所示。

图 4-18　舟山金海湾船业有限公司主页

要求：

（1）设置网页标题为"舟山金海湾船业有限公司"。

（2）使用 DIV 布局页面，典型的三行两列式布局。

（3）用 XHMTL 建立页面的结构。

（4）CSS 美化网页。

（5）给所有的超链接设置空链接，单击空链接时，新起一个浏览器窗口打开。

# 第 5 章　JavaScript 语言——网页动起来

**本章主要内容**

- JavaScript 语言及其特点。
- 如何在 JSP 页面中嵌入 JavaScript 小程序。
- JavaScript 语言的数据类型和运算符。
- JavaScript 语言的函数。
- JavaScript 语言的事件。
- JavaScript 语言的对象及其应用。
- 文档对象模型 DOM。
- JavaScript 语言程序的流程控制。
- 学会编写 JavaScript 语言程序。

## 5.1　JavaScript 语言概述

刚开始时,网页曾经死气沉沉,没有任何动作和变化。慢慢的它动起来了,是谁在驱动它呢? 脚本、GIF、Flash。

采用记事本或者其他文本编辑器输入下面例子的网页代码,然后将文件保存为 example5_01. html。保存完毕后用浏览器将其打开,其页面显示如图 5-1 所示。

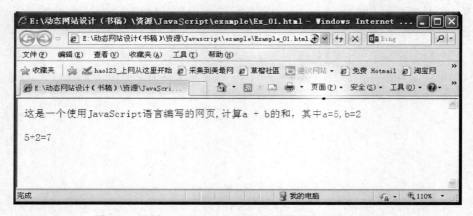

图 5-1　网页 example5_01. html 在浏览器中的输出效果

### 5.1.1　一个简单且包含 JavaScript 语言的网页

【例 5-1】 编写嵌有 JavaScript 语言程序段的简单网页。网页文件名为 example5_01. html,网页代码如下。

**程序清单 5-1(example5_01. html)：**

```html
<html>
<head>
</head>
<body>
    <p>这是一个使用 JavaScript 语言编写的网页,计算 a+b 的和,其中 a=5,b=2</p>
    <script type="text/javascript">
        //计算 a+b 的和
        a=5;        //给变量 a 赋值
        b=2;        //给变量 b 赋值
        c=a+b;      //c 为 a+b 的和
        document.write(a+"+"+b+"="+c);//输出 c 的值
    </script>
</body>
</html>
```

上边的代码是使用 JavaScript 与 HTML 语言编写的一个简单的网页,其中粗体部分是采用 JavaScript 语言编写的一段小程序(也叫脚本)。代码中的 document 称为对象,write 是对象 document 的方法,这里所说的方法实际上是一段实现特定功能的程序。输出效果如图 5-1 所示。

## 5.1.2　JavaScript 语言概述

### 1. JavaScript 语言

JavaScript 是一种基于对象(Object)和事件驱动(Event Driven)并具有安全性能的解释性脚本语言,采用小程序段的方式进行编程。使用 JavaScript 语言编写的小程序段可以嵌入 HTML 网页文件中,由客户端的浏览器(Internet Explorer 等)解释执行,不需要占用服务器端的资源,不需要经过 Web 服务器就可以对用户操作作出响应,使网页更好地与用户交互,能适当减小服务器端的压力,并减少用户等待时间。当然,JavaScript 也可以做到与服务器的交互响应,而且功能也很强大。而相对的服务器语言像 ASP、ASP. NET、PHP、JSP 等需要将命令上传服务器,由服务器处理后回传处理结果。对象和事件是 JavaScript 的两个核心。

JavaScript 与 HTML、Java 脚本语言(Java 小程序)一起实现 Web 页面中多个对象的链接。JavaSript 最主要的应用是创建动态网页(即网页特效),目前流行的 AJAX 也是依赖于 JavaSript 而存在的。它的出现弥补了 HTML 语言的缺陷,是 Java 与 HTML 折中的选择,具有以下几个基本特点。

1) 简单易学

JavaScript 是一种基于 Java 语言基本语句和控制流的简单而紧凑的设计,变量类型采用弱类型,对变量的定义和使用不做严格的类型检查,并未使用严格的数据类型。实现简单方便,入门简单,程序设计新手也可以非常快速容易地学习使用 JavaScript 进行简单的编程。

2）安全性

JavaScript 是一种安全性良好的语言，它只允许通过浏览器实现信息浏览或动态交互。不允许访问本地计算机的硬盘，不允许将数据存入到服务器上，也不允许对网络文档进行修改和删除，能有效地防止数据被篡改和丢失。

3）动态性

JavaScript 可以动态地在浏览器端对用户或客户的输入做出响应，无须经过 Web 服务程序。采用事件驱动的方式对用户的输入做出响应。事件驱动是指在主页（Home Page）中执行了如按下鼠标、移动窗口、选择菜单等某种操作所产生的动作，这些动作的发生称为事件（Event）。当事件发生后，会引起相应的事件响应。实际上人们双击 Windows 操作系统桌面上的"我的电脑"图标，将其打开就是典型的事件驱动。

4）跨平台性

JavaScript 编写的程序依靠浏览器的解释器解释执行，而与具体的操作系统无关。实现了跨平台的操作。

5）资源占用少

JavaScript 的杰出之处在于用很小的程序做大量的事。软件的开发与运行只需一个字处理软件和一个浏览器，不需要有高性能的计算机，不需要 Web 服务器。客户端就可完成所有的事情。

**2. JavaScript 和 Java 的区别**

JavaScript 和 Java 非常类似，但并不一样！JavaScript 是 Netscape 公司为了扩展 Netscape Navigator（一种浏览器）的功能而开发的一种可以嵌入 Web 页面中的基于对象和事件驱动的解释性语言，它的前身是 Live Script；Java 是 Sun 公司推出的一种面向对象的程序设计语言，特别适合于 Internet 应用程序开发，它的前身是 Oak 语言。JavaScript 容易理解，而 Java 却比较复杂。两种语言的区别如表 5-1 所示。

表 5-1　Java 和 JavaScript 的区别

| 区　　别 | Java | JavaScript |
|---|---|---|
| 关于对象 | 真正的面向对象的程序设计语言，可以设计和使用对象 | 基于对象（Object Based）和事件驱动（Event Driver）的程序设计语言。它本身提供丰富的内部对象供设计人员使用 |
| 解释和编译方式 | 解释性编程语言，其程序代码在客户端执行之前不需经过编译，由浏览器解释执行 | 编译性编程语言，必须通过编译器编译成字节码，然后在特定的操作系统平台上的 JVM 解释执行 |
| 变量 | 采用强类型变量检查，即所有变量在编译之前必须声明 | 采用弱类型，即变量在使用前不需声明，而是解释器在运行时检查其数据类型 |
| 代码格式 | Java 是一种与 HTML 无关的格式，必须通过像 HTML 中引用外媒体那样进行装载，其代码以字节代码的形式保存在独立的文档中 | JavaScript 的代码是一种文本字符格式，可以直接嵌入 HTML 文档中，并且可动态装载。编写 HTML 文档就像编辑文本文件一样方便 |

续表

| 区　　别 | Java | JavaScript |
|---|---|---|
| 嵌入标识 | Java 使用＜applet＞…＜/applet＞来标识 | JavaScript 使用＜script＞…＜/script＞来标识 |
| 编译种类 | Java 采用静态联编,即 Java 的对象引用必须在编译时进行,以使编译器能够实现强类型检查 | JavaScript 采用动态联编,即 JavaScript 的对象引用在运行时进行检查,如不经运行就无法实现对象引用的检查 |

### 5.1.3　JSP 中如何嵌入 JavaScript 小程序

在 JSP 页面中嵌入 JavaScript 小程序有两种方法,一种是将 JavaScript 语言代码直接嵌入,另一种是链接外部用 JavaScript 语言编写的小程序。

**1. 在 JSP 页面中直接嵌入 JavaScript 语言代码**

语法形式:

```
<script  language="JavaScript">
 …  //使用 JavaScript 编写的小程序代码
</script>
```

如上述代码所示,在 Web 网页文档中,使用＜script＞…＜/script＞标记对封装 JavaScript 脚本代码,当浏览器读取到＜script＞标记时,就知道遇到了使用 JavaScript 编写的小程序,会使用浏览器自带的解释器解释执行,直到再次遇到＜/script＞标记。

使用＜script＞标记时,还需要通过其 language 属性指定使用的脚本语言。

**2. 链接外部用 JavaScript 语言编写的小程序**

语法形式:

```
<script  language="JavaScript"  src="javasc01.js">
 …  //使用 JavaScript 编写的小程序代码
</script>
```

如上述代码所示,在 JSP Web 页面中链接外部用 JavaScript 语言编写的小程序就是将 JavaScript 语言编写的小程序单独保存为扩展名为 js 的独立的文件,这里假设文件名为 javasc01.js,然后使用 script 标记的 src 属性指定小程序的文件名,当浏览器读取到＜script＞标记的 src 属性时,根据 src 属性的值 javasc01.js,找到文件 javasc01.js,然后将其加载并嵌入到 JSP 页面中。这种方式主要应用在当 JavaScript 脚本代码比较复杂或是同一段代码可以被多个页面所使用时。

## 5.2　JavaScript 的数据类型、运算符

### 5.2.1　保留字

保留字(Reserved Word)是指在程序设计语言中已经定义过的字,程序员不能再把这

些字定义为变量名或过程名使用。每种程序设计语言都规定了自己的一套保留字。

保留字包括关键字和未使用的保留字两部分。关键字是指在语言中具有特定含义,成为语法中一部分的那些字。某些计算机语言中,一些保留字可能并没有应用于当前的语法中,这就成了保留字与关键字的区别。一般出现这种情况可能是由于考虑扩展性,如 abstract、double、goto 等是 Javascript 语言的保留字。表 5-2 列出了 Javascript 语言的 48 个保留字。

**表 5-2  JavaScript 语言保留字一览表**

| 保 留 字 名 称 | | | | | |
|---|---|---|---|---|---|
| abstract | continue | finally | instance | private | this |
| boolean | default | float | int | public | throw |
| break | do | for | interface | return | typeof |
| byte | double | function | long | short | true |
| case | else | goto | native | static | var |
| catch | extends | implements | new | super | void |
| char | false | import | null | switch | while |
| class | final | in | package | synchronized | with |

### 5.2.2  数据类型

JavaScript 语言共有 7 种数据类型,如表 5-3 所示。

**表 5-3  JavaScript 数据类型一览表**

| 数据类型 | 名 称 | | 说 明 | 示 例 |
|---|---|---|---|---|
| int | 数值型 | 整型 | 整数,可以为正数、负数或 0 | 7,−20,0 |
| float | | 浮点型 | 浮点数,可以使用实数的普通形式或科学计数法表示 | 3.6715 −0.287 7.16e5 |
| string | 字符串类型 | | 字符串,是用单引号或双引号括起来的一个或多个字符 | "china"<br>"网页程序设计" |
| boolean | 布尔类型 | | 只有 true 或 false 两个值 | true,false |
| object | 对象类型 | | 用来定义对象变量 | |
| null | 空类型 | | 没有任何类型的值 | |
| undefined | 未定义类型 | | 指那些变量已被创建,但还没有赋值时所具有的值 | |

### 5.2.3  变量

变量是指为了在程序中用来暂时存放数据而命名的存储单元,是暂时存放数据的容器,不同类型的变量占用的内存字节个数不一样。变量一般都有一个名字,称为变量名,变量名的命名必须符合下列规定。

（1）变量名必须以字母或者下划线开头，中间可以是字母、数字或者下划线，但是不能有＋、－或者＝等运算符号。

（2）JavaScript 语言的保留字不能作为变量名，JavaScript 语言的保留字见表 5-2。JavaScript 语言中，使用命令 var 来声明变量，语法形式如下。

① 只作变量声明。

```
var variableName;
```

其中 var 是 JavaScript 语言的保留字，variableName 是变量的名字。

② 声明变量的同时对变量进行赋值，例如：

```
var rectangleLeng=18;        //定义矩形边长为 18
var studentName='王爱国'      //声明了一个 string 型变量
var yesNo=true               //声明了一个 boolean 型变量 yesNo
```

由于 JavaScript 语言采用弱类型，所以在声明变量时不需要指定变量的类型，变量的类型会根据赋给变量的值确定。虽然 JavaScript 的变量可以任意命名，但变量名最好便于记忆且有意义，以便于程序的阅读和维护。

## 5.2.4 运算符

JavaScript 语言提供了算术运算符、逻辑运算符、关系运算符、字符串运算符、位操作运算符、赋值运算符和条件运算符 7 种运算符。下面分别详细介绍。

### 1. 算术运算符

算术运算符是指在程序中进行加、减、乘、除等算术运算的符号。JavaScript 中常用的算术运算符有 7 个，如表 5-4 所示。

表 5-4　JavaScript 算术运算符一览表

| 运算符 | 说　　明 | 示　　例 |
|---|---|---|
| ＋ | 加运算符 | 2＋5 //返回 7 |
| － | 减运算符 | 9－2 //返回 7 |
| ＊ | 乘运算符 | 2＊8 //返回 16 |
| / | 除运算符 | 12/2 //返回 6 |
| ％ | 求模运算符 | 8％3 //返回 2 |
| ++ | 自增运算符。分前置运算符（＋＋i；先使 i 增 1，然后 i 再参与运算）和后置运算符（i＋＋；i 先参与运算，然后 i 再增 1）两种 | i＝2;j＝i＋＋ //j 的值是 2,i 的值为 3<br>i＝2;j＝＋＋i //j 的值是 3,i 的值为 3 |
| －－ | 自减运算符。分前置运算符（－－i；先使 i 减 1，然后 i 再参与运算）和后置运算符（i－－；i 先参与运算，然后 i 再减 1）两种 | i＝2;j＝i－－ //j 的值是 2,i 的值为 1<br>i＝2;j＝－－i //j 的值是 1,i 的值为 1 |

### 2. 关系运算符

关系运算符用于程序中对操作数的比较运算,比较运算的返回结果是布尔值 true 或 false,参与关系运算的操作数可以是数字也可以是字符串。JavaScript 支持的常用关系运算符如表 5-5 所示。

表 5-5　JavaScript 关系运算符一览表

| 运算符 | 说　明 | 举　例 | 结果 | 运算符 | 说　明 | 举　例 | 结果 |
|---|---|---|---|---|---|---|---|
| > | 大于 | 200>199 | true | <= | 小于或等于 | 1.77f<=1.77f | true |
| < | 小于 | 'c'<'b' | false | == | 等于 | 1.0==1 | true |
| >= | 大于或等于 | 11.1>=11.1 | true | != | 不等于 | '学'!='学' | false |

### 3. 逻辑运算符

逻辑运算符返回一个要么"真"、要么"假"的布尔值,通常和比较运算符一起使用,常用于 if、while 和 for 语句中。JavaScript 中常用的逻辑运算符如表 5-6 所示。

表 5-6　JavaScript 逻辑运算符一览表

| 运算符 | 说明 | 运算符 | 说明 | 运算符 | 说明 |
|---|---|---|---|---|---|
| && | 逻辑与 | \|\| | 逻辑或 | ! | 逻辑非 |

### 4. 赋值运算符

=是最基本的赋值运算符,用于对变量的赋值,赋值运算符和其他的运算符可以联合使用,构成组合赋值运算符。JavaScript 支持的常用赋值运算符如表 5-7 所示。

表 5-7　JavaScript 赋值运算符一览表

| 运算符 | 说　明 | 运算符 | 说　明 |
|---|---|---|---|
| = | 简单赋值 | 5= | 进行与运算后赋值 |
| += | 相加后赋值 | \|= | 进行或运算后赋值 |
| −= | 相减后赋值 | ^= | 进行异或运算后赋值 |
| *= | 相乘后赋值 | <<= | 左移后赋值 |
| /= | 相除后赋值 | >>= | 带符号右移后赋值 |
| %= | 求余后赋值 | >>>= | 填充零右移后赋值 |

### 5. 字符串运算符

字符串运算符是程序中对字符型数据进行运算的符号,有比较运算符、＋和＋＝等。其中＋运算符用于连接两个字符串,例如"ch"＋"ina" 的结果是"china",而＋＝运算符则连接两个字符串,并将结果赋给第一个字符串,例如 var country＝"ch" country ＋="ina";则运算完成后 country 变量的值为"china"。

### 6. 位操作运算符

位操作运算符用于在程序中对数值型数据进行向左或向右移位等操作,JavaScript 中常用的位操作运算符如表 5-8 所示。

**表 5-8　JavaScript 位操作运算符一览表**

| 运算符 | 说　明 | 运算符 | 说　明 | 运算符 | 说　明 |
| --- | --- | --- | --- | --- | --- |
| & | 位与运算符 | \| | 位或运算符 | ^ | 位异或运算符 |
| << | 位左移 | >> | 带符号位右移 | >>> | 填 0 右移 |

### 7. 条件运算符

条件运算符是 JavaScript 支持的一种特殊的 3 目运算符,和 C++ 语言以及 Java 语言中的 3 目运算符类似,其语格式如下:

表达式? 结果 1: 结果 2

如果"表达式"的值为 true,则整个表达式的结果为"结果 1",否则为"结果 2"。

## 5.3　JavaScript 的函数

采用记事本或者其他文本编辑器输入下面网页程序代码,然后将文件保存为 example5_02.html。保存完毕后用浏览器将其打开,单击网页中的"2+3＝?"按钮,看看出现什么效果。

**【例 5-2】**　用 JavaScript 语言编写如下具有函数的简单网页程序。文件命名为 example5_02.html,网页代码如下。

**程序清单 5-2(example5_02.html):**

```
<html>
<head>
<script language=javascript>
    function add(x, y) //定义一个名称为 add 的函数,函数有 x 和 y 两个参数
    {
        sum=x+y;
        alert(sum);
    }
</script>
</head>
<body>
    <p>创建一个按钮,按钮名称为"2+3=?",单击该按钮时,弹出一个对话框,显示结果信息。</p>
    <form>
        <input type="button" value="2+3=?" ONCLICK="add(2,3)">
```

```
        </form>
    </body>
</html>
```

上边的代码是使用 JavaScript 与 HTML 语言编写的一个简单的网页，其中粗体部分是采用 JavaScript 语言编写的一段小程序。本程序展示了 JavaScript 函数的定义与调用方法。

在 JavaScript 语言中，函数的使用分为定义和调用两部分。

### 1. 函数的定义

函数定义通常用 function 语句实现，语法格式如下：

```
function functionName([parameterl,parameter2,…])
{
    Statements
    [return expression]
}
```

说明：

（1）function 是 JavaScript 语言的保留字，用于定义函数。

（2）functionName 是函数名，它的命名必须符合 JavaScript 语言关于标识符的规定。

（3）[parameterl,parameter2,…]用于定义函数的参数，放在中括号里表示是可选项，意味着函数可以没有参数，可以有一个或者多个参数，实际定义函数时并不出现中括号。具体函数有几个参数视实际需要而定。当函数具有多个参数时，参数间必须使用逗号进行分隔。一个函数最多可以有 255 个参数。

（4）statements 是函数体，是实现函数功能的程序语句。

（5）[return expression]用于返回函数值，放在中括号里表示是可选项，在实际函数里中括号并不出现。expression 为任意的表达式、变量或常量。

### 2. 函数的调用

函数的调用比较简单，如果函数不带参数，则直接用函数名加上括号调用即可；如果函数带参数，则在括号中加上需要传递的参数，当函数包含多个参数时，各参数间要用逗号分隔。如果函数有返回值，则需使用赋值语句将函数的返回值赋给一个变量。在 JavaScript 语言中，由于函数名区分大小写，所以在调用函数时，也需要注意函数名的大小写之分。

## 5.4  JavaScript 的事件

### 1. 事件

事件是可以被 JavaScript 侦测到的行为，例如，在 Web 页面文档加载完毕时，会触发 load（载入）事件；当用户单击页面上的按钮时，将触发按钮的 click 事件等。当某个事件发生时，响应这个事件而执行的处理程序称为事件处理程序，用户和 Web 页面之间的交互就是触发事件执行事件处理程序的结果。

### 2. 事件类型

事件是隶属于对象的，多数浏览器内部对象都拥有很多事件，JavaScript 中常用的事件、事件触发时间及事件处理程序如表 5-9 所示。

**表 5-9  JavaScript 常用事件一览表**

| 事件 | 事件处理程序 | 事件何时触发 |
|------|------------|------------|
| blur | onblur | 元素或窗口本身失去输入焦点时触发 onblur 事件 |
| change | onchange | 如果选中＜select＞元素中的选项或其他表单元素，在其获取焦点后内容曾发生过改变，则当其失去焦点时就触发 onchange 事件 |
| click | onclick | 单击时触发 onclick 事件 |
| focus | onfocus | 窗口本身或任何元素获得焦点时触发 onfocus 事件 |
| keydown | onkeydown | 按下键盘上的某键时触发 onkeydown 事件，如果一直按着某键，则会不断触发 |
| load | onload | onload 事件会在页面完全载入后，在 Window 对象上触发；所有框架都载入后，在框架集上触发；＜img＞标记指定的图像完全载入后，在其上触发；或＜object＞标记指定的对象完全载入后，在其上触发 |
| select | onselect | 选中文本时触发 onselect 事件 |
| submit | onsubmit | 单击"提交"按钮时，在＜form＞上触发 onsubmit 事件 |
| unload | onunload | 页面完全卸载后，在 Window 对象上触发 onunload 事件；所有框架都卸载后，在框架集上触发 onunload 事件 |

### 3. JavaScript 程序中如何嵌入事件处理程序

JavaScript 中嵌入事件处理程序的方法有两种，分别是在 HTML 标记中嵌入事件处理程序和在 JavaScript 程序语句中嵌入事件处理程序，下面以 onclick 事件为例分别予以介绍。

1）在 HTML 标记中嵌入事件处理程序

【例 5-3】 编写一个简单网页，演示如何在 HTML 语言标记中嵌入事件处理程序。网页文件名为 example5_03. html，网页代码如下。

**程序清单 5-3（example5_03. html）：**

```
<html>
<head>
</head>
<body>
    <p>这是一个在 HTML 语言标记中嵌入事件处理程序的网页，当单击网页中的图像时，会弹出
"哇,多美的风景啊!!!"对话框。</p>
    <img src="imgs/scenery.jpg" onclick="alert('哇,多美的风景啊!!!')">
</body>
```

```html
</html>
```

在上面的程序代码中,为 img 标记添加了 onclick 事件属性,并设定 onclick 事件属性的值为事件处理程序代码:"alert('哇,多美的风景啊!!!')"。当在浏览器中显示该页面时,如果单击该页面的图片 scenery.jpg,就会触发 onclick 事件,从而执行程序代码 alert('哇,多美的风景啊!!!'),弹出"哇,多美的风景啊!!!"对话框。由此可以看出,在 HTML 中嵌入事件处理程序,只需在 HTML 标记中添加该标记的事件属性,并设定事件属性值为事件处理程序代码或者是事件处理程序的函数名称即可。

2) 在 JavaScript 程序语句中嵌入事件处理程序

**【例 5-4】** 编写一个简单网页,演示如何在 JavaScript 程序语句中嵌入事件处理程序。网页文件名为 example5_04.html,网页代码如下。

**程序清单 5-4(example5_04.html):**

```html
<html>
<head>
</head>
<body>
    <p>这是一个在 JavaScript 语言程序中使用事件处理程序的网页,当单击网页中的图像时,会弹出"哇,好漂亮的花啊!!!"对话框。</p>
    <img src="imgs/flower.jpg" id="img_flower">
    <script language="javascript">
        var img=document.getElementById("img_flower");
        img.onclick=function() {
            alert('哇,好漂亮的花啊!!!');
        }
    </script>
</body>
</html>
```

在上面的程序代码中,为 img 标记添加了标识符 id 属性,并设定其属性值为 img_flower,在接下来的 JavaScript 程序语句中,采用文档对象 document 的 getElementById 方法,通过图片 flower.jpg 对象的属性 id 的值 img_flower 获取 flower.jpg 对象的引用,并将引用值赋给 img 变量,这样 img 就代表了 flower.jpg 对象,当在浏览器中显示该页面时,如果单击该页面的图片 flower.jpg,就会触发 img 的 onclick 事件,从而执行函数 function 的程序代码 alert('哇,好漂亮的花啊!!! '),弹出"哇,好漂亮的花啊!!!"对话框。由此可以看出,在 JavaScript 程序语句中嵌入事件处理程序,需要首先获得要处理对象的引用,然后将要执行的包含事件处理程序代码的函数名赋值给要处理对象的事件即可。

## 5.5 JavaScript 对象及其使用

JavaScript 是基于对象的程序设计语言,提供了一些内部对象,下面通过具体的例子简要介绍一下最常用的 Date、String 和 Window 对象的使用。

**【例 5-5】** 编写一个简单 JSP 程序,演示如何使用 JavaScript 语言内置的 Date、String

和 Window 对象实现文字在网页中的旋转。网页文件名为 example5_05. html,网页代码如下。

**程序清单 5-5(example5_05. html):**

```html
<html>
<head>
</head>
<body>
    <script language=javascript>
        todayDate=new Date();          //使用 new 运算符创建 Date 类的对象 todayDate
        date=todayDate.getDate(); //使用对象 todayDate 的方法 getDate()获得当前
                                            日期
        month=todayDate.getMonth()+1;
        //getMonth()是 Date 对象的一个方法,其功能是获得当前的月份,由于月份是从 0 开始
            的,所以这里要"+1"
        year=todayDate.getYear(); //getYear()是 Date 对象获得当前的年份的方法
        sentence=""+year+"年"+month+"月"+date+"日"; //创建一个 String 对象 sentence
        Balises="";                    //创建一个 String 对象 Balises
        Taille=40;
        Midx=100;
        Decal=0.5;                      //声明一些变量,并赋初值
        charNum=sentence.length;
        //用 String 的属性 length 返回对象 sentence 的长度,也就是字符串"JSP Web 应用开
            发"中字符的个数 16
        for (i=0; i<charNum; i++) {
            Balises=Balises
                    +'<DIV Id=L'+i+' STYLE="width:3;font-family: 华文隶书;font
                    -weight:bold;position:absolute;top:320;left:400;z-index:0">'
                    +sentence.charAt(i)+'</DIV>' //定义要显示的字的字体、位置、大小
        }
        document.write(Balises);
        Time=window.setInterval("Alors()", 10);    //周期输出文字,每 10ms,变化一次
        Alpha=5;
        I_Alpha=0.05;                          //声明一些变量,并赋初值
        function Alors() {
            Alpha=Alpha-I_Alpha;
            for (j=0; j<charNum; j++) {
                Alpha1=Alpha+Decal * j;         //设置文字透明度的变化
                Cosine=Math.cos(Alpha1);        //声明变量 Cosine,值是一个余弦函
                                                    数在 0°~360°之间的变化
                Ob=document.all("L"+j);
                Ob.style.posLeft=Midx+100 * Math.sin(Alpha1)+400;
                Ob.style.zIndex=20 * Cosine;
                Ob.style.fontSize=Taille+25 * Cosine;
```

```
        //定义输出文字的位置、深度和字体大小
        Ob.style.color="rgb("+(12+Cosine * 60+50)+","
                +(127+Cosine * 60+50)+",0)";
        //定义输出文字的颜色
            }
        }
    </script>
</body>
</html>
```

上边的代码是使用 JavaScript 与 HTML 语言编写的一个简单的网页,其中粗体部分是采用 JavaScript 语言编写的一段小程序。本程序展示了 Date、String 和 Window 对象及其属性和方法的使用。

### 1. Date 对象

Date 对象是一个有关日期和时间的对象,它在使用前必须通过 new 运算符动态创建,例如"mydate＝new Date();",Date 对象没有提供可供直接访问的属性,只具有设置和获取日期和时间的方法,Date 对象的方法如表 5-10 所示。

表 5-10　JavaScript Date 对象的方法一览表

| 获取日期和时间的方法 | 说　明 | 设置日期和时间的方法 | 说　明 |
|---|---|---|---|
| getFullYear() | 获得用四位数表示的年份 | setFullYear() | 设置用四位数表示的年份 |
| getMonth() | 获得月份(0～11) | setMonth() | 设置月份(0～11) |
| getDate() | 获得日期(1～31) | setDate() | 设置日期(1～31) |
| getDay() | 获得星期几(0～6) | setDay() | 设置星期几(0～6) |
| getHours() | 获得小时数(0～23) | setHours() | 设置小时数(0～23) |
| getMinutes() | 获得分钟数(0～59) | setMinutes() | 设置分钟数(0～59) |
| getSeconds() | 获得秒数(0～59) | setSeconds() | 设置秒数(0～59) |
| getTime() | 获得 Date 对象内部的毫秒表示 | setTime() | 使用毫秒形式设置 Date 对象 |

### 2. String 对象

String 是一个有关字符串的类,在使用前必须通过 new 运算符动态创建它的对象实例,例如"studentName＝new String("WangXiaoMing");",也可以直接将字符串赋值给字符串对象变量,如 studentName＝"WangXiaoMing",这两种方法是等价的。Sring 对象常用的属性和方法如表 5-11 所示。

表 5-11　JavaScript String 对象的属性和方法

| 属性和方法 | 说　　明 |
|---|---|
| length | 用于返回 String 对象的长度 |
| split(separator,limit) | 用 separator 分隔符把字符串划分成子串并将其存储到数组中，如果指定了 limit，则数组限定为 limit 给定的长度，separator 分隔符可以是多个字符或一个正则表达式，不作为任何数组元素的一部分返回 |
| substr(startindex,length) | 返回字符串中从 startindex 开始的 length 个字符的子字符串 |
| substrig(from,to) | 返回以 from 开始、以 to 结束的子字符串 |
| replace(searchValue,replaceValue) | 把 searchValue 替换成 replaceValue 并返回结果 |
| charAt(index) | 返回字符串对象中的指定索引号的字符组成的字符串，位置的有效值为 0 到字符串长度减 1 的数值；一个字符串的第一个字符的索引位置为 0，第二个字符位于索引位置 1，依次类推；当指定的索引位置超出有效范围时，charAt 方法返回一个空字符串 |
| toLowerCaseO | 返回一个字符串，该字符串中的所有字母都被转换为小写字母 |
| toUpperCaseO | 返回一个字符串，该字符串中的所有字母都被转换为大写字母 |

### 3. Window 对象

Window 对象是浏览器的（网页）文档对象模型 DOM（Document Object Model）结构中最高级的对象，处于对象层次的顶端。Window 对象的属性和方法主要用于控制浏览器窗口。Window 对象在 JavaScript 程序的设计中使用频繁，由于它是其他对象的父对象，所以使用时允许省略 Window 对象的名称。Window 对象的常用属性和方法分别如表 5-12 和表 5-13 所示。

表 5-12　Window 对象的常用属性

| 属　　性 | 说　　明 |
|---|---|
| frames | 当前窗口中所有 frame 对象的集合 |
| location | 用于代表窗口或框架的 location 对象，如果把一个 URL 赋给该属性，那么浏览器将加载并显示该 URL 指定的文档 |
| length | 窗口或框架包含的框架个数 |
| history | 对窗口或框架的 History 对象的只读引用 |
| name | 用于存放窗口的名字 |
| status | 一个可读写的字符，用于指定状态栏中的当前信息 |
| parent | 表示包含当前窗口的父窗口 |
| opener | 表示打开当前窗口的父窗口 |
| closed | 一个只读的布尔值，表示当前窗口是否关闭，当浏览器窗口关闭时，该窗口的 Windows 对象并不会消失，不过它的 close 属性被设置为 true |

表 5-13  Window 对象的常用方法

| 方　　法 | 说　　明 |
|---|---|
| alert() | 弹出一个警告对话框 |
| confirm() | 弹出一个确认对话框,单击"确认"按钮时返回 true,否则返回 false |
| prompt() | 弹出一个提示对话框,要求输入一个简单的字符串 |
| close() | 关闭窗口 |
| focus() | 把键盘输入焦点赋予顶层浏览器窗口,在多数平台上会使窗口移到最前面 |
| open() | 打开一个新窗口 |
| setTimeout() | 设置在指定的时间后执行代码 |
| clearTimeout() | 取消对指定代码的延后执行 |
| resizeBy(offsetx,offsety) | 按照指定的位移量设置窗口的大小 |
| print() | 相当于浏览器工具栏中的打印按钮 |
| setInterval() | 周期执行指定的代码 |
| clearInterval() | 停止代码的周期性执行 |

## 5.6  JavaScript 程序流程的控制

### 5.6.1  if 条件判断结构

采用记事本或者其他文本编辑器输入下面网页程序代码,然后将文件保存为 example5_06.html。保存完毕后用浏览器将其打开,看一下网页显示的效果。

【例 5-6】 编写具有 if 条件判断结构 JavaScript 语言程序段的简单网页,在网页上根据当天的时间段,显示不同的信息。网页文件名为 example5_06.html,网页代码如下。

程序清单 5-6(example5_06.html):

```
<html>
<head>
</head>
<body>
    <p>这是一个使用 JavaScript 语言编写的网页,主要用于演示 if 语句的用法、展示条件判断
结构的程序架构</p>
    <script type="text/javascript">
    <!--
        var message=""; //定义一个新变量 message
        document.write("<center><font color='#AB12A2' size=6><b>")
        day=new Date()
        //使用 new 运算符生成一个日期 Date 类的新对象 day
        hour=day.getHours()
        //使用新对象 day 的方法 getHours 获取当前日期的小时
```

```
    if ((hour>=0) && (hour<6))      //条件判断结构开始
        message="现在是凌晨,是睡眠时间!"
    if ((hour>=6) && (hour<8))
        message="清晨好,一天之计在于晨!"
    if ((hour>=8) && (hour<12))
        message="珍惜时光!努力工作!"
    if ((hour>=12) && (hour<13))
        message="该吃午饭啦!"
    if ((hour>=13) && (hour<17))
        message="下午工作愉快!!"
    if ((hour>=17) && (hour<18))
        message="夕阳无限好,只是近黄昏!"
    if ((hour>=18) && (hour<19))
        message="该吃晚饭了!"
    if ((hour>=19) && (hour<23))
        message="美丽的夜色!"           //条件判断结构结束
    document.write(message)
    document.write("</b></font></center>")
//--->
</script>
</body>
</html>
```

上边的代码是使用 JavaScript 与 HTML 语言编写的一个简单的网页,其中粗体部分是采用 JavaScript 语言编写的一段小程序。代码中的 document、day 称为对象,writ 是对象 document 的方法,getHours 是对象 day 的方法,本程序主要展示了程序的 if 条件判断结构。

从上面的网页代码可以看出,if 条件判断结构语法形式如下:

```
if(条件表达式)
{ 可执行语句序列 1
} else
{ 可执行语句序列 2
}
```

执行 if 条件判断结构的程序语句时,首先对条件表达式的布尔值进行判断,当条件表达式的值为 true 时,执行"可执行语句序列 1"的程序语句,然后结束该 if 语句;否则执行"可执行语句序列 2"的程序语句,然后结束该 if 语句。

## 5.6.2　switch 多路分支结构

采用记事本或者其他文本编辑器输入下面网页程序代码,然后将文件保存为 example5_07. html。保存完毕后用浏览器将其打开,看一下网页显示的效果。

【例 5-7】　编写具有 switch 多路分支结构 JavaScript 语言程序段的简单网页,在网页上显示当天日期和星期几。网页文件名为 example5_07. html,网页代码如下。

**程序清单 5-7（example5_07. html）：**

```
<html>
<head>
</head>
<body>
    <p>这是一个使用 JavaScript 语言编写的网页,主要用于演示 switch 语句的用法、展示
switch 多路分支结构的程序架构</p>
    <script type="text/javascript">
<!--
document.write("<center><font color='#FF00FF' size=8><b>")
//设置字体颜色和大小,输出内容居中显示
todayDate=new Date();           //使用 new 运算符创建 Date 类的对象 todayDate
date=todayDate.getDate();       //使用对象 todayDate 的方法 getDate()获得当前日期
month=todayDate.getMonth()+1;
//getMonth()是 Date 对象的一个方法,其功能是获得当前的月份,由于月份是从 0 开始的,所以
这里要"+1"
year=todayDate.getYear();       //getYear()是 Date 对象获得当前的年份的方法
document.write("今天是")         //输出"今天是"
document.write("<hr>")
if(navigator.appName=="Netscape")
{
    document.write(1900+year);
    document.write("年");
    document.write(month);
    document.write("月");
    document.write(date);
    document.write("日");
    document.write("<br>")
}
//如果浏览器是 Netscape,输出今天是"year"+"年"+"month"+"月"+"date"+"日",其中年要
加 1900
if(navigator.appVersion.indexOf("MSIE") !=-1)
{
document.write(year);
document.write("年");
document.write(month);
document.write("月");
document.write(date);
document.write("日");
document.write("<br>")
}
//如果浏览器是 IE,直接输出今天是"year"+"年"+"month"+"月"+"date"+"日"
//以下是 switch 多路分支机构
switch (todayDate.getDay())
{
```

```
    case 0: document.write("星期日");
            break;
    case 1: document.write("星期一");
            break;
    case 2: document.write("星期二");
            break;
    case 3: document.write("星期三");
            break;
    case 4: document.write("星期四");
            break;
    case 5: document.write("星期五");
            break;
    case 6: document.write("星期六");
            break;
}
//switch 多路分支机构结束
document.write("</b></font></center>")
//-->
</script>
</body>
</html>
```

上边的代码是使用 JavaScript 与 HTML 语言编写的一个简单的网页,其中粗体部分是采用 JavaScript 语言编写的一段小程序。本程序主要展示了程序的 switch 多路分支结构。

switch 多路分支结构语法形式如下:

```
switch(表达式) {
case 值 1:
    可执行语句序列 1;
    break;
case 值 2:
    可执行语句序列 2;
    break;
     ⋮
case 值 n:
    可执行语句序列 n;
    break;
}
```

执行 switch 多路分支结构的程序语句时,首先计算 switch 语句"表达式"的值,当表达式的值为"值 1"时,执行"可执行语句序列 1"的程序语句,然后结束该 switch 语句;当表达式的值为"值 2"时,执行"可执行语句序列 2"的程序语句,然后结束该 switch 语句;照此规律,当表达式的值为"值 n"时,执行"可执行语句序列 n"的程序语句,然后结束该 switch 语句;其中 break 用于结束 switch 语句的分支语句,如果没有 break,则 switch 语句中的所有分支都将被执行。

### 5.6.3 for 循环控制结构

采用记事本或者其他文本编辑器输入下面网页程序代码,然后将文件保存为 example5 _08. html。保存完毕后用浏览器将其打开,看一下网页显示的效果。

【例 5-8】 编写具有 for 循环控制结构 JavaScript 语言程序段的简单网页,在网页上显示当天日期和星期几。网页文件名为 example5_08. html,网页代码如下。

**程序清单 5-8(example5_08. html):**

```html
<html>
<head>
</head>
<body>
    <p>这是一个使用 JavaScript 语言编写的网页,主要用于演示 for 循环语句的用法、展示
for 循环结构的程序架构</p>
    <script type="text/javascript">
<!--
    function colorArray()     //定义数组定义数组 colorArray
    {
        this.length=colorArray.arguments.length;
        //把数组元素个数的值赋给 this.length
        for (var i=0; i<this.length; i++) {
            this[i]=colorArray.arguments[i];
        }
    }
    var couplet="月明风清、三月里春风沐北国;堤柳烟翠、四月里梅雨浴江南。";
    //声明一个字符串变量
    var speed=1000;        //声明一个变量
    var x=0;               //声明一个变量
    var color=new colorArray("red", "blue", "green", "black", "gray",
            "pink");       //构建颜色数组 color,值为数组 initArray 中的元素
    if (navigator.appVersion.indexOf("MSIE") !=-1) {
        document.write("<div id='container'><center><font size=6><b>"
            +couplet+"</center></div>");
    } //如果浏览器是 IE,就建一个容器,输出变量 couplet 的值
    function changeColor()        //定义一个函数 chcolor
    {
        if (navigator.appVersion.indexOf("MSIE") !=-1) {
            document.all.container.style.color=color[x];
        } //如果浏览器是 IE,就直接按颜色输出文本
        (x<color.length-1) ? x++: x=0;    //如果颜色都变化完了,就重新开始
    }
    setInterval("changeColor()", 1000);
    //每一秒调用一次 changeColor 函数,改变容器 container 的前景色,从而引起对联
      couplet 内容颜色的变化
    document.write("</font></b>")
```

```
        </script>
    </body>
    </html>
```

上边的代码是使用 JavaScript 与 HTML 语言编写的一个简单的网页,其中粗体部分是采用 JavaScript 语言编写的一段小程序。本程序展示了程序的 for 循环控制结构。

for 循环控制结构语法形式如下:

```
for(循环变量赋初值表达式;循环条件表达式;循环变量值修改表达式)
    { 可执行语句序列 }
```

for 语句是普遍存在于多种程序设计语言的程序循环控制语句,JavaScript 语言也不例外,for 语句通过判断循环变量的值是否满足特定条件作为是否循环执行特定程序段的依据,在上述 for 循环控制结构中,循环变量赋初值表达式用于给循环变量初始化赋值;循环条件表达式用来判定循环变量的值是否满足一个特定的条件,当满足条件时,循环继续,不满足时,循环终止;循环变量值修改表达式用于修改循环变量的值。for 循环控制结构举例如下:

```
for (i=1; i<9; i++)
{
    document.write("hello");
}
```

上述程序段执行的效果是连续输出 8 行 hello。

## 5.6.4　while 循环控制结构

采用记事本或者其他文本编辑器输入下面网页程序代码,然后将文件保存为 example5_09. html。保存完毕后用浏览器将其打开,单击页面中"窗口震动"按钮,看一下窗口震动的效果。

【例 5-9】　编写具有 while 循环控制结构 JavaScript 语言程序段的简单网页,在网页上创建一个名为"窗口震动"的按钮。当单击该按钮时,窗口呈现剧烈震动的效果。网页文件名为 example5_09. html,网页代码如下。

**程序清单 5-9(example5_09. html):**

```
<html>
<head>
<script language="JavaScript">
    function windowQuake(num)
    //定义函数,名为 windowQuake,该函数参数为 num,本程序中参数值设为 3,自己可以更改参
      数值
    {
        if (self.moveBy)      //如果当前窗口存在,执行以下循环
        {
            i=10
            while (i>0)        //i 的初值为 10,当 i 大于 0 时,执行外循环,每次循环后 i=i-1
```

```
        {
            j=num
            while (j>0)  //j 的初值为 num,当 j 大于 0 时,执行内循环,每次循环后 j=j-1
            {
                self.moveBy(0, i);        //窗口向下移动 i 个像素,产生震动的效果
                self.moveBy(i, 0);        //窗口向左移动 i 个像素,产生震动的效果
                self.moveBy(0,-i);        //窗口向上移动 i 个像素,产生震动的效果
                self.moveBy(-i, 0);       //窗口向右移动 i 个像素,产生震动的效果
                j--;
            }
            i--;
        }
    }
}
//End-->
</script>
</head>
<body>
    <p>这是一个使用 JavaScript 语言编写的网页,主要用于演示 while 循环语句的用法、展示
while 循环结构的程序架构。在页面中单击"窗口震动"按钮,窗口剧烈震动,呈现地震效果
    </p>
    <form>
        <input type="button" onClick="windowQuake(3)" value="窗口震动">
        <!-创建"窗口震动"按钮,单击此按钮调用 windowQuake 函数。>
    </form>
</body>
</html>
```

上边的代码是使用 JavaScript 与 HTML 语言编写的一个简单的网页,其中粗体部分是
采用 JavaScript 语言编写的一段小程序。本程序展示了程序的 while 循环控制结构。

while 循环控制结构语法形式如下:

```
while (条件表达式)
{
    循环体程序语句
};
```

while 循环也是常用的程序设计语言循环控制语句,在执行 while 循环时,首先判断"条
件表达式"的值是否为 true,如果为 true 则执行循环体程序语句,否则停止执行循环体,使
用 while 循环时,必须先声明循环变量并且给循环变量赋初值,在循环体中修改循环变量的
值,否则会造成循环一直进行下去。举例如下:

```
i=1;
while (i<=8)
{
    document.write("hello");
```

```
    i++;            //修改循环变量的值
};
```

上述程序段执行的效果是连续输出 8 行 hello。

## 5.6.5　do…while 循环控制结构

采用记事本或者其他文本编辑器输入下面网页程序代码,然后将文件保存为 example5_10.html。保存完毕后用浏览器将其打开,窗口中的菜单呈现动态循环显示效果。

【例 5-10】　编写具有 do…while 循环控制结构 JavaScript 语言程序段的简单网页,使网页上的菜单呈现动态循环显示效果。网页文件名为 example5_10.html,网页代码如下。

**程序清单 5-10(example5_10.html):**

```
<html>
<head>
</head>
<body>
    <script language=javascript>
        link=new Array(6);   //定义一个数组 link,数组元素的内容为菜单所要链接的内容
        link[0]='http://www.xinhuanet.com/'
        link[1]='http://www.ifeng.com/'
        link[2]='http://www.sohu.com/'
        link[3]='http://www.163.com/'
        link[4]='http://www.renren.com/'
        link[5]='http://www.baidu.com/'
        link[6]='http://www.sina.com.cn/'
        text=new Array(6);   //定义一个数组 text,数组元素的内容为菜单内容
        text[0]='新华网'
        text[1]='凤凰网'
        text[2]='搜　狐'
        text[3]='网　易'
        text[4]='人人网'
        text[5]='百　度'
        text[6]='新　浪'
        document
            .write("<marquee scrollamount='1' scrolldelay='100'
            direction='up' width='150' height='150'>");
    //HTML 语言中的<marquee>标签标记网页的滚动内容,该标签的 scrolldelay 属性表
      示菜单滚动速度,direction 表示菜单滚动方向,取值可以有 up、dowm、left、right
    var index=7
    //定义一个控制循环次数的变量,控制循环 7 次
    i=0
    do {
        document.write(" <a href="+link[i]+"  target='_blank'>");
        document.write(text[i]+"</A><br>"); //和上一行一起生成循环显示的菜单
        i++;
```

```
        } while (i<index) //do…while 循环体
        document.write("</marquee>")
    </script>
</body>
</html>
```

上边的代码是使用 JavaScript 与 HTML 语言编写的一个简单的网页,其中粗体部分是采用 JavaScript 语言编写的一段小程序。本程序展示了程序的 do…while 循环控制结构。

do…while 循环控制结构语法形式如下:

```
do {
    循环体程序语句
} while (条件表达式)
```

do…while 循环和 while 循环非常相似,不同的是它首先执行循环体程序语句,然后判断条件表达式的值是否为 true,当条件表达式的值为 true 时,就继续执行循环体程序语句,否则停止执行循环体,do…while 循环的循环体至少执行一次。举例如下:

```
i=1;
do
{
    document.write("hello");
    i++;
} while (i<=8);
```

## 5.7  文档对象模型 DOM

### 5.7.1  文档对象模型 DOM 应用举例

DOM(文档对象模型)是 W3C(万维网联盟)提供的处理可扩展标志语言的标准编程接口,定义了访问 HTML 和 XML 文档的标准,是与各种平台和语言兼容的接口,它允许程序和脚本动态地访问和更新 Web 文档的内容、结构和样式。例 5-11 利用 DOM 动态地访问 Web 文档的内容、结构和样式的原理,设计实现了一个数字时钟。

【例 5-11】  编写一个 JSP 程序,演示如何使用 DOM 语言动态地访问和更新 Web 文档的内容、结构和样式。本程序设计实现了一个数字时钟。网页文件名为 example5_11. html,网页代码如下。

程序清单 5-11(example5_11. html):

```
<html>
<head>
<script type="text/javascript">
    function startTime()            //定义创建和显示数字时钟的函数
    {
        var today=new Date()        //创建日期类 Date 的对象 today
        var hour=today.getHours()
```

```
        //利用对象 today 的 getHours 方法获取当前时间的小时数并赋给变量 hour
        var minute=today.getMinutes()
        //利用对象 today 的 getMinutes 方法获取当前时间的分钟数并赋给变量 minute
        var second=today.getSeconds()
        //利用对象 today 的 getSeconds 方法获取当前时间的秒数数并赋给变量 second
        //add a zero in front of numbers<10
        minute=checkTime(minute)
        second=checkTime(second)
        document.getElementById('clock').innerHTML=hour+":"+minute+":"
                +second
        //上面一行是利用 DOM 对象 document 的 getElementById 方法获取网页对象 clock
            (数字时钟),然后对其属性 innerHTML 进行赋值访问,客观上实现更新数字时钟的作用
        t=setTimeout('startTime()', 500)
        //利用窗口对象 window 的 setTimeout 方法设置每隔 500ms 执行一次 startTime 函数
    }
    function checkTime(i)
    //定义函数 checkTime,功能是把个位的分钟和秒数前加 0 变成双位
    {
        if (i<10) {
            i="0"+i
        }
        return i
    }
</script>
</head>
<body onload="startTime()">
    <div style='color:red;font-weight:bold;' id="clock"></div>
    <!-设置容器的颜色和字体样式,该容器内显示数字时钟->
</body>
</html>
```

上边的代码是使用 JavaScript 与 HTML 语言编写的一个简单的网页,其中粗体部分是采用 DOM 技术访问网页对象元素的一行程序。本程序展示了使用 DOM 技术处理可扩展标志语言,动态地访问和更新文档内容的方法。

## 5.7.2　文档对象模型 DOM 概述

### 1. 什么是 DOM

DOM 是 W3C(万维网联盟)推出的处理可扩展标志语言的标准编程接口。DOM 采用面向对象的方式描述文档模型,它定义了表示和修改 Web 文档所需的对象,以及这些对象的行为、属性和对象之间的关系,是访问 HTML 和 XML 文档的标准,是中立于平台和语言的接口,它允许程序和脚本动态地访问和更新文档的内容、结构和样式。DOM 技术使得用户页面可以动态地变化,如可以动态地显示或隐藏一个元素,改变它们的属性,增加一个元素等,使得页面的交互性大大地增强。

DOM 可被用来使用 JavaScript 语言读取、改变 HTML、XHTML 以及 XML 文档，对 HTML 元素进行添加、移动、改变或移除。

### 2. 节点

根据 DOM 技术，整个 Web 页面被映射为一个由层次节点组成的文件，HTML 文档中的每个标记、属性、文本等元素都看作是一个节点。DOM 做了如下规定。

（1）整个网页文档是一个文档节点。

（2）网页文档中任何一个 HTML 标记都是一个元素节点。

（3）任何包含在 HTML 标记元素中的文本都是一个文本节点。

（4）每一个 HTML 的属性都是一个属性节点。

（5）网页文档中的注释都属于注释节点。

（6）节点 Node 具有层次，节点彼此之间都有等级关系。

（7）HTML 文档中的所有节点组成了一个文档树（或节点树）。

（8）文档树起始于文档节点，并由此继续伸出枝条，直到处于这棵树最低级别的所有文本节点为止。

图 5-2 形象地表示了下面这个网页文档的文档树（节点树）。

```
<html>
<head>
<title>DOM 示例</title>
</head>
<body>
<h1>DOM 概述</h1>
<P><font face="楷体" size="6">欢迎学习了解 DOM!</font></P>
</body>
</html>
```

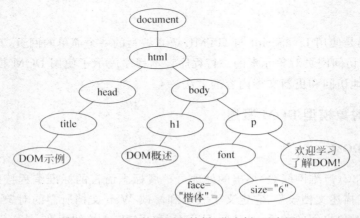

图 5-2　DOM 的网页文档树（节点树）示意图

从图 5-2 可以看出，Web 网页文档中的所有的节点彼此间都存在关系。

除文档节点 document 之外的每个节点都有父节点，如＜head＞和＜body＞的父节点是<html>节点,文本节点"DOM 示例"的父节点是<title>节点,而<title>的父节点是<head>节点。

大部分元素节点都有子节点,比方说,<body>节点有两个子节点:<p>节点和<h1>节点。<p>节点也有一个子节点,即文本节点"欢迎学习了解 DOM!"。

当节点分享同一个父节点时,它们就是同辈(同级节点)。比方说,<h1>和<p>是同辈,因为它们的父节点均是<body>节点。

节点也可以拥有后代,后代指某个节点的所有子节点,或者这些子节点的子节点,以此类推,比方说,所有的文本节点都是<html>节点的后代,而文本节点"DOM 示例"是<head>节点的后代。

节点也可以拥有先辈,先辈是某个节点的父节点,或者父节点的父节点,以此类推,比方说,所有的文本节点都可把<html>节点作为先辈节点。

### 3. 优点和缺点

DOM 的优点:易用性强,使用 DOM 时,会把所有的 XML 文档信息都存于内存中,遍历简单,支持 XPath,XPath 是 XML 路径语言,它是一种用来确定 XML(标准通用标记语言的子集)文档中某部分位置的语言。XPath 基于 XML 的树状结构,提供在数据结构树中找寻节点的能力。

DOM 的缺点:效率低,解析速度慢,内存占用量过高,对于大文件来说几乎不可能使用。在使用 DOM 进行文档解析时,会为文档的每个 element、attribute 和 comment 等都创建一个对象,DOM 机制中大量对象的创建和销毁无疑会消耗大量时间,占用大量内存,造成效率低下。

### 4. DOM 的级别

DOM 有 1 级、2 级、3 级共 3 个级别。

1) 1 级 DOM

1 级 DOM 在 1998 年 10 月份成为 W3C 的提议,由 DOM 核心与 DOM HTML 两个模块组成。DOM 核心能映射以 XML 为基础的文档结构,允许获取和操作文档的任意部分。DOM HTML 通过添加 HTML 专用的对象与函数对 DOM 核心进行了扩展。

2) 2 级 DOM

鉴于 1 级 DOM 仅以映射文档结构为目标,2 级 DOM 面向更为宽广。通过对原有 DOM 的扩展,2 级 DOM 通过对象接口增加了对鼠标和用户界面事件(DHTML 长期支持鼠标与用户界面事件)、范围、遍历(重复执行 DOM 文档)和层叠样式表(CSS)的支持。同时也对 DOM 1 的核心进行了扩展,从而可支持 XML 命名空间。

2 级 DOM 引进了几个新 DOM 模块来处理新的接口类型。

(1) DOM 视图:描述跟踪一个文档的各种视图(使用 CSS 样式设计文档前后)的接口。

(2) DOM 事件:描述事件接口。

(3) DOM 样式:描述处理基于 CSS 样式的接口。

(4) DOM 遍历与范围:描述遍历和操作文档树的接口。

3) 3 级 DOM

3 级 DOM 通过引入统一方式载入和保存文档和文档验证方法对 DOM 进行进一步扩展,DOM3 包含一个名为"DOM 载入与保存"的新模块,DOM 核心扩展后可支持 XML 1.0 的所有内容,包括 XML Infoset、XPath 和 XML Base。

当阅读与 DOM 有关的材料时,可能会遇到参考 0 级 DOM 的情况。需要注意的是并没有标准称为 0 级 DOM,它仅是 DOM 历史上一个参考点(0 级 DOM 被认为是在 Internet Explorer 4.0 与 Netscape Navigator 4.0 支持的最早的 DHTML)。

### 5.7.3　文档对象模型 DOM 的节点访问方法

节点访问就是访问 HTML 的元素等,可以下列不同的方法来访问 HTML 元素。

#### 1. getElementById()方法

语法:

```
node.getElementById("id");
```

功能:getElementById() 方法返回指定 ID 的元素。

说明:getElementById()方法通过使用一个元素节点的 parentNode、firstChild 以及 lastChild 属性,可查找整个 HTML 文档中的任何 HTML 元素。getElementById()方法会忽略文档的结构,通过 id 查找并返回正确的元素,不论它被隐藏在文档结构中的什么位置。

【例 5-12】　编写一个 JSP 程序,演示如何使用 DOM 技术的 getElementById()方法动态地访问 Web 文档的内容。网页文件名为 example5_12.html,网页代码如下。

程序清单 5-12(example5_12.html):

```
<html>
<head>
<title>本例演示 DOM 访问网页元素的 getElementById 方法!</title>
</head>
<body>
    <p>
        本例演示<b>DOM 的 getElementById</b>方法!
    </p>
    <p id="couplet">月明风清,池塘里蛙鸣悠扬;堤柳烟翠,田野里牧笛声声。</p>
    <script>
        text=document.getElementById("couplet");
        document.write("<p><font color='green'><b>来自 couplet 段落的文本:"
            +text.innerHTML+"</b></font></p>");
            //使用 getElementById 方法访问 id 为 couplet 的段落节点内容
    </script>
</body>
</html>
```

上边的代码是使用 JavaScript 与 HTML 语言编写的一个简单的网页,其中粗体部分是采用 DOM 技术的 getElementById("couplet")方法访问 id 为 couplet 段落的内容,并将访问获取的数据赋值给 text 变量,然后利用 text 变量的 innerHTML 属性读取并使用 write 方法显示出来。

### 2. getElementsByTagName()方法

语法:

```
document.getElementsByTagName("标签名称");
document.getElementById('ID').getElementsByTagName("标签名称");
```

功能:getElementsByTagName() 返回带有指定标签名的所有元素。

说明:getElementsByTagName()方法通过使用一个元素节点的 parentNode、firstChild 以及 lastChild 属性,可查找整个 HTML 文档中的任何 HTML 元素。getElements-ByTagName()方法会忽略文档的结构,通过 tagName 查找并返回所有的元素。假如希望查找文档中所有的<p>元素,getElementsByTagName()会把它们全部找到,不管<p>元素处于文档中的哪个层次。

【例 5-13】　编写一个 JSP 程序,演示使用 document. getElementsByTagName("标签名称")方法动态地访问 Web 文档的内容。网页文件名为 example5_13. html,网页代码如下。

**程序清单 5-13(example5_13. html)**:

```
<html>
<head>
<!DOCTYPE html>
<html>
<title>学习掌握 DOM 技术的 getElementsByTagName 方法</title>
<body>
    <p>学习掌握 DOM 技术的 getElementsByTagName 方法!</p>
    <p>DOM 很有用!</p>
    <p>
        本例演示 DOM 技术的<b>getElementsByTagName</b>方法。
    </p>
    <script>
        text=document.getElementsByTagName("p");
        //使用 getElementsByTagName 方法获取 p 段落的所有内容并将返回结果赋值给 text
          字符串列表
        document.write("<p>第一段的文本:"+text[0].innerHTML+"</p>");
        document.write("<p>第二段的文本:"+text[1].innerHTML+"</p>");
        document.write("<p>第三段的文本:"+text[2].innerHTML+"</p>");
    </script>
</body>
</html>
```

上边的代码是使用 JavaScript 与 HTML 语言编写的一个简单的网页,其中粗体部分是采用 DOM 技术的 getElementsByTagName("p")方法访问标记为 p 段落的内容,并将访问获取的数据赋值给 text 列表变量,通过列表的索引号来访问这些<p>元素,然后利用 text

变量的 innerHTML 属性读取并使用文档节点 document 的 write 方法显示出来。

【例 5-14】 编写一个 JSP 程序,演示如何使用 DOM 技术的 document. getElementById('ID'). getElementsByTagName("标签名称")方法动态地访问 Web 文档的内容。网页文件名为 example5_14. html,网页代码如下。

程序清单 5-14(example5_14. html):

```
<!DOCTYPE html>
<html>
<body>
    <p>Hello World!</p>
    <div id="main">
        <p>DOM 很有用!</p>
        <p>
            本例演示<b>document.getElementById().getElementsByTagName()</b>
方法。
        </p>
    </div>
    <script>
        text=document.getElementById("main").getElementsByTagName("p");
        document.write("<p>div 中的第一段的文本: "+text[0].innerHTML+"</p>");
        document.write("<p>div 中的第二段的文本: "+text[1].innerHTML+"</p>");
    </script>
</body>
</html>
```

### 3. getElementsByClassName()方法

语法:

```
document.getElementsByClassName("intro");
```

功能:document. getElementsByClassName 包含 class="intro"的所有元素的一个列表,可以通过列表的索引号来访问这些<p>元素。

说明:getElementsByClassName()在 Internet Explorer 8.0 以前版本中无效。

## 5.8 习 题

1. JavaScript 语言有什么特点?

2. 在 JSP 中如何嵌入 JavaScript 语言小程序?

3. 在 JavaScript 中,下面哪些变量名是正确的?

(1) cba      (2) 9student      (3) teacher_name      (4) switch

(5) document      (6) _456      (7) passwd_1      (8) j

4. 在 JavaScript 中怎样定义和使用函数?

5. 如何应用 JavaScript 打开一个新窗口?

6. 编写一个 JavaScript 程序，使 JSP 页面中的文字的颜色自动发生改变。

7. 编写一个 JavaScript 程序，在 JSP 页面中输出九九乘法表。

8. 什么是 DOM？ DOM 访问指定节点的方法有哪几种？

9. 使用 JavaScript 编写一个用于验证用户名和密码有效性的函数 loginCheck( )。

要求：

（1）用户名不能为空，并且只能由字母和数字组成。

（2）密码不能为空，长度为 6 位或 6 位以上。

10. 编写一个 JavaScript 程序，在页面的标题栏和状态栏里动态显示当前日期。

# 第 6 章　ExtJs——把窗口系统搬到网页上来

**本章主要内容**

- ExtJs 及其组件的基本情况。
- ExtJs 环境的安装与配置方法。
- 举例介绍在 MyEclipse 中使用 ExtJs 开发 Web 前端界面的一般过程。
- ExtJs 中面板、窗口和布局的基本使用方法。
- 员工管理系统前端界面的开发的过程。

## 6.1　ExtJs 简介

### 6.1.1　ExtJs 概述

传统的应用往往是多个客户端连接一个服务器的架构,称为 Client/Server(C/S)架构。这里的客户端是一个运行于桌面的程序。它具有各种美丽的外表:树状图、标签栏、菜单、对话框等。人们基于各种原因使用网页来实现原本客户端要做的事,这就是现在的 Brower/Server(B/S)架构。为了使网页具有对话框和菜单等元素,基于 JavaScript 的 ExtJs、EasyUI 等组件库诞生了,它们让网页更像一个桌面应用。

ExtJs 通常简称为 Ext,它是一个用 JavaScript 编写的与服务器后台技术无关的 Ajax 框架。主要用来开发具有绚丽外观的 RIA(富客户端)的 Web 应用。Ext 库是对雅虎 YUI 的一个拓展,提供了它所不支持的特性:良好的 API,真实的控件。发展至今,Ext 除 YUI 外还支持 JQuery、Prototype 等多种 JS 底层库,让大家自由地选择。该框架完全基于纯 HTML/CSS+JS 技术,提供丰富的跨浏览器 UI 组件,灵活采用 JSON/XML 数据源开发,使得服务端表示层的负荷真正减轻,从而实现了客户端的 MVC 架构的灵活运用。

Ext 的产生源自于开发者、开源贡献者们将 YUI 扩展成一个强大的客户端应用程序库的努力。Ext 提供了一个简单丰富的用户界面,如同桌面程序一般。这使得开发者能够把精力更多地转移到实现应用的功能上。

ExtJs 支持多平台下的主流浏览器 Internet Explorer、Firefox、Safari、Opera。在使用的厂家包括 IBM、Adobe、Cisco 等。

JQuery、Prototype 和 YUI 都属于非常核心的 JS 库。虽然 YUI,JQuery 都给自己构建了一系列的 UI 器件(Widget),却没有一个真正的整合好的和完整的程序开发平台。哪怕是这些低层的核心库已经非常不错了,但当投入到真正的开发环境中,依然需要开发者做大量的工作去完善很多缺失之处。而 Ext 则尝试着提供整合的开发平台。Ext 能提供一个黏合度更高的应用程序框架。Ext 的各个组件在设计之时就要求和其他 Ext 组件组合一起工作是无缝合作的。这种流畅的互通性离不开一个紧密合作的团队，还必须时刻强调设计和开发这两方面目标上的统一，而这点是很多开源项目未能做到的。从构建每一个组件开始，始终都强调组件的外观、性能、互通性和可扩展性。

Ext 可以单独使用。实际上，除了有特定的要求，推荐单独使用 Ext，这样的话文件占位更小，支持和整合也更紧密。我们也支持与 JQuery、YUI 或 Prototype 整合使用，作为底层库的角色出现，以提供处理各种核心的服务，如 DOM 和事件处理，Ajax 连接和动画特效。使用整合方式的一个原因是它们已具备了一些特定的器件而 Ext 并没有原生支持——像 YUI 的 History 控件便是一个典型的例子。这时，Ext 需要依赖 YUI 这个库的底层来实现 History 控件，这样一来的话也可免去 Ext 自身底层库，从而减少了整个程序的内存占用。另一个使用整合方式的原因是，对于许多已在使用其他底层库的程序，你可能希望逐步加入 Ext。总之，如果已经有了其他库，Ext 可以利用它们，宗旨是为用户提供各种可能性和性能上的优化。而事实是，只要实现了相对应的底层库接口，为任意一个框架添加上适配器是没有问题的——人们可以轻松地将 Dojo、Moo、Ajax. NET，或其他 JS 库转变为 Ext 的底层。

Spket 作为 Ext 的开发工具，是一个优秀的 RIA 开发包。支持 JavaScript、XUL/XBL、Laszlo、SVG and Yahoo! Widget 等新产品，具有代码自动完成、语法高效、内容概要等功能，可以帮助开发人员高效地创建 JavaScript 程序，可以以一个独立的桌面应用程序运行或者以 Eclipse 的一个插件运行。对 JavaScript、XUL/XBL、Yahoo! Widget 的开发都有全面的支持，可以帮助进行卓有成效的项目开发，编写高效率的 JavaScript 代码。具有体积小巧、功能强大的特点，专门为使用 Ext 的 Ajax UI 设计开发人员配备。

## 6.1.2 ExtJs 的安装

使用 MyEclipse 编写 ExtJs 时，一定会用到 Spket 这个插件，Spket 可以单独当作 IDE 使用，也可以当作 MyEclipse 的插件使用，我们这里是当作 MyEclipse 的插件使用的。常见的安装方式有网上更新安装和下载 spket-1.6.16. jar 包安装。下面以下载 spket-1.6.16. jar 包安装方式，来一步步图解说明如何安装和配置 Spket 插件。

（1）到 http://spket.com/download.html 下载 Spket 的插件，即 spket-1.6.16.jar 包。到下面这个网站下载 extjs4.1 的源文件 ext-4.1.1-gpl.zip：http://www.sencha.com / products/extjs/ download/。

（2）安装 Spket 插件。解压 rar 文件，将里面的 features 文件夹和 plugins 文件夹复制到 MyEclipse 的 dorphins 文件夹下，有重复目录的选择合并文件夹将插件复制进去。如果是 Eclipse 则复制到 Eclipse 根目录下。

（3）配置 Spket 插件。运行 MyEclipse，在 Window 菜单下 Preferences 可以找到 Spket 配置选项，如图 6-1 所示。

展开 Spket 选项，按照下面的步骤依次进行：首先选择 JavaScript Profile 选项，单击 New 按钮，在 Name 后的文本框中输入 ExtJs，单击 OK 按钮，如图 6-2 所示。

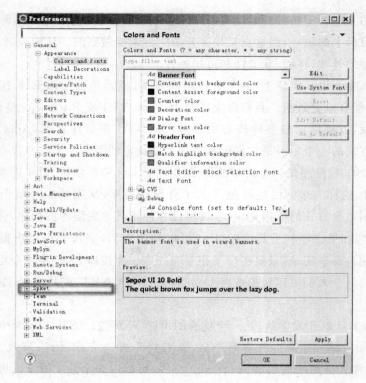

图 6-1　Spket 配置选项

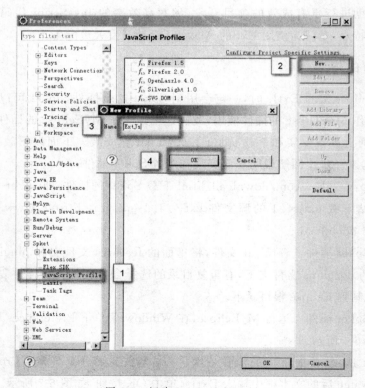

图 6-2　新建 JavaScript Profile

建立完后效果如图 6-3 所示。

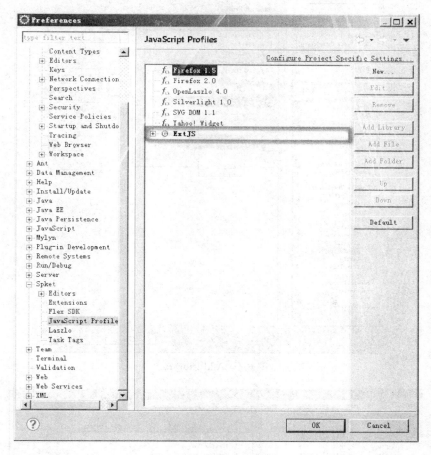

图 6-3 JavaScript Profile

展开红框处的 ExtJs,单击 Add Library 按钮,在下拉框中选择 ExtJs,单击 OK 按钮,如图 6-4 所示。

接着选择 ExtJs 库,单击 Add File 按钮,将下载的 ext-4.1.1-gpl.zip 文件解压缩,从其中的 build 文件中浏览选择 sdk.jsb3 文件添加进去,如图 6-5 所示。

然后选中 All、All Debug、All Dev 3 个选项,接着继续单击 Add File 按钮,从 ext-4.1.1-gpl.zip 的解压缩文件夹中选择 ext-all.js 和 ext-all-debug.js 这两个 JS 文件添加进去,如图 6-6 所示。

打开后,单击 Default 按钮,如图 6-7 所示。

然后依次按照下面步骤将 Spket 设置为默认 JS 编辑器,如图 6-8 所示。

之后在项目中新建一个 js 文件,就可以使用 Alt+/键来调出 ExtJs 的提示了,如图 6-9 所示。

至此,ExtJs 在 MyEclipse 中的开发插件 Spket 安装完成。

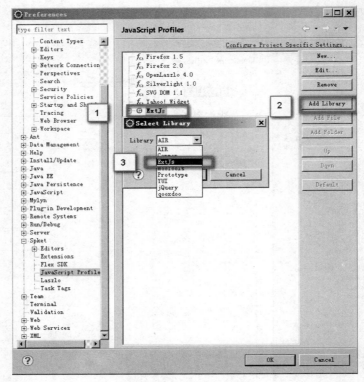

图 6-4　Add Library

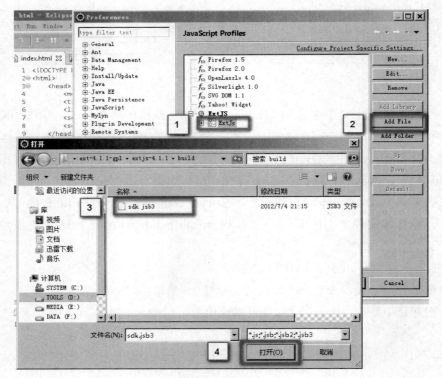

图 6-5　Add File

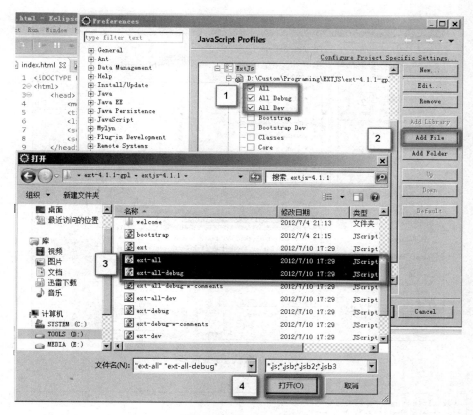

图 6-6 Add File 完毕

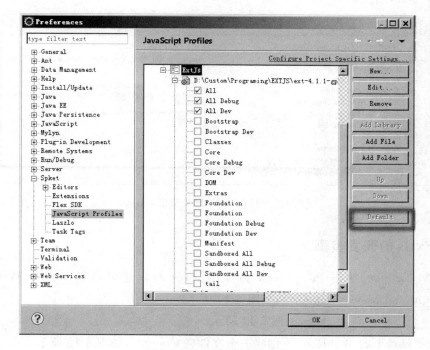

图 6-7 设置默认 JS 编辑器

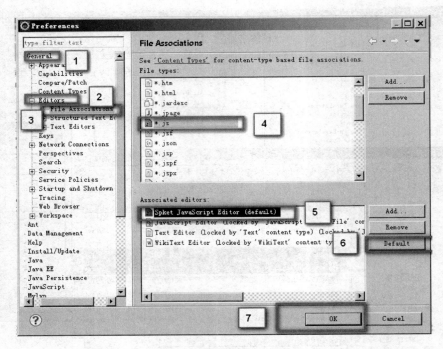

图 6-8　默认 JS 编辑器

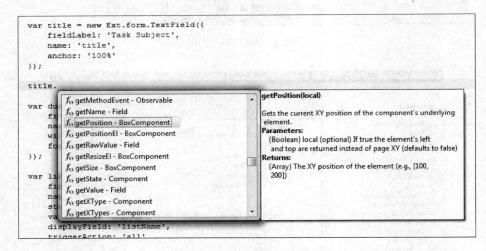

图 6-9　使用 Alt＋/键来调出 ExtJs

### 6.1.3　ExtJs 的开发步骤

运行 MyEclipse，单击 File→New 命令，在打开的新建对话框中选择 Web Service Project（Optional Maven Support），如图 6-10 所示。

新建一个工程命名为 ch06，如图 6-11 所示。

在 ch06 目录下的 WebRoot 下创建一个文件夹 example，如图 6-12 所示。

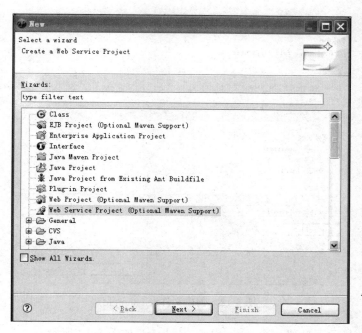

图 6-10　新建 Web Service Project

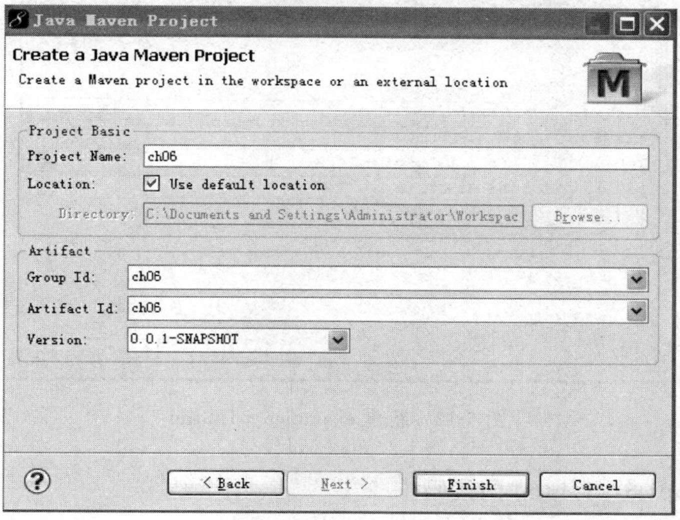

图 6-11　新建工程 ch06

在 example 文件夹下新建一个 ExtJs 文件夹。将 Ext 开发包复制到 ch06 的 /WebRoot/example/ExtJs 文件夹下。

**注意**：不需要整个 Ext 开发包全部导入，这样很容易造成 MyEclipse 卡死，因为 MyEclipse 会自动检测 JS 的合法性，会占用大量的检测时间、CPU 和内存。通常普通的开发只需要用到\extjs-4.1.1\resources 文件包、\extjs-4.1.1\ext-all.js 这两个资源就可以，需要汉化再导入\extjs-4.1.1\locale\ext-lang-zh_CN.js 就可以了。

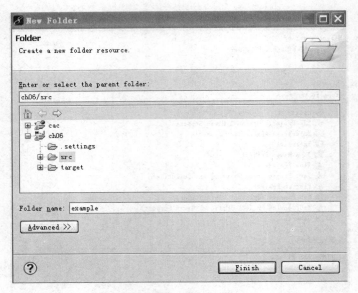

图 6-12 创建文件夹 example

在 example 目录下新建一个 example6_01. html，如图 6-13 所示。

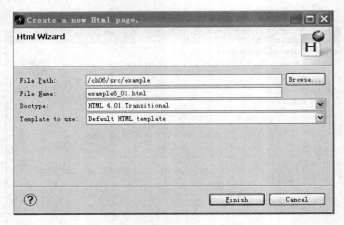

图 6-13 新建 example6_01. html

下面是 example6_01. html 的代码。

**程序清单 6-1（example6_01. html）：**

```
<!DOCTYPE html PUBLIC "-//W3C//DTD HTML 4.01 Transitional//EN" "http://www.w3.
org/TR/html4/loose.dtd">
    <html>
    <head>
    <meta http-equiv="Content-Type" content="text/html; charset=UTF-8">
    <title>Insert title here</title>
<link rel="stylesheet" type="text/css" href="./ExtJs/ resources/css/
```

```
ext-all.css">
<script type="text/javascript" src="./ExtJs/ext-all.js"></script>
    <script type="text/javascript">
    (function()
    {
    Ext.onReady(function()
    {
        Ext.Msg.alert("Hello World.");
        })
    })
    </script>
    </head>
    <body>
    </body>
</html>
```

启动服务器，打开浏览器，在地址栏输入 http://localhost:8080/ch01/ example/ example6_01.html，按 Enter 键后效果如图 6-14 所示。

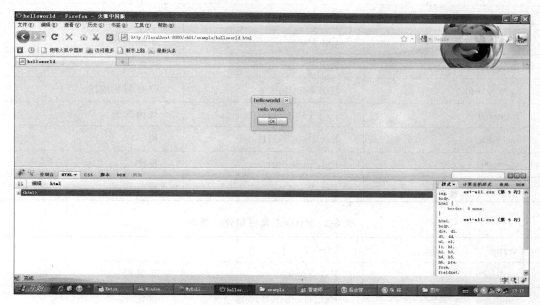

图 6-14　example6_01.html 网页显示效果

## 6.2　ExtJs 组件

### 6.2.1　ExtJs 组件介绍

组件大致可以分成三大类，即基本组件、工具栏组件、表单及元素组件，它们分别如表 6-1～表 6-3 所示。

表 6-1　ExtJs 基本组件一览表

| xtype | Class | |
|---|---|---|
| box | Ext. BoxComponent | 具有边框属性的组件 |
| Button | Ext. Button | 按钮 |
| colorpalette | Ext. ColorPalette | 调色板 |
| component | Ext. Component | 组件 |
| container | Ext. Container | 容器 |
| cycle | Ext. CycleButton | |
| dataview | Ext. DataView | 数据显示视图 |
| datepicker | Ext. DatePicker | 日期选择面板 |
| editor | Ext. Editor | 编辑器 |
| editorgrid | Ext. grid. EditorGridPanel | 可编辑的表格 |
| grid | Ext. grid. GridPanel | 表格 |
| paging | Ext. PagingToolbar | 工具栏中的间隔 |
| panel | Ext. Panel | 面板 |
| progress | Ext. ProgressBar | 进度条 |
| splitbutton | Ext. SplitButton | 可分裂的按钮 |
| tabpanel | Ext. TabPanel | 选项面板 |
| treepanel | Ext. tree. TreePanel | 树 |
| viewport | Ext. ViewPort | 视图 |
| window | Ext. Window | 窗口 |

表 6-2　ExtJs 工具栏组件一览表

| xtype | Class | |
|---|---|---|
| toolbar | Ext. Toolbar | 工具栏 |
| tbbutton | Ext. Toolbar. Button | 按钮 |
| tbfill | Ext. Toolbar. Fill | 文件 |
| tbitem | Ext. Toolbar. Item | 工具条项目 |
| tbseparator | Ext. Toolbar. Separator | 工具栏分隔符 |
| tbspacer | Ext. Toolbar. Spacer | 工具栏空白 |
| tbsplit | Ext. Toolbar. SplitButton | 工具栏分隔按钮 |
| tbtext | Ext. Toolbar. TextItem | 工具栏文本项 |

表 6-3　ExtJs 表单及字段组件一览表

| xtype | Class | |
|---|---|---|
| form | Ext. FormPanel | Form 面板 |
| checkbox | Ext. form. Checkbox | Checkbox 录入框 |
| combo | Ext. form. ComboBox | Combo 选择项 |
| datefield | Ext. form. DateField | 日期选择项 |
| field | Ext. form. Field | 表单字段 |
| fieldset | Ext. form. FieldSet | 表单字段组 |
| hidden | Ext. form. Hidden | 表单隐藏域 |
| htmleditor | Ext. form. HtmlEditor | HTML 编辑器 |
| numberfield | Ext. form. NumberField | 数字编辑器 |
| radio | Ext. form. Radio | 单选按钮 |
| textarea | Ext. form. TextArea | 区域文本框 |
| textfield | Ext. form. TextField | 表单文本框 |
| timefield | Ext. form. TimeField | 时间录入项 |
| trigger | Ext. form. TriggerField | 触发录入项 |

　　组件可以直接通过 new 关键字来创建，比如创建一个窗口，使用 new Ext. Window()，创建一个表格则使用 new Ext. GridPanel()。当然，除了一些普通的组件以外，一般都会在构造函数中通过传递构造参数来创建组件。

　　组件的构造函数中一般都可以包含一个对象，这个对象包含创建组件所需要的配置属性及值，组件根据构造函数中的参数属性值来初始化组件，比如下面的例子 example6_02. html。

**程序清单 6-2（example6_02. html）：**

```
<!DOCTYPE html PUBLIC "-//W3C//DTD HTML 4.01 Transitional//EN" "http://www.w3.
org/TR/html4/loose.dtd">
<html>
<head>
<meta http-equiv="Content-Type" content="text/html; charset=UTF-8">
<title>Insert title here</title>
<link rel="stylesheet"  type="text/css" href="./ExtJs/ resources/css/ext-
all.css">
<script type="text/javascript" src="./ExtJs/ext-all.js"></script>
<script type="text/javascript">
    var obj={title:"hello",width:300,height:200,html:'Hello,
        easy if open source'};
    var panel=new Ext.Panel(obj); panel.render("hello");
</script>
</head>
```

```
<body>
<div id="hello"> </div>

</body>
</html>
```

其中，render 方法后面的参数表示页面上的 div 元素 id，运行上面的代码可以实现如图 6-15 所示的结果。

图 6-15　example6_02.html 网页显示效果

对于容器中的子元素组件，都支持延迟加载的方式创建控件，此时可以直接在父组件的构造函数中，通过给属性 items 传递数组方式实现构造，如下面的代码：

```
var panel=new Ext.TabPanel({width:300,height:200,items:[{title:"面板 1",
height:30},{title:"面板 2",height:30},{title:"面板 3",height:30}]});
panel.render("hello");
```

效果如图 6-16 所示。

图 6-16　通过属性 items 方式实现构造效果

### 6.2.2　组件的属性配置与事件处理

在 ExtJs 中,除了一些特殊的组件或类以外,所有的组件在初始化的时候都可以在构造函数中使用一个包含属性名称及值的对象,该对象中的信息也就是指组件的配置属性。例如配置一个面板:

```
new Ext.Panel({
    title:"面板",
    html:"面板内容",
    height:100});
```

再如创建一个按钮:

```
var b=new Ext.Button({
    text:"添加",
    pressed:true,
    heigth:30,
    handler:Ext.emptyFn
    });
```

每一个组件除了继承基类中的配置属性以外,还会根据需要增加自己的配置属性;另外,子类中有的时候还会把父类的一些配置属性的含义及用途重新定义。

ExtJs 提供了一套强大的事件处理机制,通过这些事件处理机制来响应用户的动作、监控控件状态变化、更新控件视图信息、与服务器进行交互等。事件统一由 Ext. EventManager 对象管理,与浏览器 W3C 标准事件对象 Event 相对应,Ext 封装了一个 Ext. EventObject 事件对象。支持事件处理的类(或接口)为 Ext. util. Observable,凡是继承该类的组件或类都支持往对象中添加事件处理及响应功能。请看下面的代码 example6_03. html。

**程序清单 6-3(example6_03. html):**

```
<!DOCTYPE html PUBLIC "-//W3C//DTD HTML 4.01 Transitional//EN" "http://www.w3.
org/TR/html4/loose.dtd">
    <html>
    <head>
    <meta http-equiv="Content-Type" content="text/html; charset=UTF-8">
    <title>Insert title here</title>
<link rel="stylesheet"  type="text/css" href="./ExtJs/resources
/css/ext-all.css">
<script type="text/javascript" src="./ExtJs/ext-all.js"></script>
<script type="text/javascript">
    function a(){
        alert('some thing');
    }
    Ext.onReady(function(){
    Ext.get("btnAlert").addListener("click",a);
```

```
      });
</script>
   </head>
   <body>  cxzczv123
   <input id="btnAlert" type="button" value="alert 框" />
   </body>
</html>
```

Ext.get("btnAlert")得到一个与页面中按钮 btnAlert 关联的 Ext. Element 对象,可以直接调用该对象上的 addListener 方法来给对象添加事件。在调用 addListener 方法的代码中,第一个参数表示事件名称,第二个参数表示事件处理器或整个响应函数。addLinster 方法的另外一个简写形式是 on 函数,ExtJs 还支持事件延迟处理或事件处理缓存等功能,比如下面的代码:

```
Ext.onReady(function(){
    Ext.get("btnAlert").on("click",a,this,{delay:2000});
});
```

## 6.3  ExtJs 面板 Panel

面板 Panel 是 ExtJs 控件的基础,很多高级的控件都是在面板的基础上扩展的,还有其他大多数控件也都直接或间接和面板有关系。应用程序的界面一般情况下是由一个一个的面板通过不同组织方式构成。

面板由一个顶部工具栏、一个底部工具栏、面板头部、面板尾部、面板主区域几个部分组成。面板类中还内置了面板展开、关闭等功能,并提供一系列可重用的工具按钮使得人们可以轻松实现自定义的行为,面板可以放入其他任何容器中,面板本身是一个容器,里面又可以包含各种组件。

面板的类名为 Ext. Panel,其 xtype 为 panel,example6_04. html 的代码可以显示出面板的各个组成部分。

**程序清单 6-4(example6_04. html)**:

```
<!DOCTYPE html PUBLIC "-//W3C//DTD HTML 4.01 Transitional//EN" "http://www.w3.
org/TR/html4/loose.dtd">
   <html>
   <head>
   <meta http-equiv="Content-Type" content="text/html; charset=UTF-8">
   <title>Insert title here</title>
<link rel="stylesheet"  type="text/css" href="./ExtJs/resources/css/ext-all.
css">
<script type="text/javascript" src="./ExtJs/ext-all.js"></script>
<script type="text/javascript">
    Ext.onReady(function(){
        new Ext.Panel({
        renderTo:"hello",
```

```
        title:"面板头部 header",
        width:300,
        height:200,
        html:'<h1>面板主区域</h1>',
        tbar:[{text:'顶部工具栏 topToolbar'}],
        bbar:[{text:'底部工具栏 bottomToolbar'}],
        buttons:[{text:"按钮位于 footer"}]
        });
    });
</script>
    </head>
    <body>
    <div id="hello">
    </div>
    </body>
</html>
```

效果如图 6-17 所示。

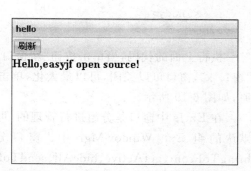

图 6-17　网页 example6_04.html 的效果

一般情况下,顶部工具栏或底部工具栏只需要一个,而面板中一般也很少直接包含按钮,一般会把面板上的按钮直接放到工具栏上面。比如下面的代码:

```
Ext.onReady(function(){
    new Ext.Panel({
    renderTo:"hello",
    title:"hello",
    width:300,
    height:200,
    html:'<h1>Hello,easyjf open source!
</h1>',
    tbar:[{pressed:true,text:'刷新'}]
    });
});
```

可以得到如图 6-18 所示的效果,该面板包含面板
Header、一个顶部工具栏及面板区域 3 个部分。

图 6-18　网页 example6_04.html 的效果

## 6.4  ExtJs 窗口 Window

ExtJs 中窗口是由 Ext. Window 类定义,该类继承自 Panel,因此窗口其实是一种特殊的面板 Panel。窗口包含浮动、可拖动、可关闭、最大化、最小化等特性。看下面的代码 example6_05. html。

**程序清单 6-5(example6_05. html):**

```
<!DOCTYPE html PUBLIC "-//W3C//DTD HTML 4.01 Transitional//EN" "http://www.w3.
org/TR/html4/loose.dtd">
    <html>
    <head>
    <meta http-equiv="Content-Type" content="text/html; charset=UTF-8">
    <title>Insert title here</title>
<link rel="stylesheet"  type="text/css" href="./ExtJs/resources/
css/ext-all.css">
<script type="text/javascript" src="./ExtJs/ext-all.js"></script>
<script type="text/javascript">
    var i=0;
    function newWin()
    {
        var win=new Ext.Window({title:"窗口"+i++,
        width:400,
        height:300,
        maximizable:true});
        win.show();
    }
    Ext.onReady(function(){
    Ext.get("btn").on("click",newWin);
    });
</script>
    </head>
    <body>
    <input id="btn" type="button" name="add" value="新窗口" />
    </body>
</html>
```

执行上面的代码,当单击按钮“新窗口”的时候,会在页面中显示一个窗口,窗口标题为“窗口 x”,窗口可以关闭,可以最大化,单击最大化按钮会最大化窗口,最大化的窗口可以还原,如图 6-19 所示。

在 ExtJs 中窗口是分组进行管理的,可以对一组窗口进行操作,默认情况下的窗口都在默认的组 Ext. WindowMgr 中。窗口分组由类 Ext. WindowGroup 定义,该类包括 bringToFront、getActive、hideAll、sendToBack 等方法用来对分组中的窗口进行操作。看下面的代码 example6_06. html。

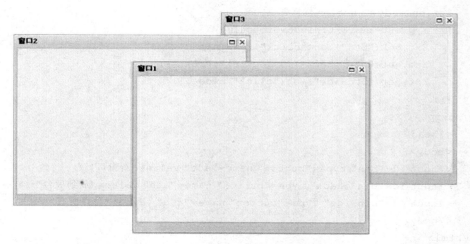

图 6-19　网页 example6_05.html 的显示效果

**程序清单 6-6（example6_06.html）：**

```
<!DOCTYPE html PUBLIC "-//W3C//DTD HTML 4.01 Transitional//EN" "http://www.w3.
org/TR/html4/loose.dtd">
    <html>
    <head>
    <meta http-equiv="Content-Type" content="text/html; charset=UTF-8">
    <title>Insert title here</title>
<link rel="stylesheet"  type="text/css" href="./ExtJs/resources/
css/ext-all.css">
<script type="text/javascript" src="./ExtJs/ext-all.js"></script>
<script type="text/javascript">
    var i=0,mygroup;
    function newWin()
    {
        var win=new Ext.Window({title:"窗口"+i++,
        width:400,
        height:300,
        maximizable:true,
        manager:mygroup});
        win.show();
    }
    function toBack()
    {
        mygroup.sendToBack(mygroup.getActive());
    }
    function hideAll()
    {
        mygroup.hideAll();
    }
```

```
Ext.onReady(function(){
    mygroup=new Ext.WindowGroup();
    Ext.get("btn").on("click",newWin);
    Ext.get("btnToBack").on("click",toBack);
    Ext.get("btnHide").on("click",hideAll);
});
</script>
</head>
<body>
<input id="btn" type="button" name="add" value="新窗口" />
<input id="btnToBack" type="button" name="add" value="放到后台" />
<input id="btnHide" type="button" name="add" value="隐藏所有" />
</body>
</html>
```

执行上面的代码,先单击几次"新窗口"按钮,可以在页面中显示几个容器,然后拖动这些窗口,让它们在屏幕中处于不同的位置。然后单击"放到后台"按钮,可以实现把最前面的窗口移动该组窗口的最后面去,单击"隐藏所有"按钮,可以隐藏当前打开的所有窗口,如图 6-20 所示。

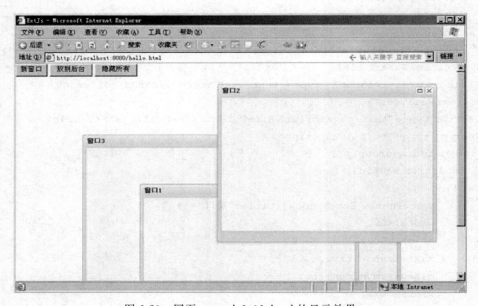

图 6-20  网页 example6_06.html 的显示效果

# 6.5  ExtJs 布局 Layout

## 6.5.1  布局概述

布局是指容器组件中子元素的分布、排列组合方式。Ext 的所有容器组件都支持布局操作,每一个容器都会有一个对应的布局,布局负责管理容器组件中子元素的排列、组合及渲染方式等。

　　ExtJs 的布局基类为 Ext. layout. ContainerLayout，其他布局都是继承该类。ExtJs 的容器组件包含一个 layout 及 layoutConfig 配置属性，这两个属性用来指定容器使用的布局及布局的详细配置信息，如果没有指定容器组件的 layout 则默认会使用 ContainerLayout 作为布局，该布局只是简单的把元素放到容器中，有的布局需要 layoutConfig 配置，有的则不需要 layoutConfig 配置。看下面的代码 example6_07. html。

　　**程序清单 6-7（example6_07. html）：**

```
<!DOCTYPE html PUBLIC "-//W3C//DTD HTML 4.01 Transitional//EN" "http://www.w3.
org/TR/html4/loose.dtd">
    <html>
    <head>
    <meta http-equiv="Content-Type" content="text/html; charset=UTF-8">
    <title>Insert title here</title>
<link rel="stylesheet"  type="text/css" href="./ExtJs/resources/
css/ext-all.css">
<script type="text/javascript" src="./ExtJs/ext-all.js"></script>
<script type="text/javascript">
    Ext.onReady(function(){
        new Ext.Panel({
        renderTo:"hello",
        width:400,
        height:200,
        layout:"column",
        items:[{columnWidth:.5,
        title:"面板 1"},
        {columnWidth:.5,
        title:"面板 2"}]
        });
    });
</script>
    </head>
    <body>
    <div id="hello"> </div>
    </body>
</html>
```

　　上面的代码创建了一个面板 Panel，Panle 是一个容器组件，我们使用 layout 指定该面板使用 Column 布局。该面板的子元素是两个面板，这两个面板都包含了一个与列布局相关的配置参数属性 columnWidth，它们的值都是 0.5，也就是每一个面板占一半的宽度。执行上面的程序效果如图 6-21 所示。

　　Ext 中的一些容器组件都已经指定所使用的布局，比如 TabPanel 使用 card 布局、FormPanel 使用 form 布局，GridPanel 中的表格使用 column 布局等，在使用这些组件的时候，不能给这些容器组件再指定另外的布局。

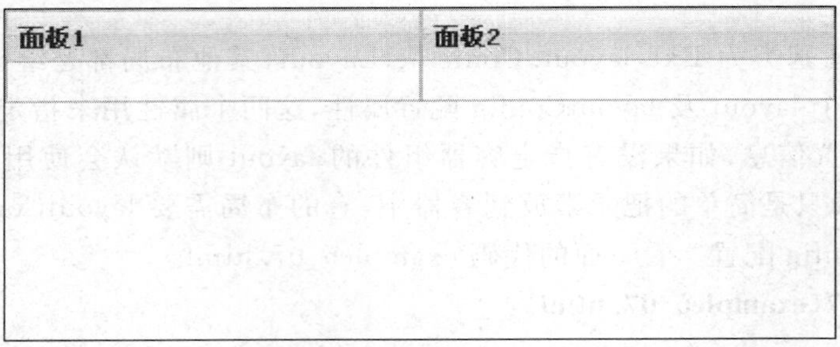

| 面板1 | 面板2 |
| --- | --- |
|  |  |

图 6-21　网页 example6_07.html 的显示效果

ExtJs 常用的布局有 border、column、fit、form、card、tabel，下面分别对这几种布局做简单介绍。

### 6.5.2　Border 布局

Border 布局由类 Ext.layout.BorderLayout 定义，布局名称为 border。该布局把容器分成东、南、西、北、中 5 个区域，分别由 east、south、west、north、center 来表示，在往容器中添加子元素的时候，只需要指定这些子元素所在的位置，Border 布局会自动把子元素放到布局指定的位置。看下面的代码 example6_08.html。

程序清单 6-8（example6_08.html）：

```
<!DOCTYPE html PUBLIC "-//W3C//DTD HTML 4.01 Transitional//EN" "http://www.w3.
org/TR/html4/loose.dtd">
    <html>
    <head>
    <meta http-equiv="Content-Type" content="text/html; charset=UTF-8">
    <title>Insert title here</title>
<link rel="stylesheet"  type="text/css" href="./ExtJs/resources/
css/ext-all.css">
<script type="text/javascript" src="./ExtJs/ext-all.js"></script>
<script type="text/javascript">
    Ext.onReady(function(){
        new Ext.Viewport({
        layout:"border",
        items:[{region:"north",
        height:50,
        title:"顶部面板"},
        {region:"south",
        height:50,
        title:"底部面板"},
        {region:"center",
        title:"中央面板"},
        {region:"west",
        width:100,
        title:"左边面板"},
```

```
            {region:"east",
            width:100,
            title:"右边面板"}
            ]
        });
    });
</script>
    </head>
    <body>
    <div id="hello"> </div>
    </body>
</html>
```

执行上面的代码将会在页面中输出包含上、下、左、右、中 5 个区域的面板,如图 6-22 所示。

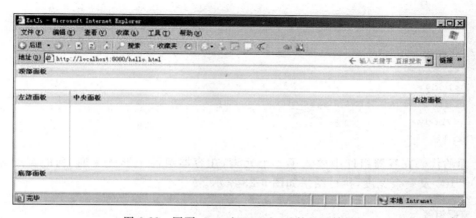

图 6-22　网页 example6_08.html 的显示效果

### 6.5.3　Column 布局

Column 列布局由 Ext. layout. ColumnLayout 类定义,名称为 column。列布局把整个容器组件看成一列,然后往里面放入子元素的时候,可以通过在子元素中指定使用 columnWidth 或 width 来指定子元素所占的列宽度。columnWidth 表示使用百分比的形式指定列宽度,而 width 则是使用绝对像素的方式指定列宽度,在实际应用中可以混合使用两种方式。看下面的代码 example6_09. html。

**程序清单 6-9(example6_09. html):**

```
<!DOCTYPE html PUBLIC "-//W3C//DTD HTML 4.01 Transitional//EN" "http://www.w3.
org/TR/html4/loose.dtd">
    <html>
    <head>
    <meta http-equiv="Content-Type" content="text/html; charset=UTF-8">
    <title>Insert title here</title>
<link rel="stylesheet" type="text/css" href="./ExtJs/resources/
```

```
    css/ext-all.css">
    <script type="text/javascript" src="./ExtJs/ext-all.js"></script>
    <script type="text/javascript">
        Ext.onReady(function(){
        new Ext.Panel({
            renderTo:"hello",
            title:"容器组件",
            layout:"column",
            width:500,
            height:100,
            items:[{title:"列 1",width:100},
            {title:"列 2",width:200},
            {title:"列 3",width:100},
            {title:"列 4"}
            ]}
            );
        });
</script>
    </head>
    <body>
    <div id="hello"> </div>
    </body>
</html>
```

上面的代码在容器组件中放入了 4 个元素，在容器组件中形成 4 列，列的宽度分别为 100、200、100 及剩余宽度，执行结果如图 6-23 所示。

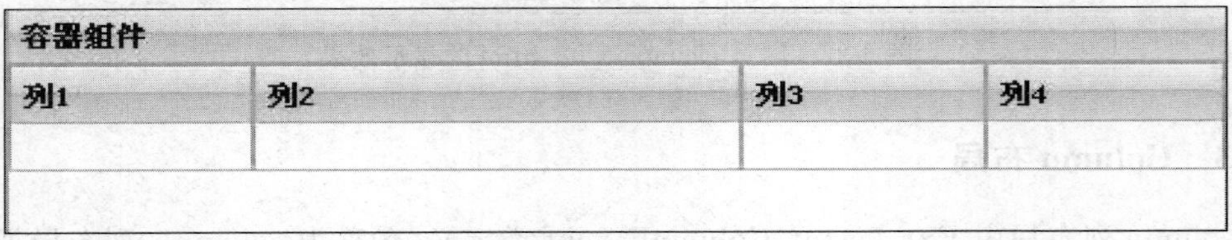

| 容器组件 | | | |
|---|---|---|---|
| 列1 | 列2 | 列3 | 列4 |
| | | | |
| | | | |

图 6-23　网页 example6_09.html 的显示效果

也可使用 columnWidth 来定义子元素所占的列宽度，columnWidth 的总和应该为 1。看下面的代码：

```
Ext.onReady(function(){
    new Ext.Panel({
    renderTo:"hello",
    title:"容器组件",
    layout:"column",
    width:500,
    height:100,
    items:[{title:"列 1",columnWidth:.2},
    {title:"列 2",columnWidth:.3},
```

```
{title:"列 3",columnWidth:.3},
{title:"列 4",columnWidth:.2}
]}
);
});
```

## 6.5.4 Fit 布局

如果容器组件中有多个子元素,使用 Fit 布局元素,则只会显示一个元素,如下面的代码 example6_10.html。

**程序清单 6-10(example6_10.html):**

```
<!DOCTYPE html PUBLIC "-//W3C//DTD HTML 4.01 Transitional//EN" "http://www.w3.
org/TR/html4/loose.dtd">
<html>
<head>
<meta http-equiv="Content-Type" content="text/html; charset=UTF-8">
<title>Insert title here</title>
<link rel="stylesheet" type="text/css" href="./ExtJs/resources
/css/ext-all.css">
<script type="text/javascript" src="./ExtJs/ext-all.js"></script>
<script type="text/javascript">
Ext.onReady(function(){
new Ext.Panel({
    renderTo:"hello",
    title:"容器组件",
    layout:"fit",
    width:500,
    height:100,
    items:[{title:"子元素 1",html:"这是子元素 1 中的内容"},
    {title:"子元素 2",html:"这是子元素 2 中的内容"}
    ] }
    );
});
</script>
    </head>
    <body>
    <div id="hello"> </div>
    </body>
</html>
```

输出的结果如图 6-24 所示。

如果不使用 Fit 布局元素,效果如图 6-25 所示。

图 6-24　网页 example6_10.html 的显示效果

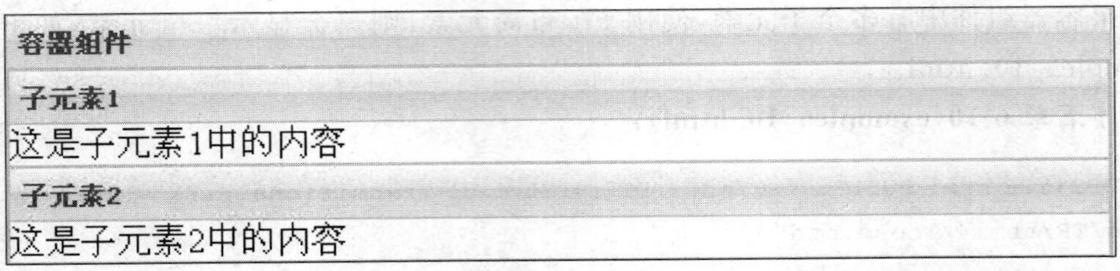

图 6-25　网页 example6_10.html 的显示效果(不使用 Fit 布局关系)

### 6.5.5　Form 布局

Form 布局由类 Ext.layout.FormLayout 定义,名称为 form,它是一种专门用于管理表单中输入字段的布局,这种布局主要用于在程序中创建表单字段或表单元素等。看下面的代码 example6_11.html。

**程序清单 6-11(example6_11.html):**

```
<!DOCTYPE html PUBLIC "-//W3C//DTD HTML 4.01 Transitional//EN" "http://www.w3.
org/TR/html4/loose.dtd">
    <html>
    <head>
    <meta http-equiv="Content-Type" content="text/html; charset=UTF-8">
    <title>Insert title here</title>
<link rel="stylesheet"  type="text/css" href="./ExtJs/resources/
css/ext-all.css">
<script type="text/javascript" src="./ExtJs/ext-all.js"></script>
<script type="text/javascript">
    Ext.onReady(function(){
    new Ext.Panel({
        renderTo:"hello",
        title:"容器组件",
        width:300,
        layout:"form",
        hideLabels:false,
        labelAlign:"right",
        height:120,
        defaultType: 'textfield',
```

```
    items:[
        {fieldLabel:"请输入姓名",name:"name"},
        {fieldLabel:"请输入地址",name:"address"},
        {fieldLabel:"请输入电话",name:"tel"}
    ] }
    );
});
</script>
    </head>
    <body>
    <div id="hello"> </div>
    </body>
</html>
```

上面的代码创建了一个面板，面板使用 Form 布局，面板中包含 3 个子元素，这些子元素都是文本框字段，在父容器中还通过 hideLabels、labelAlign 等配置属性来定义是否隐藏标签、标签对齐方式等。上面代码的输出结果如图 6-26 所示。

可以在容器组件中把 hideLabels 设置为 true，这样将不会显示容器中字段的标签，如图 6-27 所示。

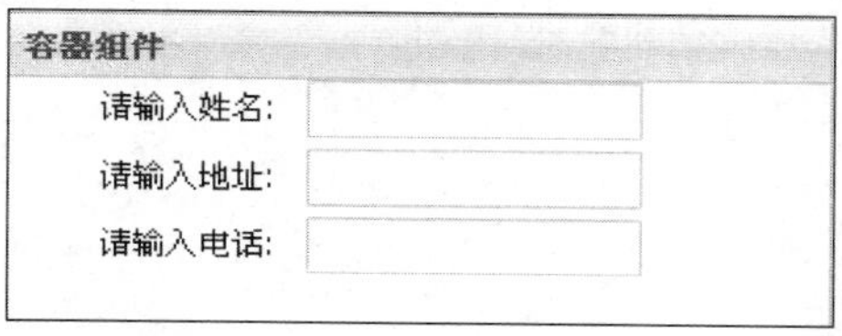

图 6-26　网页 example6_11. htm 的显示效果

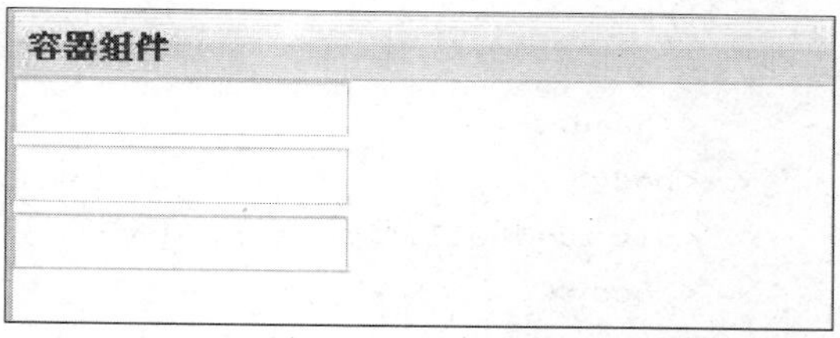

图 6-27　网页 example6_11. htm 的显示效果

在实际应用中，Ext. form. FormPanel 这个类默认布局使用的是 Form 布局，而且 FormPanel 还会创建与＜form＞标签相关的组件，因此一般情况下直接使用 FormPanel 即可。

## 6.5.6　Accordion 布局

Accordion 布局由类 Ext. layout. Accordion 定义，名称为 accordion，表示可折叠的布局，也就是说使用该布局的容器组件中的子元素是可折叠的形式。来看下面的代码 example6_12. html。

**程序清单 6-12（example6_12. html）：**

```
<!DOCTYPE html PUBLIC "-//W3C//DTD HTML 4.01 Transitional//EN" "http://www.w3.
org/TR/html4/loose.dtd">
    <html>
    <head>
    <meta http-equiv="Content-Type" content="text/html; charset=UTF-8">
    <title>Insert title here</title>
```

```
<link rel="stylesheet"  type="text/css" href="./ExtJs/resources/
css/ext-all.css">
<script type="text/javascript" src="./ExtJs/ext-all.js"></script>
<script type="text/javascript">
    Ext.onReady(function(){
    new Ext.Panel({
        renderTo:"hello",
        title:"容器组件",
        width:500,
        height:200,
        layout:"accordion",
        layoutConfig: {
        animate: true
        },
        items:[{title:"子元素 1",html:"这是子元素 1 中的内容"},
        {title:"子元素 2",html:"这是子元素 2 中的内容"},
        {title:"子元素 3",html:"这是子元素 3 中的内容"}
        ] }
        );
    });
</script>
    </head>
    <body>
    <div id="hello"> </div>
    </body>
</html>
```

上面的代码定义了一个容器组件,指定使用 Accordion 布局,该容器组件中包含 3 个子元素,在 layoutConfig 中指定布局配置参数 animate 为 true,表示在执行展开折叠时是否应用动画效果。执行结果如图 6-28 所示。

图 6-28　网页 example6_12.html 的显示效果

### 6.5.7　Table 布局

Table 布局由类 Ext.layout.TableLayout 定义，名称为 table，该布局负责把容器中的子元素按照类似普通 HTML 标签来处理，如代码 example6_13.html。

**程序清单 6-13（example6_13.html）：**

```
<!DOCTYPE html PUBLIC "-//W3C//DTD HTML 4.01 Transitional//EN" "http://www.w3.
org/TR/html4/loose.dtd">
    <html>
    <head>
    <meta http-equiv="Content-Type" content="text/html; charset=UTF-8">
    <title>Insert title here</title>
<link rel="stylesheet"  type="text/css" href="./ExtJs/resources/
css/ext-all.css">
<script type="text/javascript" src="./ExtJs/ext-all.js"></script>
<script type="text/javascript">
    Ext.onReady(function(){
        var panel=new Ext.Panel({
        renderTo:"hello",
        title:"容器组件",
        width:500,
        height:200,
        layout:"table",
        layoutConfig: {
        columns: 3
        },
        items:[{title:"子元素 1",html:"这是子元素 1 中的内容",rowspan:2,height:100},
        {title:"子元素 2",html:"这是子元素 2 中的内容",colspan:2},
        {title:"子元素 3",html:"这是子元素 3 中的内容"},
        {title:"子元素 4",html:"这是子元素 4 中的内容"}
        ] }
        );
    });
</script>
    </head>
    <body>
    <div id="hello"> </div>
    </body>
</html>
```

上面的代码创建了一个父容器组件，指定使用 Table 布局，layoutConfig 使用 columns 指定父容器分成 3 列，子元素中使用 rowspan 或 colspan 来指定子元素所横跨的单元格数。程序的运行效果如图 6-29 所示。

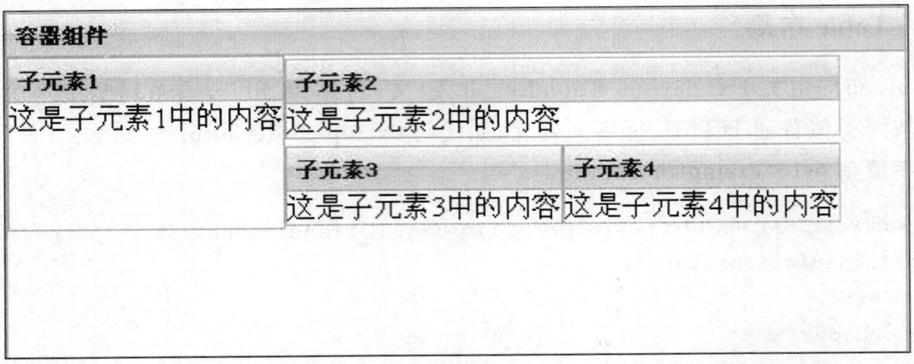

| 容器组件 | | | |
|---|---|---|---|
| 子元素1 | 子元素2 | | |
| 这是子元素1中的内容 | 这是子元素2中的内容 | | |
| | 子元素3 | 子元素4 | |
| | 这是子元素3中的内容 | 这是子元素4中的内容 | |

图 6-29　网页 example6_13. html 的显示效果

# 6.6　员工管理系统的前台界面设计

## 6.6.1　主界面设计

主界面通过 Viewport 来布局,左边是功能导航树,主体部分是 TabPanel,上下两个区域与功能无关。主界面充分利用了 ExtJs 提供的面板组件来构造。代码 index. html 如下。

**程序清单 6-14(index. html)：**

```
<!DOCTYPE html PUBLIC "-//W3C//DTD HTML 4.01 Transitional//EN" "http://www.w3.
org/TR/html4/loose.dtd">
    <html>
    <head>
    <meta http-equiv="Content-Type" content="text/html; charset=UTF-8">
    <title>Insert title here</title>
<link rel="stylesheet"  type="text/css" href="./ExtJs/resources/
css/ext-all.css">
<script type="text/javascript" src="./ExtJs/
ext-all-debug-w-comments.js"></script>
<script type="text/javascript" src="./viewport.js">
</script>
    </head>
    <body>
    </body>
</html>
```

本页的外观构造是由 viewport. js 完成的,代码如下。

**程序清单 6-15(viewport. js)：**

```
Ext.BLANK_IMAGE_URL="./ExtJs/resources/images/default/s.gif";
Ext.QuickTips.init();          //启动悬停提示
var left;
Ext.require([ 'Ext.tree.*' ]);
```

```
Ext.onReady(function(){
//创建北面的面板
    var top=new Ext.Panel({
        region: "north",
        title: "LOGO",
        height: 80,
        html: "这里放 LOGO"
    });

    //左边的树
    //
    left=new Ext.tree.TreePanel({
    //root:root,
    region: "west",
    title: "功能导航",
    collapsible: true,
    split: true,
    containerScroll: true,
    autoScroll: true,
    width: 200,
    store : Ext.create("Ext.data.TreeStore", {
            model : "ctreemodel",
            root : {
                text : "员工管理系统",
                id:"1",
                leaf: "false",
                expanded : true,
                children : [ {
                    text :"新增员工",
                    url: "addemp.html",
                    id:"2",
                    leaf : true
                },{
                    text :"员工信息维护",
                    url: "emplist.html",
                    id:"3",
                    leaf : true
                }]
            }
        }),
    listeners: {
    dblclick: function(n){
    //alert(n.attributes.url);
    var url=n.attributes.url;
    var id=n.attributes.id;
```

```
        if(url){
            if(center.getItem(id)){
            //表示标签已打开,则激活
            center.setActiveTab(id);
            }else{
            //表示标签还没有打开,创建新页面
            //有 URL 才打开页面
            var p=new Ext.Panel({
            title: n.attributes.text,          //标题就是节点的文本
            id: id, //标签的 ID 和节点的 ID 一样
            autoLoad: {url: url, scripts: true},
            closable: true
            });
            center.add(p);
            center.setActiveTab(p);
            }
        }
        }
        }
    });
    //中间的选项面板
    var center=new Ext.TabPanel({
    region: "center",
    defaults: {autoScroll: true},          //自动出现滚动条
    items:[{
        title: "首页",
        html: "欢迎使用本系统!",
        id: "index"
    }],
    enableTabScroll: true
    });
    center.setActiveTab("index");
    //底部的面板
    var bottom=new Ext.Panel({
    region: "south",
    html: "版权所有,翻版必究",
    bodyStyle: "padding: 10px;text-align: center; font-size:12px"
    });

    var vp=new Ext.Viewport({
    layout: "border",
    items: [top, left, center, bottom]
    });
})
```

主页显示的效果如图 6-30 所示。

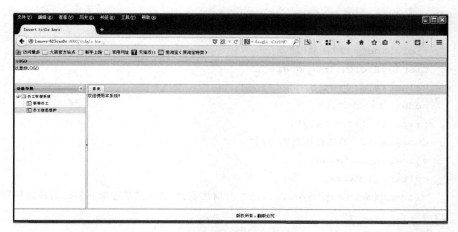

图 6-30　员工管理系统主页

## 6.6.2　员工添加界面设计

定义一个表单面板,通过 Ajax 提供到控制器进行处理。addemp.js 的代码如下。

**程序清单 6-16(addemp.js):**

```
Ext.onReady(function(){
    var txtName=new Ext.form.TextField({
        fieldLabel: "员工姓名",
        name: "employeeVo.ename",
        allowBlank: false
    });
    var areaAddress=new Ext.form.TextArea({
        fieldLabel: "现住地址",
        name: "employeeVo.eaddress",
        allowBlank: false,
        width: 500
    });
    //员工所在的部门
    var proxy=new Ext.data.HttpProxy({url: "dept.do?
        method=queryDepts"});
    var reader=new Ext.data.JsonReader({}, [
        {name: "rec_did", type: "int", mapping: "did"},
        {name: "rec_dname", type: "string", mapping: "dname"}
    ]);
    var store=new Ext.data.Store({
        proxy: proxy,
        reader: reader,
        autoLoad: true
    });
```

```
    var cmbDept=new Ext.form.ComboBox({
        store: store,
        fieldLabel: "所在部门",
        displayField: "rec_dname",
        valueField: "rec_did",
        mode: "remote",
        triggerAction: "all",
        emptyText: "请选择所在的部门",
        allowBlank: false,
        editable: false,
        hiddenName: "employeeVo.did" //请注意,设置该选项才能将实际值传送到服务器
    });
    var form=new Ext.form.FormPanel({
        title: "新增员工",
        frame: true,
        items: [txtName, cmbDept, areaAddress],
        url: "employee.do",
        baseParams: {method: "add"},
        method: "post",
        renderTo: "addemp",
        buttons: [{
        text: "提交数据",
        handler: function(){
            var json={
                success: function(f, action){
                Ext.Msg.alert("成功", action.result.msg);
                },
                failure: function(){
                Ext.Msg.alert("失败", "对不起,操作失败,请检查数据是否完整!");
                }
            };
            form.getForm().submit(json);
        }
        },{text: "重置",
            handler: function(){
            var basicForm=form.getForm();
            basicForm.reset();
            }
        }]
    });
})
```

显示效果如图 6-31 所示。

图 6-31　员工添加页面

### 6.6.3　员工信息维护界面设计

这个 JS 文件中包括的内容很多，包括修改、删除和查询。emplist.js 代码如下。

**程序清单 6-17（emplist.js）：**

```
Ext.onReady(function(){
    var proxy=new Ext.data.HttpProxy({url: "employee.do?
method=query"});
    var Employee=Ext.data.Record.create([
        {name: "rec_eid", type: "int", mapping: "eid"},
        {name: "rec_ename", type: "string", mapping: "ename"},
        {name: "rec_eaddress", type: "string", mapping: "eaddress"},
        {name: "rec_did", type: "int", mapping: "did"},
        {name: "rec_dname", type: "string", mapping: "dname"}
    ]);
    var reader=new Ext.data.JsonReader({
        totalProperty: "totalProperty",
        root: "root"}, Employee
    );
    var store=new Ext.data.Store({
        proxy: proxy,
        reader: reader
    });
    store.load({params: {start:0, limit: 5}});
    var sm=new Ext.grid.CheckboxSelectionModel();
    var cm=new Ext.grid.ColumnModel([
        new Ext.grid.RowNumberer(),
        sm,
        {header: "姓名", width: 110, dataIndex: "rec_ename"},
        {id: "address", header: "地址", dataIndex: "rec_eaddress"},
```

```
        {header: "所属部门", width: 110, dataIndex: "rec_dname"}
    ]);
    var pageToolbar=new Ext.PagingToolbar({
        store: store,
        pageSize: 5,
        displayInfo: true,
        displayMsg: "当前显示从{0}条到{1}条,共{2}条",
        emptyMsg: "<span style='color:red;font-style:italic;'>对不起,没有找到数
        据</span>"
    });
    var grid=new Ext.grid.GridPanel({
        store: store,
        autoExpandColumn: "address",
        cm: cm,
        sm: sm,
        bbar: pageToolbar,
        autoHeight: true,
        bodyStyle: "width: 100%",
        autoWidth: true,
        tbar:[{
            text: "新建员工",
            icon: "images/add.png",
            cls: "x-btn-text-icon",
            handler: function(){
                var path="/员工管理系统/新增员工";
                left.selectPath(path, "text", function(x, node){
                left.fireEvent("dblclick", node);        //触发双击事件
                });
            }
        },{
            text: "修改员工",
            icon: "images/application_edit.png",
            cls: "x-btn-text-icon",
            handler: function(){
            //判断是否有选择行
                var selModel=grid.getSelectionModel();
                var record;            //选择的行的数据
                if(!selModel.hasSelection()){
                    Ext.Msg.alert("错误", "请选择要修改的行!");
                }
                else if(selModel.getSelections().length>1){
                    Ext.Msg.alert("错误", "一次只能修改一行,
                    不行同时选择多行!");
                }else{
                    record=selModel.getSelected();
```

```
//定义隐藏表单域保存修改员工的 ID
var hiddenEid=new Ext.form.Hidden({
name: "employeeVo.eid"
});
var txtName=new Ext.form.TextField({
    fieldLabel: "员工姓名",
    name: "employeeVo.ename",
    allowBlank: false
});
var areaAddress=new Ext.form.TextArea({
    fieldLabel: "现住地址",
    name: "employeeVo.eaddress",
    allowBlank: false,
    width: 330
});
//员工所在的部门
var proxy=new Ext.data.HttpProxy(
{url:"dept.do?method=queryDepts"});
var reader=new Ext.data.JsonReader({}, [
    {name: "rec_did", type: "int", mapping: "did"},
    {name: "rec_dname", type: "string",
    mapping: "dname"}
]);
var store2=new Ext.data.Store({
    proxy: proxy,
    reader: reader,
    autoLoad: true,
    listeners:{
        load: function(){
            cmbDept.setValue(record.get("rec_did"));
        }
    }
});
var cmbDept=new Ext.form.ComboBox({
    store: store2,
    fieldLabel: "所在部门",
    displayField: "rec_dname",
    valueField: "rec_did",
    mode: "remote",
    triggerAction: "all",
    allowBlank: false,
    emptyText: "请选择所在的部门",
    allowBlank: false,
    editable: false,
    name: "employeeVo.did",
```

```
        hiddenName: "employeeVo.did"
        //请注意,设置该选项才能将实际值传送到服务器
});
var form=new Ext.form.FormPanel({
        frame: true,
        items: [hiddenEid, txtName, cmbDept, areaAddress],
        url: "employee.do",
        baseParams: {method: "edit"},
        method: "post",
        buttons: [{
                text: "修改",
                handler: function(){
                        var json={
                                success: function(f, action){
                                Ext.Msg.alert("成功", action.
                                result.msg);
                                store.reload();
                                win.close();
                                },
                                failure: function(){
                                        Ext.Msg.alert("失败", "对不起,操作
                                        失败,请检查数据是否完整!");
                                }
                        };
                        form.getForm().submit(json);
                }
        },{text: "关闭",
                handler: function(){
                win.close();
                }
        }]
});
var win=new Ext.Window({
        title: "修改员工",
        id: "edit",
        width: 500,
        modal: true,
        autoHeight: true,
        items: [form]
});
win.show("editEmployee");
//要等窗口出现之后才能初始化
form.getForm().setValues({
"employeeVo.eid": record.get("rec_eid"),
"employeeVo.ename": record.get("rec_ename"),
```

```
                "employeeVo.eaddress": record.get("rec_eaddress")
                });
            }
//////////////////////////////////////////////
            }
    },{
        icon: "images/cross.png",
        cls: "x-btn-text-icon",
        text: "批量删除",
        handler: function(){
            var selModel=grid.getSelectionModel();
            if(selModel.hasSelection()){
                Ext.Msg.confirm("确认", "您确定要删除选择的记录吗?",
                    function(btn){
                        if(btn=="yes"){          //选择了行
                            var records=selModel.getSelections();
                            var ids=[];
                            for(var i=0; i<records.length; i++){
                                ids.push(records[i].get("rec_eid"));
                            }
                            Ext.Ajax.request({
                                url: "employee.do?method=deleteByIds",
                                params: {ids: ids},
                                method: "post",
                                success: function(response){
                                    var json=Ext.util.JSON.
                                        decode(response.responseText);
                                    Ext.MessageBox.alert("结果",
                                        json.msg);
                                },
                                failure: function(){
                                    Ext.Msg.alert("结果", "对不起,
                                    删除失败!");
                                }
                            });
                            store.reload();//更新页面
                        }
                    });
            }else{
                Ext.Msg.alert("错误", "请选择要删除的行!");
            }
        }
    },{
        icon: "images/arrow_refresh.png",
        cls: "x-btn-text-icon",
```

```
        text: "查看全部",
        handler: function(){
            store.proxy=proxy;
            //store.load({params: {start:0, limit: 5}});
            store.reload();
        }
    }, new Ext.Toolbar.Fill(),
    new Ext.Toolbar.TextItem("搜索:"),
    new Ext.form.TriggerField({
    id: "keyword",
    triggerClass: "x-form-search-trigger", //在文本框后添加搜索按钮
    emptyText: "请输入员工姓名",
    onTriggerClick: function(){
        var v=Ext.get("keyword").getValue();
        var searchProxy=new Ext.data.HttpProxy(
        {url:"employee.do?method=queryByEname"});
        store.proxy=searchProxy;
        store.load({params: {start:0, limit: 5, ename: v}});
        //store.reload();
    }
    })]
    });
    grid.render("emplist");
})
```

新增员工页面如图 6-32 所示。

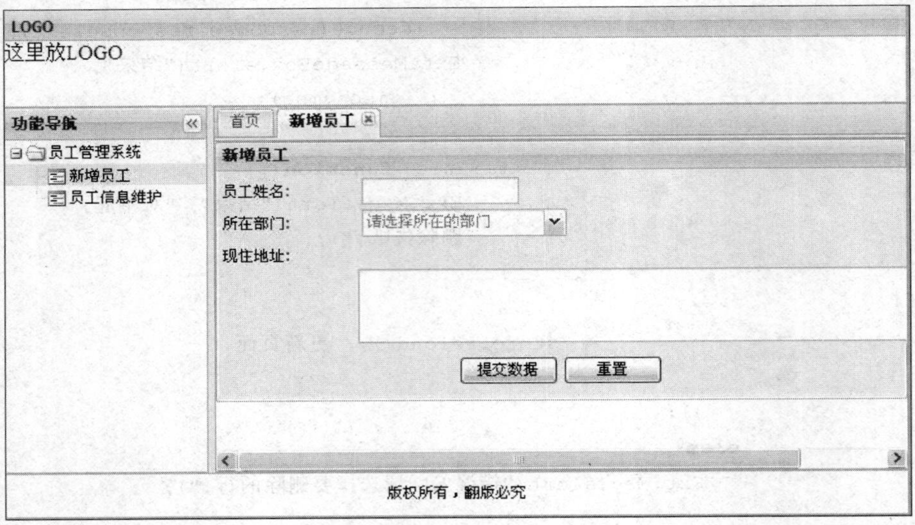

图 6-32　新增员工页面

员工信息维护页面如图 6-33 所示。

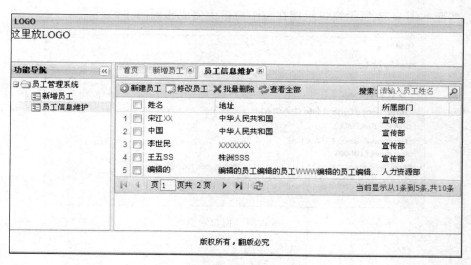

图 6-33　员工信息维护页面

## 6.7　习　　题

1. 说明 HTML DOM、Ext Element 及 Component 三者之间的关系。

2. 阐述 get()、getCmp()、getDom()、getBody()、getDoc()这几个方法各自的作用。

3. 构建一个符合以下条件的 ExtJs UI。

条件说明：显示一个宽 600 像素、高 300 像素的 Window，Window 为模式窗口，并且不能改变其大小及不能移出 viewport 外。在 Window 下为 3 个选项面板，默认打开第 2 个面板，每个选项面板中放若干个 field，要求至少有一个面板中的 field 放在 fieldset 中。

4. 画一棵树，所有节点图标自定义，单击任意一个节点可提示当前单击的是哪个节点。

我的照片

最新照片

去年照片

春季

夏季

秋季

冬季

前年照片

春季

夏季

秋季

冬季

儿时照片

5 岁以前

5 岁以后

5. 按照如图 6-34 所示窗口示例在一个窗口中完成相同的布局。

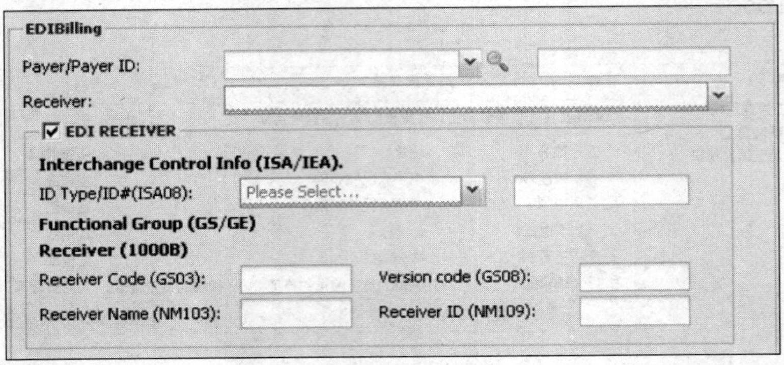

图 6-34　窗口示例

# 第三部分

# 后 端 开 发

# 第 7 章　Web 服务端程序——有人做面子，就得有人做里子

**本章主要内容**

- 概要介绍 Web 服务器端的工作原理。
- 详细介绍 Web 服务器技术的发展过程。
- 介绍一个 CGI 服务器端程序的例子。
- 介绍一个 ASP 的小程序。
- 介绍一个 PHP 的小程序。

## 7.1　Web 服务端简介

有人认为做网页就是用 Dreamweaver 做几个网页放在那里。那么这种网页如何保存数据？如何存储信息呢？用 Dreamweaver 做的单纯的静态网页是无法实现这一点的。如果把网页看成面子，那么后台的程序就是里子。老奶奶用一种草的绒来做棉袄的里子，奶奶和爸妈用棉花做里子，后来我们学会了用羽绒、鸭绒做里子。不同的里子外表可以相似，但功能已大为不同。历史上曾出现过 CGI、ASP、PHP 等后端语言，它们都是 Web 服务端开发的工具，当然做出来的里子各不相同。让我们开始学习做里子吧！

Web 服务也称为 WWW(World Wide Web)服务，主要功能是提供网上信息浏览服务。WWW 是 Internet 的多媒体信息查询工具，是互联网上近些年才发展起来的服务，也是发展最快和目前用的最广泛的服务。正是因为有了 WWW 工具，才使得近年来互联网迅速发展，用户数量飞速增长。

Web 服务的工作方式基于客户机和服务器模式。一个客户机可以向许多不同的服务器请求，一个服务器也可以向多个不同的客户机提供服务，一个客户机启动与某个服务器的对话，服务器通常是等待客户机请求的一个自动程序。

Web 技术的基本原理是：使用不同技术编写的动态页面保存在 Web 服务器端，当客户端用户向 Web 服务器发出访问动态页面的请求时，Web 服务器将根据用户所访问页面的后缀名确定该页面所使用的网络编程技术，然后把该页面提交给相应的解释引擎；解释引擎扫描整个页面找到特定的定界符，并执行位于定界符内的脚本代码以实现不同的功能，如访问数据库，发送电子邮件，执行算术或逻辑运算等，最后把执行结果返回 Web 服务器；最终，Web 服务器把解释引擎的执行结果连同页面上的 HTML 内容以及各种客户端脚本一同传送到客户端。虽然客户端用户所接收到的页面与传统页面并没有任何区别，但是，实际上页面内容已经经过了服务端处理，完成了动态的个性化内容加载。

# 7.2 Web 服务端语言迭代历史

## 1. 静态页面时代

早期的 Web，主要是用于静态 Web 页面的浏览。Web 服务器简单地响应浏览器发来的 HTTP 请求，并将存储在服务器上的 HTML 文件直接返回给客户端浏览器。这种技术的不足是显而易见的：无法有效地对站点信息进行及时更新；无法实现动态显示效果；无法连接后台数据库等。后来，一种名为 SSI(Server Side Includes)的技术可以让 Web 服务器在返回 HTML 文件前，更新 HTML 文件的某些内容，但其功能非常有限，其结构如图 7-1 所示。

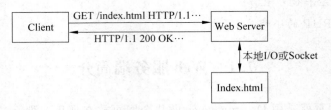

图 7-1 静态页面时代的基本结构

为了克服静态页面的不足，人们将传统单机环境下的编程技术引入互联网与 Web 技术相结合，从而形成新的网络编程技术。网络编程技术通过在传统的静态页面中加入各种程序和逻辑控制，在网络的客户端和服务端实现了动态和个性化的交流与互动。人们将这种使用网络编程技术创建的页面称为动态页面。

## 2. CGI 时代

第一种真正使服务器能根据运行时的具体情况，动态生成 HTML 页面的技术是大名鼎鼎的 CGI 技术。CGI 技术允许服务端的应用程序根据客户端的请求，动态生成 HTML 页面，这使客户端和服务端的动态信息交换成为可能。

CGI(Common Gateway Interface)即公用网关接口，它可以称为一种机制。因此人们可以使用不同的程序编写适合的 CGI 程序，如 Visual Basic、Delphi 或 C/C++ 等，人们将已经写好的程序放在 Web 服务器的计算机上运行，再将其运行结果通过 Web 服务器传输到客户端的浏览器上。我们通过 CGI 建立 Web 页面与脚本程序之间的联系，并且可以利用脚本程序来处理访问者输入的信息并据此作出响应。事实上，这样的编制方式比较困难而且效率低下，因为人们每一次修改程序都必须重新将 CGI 程序编译成可执行文件。其基本结构如图 7-2 所示。

下面，我们来看一个基于 C 的 CGI 编程的例子。接收两个参数，用 GET 方法做一个加法运算，用 POST 方法做一个乘法运算。

文件 get.c 的代码如下。

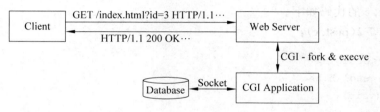

图 7-2  CGI 时代的基本结构

**程序清单 7-1（get. c）：**

```c
#include<stdio.h>
#include<stdlib.h>
int main(void){
    int len;
    char * lenstr,poststr[20];
    char m[10],n[10];
    printf("Content-Type:text/html\n\n");
    printf("<HTML>\n");
    printf("<HEAD>\n<TITLE>post Method</TITLE>\n</HEAD>\n");
    printf("<BODY>\n");
    printf("<div style=\"font-size:12px\">\n");
    lenstr=getenv("CONTENT_LENGTH");
    if(lenstr==NULL)
        printf("<DIV STYLE=\"COLOR:RED\">Error parameters should
        be entered!</DIV>\n");
    else{
        len=atoi(lenstr);
        fgets(poststr,len+1,stdin);
        if(sscanf(poststr,"m=%[^&]&n=%s",m,n)!=2){
            printf("<DIV STYLE=\"COLOR:RED\">Error: Parameters are
            not right!</DIV>\n");
        }
        else{
            printf("<DIV STYLE=\"COLOR:GREEN; font-size:15px;
            font-weight:bold\">m * n=%d</DIV>\n",atoi(m) * atoi(n));
        }
    }
    printf("<HR COLOR=\"blue\" align=\"left\" width=\"100\">");
    printf("<input type=\"button\" value=\"Back CGI\" onclick=\
    "javascript:window.location='../cgi.html'\">");
    printf("</div>\n");
    printf("</BODY>\n");
    printf("</HTML>\n");
    fflush(stdout);
    return 0;
}
```

文件 post. c 的代码如下。

**程序清单 7-2（post. c）：**

```c
#include<stdio.h>
#include<stdlib.h>
int main(void){
    int len;
    char * lenstr,poststr[20];
    char m[10],n[10];
    printf("Content-Type:text/html\n\n");
    printf("<HTML>\n");
    printf("<HEAD>\n<TITLE>post Method</TITLE>\n</HEAD>\n");
    printf("<BODY>\n");
    printf("<div style=\"font-size:12px\">\n");
    lenstr=getenv("CONTENT_LENGTH");
    if(lenstr==NULL)
        printf("<DIV STYLE=\"COLOR:RED\">Error parameters should
        be entered!</DIV>\n");
    else{
        len=atoi(lenstr);
        fgets(poststr,len+1,stdin);
        if(sscanf(poststr,"m=%[^&]&n=%s",m,n)!=2){
            printf("<DIV STYLE=\"COLOR:RED\">Error: Parameters are
            not right!</DIV>\n");
        }
        else{
            printf("<DIV STYLE=\"COLOR:GREEN; font-size:15px;
            font-weight:bold\">m * n=%d</DIV>\n",atoi(m) * atoi(n));
        }
    }
    printf("<HR COLOR=\"blue\" align=\"left\" width=\"100\">");
    printf("<input type=\"button\" value=\"Back CGI\" onclick=\
    "javascript:window.location='../cgi.html'\">");
    printf("</div>\n");
    printf("</BODY>\n");
    printf("</HTML>\n");
    fflush(stdout);
    return 0;
}
```

html 测试文件 cgi. html 的代码如下。

**程序清单 7-3（cgi. html）：**

```html
<html>
<head>
<title>CGI Testing</title>
```

```html
</head>
<body>
<table width="200" height="180" border="0" style="font-size:12px">
<tr><td>
<div style="font-weight:bold; font-size:15px">Method: GET</div>
<div>please input two number:<div>
<form method="get" action="./cgi-bin/get">
<input type="txt" size="3" name="a">+
<input type="txt" size="3" name="b">=
<input type="submit" value="sum">
</form>
</td></tr>
<tr><td>
<div style="font-weight:bold; font-size:15px">Method: POST</div>
<div>please input two number:<div>
<form method="post" action="./cgi-bin/post">
<input type="txt" size="3" name="m"> *
<input type="txt" size="3" name="n">=
<input type="submit" value="resu">
</form>
</td></tr>
<tr><td><inputtype="button" value="Back Home"onclick='javascript:window.
location="./index.html"'></td></tr>
</table>
</body>
</html>
```

### 3. 动态页面时代

早期的 CGI 程序大多是编译后的可执行程序，其编程语言可以是 C、C++、Pascal 等任何通用的程序设计语言。从上述示例可以看出，虽然 CGI 可以实现服务器端的动态页面，但实现方式非常烦琐，编写代码有相当大的难度。为了简化 CGI 程序的修改、编译和发布过程，人们开始探寻用脚本语言实现 CGI 应用的可行方式。

1994 年，Rasmus Lerdorf 发明了专用于 Web 服务端编程的 PHP 语言。与以往的 CGI 程序不同，PHP 语言将 HTML 代码和 PHP 指令合成为完整的服务端动态页面，Web 应用的开发者可以用一种更加简便、快捷的方式实现动态 Web 功能。

超文本预处理器（Hypertext Preprocessor，PHP）是一种易于学习和使用的服务器端脚本语言，是生成动态网页的工具之一。它是嵌入 HTML 文件的一种脚本语言。其语法大部分是从 C、Java、Perl 语言中借来，并形成了自己的独有风格；目的是让 Web 程序员快速地开发出动态的网页。它是当今 Internet 上最为流行的脚本语言，只需要很少的编程知识就能使用 PHP 建立一个真正交互的 Web 站点。

PHP 是完全免费的，可以不受限制地获得源码，甚至可以从中加进你自己需要的特色。PHP 在大多数 UNIX 平台、Gun/Linux 和 Windows 平台上均可以运行。PHP 的官方网站是 http://www.php.net。PHP 可以结合 HTML 语言共同使用；它与 HTML 语言具有非常好的兼容性，使用者可以直接在脚本代码中加入 HTML 标签，或者在 HTML 标签中加入脚本代码从而更好地实现页面控制，提供更加丰富的功能。

PHP 的优点：安装方便，学习过程简单；数据库连接方便，兼容性强；扩展性强；可以进行面向对象编程。引用 Nissan 的话来说就是 PHP 可以做到你想让它做到的一切而且无所不能。

PHP 提供了标准的数据库接口，几乎可以连接所有的数据库；尤其是和 MySQL 数据库的配合更是"天衣无缝"。下面引用一个调用 MySQL 数据库并分页显示的例子来加深对 PHP 的了解。

**程序清单 7-4（testphp. php）：**

```
<
$pagesize=5;  //每页显示 5 条记录
$host="localhost";
$user="user";
$password="psw";
$dbname="book";              //所查询的库表名
//连接 MySQL 数据库
mysql_connect("$host","$user","$password") or die("无法连接 MySQL 数据库服务器!");
$db=mysql_select_db("$dbname") or die("无法连接数据库!");
$sql="select count(*) as total from pagetest";       //生成查询记录数的 SQL 语句
$rst=mysql_query($sql) or die("无法执行 SQL 语句:$sql !");   //查询记录数
$row=mysql_fetch_array($rst) or die("没有更多的记录!");     //取出一条记录
$rowcount=$row["total"];                           //取出记录数
mysql_free_result($rst) or die("无法释放 result 资源!");     //释放 result 资源
$pagecount=bcdiv($rowcount+$pagesize-1,$pagesize,0);     //算出总共有几页
if(!isset($pageno)) {
$pageno=1;                  //在没有设置 pageno 时,默认为显示第 1 页
}
if($pageno<1) {
$pageno=1;                  //若 pageno 比 1 小,则把它设置为 1
}
if($pageno>$pagecount) {
$pageno=$pagecount;         //若 pageno 比总共的页数大,则把它设置为最后一页
}
if($pageno>0) {
$href=eregi_replace("%2f","/",urlencode($php_self));
//把$php_self 转换为可以在 URL 上使用的字符串,这样的话就可以处理中文目录或中文文件名
if($pageno>1){            //显示上一页的链接
echo "<a href="" . $href . "pageno=" . ($pageno-1) . "">上一页</a>";
}
else{
echo "上一页 ";
```

```php
}
for($i=1;$i<$pageno;$i++){
echo "<a href=\"" . $href . "pageno=" . $i . "\">" . $i . "</a>";
}
echo $pageno . " ";
for($i++;$i<=$pagecount;$i++){
echo "<a href=\"" . $href . "pageno=" . $i . "\">" . $i . "</a>";
}
if($pageno<$pagecount){//显示下一页的链接
echo "<a href=\"" . $href . "pageno=" . ($pageno+1) . "\">下一页</a>";
}
else{
echo "下一页 ";
}
$offset=($pageno-1) * $pagesize;
//算出本页第一条记录在整个表中的位置(第一条记录为 0)
$sql="select * from pagetest limit $offset,$pagesize";
//生成查询本页数据的 SQL 语句
$rst=mysql_query($sql);                       //查询本页数据
$num_fields=mysql_num_fields($rst);           //取得字段总数
$i=0;
while($i<$num_fields){                         //取得所有字段的名字
$fields[$i]=mysql_field_name($rst,$i);        //取得第 i+1 个字段的名字
$i++;
}
echo "<table border=\"1\" cellspacing=\"0\" cellpadding=\"0\">";   //开始输出表格
echo "<tr>";
reset($fields);
while(list(,$field_name)=each($fields)){      //显示字段名称
echo "<th>$field_name</th>";
}
echo "</tr>";
while($row=mysql_fetch_array($rst)){          //显示本页数据
echo "<tr>";
reset($fields);
while(list(,$field_name)=each($fields)){      //显示每个字段的值
$field_value=$row[$field_name];
if($field_value==""){
echo "<td></td>";
}
else{
echo "<td>$field_value</td>";
}
}
echo "</tr>";
```

```
    }
echo "</table>";        //表格输出结束
mysql_free_result($rst) or die("无法释放 result 资源!");          //释放 result 资源
    }
else{
echo "目前该表中没有任何数据!";
    }
mysql_close($server) or die("无法与服务器断开连接!");          //断开连接并释放资源
>
```

从这个例子可以看出,PHP 的语法结构很像 C 语言,并易于掌握。而且 PHP 的跨平台特性让程序无论在 Windows 平台还是 Linux、UNIX 系统上都能运行自如。

1996 年,Microsoft 借鉴 PHP 的思想,在其 Web 服务器 IIS 3.0 中引入了 ASP 技术。ASP 使用的脚本语言是人们熟悉的 VBScript 和 JavaScript。借助 Microsoft Visual Studio 等开发工具在市场上的成功,ASP 迅速成为 Windows 系统下 Web 服务端的主流开发技术。

Active Server Pages(ASP)是微软公司开发的一种类似 HTML(Hypertext Markup Language)、script(脚本)与 CGI(Common Gateway Interface)的结合体,它没有提供自己专门的编程语言,而是允许用户使用包括 VBScript、JavaScript 等在内的许多已有的脚本语言编写 ASP 的应用程序。ASP 的程序编制比 HTML 更方便且更有灵活性。它是在 Web 服务器端运行,运行后再将运行结果以 HTML 格式传送至客户端的浏览器。因此 ASP 与一般的脚本语言相比,要安全得多。

对于广大网页技术爱好者来说,ASP 比 CGI 具有的最大好处是可以包含 HTML 标签,也可以直接存取数据库及使用无限扩充的 ActiveX 控件,因此在程序编制上要比 HTML 方便而且更富有灵活性。

ASP 吸收了当今许多流行的技术,如 IIS、ActiveX、VBScript、ODBC 等,是一种发展较为成熟的网络应用程序开发技术;其核心技术是对组件和对象技术的充分支持。通过使用 ASP 的组件和对象技术,用户可以直接使用 ActiveX 控件,调用对象方法和属性,以简单的方式实现强大的功能。

ASP 中最为常用的内置对象和组件如下。

(1) Request 对象。用来连接客户端的 Web 页(.htm 文件)和服务器的 Web 页(.asp 文件),可以获取客户端数据,也可以交换两者之间的数据。

(2) Response 对象。用于将服务端数据发送到客户端,可通过在客户端浏览器显示,用户浏览页面的重定向以及在客户端创建 Cookies 等方式进行。该功能与 Request 对象的功能恰恰相反。

(3) Server 对象。许多高级功能都靠它来完成;它可以创建各种 Server 对象的实例以简化用户的操作。

(4) Application 对象。它是个应用程序级的对象,用来在所有用户间共享信息,并可在 Web 应用程序运行期间持久地保持数据。同时,如果不加以限制,所有客户都可以访问这个对象。

(5) Session 对象。它为每个访问者提供一个标识;Session 可以用来存储访问者的一些喜好,可以跟踪访问者的的习惯。在购物网站中,Session 常用于创建购物车(Shopping

Cart)。

(6) Browser Capabilities(浏览器性能组件)。可以确切地描述用户使用的浏览器类型、版本以及浏览器支持的插件功能。使用此组件能正确地裁剪出自己的 ASP 文件输出，使得 ASP 文件适合于用户的浏览器，并可以根据检测出的浏览器的类型来显示不同的主页。

(7) Filesystem Objects(文件访问组件)。允许人们访问文件系统，处理文件。

(8) ADO(数据库访问组件)。它是最有用的组件，可以通过 ODBC 实现对数据库的访问。

(9) AD Rotator(广告轮显组件)。专门为出租广告空间的站点设计的，可以动态地随机显示多个预先设定的 Banner 广告条。

以下是 ASP 通过 ADO 组件调用数据库并输出的例子。

**程序清单 7-5(testasp.asp)：**

```
<%@language="vbscript"%>
<html>
<head>
<meta http-equiv="content-type" content="text/html; charset=gb2312">
<title>使用 ADO 的例子</title>
</head>
<body>
<p align="center">所查询的书名为:<br>
<%
dim dataconn
dim datardset
set dataconn=sever.createobject("adodb.connection")
set datardset=sever.createobject("adodb.recordset")
dataconn.open "library","sa","" '数据库为 library
datardset.open "select name from book",dataconn '查询表 book
%>
<%
do while not datardset.eof
%>
<%=datardset("name")%><br>
<%
datardset.movenext
loop
%>
</p>
</body>
</html>
```

ASP 技术有一个缺陷：它基本上是局限于微软公司的操作系统平台之上。ASP 的主要工作环境是微软公司的 IIS 应用程序结构，又因 ActiveX 对象具有平台特性，所以 ASP 技术不能很容易地实现在跨平台的 Web 服务器的工作。

当然，以 Sun 公司为首的 Java 阵营也不会示弱。1997 年，Servlet 技术问世；1998 年，JSP 技术诞生。Servlet 和 JSP 的组合（还可以加上 Java Bean 技术）让 Java 开发者同时拥有了类似 CGI 程序的集中处理功能和类似 PHP 的 HTML 嵌入功能；此外，Java 的运行时编译技术也大大提高了 Servlet 和 JSP 的执行效率——这也正是 Servlet 和 JSP 被后来的 J2EE 平台吸纳为核心技术的原因之一。

先来看一个 JSP 的小程序。

**程序清单 7-6（testjsp. jsp）：**

```
<html>
<head>
<title>JSP 小程序</title>
</head>
<body>
<%
    string str="JSP 小程序 ";
    out.print("hello JSP!");
%>
<h2><%=str%></h2>
</body>
</html>
```

上面的程序是 JSP 的一个最基本、最简单的的例子。JSP（Java Server Pages）是由 Sun Microsystem 公司推出的新技术，是基于 Java Servlet 以及整个 Java 体系的 Web 开发技术。利用这一技术可以建立先进、安全和跨平台的动态网站。

总的来讲，Java Sever Pages（JSP）和微软公司的 Active Sever Pages（ASP）在技术方面有许多相似之处。两者都是为基于 Web 应用实现动态交互网页制作提供的技术环境支持。同等程度上来讲，两者都能够为程序开发人员提供实现应用程序的编制与自带组件设计网页从逻辑上分离的技术。而且两者都能够替代 CGI 使网站建设与发展变得较为简单与快捷。不过，两者是来源于不同的技术规范组织，其实现的 Web 服务器平台要求不相同。ASP 一般只应用于 Windows NT/2000/XP 平台，而 JSP 则可以不加修改地在 85％以上的 Web Server 上运行，其中包括了 NT 的系统，符合"write once, run anywhere"（一次编写，多平台运行）的 Java 标准，实现平台和服务器的独立性，而且基于 JSP 技术的应用程序比基于 ASP 的应用程序易于维护和管理。

JSP 技术具有以下优点。

（1）将内容的生成和显示进行分离。

使用 JSP 技术，Web 页面开发人员可以使用 HTML 或者 XML 标识来设计和格式化最终页面。使用 JSP 标识或者小脚本来生成页面上的动态内容（内容是根据请求来变化的，如请求账户信息或者特定的一瓶酒的价格）。生成内容的逻辑被封装在标识和 Java Beans 组件中，并且捆绑在小脚本中，所有的脚本在服务器端运行。如果核心逻辑被封装在标识和 Beans 中，那么其他人，如 Web 管理人员和页面设计者，能够编辑和使用 JSP 页面，而不影响内容的生成。

在服务器端，JSP 引擎解释 JSP 标识和小脚本，生成所请求的内容（例如，通过访问 Java Beans 组件，使用 JDBC 技术访问数据库，或者包含文件），并且将结果以 HTML（或者 XML）页面的形式发送回浏览器。这有助于作者保护自己的代码，而又保证任何基于 HTML 的 Web 浏览器的完全可用性。

（2）强调可重用的组件。

绝大多数 JSP 页面依赖于可重用的、跨平台的组件（Java Beans 或者 Enterprise Java Beans 组件）来执行应用程序所要求的更为复杂的处理。开发人员能够共享和交换执行普通操作的组件，或者使得这些组件为更多的使用者或者客户团体所使用。基于组件的方法加速了总体开发过程，并且使得各种组织在它们现有的技能和优化结果的开发努力中得到平衡。

（3）采用标识简化页面开发。

Web 页面开发人员不会都是熟悉脚本语言的编程人员。Java Server Page 技术封装了许多功能，这些功能是在易用的、与 JSP 相关的 XML 标识中进行动态内容生成所需要的。标准的 JSP 标识能够访问和实例化 Java Beans 组件，设置或者检索组件属性，下载 Applet，以及执行用其他方法更难于编码和耗时的功能。

（4）JSP 的适应平台更广。

这是 JSP 比 ASP 的优越之处。几乎所有平台都支持 Java，JSP＋Javabean 可以在所有平台下通行无阻。Windows 下 IIS 通过一个插件，例如 Jrun(http：//www3.allaire.com/products/jrun/)，就能支持 JSP。著名的 Web 服务器 Apache 已经能够支持 JSP。由于 Apache 广泛应用在 NT、UNIX 和 Linux 上，因此 JSP 有更广泛的运行平台。虽然现在 Windows 操作系统占了很大的市场份额，但是在服务器方面 UNIX 的优势仍然很大，而新崛起的 Linux 更是来势不小。从一个平台移植到另外一个平台，JSP 和 Java Bean 甚至不用重新编译，因为 Java 字节码都是标准的与平台无关的。

Java 中连接数据库的技术是 JDBC(Java Database Connectivity)。很多数据库系统带有 JDBC 驱动程序，Java 程序就通过 JDBC 驱动程序与数据库相连，执行查询、提取数据等操作。Sun 公司还开发了 JDBC-ODBC Bridge，用此技术 Java 程序就可以访问带有 ODBC 驱动程序的数据库，目前大多数数据库系统都带有 ODBC 驱动程序，所以 Java 程序能访问诸如 Oracle、Sybase、SQL Server 和 Access 等数据库。

相比于 CGI 技术，以上几种 Web 技术，在客户端和数据库等的服务端之间添加了一个新的层——Web 服务层，用来实现对数据库的访问和对客户端的请求作出回应，并提供了相应的平台和开发工具，从而大大降低了网络应用的开发难度，为互联网技术的大繁荣、大发展奠定了坚实的技术基础。

# 7.3　习　　题

1. 解释以下名词的含义：CGI、ASP、ASPX、PHP、JSP。
2. 试描述 WWW 应用的基本原理。
3. Web 客户端技术的主要任务是什么？有哪些常用的 Web 客户端技术？
4. Web 服务端技术的主要任务是什么？有哪些常用的 Web 服务端技术？

# 第 8 章  Servlet ——继往开来

**本章主要内容**
- Servlet 的概念。
- Serlet 的工作原理。
- Servlet 开发的一般过程。
- doGet 方法与 doPost 方法举例。
- 重定向与跳转的异同。

## 8.1  Servlet 工作原理

### 8.1.1  Servlet 概述

第 7 章我们看到,可以使用一个 C 语言程序来生成网页,这称为 CGI。那么同样可以使用 Java 类生成网页,这种类称为 Servlet,所以我们可以认为它换汤不换药。

Servlet 是 Java 服务器端的小程序,是 Java 环境下实现动态网页的基本技术。Servlet 程序能够调用 JavaBean、JDBC、其他 Servlet、RMI、EJB、SOAP 和 JNI 等程序完成指定的功能,计算结果以 HTML/XML 等形式返回给客户端。在应用中,Servlet 起到中间层的作用,将客户端和后台的资源隔离开来。

Servlet 由支持 Servlet 的服务器(Servlet 容器),负责管理运行。Servlet 容器将 Servlet 动态地加载到服务器上。当多个客户请求一个 Servlet 时,Servlet 容器为每个请求启动一个线程而不是启动一个进程,这些线程由 Servlet 引擎服务器来管理,与传统的 CGI 为每个客户启动一个进程相比较,效率要高得多。

Servlet 使用 HTTP 请求和 HTTP 响应标题与客户端进行交互。因此 Servlet 容器支持请求和相应所用的 HTTP。Servlet 的体系结构如图 8-1 所示。

图 8-1 说明客户端对 Servlet 的请求首先会被 HTTP 服务器接受,HTTP 服务器将客户的 HTTP 请求提交给 Servlet 容器,

图 8-1  Servlet 的体系结构

Servlet 容器调用相应的 Servlet,Servlet 作出的响应传递到 Servlet 容器,并进而由 HTTP 服务器将响应传输给客户端。Web 服务器提供静态内容并将所有客户端对 Servlet 作出的请求传递到 Servlet 容器。

前面我们已经学习过 Tomcat,它是一个小型的轻量级应用服务器,在中小型系统和并发用户不是很多的情况下被广泛应用,和 IIS、Apache 一样,具有处理 HTML 的功能(但处理静态 HTML 的能力不如 Apache 强),同时,它还是一个 Servlet 和 JSP 容器,是开发和调试 JSP、Servlet 的首选。对于图 8-1 来说,Tomcat 就是 HTTP 服务器和 Servlet 容器两个

部分。

## 8.1.2 Servlet 的层次结构

Servlet 是实现了 javax. servlet. Servlet、javax. servlet. ServletConfig、java. io. Serializable 3 个接口的类。大多数 Servlet 通过从 GenericServlet 或 HttpServlet 类进行扩展来实现。类的继承关系如图 8-2 所示。

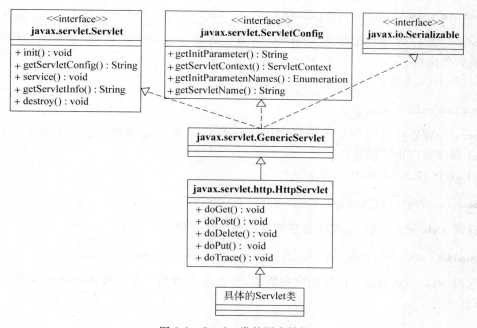

图 8-2 Servlet 类的层次结构

从图 8-2 可以看出，GenericServlet 抽象类和 HttpServlet 抽象类是非常重要的两个类，下面分别给予说明。

### 1. GenericServlet 抽象类

GenericServlet 抽象类定义了一个与协议无关的通用 Servlet 程序，其中最关键的方法有 6 个。

1) service 方法

```
public abstract void service(ServletRequest request, ServletResponse response)
        throws ServletException, java.io.IOException
```

形参中的 request 和 response 对象是 ServletRequest 和 ServletResponse 类型的，强制类型转换为 HttpServletRequest 和 HttpServletResponse 类型后，对象的作用和用法同 JSP 隐含对象中的 request 和 response。

2) getServletConfig 方法

```
public ServletConfig getServletConfig()
```

返回一个 ServletConfig 对象。

3）getServletContext 方法

**public** ServletContext getServletContext()

返回当前 ServletContext 对象。

4）init 方法

**public void** init(ServletConfig config) throws ServletException

Servlet 程序的初始化方法。Servlet 容器在加载一个 Servlet 类时，会自动调用此方法完成初始化操作。

5）destroy 方法

**public void** destroy()

Servlet 容器在销毁一个 Servlet 对象前，会自动调用此方法，这个方法的执行表示 Servlet 程序被停止了服务。

6）getInitParameterNames 方法

**public** java.util.Enumeration getInitParameterNames()

返回 web.xml 中给 Servlet 程序配置的初始化变量名。

**public** java.lang.String  getInitParameter(java.lang.String name)

返回 web.xml 中定义的初始化参数值，形参是参数名。如果找不到指定的参数，则返回 null。

**2. HttpServlet 抽象类**

1）service 方法

HttpServlet 中处理客户端请求的业务逻辑代码是在 doXXX()方法中实现，不是在 service()方法内实现。HttpServlet 类对 service()方法做了重置，它实现的业务逻辑功能是根据客户端 HTTP 请求的类型决定应该调用哪个 doXXX()方法来处理客户端的请求。

2）doPost 方法

**protected void** doPost(HttpServletRequestrequest,
        HttpServletResponse response)
        **throws** ServletException,java.io.IOException

当客户端以 POST 方式提交请求时，该方法被自动调用来处理客户端的请求。HTTP POST 方式允许客户端给 Web 服务器发送不限长度的数据。形参中的 request 和 response 含义同 JSP 隐含对象。

3）doPost 方法

**protected void** doGet(HttpServletRequest request,
        HttpServletResponse response)
        **throws** ServletException,java.io.IOException

当客户端以 GET 方式提交请求时,该方法被自动调用来处理客户端的请求。形参 request 和 response 的含义同 JSP 隐含对象中的 request 和 response。

Servlet 的 API 包含于两个包中,即 javax. servlet 和 javax. servlet. http。两个包的主要构成分别如表 8-1 和表 8-2 所示。

表 8-1 javax. servlet 包的构成

| 接 口 | |
| --- | --- |
| ServletConfig | 定义了在 Servlet 初始化的过程中由 Servlet 容器传递给 Servlet 的配置信息对象 |
| ServletContext | 定义 Servlet 使用的方法以获取其容器的信息 |
| ServletRequest | 定义一个对象封装客户向 Servlet 的请求信息 |
| ServletResponse | 定义一个对象辅助 Servlet 将请求的响应信息发送给客户端 |
| Servlet | 定义所有 Servlet 必须实现的方法 |
| 类 | |
| ServletInputStream | 定义名为 readLine() 的方法,从客户端读取二进制数据 |
| ServletOutputStream | 向客户端发送二进制数据 |
| GenericServlet | 抽象类,定义一个通用的、独立于底层协议的 Servlet |

表 8-2 javax. servlet. http 包的构成

| 接 口 | |
| --- | --- |
| HttpSession | 用于标识客户端并存储有关客户端的信息 |
| HttpSessionAttributeListener | 这个侦听接口用于获取会话的属性列表的改变的通知 |
| HttpServletRequest | 扩展 ServletRequest 接口,为 HTTP Servlet 提供 HTTP 请求信息 |
| HttpServletResponse | 扩展 ServletResponse 接口,提供 HTTP 特定的发送响应的功能 |
| 类 | |
| HttpServlet | 扩展了 GenericServlet 的抽象类,用于扩展创建 Http Servlet |
| Cookie | 创建一个 Cookie,用于存储 Servlet 发送给客户端的信息 |

## 8.1.3 Servlet 的生命周期

Servlet 的生命周期主要有下列 4 个过程组成,加载和实例化阶段、初始化阶段、请求处理阶段、服务终止阶段。

### 1. 加载和实例化阶段

Servlet 容器负责加载和实例化 Servlet。当 Servlet 容器启动时,或者在容器检测到需要这个 Servlet 来响应第一个请求时,创建 Servlet 实例。当 Servlet 容器启动后,它必须要知道所需的 Servlet 类在什么位置,Servlet 容器可以从本地文件系统、远程文件系统或者其他的网络服务中通过类加载器加载 Servlet 类,成功加载后,容器创建 Servlet 的实例。因为容器是通过 Java 的反射 API 来创建 Servlet 实例,调用的是 Servlet 的默认构造方法(即不带参数的构造方法),所以人们在编写 Servlet 类的时候,不应该提供带参数的构造方法。

### 2. 初始化阶段

在 Servlet 实例化之后,容器将调用 Servlet 的 init()方法初始化这个对象。初始化的目的是为了让 Servlet 对象在处理客户端请求前完成一些初始化的工作,如建立数据库的连接,获取配置信息等。对于每一个 Servlet 实例,init()方法只被调用一次。在初始化期间,Servlet 实例可以使用容器为它准备的 ServletConfig 对象从 Web 应用程序的配置信息(在web.xml 中配置)中获取初始化的参数信息。这样 Servlet 的实例就可以把与容器相关的配置数据保存起来供以后使用,在初始化期间,如果发生错误,Servlet 实例可以抛出 ServletException 异常,一旦抛出该异常,Servlet 就不再执行,而随后对它的调用会导致容器对它重新载入并再次运行此方法。

### 3. 请求处理阶段

Servlet 容器调用 Servlet 的 service()方法对请求进行处理。要注意的是,在 service()方法调用之前,init()方法必须成功执行。在 service()方法中,通过 ServletRequest 对象得到客户端的相关信息和请求信息,在对请求进行处理后,调用 ServletResponse 对象的方法设置响应信息。对于 HttpServlet 类,该方法作为 HTTP 请求的分发器,这个方法在任何时候都不能被重载。当请求到来时,service()方法决定请求的类型(GET、POST、HEAD、OPTIONS、DELETE、PUT、TRACE),并把请求分发给相应的处理方法(doGet()、doPost()、doHead()、doOptions()、doDelete()、doPut()、doTrace())每个 do 方法具有和第一个 service()相同的形式。常用的是 doGet()和 doPost()方法,为了响应特定类型的 HTTP 请求,必须重载相应的 do 方法。如果 Servlet 收到一个 HTTP 请求而没有重载相应的 do 方法,它就返回一个说明此方法对本资源不可用的标准 HTTP 错误。

### 4. 服务终止阶段

当容器检测到一个 Servlet 实例应该从服务中被移除的时候,容器就会调用实例的 destroy()方法,以便让该实例可以释放它所使用的资源,保存数据到持久存储设备中。当需要释放内存或者容器关闭时,容器就会调用 Servlet 实例的 destroy()方法。在 destroy()方法调用之后,容器会释放这个 Servlet 实例,该实例随后会被 Java 的垃圾收集器所回收。如果再次需要这个 Servlet 处理请求,Servlet 容器会创建一个新的 Servlet 实例。

在整个 Servlet 的生命周期过程中,创建 Servlet 实例、调用实例的 init()和 destroy()方法都只进行一次,当初始化完成后,Servlet 容器会将该实例保存在内存中,通过调用它的 service()方法,为接收到的请求服务。

## 8.2　Servlet 创建与使用

### 8.2.1　Servlet 程序的编程过程

Servlet 程序的编写过程大致分为三步:代码编辑与编译、部署和重载 Web 应用。

**1. 代码编辑与编译**

在 MyEclipse 中当前 Web 项目下，选择 new→Servlet。代码编辑与编译步骤是写一个 Servlet 程序，一般直接继承 HttpServlet 类，根据情况选择适当的 doXXX()方法进行重置，实现期望的功能。

**2. 部署 Servlet**

部署 Servlet 程序是指在 WEB-INF\web.xml 中书写 Servlet 部署信息。web.xml 文档对大小写敏感。Servlet 规范的 web.xml 部署文件格式如下：

```
<?xml version="1.0" encoding="UTF-8"?>
<web-app version="2.5"
    xmlns="http://java.sun.com/xml/ns/javaee"
    xmlns:xsi="http://www.w3.org/2001/XMLSchema-instance"
    xsi:schemaLocation="http://java.sun.com/xml/ns/javaee
    http://java.sun.com/xml/ns/javaee/web-app_2_5.xsd">
  <welcome-file-list>
    <welcome-file>index.jsp</welcome-file>
  </welcome-file-list>
</web-app>
```

1）＜servlet＞元素

＜servlet＞元素的作用是在 Web 应用中注册一个 Servlet 程序，注册信息包括为 Servlet 程序定义一个唯一的别名、初始化参数、加载优先级别等参数。

一个＜servlet＞元素注册一个 Servlet 程序。＜servlet＞元素的使用格式如下：

```
<servlet>
    <servlet-name>test</servlet-name>
    <servlet-class>my.MyServlet</servlet-class>
    <init-param>
        <param-name>loginName</param-name>
        <param-value>tom</param-value>
    </init-param>
    <load-on-startup>0</load-on-startup>
</servlet>
```

2）＜servlet-mapping＞元素

＜servlet-mapping＞元素为一个 Servlet 程序定义 URL 映射名，客户端浏览器或其他 JSP/Servlet 程序通过映射名调用此 Servlet 程序。＜servlet-mapping＞的使用格式如下：

```
<servlet-mapping>
<servlet-name>test</servlet-name>
<url-pattern>/test</url-pattern>
</servlet-mapping>
```

在 Servlet 的部署文件中，有 3 个 Servlet 程序的部署信息如下：

```
<servlet>
    <servlet-name>my1</servlet-name>
    <servlet-class>com.abc.mis.MyServlet1</servlet-class>
</servlet>
<servlet-mapping>
        <servlet-name>my1</servlet-name>
        <url-pattern>/test1</url-pattern>
</servlet-mapping>
  <servlet>
        <servlet-name>my2</servlet-name>
        <servlet-class>com.abc.mis.MyServlet2</servlet-class>
</servlet>
<servlet-mapping>
          <servlet-name>my2</servlet-name>
        <url-pattern>/test2</url-pattern>
</servlet-mapping>
<servlet>
        <servlet-name>my3</servlet-name>
        <servlet-class>com.abc.mis.MyServlet3</servlet-class>
</servlet>
<servlet-mapping>
        <servlet-name>my3</servlet-name>
        <url-pattern>/test3</url-pattern>
</servlet-mapping>
```

3）＜context-param＞元素

＜init-param＞元素只能给一个 Servlet 程序定义初始化参数，＜context-param＞是给 Web 应用中所有的 Servlet 程序定义一个公共初始化参数。一个＜context-param＞元素定义一个参数。＜context-param＞的用法如下：

```
<context-param>
    <param-name>DBName</param-name>
    <param-value>bookshop</param-value>
</context-param>
<context-param>
    <param-name>admin</param-name>
    <param-value>tom</param-value>
</context-param>
```

公共参数存储在 Servlet 容器中，读取这些参数要用到 ServletContext 对象或 JSP 隐含对象 application。例如，以下代码是在 doGet()方法内读出当前上下文中定义的所有公共参数并显示在网页上：

```
ServletContext application=getServletContext();
Enumeration e=application.getInitParameterNames();
while(e.hasMoreElements())
```

```
{
    String s1=(String)e.nextElement();
    String s2=application.getInitParameter(s1);
    out.print(s1+"="+s2+"<br>");
}
```

**3. 重载 Web 应用**

Tomcat 在启动时，自动发布已经注册的 Web 应用或 webapps 文件夹下的各个 Web 应用。

此后如果重新编译或生成了新的 Servlet 程序类 *.class，需要通过重载 Web 应用来实现重新加载、更新 *.class 到 Servlet 容器中。

关闭 Tomcat 后再重启，也可实现重载 Web 应用，如果不关闭 Tomcat，则通过以下方法重载指定的 Web 应用。

1) 定义管理员角色及相应的用户

编辑 C:\tomcat\conf\tomcat-users.xml 文件，增加一个名为 manager 的管理员角色，并为 manager 角色定义一个具体的用户 admin，相关的代码如下：

```
<?xml version='1.0' encoding='utf-8'?>
<tomcat-users>
<role rolename="manager"/>
<user username="admin" password="123" roles="manager"/>
    </tomcat-users>
```

2) 重载 Web 应用

用 1)步中定义的 admin 用户来重载默认 Web 应用“/”的方法：在 IE 浏览器的地址栏中输入 http://127.0.0.1:8080/manager/reload? path=/，按 Enter 键后，在弹出的登录窗口中输入第 1)步中定义好的 admin 用户名和口令，则网页上显示：

```
OK-Reloaded application at context path /
```

表示已经成功重载上下文路径名为“/”的 Web 应用。

## 8.2.2　第一个 Servlet 程序

**【例 8-1】**　编写一个验证用户登录名的 Servlet 程序。在 JSP 页面的表单中输入用户名和口令，表单提交给 URL 映射名为 /loginCheck 的 Servlet 程序，如果用户名为 tom 且口令为 123，显示登录成功的信息，否则显示用户名和口令不正确的提示信息。

操作步骤如下。

（1）启动 MyEclipse 8，新建一个 Web Project，命名为 example8。在项目中新建一个 JSP 文件 example8_01.jsp。

（2）在 example8_01.jsp 中添加表单，表单中插入文本域和按钮：用户名文本域的名字为 loginName，口令文本域的名字 pw，在“密码”项中选中“密码”。表单提交给一个引用名为 /loginCheck 的 Servlet 程序处理，“方法”项取默认值 POST。代码如下：

**程序清单 8-1(example8_01. jsp)：**

```
<%@ page contentType="text/html; charset=gb2312" language="java" import="
java.sql.*" errorPage=""%>
<!DOCTYPE html PUBLIC "-//W3C//DTD XHTML 1.0 Transitional//EN" "http://www.w3.
org/TR/xhtml1/DTD/xhtml1-transitional.dtd">
<html xmlns="http://www.w3.org/1999/xhtml">
<head>
<meta http-equiv="Content-Type" content="text/html; charset=gb2312" />
<title>无标题文档</title>
</head>

<body>
<form id="form1" name="form1" method="post" action="/loginCheck">
  用户名：
    <label>
  <input name="loginName" type="text" id="loginName" />
  </label>
  <p>口令：
    <label>
    <input name="pw" type="password" id="pw" />
    </label>
    <label>
    <input type="submit" name="Submit" value="提交" />
    </label>
  </p>
</form>
```

（3）编辑、编译 Servlet 程序。新建一个 Servlet 类 LoginServlet。在源代码编辑窗口中输入以下代码：

**程序清单 8-2(LoginServlet. java)：**

```
package my;
import javax.servlet.*;
import javax.servlet.http.*;
import java.io.*;
public class LoginServlet extends HttpServlet
{

  protected void doPost (HttpServletRequest request, HttpServletResponse
response)
          throws ServletException,java.io.IOException
  {
    ServletContext application=getServletContext();
    ServletConfig config=getServletConfig();
    response.setContentType("text/html;charset=gb2312");
    PrintWriter out=response.getWriter();
    HttpSession session=request.getSession();
```

```
String name=request.getParameter("loginName");
String pw  =request.getParameter("pw");
if(name!=null &&  name.length()!=0 && pw!=null && pw.length()!=0)
{
    if(name.equals("tom")&& pw.equals("123"))
        out.print("登录成功");
    else
        out.print("用户名或口令不对");
    }
  }
}
```

(4) 在 C:\tomcat\webapps\ROOT\WEB-INF\web.xml 中写 Servlet 部署信息如下：

```
<servlet>
    <servlet-name>login</servlet-name>
    <servlet-class>my.LoginServlet</servlet-class>
</servlet>
<servlet-mapping>
    <servlet-name>login</servlet-name>
    <url-pattern>/loginCheck</url-pattern>
</servlet-mapping>
```

(5) 重启 Tomcat 或重载“/”Web 应用。

(6) 预览。预览 exam8_01.jsp 页面,输入正确的用户名和口令时,Servlet 显示正确信息;输入的用户名和口令错误时,显示错误提示信息。Servlet 程序工作正常。

## 8.3 doGet 与 doPost 方法

HTTP 请求消息使用 GET 或 POST 方法以便在 Web 上传输请求。

检索信息时一般用 GET 方法,如检索文档、图表或数据库查询结果。要检索的信息作为字符序列传递,称为查询字符串。因此,传递的数据对客户端是可见的,即将查询字符串附加到 URL 中,但是,查询字符串的长度有限制,最多 1024B。GET 方法是表单默认的方法。

我们用 Google 检索 java,可以知道 google 使用了 GET 方法对用户输入的搜索字符串检索搜索结果,如图 8-3 所示。

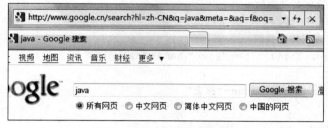

图 8-3　Google 搜索界面

HTTP 定义的另一种请求方法是 POST 方法。使用 POST 发送的数据对客户端是不可见的，且对发送的数据的量没有限制。下面我们来对比一下 GET 和 POST 方法。

（1）GET 是从服务器上获取数据；POST 是向服务器传送数据。

（2）在客户端，GET 通过 URL 提交数据，数据在 URL 中可见；POST 把数据放在 form 的数据体内提交。

（3）GET 提交的数据最多只有 1024B；POST 提交的数据量无限制。

（4）由于使用 GET 时，参数会显示在地址栏上，而 POST 不会，所以，如果这些数据是非敏感数据，那么使用 GET；如果包含敏感数据，为了安全，用 POST。

【例 8-2】 创建一个 example8_02.jsp，分别用 post 和 get 方式提交姓名，再创建一个命名为 ServletLife 的 Servlet，通过 web.xml 配置 Servlet 的初始化参数，一个字符串"你好！"，在 doPost() 和 doGet() 方法中将两个字符串拼接成"×××，你好啊！"并返回表示在 JSP 上。同时，重载 service() 方法，根据传过来的 Method 方法自己来设定调用哪个方法。

操作步骤如下。

（1）先建立 example8_02.jsp，代码如下：

**程序清单 8-3（example8_02.jsp）：**

```
<%@ page contentType="text/html; charset=gb2312" language="java" import="
java.sql.*" errorPage=""%>
<!DOCTYPE html PUBLIC "-//W3C//DTD XHTML 1.0 Transitional//EN" "http://www.w3.
org/TR/xhtml1/DTD/xhtml1-transitional.dtd">
<html xmlns="http://www.w3.org/1999/xhtml">
<head>
<meta http-equiv="Content-Type" content="text/html; charset=gb2312" />
<title>无标题文档</title>
</head>


<body>
<h2>通过 POST 方式传递参数</h2>
<form action="ServletLife" method="POST">
<!--通过 POST 方式传递参数-->
输入姓名: <input type="text" name="namepost" />
<br>
<input type="submit" value="提交"/>
</form>
<h2>通过 GET 方式传递参数</h2>
<form action="ServletLife" method="GET">
<!--通过 GET 方式传递参数-->
输入姓名: <input type="text" name="nameget" />
<br>
<input type="submit" value="提交"/>
</form>
</body>
```

（2）创建 ServletLife 类，代码如下：

**程序清单 8-4（ServletLife. java）：**

```java
package my;
import java.io.IOException;
import java.io.PrintWriter;
import javax.servlet.ServletConfig;
import javax.servlet.ServletException;
import javax.servlet.http.HttpServlet;
import javax.servlet.http.HttpServletRequest;
import javax.servlet.http.HttpServletResponse;
/**
 * Servlet 的生命周期
 * @author JY
 */
public class ServletLife extends HttpServlet {

/** SerialVersionUID. */
private static final long serialVersionUID=6694980741533555810L;

/**初始化参数 */
private String initParam;

/**
 * 初始化
 * @param config 初始化参数
 * @throws Servlet 异常
 */
@Override
public void init(ServletConfig config) throws ServletException {
    super.init(config);
    System.out.println("===初始化 Servlet===");
    //获得初始化参数并打印出来
    initParam=config.getInitParameter("sayhello");
    System.out.println("我们获得的初始化参数是："+initParam);
}

/**
 * service 方法使用
 * @param req Request
 * @param resp Response
 * @throws ServletException Servlet 异常
 * @throws IOException IO 异常
 */
@Override
protected void service(HttpServletRequest req,
        HttpServletResponse resp)
```

```
            throws ServletException, IOException {
        System.out.println(
                "正在执行 service 方法,调用父类对应的方法,当前提交方式:"
                +req.getMethod());
        super.service(req, resp);
    }


    /**
     * doGet 方法使用
     * @param req Request
     * @param resp Response
     * @throws ServletException Servlet 异常
     * @throws IOException IO 异常
     */
    @Override
    protected void doGet(HttpServletRequest req,
            HttpServletResponse resp)
                throws ServletException, IOException {
        //设置 Request 参数编码
        req.setCharacterEncoding("UTF-8");
        //获得页面传递过来的参数
        String nm=req.getParameter("nameget");
        //获得初始化参数字符串
        nm="通过 GET 方法获得的:"+nm+" , "+initParam;
        //设定内容类型为 HTML 网页 UTF-8 编码
        resp.setContentType("text/html;charset=UTF-8");
        //输出页面
        PrintWriter out=resp.getWriter();
        out.println("<html><head>");
        out.println("<title>Servlet Life</title>");
        out.println("</head><body>");
        out.println(nm);
        out.println("</body></html>");
        out.close();
        System.out.println("正在执行 doGet 方法,页面会显示文字:"+nm);
    }


    /**
     * doPost 方法使用
     * @param req Request
     * @param resp Response
     * @throws ServletException Servlet 异常
     * @throws IOException IO 异常
     */
    @Override
```

```java
protected void doPost(HttpServletRequest req,
        HttpServletResponse resp)
            throws ServletException, IOException {
    //设置 Request 参数编码
    req.setCharacterEncoding("UTF-8");
    //获得页面传递过来的参数
    String nm=req.getParameter("namepost");
    //获得初始化参数字符串
    nm="通过 POST 方法获得的："+nm+"，"+initParam;
    //设定内容类型为 HTML 网页 UTF-8 编码
    resp.setContentType("text/html;charset=UTF-8");
    //输出页面
    PrintWriter out=resp.getWriter();
    out.println("<html><head>");
    out.println("<title>Servlet Life</title>");
    out.println("</head><body>");
    out.println(nm);
    out.println("</body></html>");
    out.close();
    System.out.println("正在执行 doPost 方法,页面会显示文字："+nm);
}

/**
 * 销毁 Servlet 实例
 */
@Override
public void destroy() {
    System.out.println("===销毁 Servlet 实例===");
    super.destroy();
}
```

ServletLife 类继承自 HttpServlet。首先,我们重载了 init()方法,在 init()中,在控制台打印出 Log 日志,通知我们进行了初始化并把初始化参数打印出来;接着,由于 exam802.jsp 文件中表单的 method 方法是 POST 和 GET,因此我们重载了 doPost()和 doGet()方法,在这里,打印了日志通知我们进入到此方法中,并且进行了字符串的拼接并把其显示到页面上;同时,重载了 service()方法来根据传递过来的 method 方式来判断应该运行哪个方法;最后,重载了 destroy()方法,在这里,通过打印日志来通知我们销毁了 Servlet 实例。

(3) 修改 web.xml,注意,一定要设定<init-param>,否则会出错,代码如下:

```xml
<servlet>
    <servlet-name>ServletLife</servlet-name>
    <servlet-class>my.ServletLife</servlet-class>
    <init-param>
```

```
        <param-name>sayhello</param-name>
        <param-value>你好啊!</param-value>
    </init-param>
</servlet>
<servlet-mapping>
    <servlet-name>ServletLife</servlet-name>
    <url-pattern>/servletLife</url-pattern>
</servlet-mapping>
```

在这里,设置了＜param-name＞,此标签设定了获得参数值所用的 key,后边的＜param-value＞指定的是参数的值。

（4）重启 Tomcat 或重载"/"Web 应用。

（5）预览。在 POST 方法的输入框中输入名字"张三丰",如图 8-4 所示。

图 8-4　程序 example8_02.jsp 执行效果(一)

单击"提交"按钮后,得到结果如图 8-5 所示。

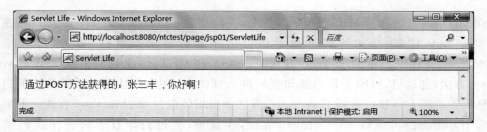

图 8-5　程序 example8_02.jsp 执行效果(二)

此时控制台输出的 Log 日志如图 8-6 所示。

当回退后在 GET 方式的输入框中输入"李四",如图 8-7 所示。单击对应的提交按钮,执行结果如图 8-8 所示。

此时,控制台中的日志如图 8-9 所示,多出了红框的部分。由此可以说明,Servlet 示例创建以后 init( )方法只会调用一次。

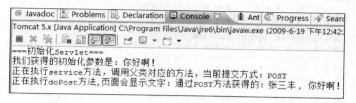

图 8-6　控制台输出的 Log 日志

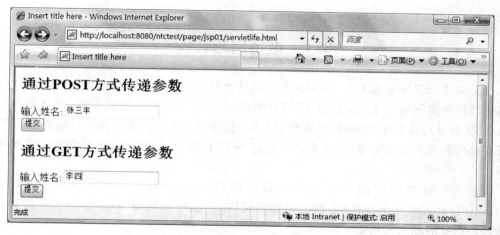

图 8-7　程序 example8_02.jsp 执行效果(三)

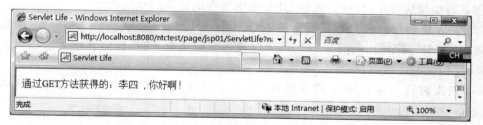

图 8-8　程序 example8_02.jsp 执行效果(四)

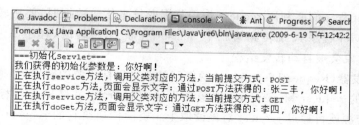

图 8-9　控制台中的日志

当停止 Tomcat 时，将销毁 Servlet 的实例，这时可以看到进入 destroy( )方法，如图 8-10 所示。

```
正在执行doGet方法,页面会显示文字: 通过GET方法获得的:李四,你好啊!
2009-6-19 12:47:48 org.apache.coyote.http11.Http11Protocol pause
信息: Pausing Coyote HTTP/1.1 on http-8080
2009-6-19 12:47:49 org.apache.catalina.core.StandardService stop
信息: Stopping service Catalina
2009-6-19 12:47:49 org.apache.catalina.core.ApplicationContext log
信息: SessionListener: contextDestroyed()
2009-6-19 12:47:49 org.apache.catalina.core.ApplicationContext log
信息: ContextListener: contextDestroyed()
===销毁Servlet实例===
2009-6-19 12:47:49 org.apache.coyote.http11.Http11Protocol destroy
信息: Stopping Coyote HTTP/1.1 on http-8080
```

图 8-10　销毁 Servlet 信息

## 8.4　重定向与转发

重定向是 JSP 中实现 JSP/Servlet 程序跳转至目标资源的方法之一,它的基本思想:服务器将目标资源完整的 URL 通过 HTTP 响应报头发送给客户端浏览器,浏览器接收到 URL 后更新至地址栏中,并将目标资源的 URL 提交给服务器。重定向使目标资源的 URL 从服务器传到客户端浏览器,再从客户端通过 HTTP 请求传回服务器,其中有一定的网络时延。

实现 JSP 页面跳转的主要方法有转发跳转(forward)和重定向跳转(redirect),RequestDispatcher. forward()实现的是转发跳转,response. sendRedirect()实现的是重定向跳转。两者的最大区别如下。

(1) 重定向是通过客户端重新发送 URL 来实现,会导致浏览器地址更新,而转发是直接在服务器端切换程序,目标资源的 URL 不出现在浏览器的地址栏中。

(2) 转发能够把当前 JSP 页面中的 request、response 对象转发给目标资源,而重定向会导致当前 JSP 页面的 request、response 对象生命期结束,在目标资源中无法取得上一个 JSP 页面的 request 对象。

(3) 转发跳转直接在服务器端进行,基本上没有网络传输时延,重定向有网络传输时延。

### 8.4.1　转发跳转

两个 Servlet 程序间要利用 request 作用范围变量来传递数据时,要用转发跳转操作实现从第一个 Servlet 程序 A 跳转到第二个 Servlet 程序 B,跳转时,程序 A 中的 request 和 response 隐含对象会被自动转发给程序 B。

request 转发器(RequestDispatcher)的作用是获得目标资源的转发器,通过转发器将当前 Servlet 程序的 request 和 response 对象转发给目标资源,并跳转至目标资源上运行程序,这样,目标资源就可通过 request 对象读取上一资源传递给它的 request 属性。request. getRequestDispatcher()和 ServletRequest. getRequestDispatcher()方法的作用是返回目标资源的 RequestDispatcher 对象,语法如下:

```
public RequestDispatcher getRequestDispatcher(String path)
```

形参是当前 Web 应用目标资源的 URL,可以使用相对路径或绝对路径。

RequestDispatcher 中主要的方法有：

**public void** forward(ServletRequest request,ServletResponse
response) **throws** ServletException,java.io.IOException

该方法能够把当前 Servlet 程序的 request 和 response 隐含对象转发给目标资源，并跳转至目标资源运行代码。形参是当前 Servlet 程序的 request 和 response 隐含对象。forward()方法在 response 信息提交前调用。例如，在一个 Servlet 中可以像下边这样写 doPost 方法：

```
public void doPost(HttpServletRequest request,HttpServletResponse
    response)    throws ServletException,IOException
{
        response.setContentType("text/html; charset=UTF-8");
        ServletContext sc=getServletContext();
        RequestDispatcher rd=null;
        rd=sc.getRequestDispatcher("/index.jsp");
        rd.forward(request, response);
}
```

## 8.4.2　重定向跳转

用 response 实现重定向，调用的方法如下：

**public void** sendRedirect(java.lang.String location)**throws**
        java.io.IOException

形参是目标资源的 URL，可以是相对路径或绝对路径。例如：

```
response.sendRedirect("/a.jsp");
```

页面的路径是相对路径。sendRedirect 可以将页面跳转到任何页面，不一定局限于本 Web 应用中，例如：

```
response.sendRedirect("http://www.sohu.com");
```

跳转后浏览器地址栏变化。这种方式要传值出去的话，只能在 URL 中带 parameter 或者放在 session 中，无法使用 request.setAttribute 来传递。这种方式是在客户端作为的重定向处理。该方法通过修改 HTTP 的 header 部分，对浏览器下达重定向指令的，让浏览器对在 location 中指定的 URL 提出请求，使浏览器显示重定向网页的内容。该方法可以接受绝对的或相对的 URL。如果传递到该方法的参数是一个相对的 URL，那么 Web 容器在将它发送到客户端前会把它转换成一个绝对的 URL。例如，在一个 Servlet 中可以像下边这样写 doPost 方法：

```
public void doPost(HttpServletRequest request,HttpServletResponse response)
        throws ServletException,IOException
{
    response.setContentType("text/html; charset=UTF-8");
```

```
        response.sendRedirect("/index.jsp");
    }
```

如果要实现服务器中两个 Servlet 程序间跳转，并且要使用 request 作用范围变量交换数据，应该优先使用 request 转发跳转。用重定向实现程序跳转时，如果要求传递数据给目标资源，一个简单、可行的方法是把数据编码在 URL 查询串中。例如：

```
response.sendRedirect("http://127.0.0.1:8080/exam.jsp?name=tom");
```

## 8.5 习　　题

1. 简述一下 Servlet 的生命周期。

2. 解释一下 forward() 与 redirect() 的区别。

3. 请写一下 Servlet 的基本架构。

4. 获取表单数据的基本方法有哪些？

5. 在 Web 应用开发过程中经常遇到输出某种编码的字符，如 iso8859-1 等，如何输出一个某种编码的字符串？

6. Servlet 对象如何获取用户的会话对象？

7. Servlet 如何与 Servlet 或者 JSP 进行通信？

8. 如何编写、编译、调试和配置 Servlet？

# 第9章　JSP 页面与标记——杂烩饭

**本章主要内容**
- JSP 的编译过程。
- JSP 的生命周期。
- JSP 的基本语法。
- JSP 指令。
- JSP 动作元素。

## 9.1　JSP 概　述

### 9.1.1　JSP 是什么

第 8 章使用一个纯粹的 Java 类来生成网页,这是继承 CGI 的思路。在 CGI 之后出现的 ASP 等技术,使用了源代码和 HTML 混合的方式。这种方式简单易用,所以被众多开发者所喜爱,也成为某种流行。JSP 页面就是继承自这种思想的一种技术。它混杂了 HTML 代码和 Java 代码,所以我们称之为杂烩饭。在 MVC 一章,会介绍人们如何又对混杂在一起后悔了,试图把它们分开。历史总在循环中进步。看似原地踏步,却已物是人非。

按照比较正式的说法,JSP 可以被解释为 Java Server Page,即由 Java 支撑的服务端页面技术。看到这种解释人们常常不知所云。在下面的章节中编者尽量使用通俗的语言。简单来说,JSP 就是一个嵌入了 Java 代码的 HTML 网页,这个网页会被服务器先处理过,将其中的 Java 代码编译并执行,最终获得一个没有任何 Java 代码的纯 HTML 代码。

程序清单 9-1 给出了一个简单的 JSP 的例子。最上面是一行 JSP 标记,说明这个页面的一些属性,如用何种语言实现 JSP(目前只能用 Java),使用哪些 Java 包(java.util.*),这个页以何种编码存储(ISO-8859-1,即 ASCII)。第二行使用 out 对象输出一个字符串。这个 out 的用法和 System.out 基本相同。它的作用是输出 JSP 的处理结果,这个结果会被服务器发送给客户端的浏览器,并被用户看到。

**程序清单 9-1,最简单的 JSP 页面(simple.jsp):**

```
<%@page language="java" import="java.util.* " pageEncoding="ISO-8859-1"%>
<%out.println("hello");%>
```

运行结果如图 9-1 所示。

右击,在弹出的菜单中选择"查看源代码",可以看到它的源代码只有一个 hello(见图 9-2)。这个 hello 就是上面 out.println 输出的,且我们发现所有<%%>中的语句都不见了。这说明,所有<%%>中的语句是在服务端运行的,它们的运行结果会发送给客户端。

与程序清单 9-1 相比,下面的例子更像是一个网页。网页狭义上来讲就是一个 HTML 文档。它包含一个 DOCTYPE 定义,告诉浏览器此网页遵循何种版本的 HTML。这个例

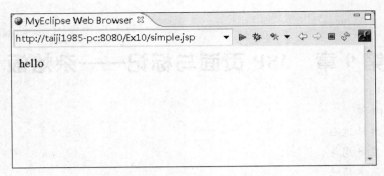

图 9-1　simple.jsp 运行结果

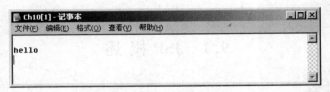

图 9-2　simple.jsp 浏览器端的源代码

子中，网页是 HTML 4.01 版本的。下面是一个 HTML 的头部和主体部分。这个代码里比较违和(违和指 HTML 标签中出现非 HTML 标签)的是，有两行由"<% %>"包裹的代码。

**程序清单 9-2(hello. jsp)：**

```
<%@page language="java" import="java.util.*" pageEncoding="ISO-8859-1"%>
<!DOCTYPE HTML PUBLIC "-//W3C//DTD HTML 4.01 Transitional//EN">
<html>
  <head>
    <title>Hello JSP</title>
    <meta http-equiv="pragma" content="no-cache">
    <meta http-equiv="cache-control" content="no-cache">
    <meta http-equiv="expires" content="0">
    <meta http-equiv="keywords" content="keyword1,keyword2,keyword3">
    <meta http-equiv="description" content="This is my page">
  </head>
  <body>
    <%out.println("hello");%>
  </body>
</html>
```

使用浏览器浏览这个网页后，会发现这个网页的外观和程序清单 9-1 给出的网页几乎一模一样。那么右键查看源代码：

**程序清单 9-3(hello. jsp 运行结果)：**

```
<!DOCTYPE HTML PUBLIC "-//W3C//DTD HTML 4.01 Transitional//EN">
<html>
```

```html
<head>
  <title>Hello</title>
  <meta http-equiv="pragma" content="no-cache">
  <meta http-equiv="cache-control" content="no-cache">
  <meta http-equiv="expires" content="0">
  <meta http-equiv="keywords" content="keyword1,keyword2,keyword3">
  <meta http-equiv="description" content="This is my page">
  <!--
  <link rel="stylesheet" type="text/css" href="styles.css">
  -->
</head>
<body>
  hello

</body>
</html>
```

可以看到所有违和的"＜％"消失了,这个页面也变成了一个非常规整的 HTML 代码。但代码中的"＜％ out. println("hello"); ％＞"并非凭空消失,而是变成了"hello"这个字符串。

结合上面两个例子,相信大家对 JSP 已经有了直观的认识,至于"＜％ ％＞"里的语句是什么意思,后面会详细讲解。

### 9.1.2　为什么要有 JSP

前面的课程我们了解如何用 Servlet 响应 Web 请求。那么,既然有了 Servlet 为何还要造出 JSP 呢? 可以从两个方向解释这个问题:一个是需求,另一个是用历史来解释。

程序清单 9-1 是非常简单的,那么用 Servlet 来实现此功能会是怎样的呢? 大家会看到较长的一段代码(见程序清单 9-4),最核心的一句话就是"out. println("hello");",可以看到使用 JSP 可以避免大量不必要的代码。

因为响应用户请求最终要为用户提供一个 HTML 文档,而 HTML 文档结构是固定的,所以我们以文本的形式给出固定的 HTML 代码,再以 Java 代码的方式给出需要动态生成的部分,这个就是 JSP,笔者称之为杂烩饭!

**程序清单 9-4(简单的 Servlet):**

```java
import java.io.IOException;
import java.io.PrintWriter;
import javax.servlet.ServletException;
import javax.servlet.http.HttpServlet;
import javax.servlet.http.HttpServletRequest;
import javax.servlet.http.HttpServletResponse;

public class Hello extends HttpServlet {
    public Hello() {
        super();
```

```
    }
    public void service (HttpServletRequest request, HttpServletResponse
response) throws ServletException, IOException {
        response.setContentType("text/html");
        PrintWriter out=response.getWriter();
        out.println("hello");
    }
}
```

任何一种技术都不是孤立的，也不是突然出现的，JSP 也是如此。在 JSP 之前已经出现了众多的 Page 技术，比如 ASP、PHP。ASP 已成明日黄花，现在微软公司把对它的支持全部转给了 ASP. NET。PHP 是老而弥坚，现在还被大多数中小型网站使用。程序清单 9-1 可以用 ASP 写作：

```
<% response.write("hello")%>
```

也可以用 PHP 写作：

```
<?php echo "hello" ?>
```

可以看到，语句差别不大，仅仅是输出用的对象或者函数不同而已。所以我们虽然以 JSP 为例讲解动态网站设计，但不妨碍大家通过学习 JSP 掌握其他服务端语言。

给大家补充使用 CGI 输出 Hello 的例子：

```
#include<stdio.h>
#include<stdlib.h>
int main(void)
{
    printf("hello");
}
```

几乎和控制台程序一模一样，这个程序运行会向命令行输出一个 hello，这个 hello 会被服务器重定向并发送给客户端，浏览器作为客户端会将这个内容当做一个网页来解析，最终结果就是输出图 9-1 所示的结果（与 simple. jsp 结果完全相同）。

## 9.2　JSP 工作原理

对于程序员来讲，如何响应 HTTP 请求或许是更重要的。让我们看看 JSP 服务器做了些什么。

JSP 页面基于 Java 技术，而 Java 技术最核心的就是一个虚拟机技术，将所有 Java 类转化为字节码（.class）文件，然后使用 JVM 解释执行。对于 JSP 来说也是如此，JSP 页面转化为. class 文件才能被调用和执行，这是 Tomcat 需要做的事。它首先需要将 JSP 转化为一个 Servlet 文件，也就是一个. java 文件。然后使用 javac 将此类转换为字节码（. class），这就是为什么安装 Tomcat 前需先安装 JDK，JDK 中包含 Javac 和 Java 程序。

当 HTTP 请求来临时，Tomcat 首先决定由哪个 JSP 来执行这个请求，这一般是由请求的路径决定的,比如请求 http://localhost/hello/mami.jsp,那么 Tomcat 会在 webroot 下面找到 hello 目录,然后再找到 mami.jsp 这个文件。这个文件找到后,再判断这个 JSP 文件是否被编译过了,如果没有相应的文件,则将 JSP 转码为 Servlet,再编译为.class 文件。

JSP 页面访问流程如图 9-3 所示。

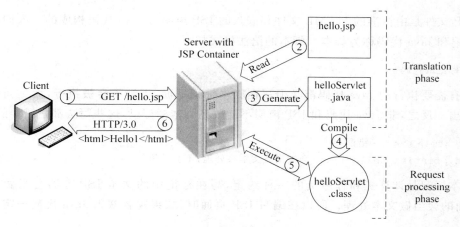

图 9-3　JSP 页面访问流程

服务器得到.class 文件后,用类加载器(ClassLoader)将这个类加载,然后创建它的一个实例,随后调用它的 jspInit 方法,然后调用_jspService 方法,这个方法由 JSP 容器(如 Tomcat)自动生成,将页面上这些 HTML 代码以及 Java 代码都整合在一起。jspDestory() 方法会在 Tomcat 需要销毁这个 JSP 页面对应对象的时候访问,这里可以做一些最终的清理。需要注意的是,Tomcat 销毁这个页面的时机是不确定的,可能是服务器关闭时,也可能是系统资源不足需要释放某部分资源时,而且这个函数在整个 JSP 生命周期中仅仅会被调用一次,类似于类的析构函数,而在整个生命周期内,这个 JSP 页面可能会被客户端多次访问(多次请求),所以针对某次请求的清理工作不能在这里实现,如释放数据库连接。_jspService这个方法的输出最终汇集为一个标准 HTML 文档,Tomcat 使用 HTTP 发送给客户端。JSP 页面生存周期如图 9-4 所示。

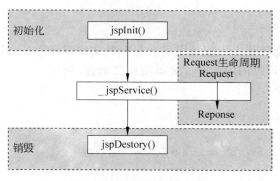

图 9-4　JSP 页面生存周期

值得注意的是,jspInit 和 jspDestory 都可以被重载,在后续介绍成员函数时给大家演示它们的作用。

# 9.3 JSP 语法

## 9.3.1 JSP 脚本

JSP 文件是由标准的 HTML 文件和嵌入的 JSP 声明与 Java 代码构成的。人们将这些 JSP 标记和 Java 代码称为脚本。脚本的语法格式如下:

```
<%标记或代码%>
```

所有需要执行的 Java 代码都必须写在脚本标记里面,否则**不会被执行**,而是当成文本直接输出。反之,非 Java 代码和 JSP 声明不能放到脚本标记里,这些写法都是错误的:

```
<%<html>%><!--错误-->
out.println("hello");<!-会被当成文本来处理,不会被执行-->
```

脚本标记是计算机和程序员的一种约定,写在标记中的文本 JSP 容器会当做代码处理,外面的会当做文本处理。所以在编写 JSP 页面时,**如果需要嵌入 Java 代码一定要写在标记中。**

## 9.3.2 JSP 声明

JSP 声明语句可以声明一个或多个变量、方法,供后面的 Java 代码使用。上面已经介绍了 JSP 的声明周期(见 9.2 节),在<% %>标记中的代码会被转义到_jspService 中,如果直接在<%　%>中声明方法就相当于在_jspService 方法中声明新的方法(在方法中声明方法),这不符合 Java 语法。那么,如果要声明 JSP 对应的 Servlet 中的方法应当如何做呢? 答案是使用<%! %>标记。下面是 JSP 声明的语法:

```
<%! 声明 1;声明 2%>
```

例如:

```
<%! int i=0;%>
<%! int a, b, c;%>
<%! Book b=new Book();%>
```

上面例子声明的变量称之为成员变量。在 JSP 文件编译为 Servlet 之后,这些变量作为成员变量存在,当然也可以用同样的方式声明成员函数,例如:

```
<%!
    int add(int a,int b){
        return a+b;
    }
%>
```

常见的错误是使用了一般的表达式。这种错误与在 Java 类中方法之外写执行语句的错误相同。例如:

```
<%!
```

```
    a=c+d; //错误
%>
```

## 9.3.3　JSP 注释

我们知道 Java 中可以采用/＊＊/和//的方式添加多行和单行的注释。HTML 中可以通过<!-- -->的方式添加注释。JSP 同样可以如此添加注释。另一种方法是在 JSP 脚本中添加 Java 注释,可以是段注释也可以是行注释。最后一种就是 JSP 特有的注释方式,使用<%-- --%>添加注释。

```
<%--这是注释--%>
<%
/*这也是注释 */
//这还是注释
%>
<!--HTML 文件的注释方式依然可用-->
```

## 9.3.4　JSP 指令

JSP 指令用来设置页面相关的属性,包括页面类型、编码方式、导入的包等。JSP 指令的写法如下:

```
<%@directive attribute="value"%>
```

其中,directive 代表了指令类型,attribute 为属性的名称,value 为属性的值。JSP 支持 3 种指令类型,即 page、include 和 taglib。

## 9.3.5　JSP 表达式

为了能方便地输出一个 Java 对象的值,JSP 给出了一种 JSP 表达式语法。格式如下:

```
<%=Java 表达式%>
```

程序清单 9-1 中的例子可以重写为下面的例子。

**程序清单 9-5(simple2.jsp):**

```
<%@page language="java" import="java.util.*" pageEncoding="ISO-8859-1"%>
<%="hello"%>
```

还可以给出其他例子。

**程序清单 9-6(math.jsp):**

```
<%@page language="java" import="java.util.*" pageEncoding="gb2312"%>
<%=1+1%>
<%=Math.PI%>
<%=new Date()%>
<%=12.2%>
```

```
<%
     int v=12;            //这个是变量声明
%>
<%=v%>
```

JSP 的表达式可以嵌入到 HTML 的任何位置,下面给出一个特殊的例子。

**程序清单 9-7(exp.jsp):**

```
<%@page language="java" import="java.util.*" pageEncoding="gb2312"%>
<html>
<head><title>测试 JSP 表达式</title></head>
<body>
<p>
   今天的日期是:<%=(new java.util.Date()).toLocaleString()%>
</p>
<%
     String v="I'am default value!";
     int s=0;
     for(int i=1;i<=100;i++){
          s  =s+i;
     }
%>
<form action="" method="post">
<input type="text" value="<%=v%>">
<input type="text" value="<%=s%>">
</form>
</body>
</html>
```

例子中包含一个表单(Form),表单中有两个文本框,第一个文本框的值是输出一个字符串,第二个文本框的默认值是 JSP 表达式输出的一个整数。exp.jsp 的运行结果如图 9-5

图 9-5 exp.jsp 运行结果

所示。下面看一下网页的源代码。

**程序清单 9-8(exp.jsp 输出的源代码):**

```
<html>
<head><title>测试 JSP 表达式</title></head>
<body>
<p>
     今天的日期是: 2014-10-22 11:27:02
```

```
</p>

<form action="" method="post">
<input type="text" value="I'am default value!">
<input type="text" value="5050">
</form>
</body>
</html>
```

可以对比一下此 HTML 代码与上面代码的不同。不同之处都是 JSP 脚本。JSP 脚本经过服务器执行已经替换为了执行结果。可以看到 JSP 页面可以嵌入到 HTML 代码的任意位置。这种方式允许人们动态生成网页链接、表单默认值、图片地址、表格等。同学们可以尝试动态生成网页链接这个功能。

### 9.3.6 JSP 控制流

程序设计的核心就是控制。顺序、循环、判断是高级程序语言精炼出的三大控制类型。顺序就是依次执行,循环就是多次执行一个代码段,判断是根据条件的不同执行不同的代码。JSP 的控制流其实是由 Java 的控制流实现的。上面的例子为大家演示了循环和顺序的例子,下面给大家演示很常用的技巧。

**程序清单 9-9(if. jsp):**

```
<%@page language="java" import="java.util. * " pageEncoding="ISO-8859-1"%>

<!DOCTYPE HTML PUBLIC "-//W3C//DTD HTML 4.01 Transitional//EN">
<html>
  <head>
    <title>Test If</title>
  </head>
  <body>
    <%
        int a=(int)(Math.random() * 1000%10);
        if(a>5){
    %>
     Haha
    <%}else{%>
     Wuwu…
    <%}%>
  </body>
</html>
```

可以看到第一个代码段中 if 语句是不完整的,第二个代码段中也是不完整的,第三个代码段还是不完整的。这 3 个代码段放在一起才是一个完整的 if 语句。这个例子告诉我们,每个代码段里的代码可以是不完整的,只要整合起来完整即可。这个例子很像三明治。这个例子等价于:

**程序清单 9-10（if2. jsp）：**

```jsp
<%@page language="java" import="java.util. * " pageEncoding="ISO-8859-1"%>

<!DOCTYPE HTML PUBLIC "-//W3C//DTD HTML 4.01 Transitional//EN">
<html>
  <head>
    <title>Test If 2</title>
  </head>
  <body>
    <%
        int a=(int)(Math.random() * 1000%10);
        if(a>5){
            out.println("Haha");
        }else{
            out.println("Wuwu…");
        }
    %>
  </body>
</html>
```

代码段中间夹杂着文本。循环也可以写成如此诡异的形式，比如从数据库中读取一组记录，想依次输出，会使用 while 语句，每条记录想显示为一个复杂的 div，那么就可以采取这种三明治形式。由于没有介绍到数据库，所以给大家一个比较简单的例子：

**程序清单 9-11（for. jsp）：**

```jsp
<%@page language="java" import="java.util. * " pageEncoding="ISO-8859-1"%>
<html>
<head><title>FOR LOOP Example</title></head>
<body>
<%
    for (int fontSize=1; fontSize<=3; fontSize++){%>
  <font color="green" size="<%=fontSize%>">
    JSP Book
  </font><br />
<%}%>
</body>
</html>
```

for. jsp 运行结果如图 9-6 所示。

图 9-6　for. jsp 运行结果

这个网页的源代码如下。

**程序清单 9-12（for.jsp 运行结果）：**

```
<html>
<head><title>FOR LOOP Example</title></head>
<body>

  <font color="green" size="1">
    JSP Book
  </font><br />

  <font color="green" size="2">
    JSP Book
  </font><br />

  <font color="green" size="3">
    JSP Book
  </font><br />

</body>
</html>
```

通过本节，大家应该对 JSP 有所认识了。请测试本章给出的每一个例子。JSP 课程是一门实践性极强的课程，要多动手练习。

# 9.4　JSP 指令

JSP 指令用来设置整个 JSP 页面相关的属性，如网页的编码方式和脚本语言。其基本格式如下：

```
<%@directive attribute="value"%>
```

其中，directive 表示指令类型，本节讲述 page、include 和 taglib。

## 9.4.1　page 指令

顾名思义，page 指令描述了当前网页的属性和功能，一个页面可以包含多个 page 指令。page 指令的语法如下：

```
<%@page attribute1="value1" attribute2="value2" attribute3=…%>
```

page 指令共有 11 个属性，如表 9-1 所示。

contentType 是 page 指令最常用的属性，定义页面输出的类型和编码方式。它告诉浏览器服务器会传递给浏览器何种类型的数据，是图片还是文档。如果是文档，那么编码方式是怎样的。需要注意的是，虽然 JSP 页面的主要输出种类是网页，但并不代表 JSP 只能输出网页。实际情况是 JSP 可以输出任何格式。contentType 的值有特定的格式：

表 9-1　　page 属性表

| 属　　性 | 描　　述 |
|---|---|
| buffer | 指定 out 对象使用缓冲区的大小 |
| autoFlush | 控制 out 对象缓存区是否自动清空 |
| contentType | 指定当前 JSP 页面的 MIME 类型和字符编码 |
| errorPage | 指定当 JSP 页面发生异常时需要转向的错误处理页面 |
| isErrorPage | 指定当前页面是否可以作为另一个 JSP 页面的错误处理页面 |
| extends | 指定 Servlet 从哪一个类继承 |
| import | 导入要使用的 Java 类 |
| info | 定义 JSP 页面的描述信息 |
| isThreadSafe | 指定对 JSP 页面的访问是不是线程安全的 |
| language | 定义 JSP 页面所用的脚本语言,默认是 Java |
| session | 指定 JSP 页面是否使用 session |
| isELIgnored | 指定是否忽略 EL 表达式 |
| isScriptingEnabled | 确定脚本元素能否被使用 |

```
contentType="MIME 类型;charset=编码名"
```

常用的 MIME 类型如表 9-2 所示。

表 9-2　　常用 MIME 类型表

| MIME | 类　　型 |
|---|---|
| text/plain | 纯文本 |
| text/xml | XML 文档 |
| text/html | HTML 文档 |
| text/css | CSS 文档 |
| text/javascript | 脚本文档 |
| image/jpeg | JPEG 图片 |
| image/png | PNG 图片 |
| application/octet-stream | 二进制文件,浏览器访问此类型页面时会弹出下载框 |

下面的写法都是正确的:

```
<%@page contentType="text/html" %>
<%@page contentType="text/html;charset=gb2312" %>
<%@page contentType="image/jpeg" %>
```

但一个页面不能包含两个 contentType 属性的值,因为服务器会无所适从。程序设计最基础的原则就是**不允许有歧义**。

**程序清单 9-13（draw.jsp）：**

```jsp
<%@page contentType="image/jpeg"%>
<%@page import="java.awt.*"%>
<%@page import="java.awt.image.*"%>
<%@page import="com.sun.image.codec.jpeg.*"%>
<%@page import="java.util.*"%>
<%
    response.reset();

    int width=400;
    int height=400;

    BufferedImage image=new BufferedImage(width, height, BufferedImage.TYPE_INT_RGB);

    Graphics g=image.getGraphics();
    g.drawRect(10, 10, 100, 100);
    g.dispose();

    ServletOutputStream sos=response.getOutputStream();
    JPEGImageEncoder encoder=JPEGCodec.createJPEGEncoder(sos);
    encoder.encode(image);
%>
```

这个 JSP 首先创建了一个 BufferedImage 对象，这个对象在游戏制作中用的很多，相当于一个画图板，可以调用它的 getGraphics 方法获取一个 Graphics 对象，使用 Graphics 中的方法可以绘制任何想绘制的图形，例子中提供了一个最简单的画图操作：绘制一个空心矩形。例子最后使用一个编码器 JPEGImageEncoder 将它转换为一张 JPEG 图片并输出（encode 函数）。这个格式和我们声明的 contentType 一致，运行结果如图 9-7 所示。

图 9-7　draw.jsp 运行结果

下面需要重点讲述的属性是 pageEncoding。这个属性指明了当前 JSP 页面的保存方式。在 JSP 编译时，JSP 容器（如 Tomcat）会按照这个属性指定的编码方式读取 JSP 文件，处理 JSP 文件后，会以 contentType 中 charset 编码格式输出。下面是一个 pageEncoding 的例子：

```jsp
<%@page pageEncoding="gb2323"  %>
```

　　GB2312 称为国标,是我国自行制定的编码方式,另外一种兼容汉字的格式是 UTF-8。在标记中这两个值都不区分大小写。

　　如果没有设置 pageEncoding 和 contentType 中的 charset,则默认为 ISO-8859-1。这个编码通常称为 Latin-1 或"西欧语言",只能显示英文字符数字和标点符号,不能显示汉字。如果在网页中需要处理汉字,则一定要声明这两个值为 GB2312 或 UTF-8,并保证 JSP 文件的保存格式与 pageEncoding 声明一致。下面给出一个完整的包含汉字的网页的案例。

**程序清单 9-14(chinese. jsp):**

```
<%@page language="java" import="java.util. * " pageEncoding="utf-8" charset="
text/html;charset=utf-8"%>
<!DOCTYPE HTML PUBLIC "-//W3C//DTD HTML 4.01 Transitional//EN">
<html>
  <head>
    <title>测试汉字</title>
  </head>
  <body>
   我是汉字哎!
  </body>
</html>
```

　　如果使用 MyEclipse 开发网站,在网页中输入了汉字,但 pageEncoding 没有写,或者设置为 ISO-8859-1,则会提示如图 9-8 所示的错误。

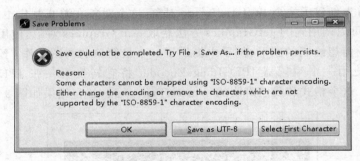

图 9-8　Eclipse 提示的错误信息

　　在开发工具提示错误时,不应不看就直接关掉,也不应因为看不懂就心烦。其实这个错误写得很清楚。Some characters cannot be mapped using ISO-8859-1,意思为有些字符(就是我们那些中国字)不能映射到西欧编码,当然就无法保存。解决办法,改 pageEncoding,如果改成 UTF-8,则 Eclipse 默认将此文件保存为 UTF-8;如果改成 GB2312,则 Eclipse 将文件保存为 GB2312。如果保存文件为 UTF-8 后,再改 pageEncoding 为 GB2312,则会出现乱码。

　　buffer 和 autoFlush 是一对属性,用来控制输出缓冲区。大家知道一般的输出流为了提高效率都有一个缓冲区,一般是当缓冲区满了或者用户主动清空时缓冲区的数据才会真正的输出。buffer 属性就是用来控制缓冲区的大小,它可以设置的值有 none,8KB 等形式。下面的写法都是对的。当然,一个页面同时包含下面的两句就是错误的,因为 page 指令的同一个属性不能声明两遍。

```
<%@page buffer="8K"%>
<%@page buffer="16K"%>
<%@page buffer="32K"%>
<%@page buffer="none"%>
```

autoFlush 可以设置为 true 或 false。当其为 true 时，缓冲区满之后，会自动输出。页面处理完毕后也会自动输出。如果为 false，则需要手工调用 out.flush()输出。如果还没有调用 flush 缓冲区就满了怎么办？会抛出异常！下面给出一个缓冲溢出的例子。

**程序清单 9-15（buffer.jsp）：**

```
<%@page buffer="8KB" autoFlush="false"%>
<%
    for(int i=0;i<1000*10;i++){
        out.print("a");
    }
%>
```

可以看到，缓冲区大小为 8KB，并设置为了不自动输出。下面一个循环打印 10KB 的数据。运行后得到的异常如图 9-9 所示。

**exception**

```
org.apache.jasper.JasperException: An exception occurred processing JSP page /ch10/test.
jsp at line 4

1:<%@page buffer="8KB" autoFlush="false"%>
2:<%
3:    for(int i=0;i<1000*10;i++){
4:        out.println("a");
5:    }
6:  %>
7:

Stacktrace:
    org.apache.jasper.servlet.JspServletWrapper.handleJspException(JspServletWrapper.
java:524)
    org.apache.jasper.servlet.JspServletWrapper.service(JspServletWrapper.java:423)
    org.apache.jasper.servlet.JspServlet.serviceJspFile(JspServlet.java:320)
    org.apache.jasper.servlet.JspServlet.service(JspServlet.java:266)
    javax.servlet.http.HttpServlet.service(HttpServlet.java:803)
```

**root cause**

```
java.io.IOException: Error: JSP Buffer overflow
    org.apache.jasper.runtime.JspWriterImpl.bufferOverflow(JspWriterImpl.java:165)
    org.apache.jasper.runtime.JspWriterImpl.write(JspWriterImpl.java:328)
    org.apache.jasper.runtime.JspWriterImpl.write(JspWriterImpl.java:342)
    org.apache.jasper.runtime.JspWriterImpl.newLine(JspWriterImpl.java:358)
    org.apache.jasper.runtime.JspWriterImpl.println(JspWriterImpl.java:497)
```

图 9-9　缓冲区溢出错误

如何阅读错误？JSP 页面上提示的错误分为两部分，第一部分指出 JSP 页面中错误的位置为 test.jsp 的第四行，也就是 out.println 这一行。这一行出了什么错误呢？看第二部分：JSP Buffer overflow(缓冲区溢出了)。

当 buffer 为 none 时，autoFlush 必须是 true，否则也会给出错误。这个错误的类型是错误的组合(见图 9-10)。这个错误没有指出详细的错误类型，如果不小心犯了这种错误是很难查找错误点的，所以大家要注意。

HTTP                    Status                    500                    -

**type** Exception report

**message**

**description** The server encountered an internal error () that prevented it from fulfilling this request.

**exception**

```
org.apache.jasper.JasperException: /ch9/test.jsp(1,1) jsp.error.page.badCombo
    org.apache.jasper.compiler.DefaultErrorHandler.jspError(DefaultErrorHandler.java:40)
    org.apache.jasper.compiler.ErrorDispatcher.dispatch(ErrorDispatcher.java:407)
    org.apache.jasper.compiler.ErrorDispatcher.jspError(ErrorDispatcher.java:102)
    org.apache.jasper.compiler.Validator$DirectiveVisitor.visit(Validator.java:231)
    org.apache.jasper.compiler.Node$PageDirective.accept(Node.java:590)
    org.apache.jasper.compiler.Node$Nodes.visit(Node.java:2336)
    org.apache.jasper.compiler.Node$Visitor.visitBody(Node.java:2386)
    org.apache.jasper.compiler.Node$Visitor.visit(Node.java:2392)
    org.apache.jasper.compiler.Node$Root.accept(Node.java:489)
    org.apache.jasper.compiler.Node$Nodes.visit(Node.java:2336)
    org.apache.jasper.compiler.Validator.validate(Validator.java:1700)
    org.apache.jasper.compiler.Compiler.generateJava(Compiler.java:178)
    org.apache.jasper.compiler.Compiler.compile(Compiler.java:306)
    org.apache.jasper.compiler.Compiler.compile(Compiler.java:286)
    org.apache.jasper.compiler.Compiler.compile(Compiler.java:273)
    org.apache.jasper.JspCompilationContext.compile(JspCompilationContext.java:566)
    org.apache.jasper.servlet.JspServletWrapper.service(JspServletWrapper.java:317)
    org.apache.jasper.servlet.JspServlet.serviceJspFile(JspServlet.java:320)
    org.apache.jasper.servlet.JspServlet.service(JspServlet.java:266)
    javax.servlet.http.HttpServlet.service(HttpServlet.java:803)
```
**note** The full stack trace of the root cause is available in the Apache Tomcat/6.0.13 logs.

图 9-10　错误的组合

看了两个错误后，还要看一个例子，就是如何应用 buffer 和 autoFlush。在处理一个耗时较长的任务时，常常需要知道运行到何处了，但如果不使用手工清空缓冲区，则会出现执行到最后才会显示结果的效果。下面给出例子。

**程序清单 9-16（flush. jsp）：**

```
<%@page language="java" import="java.util. * " pageEncoding="utf-8"
contentType="text/html;charset=utf-8"%>
<!DOCTYPE HTML PUBLIC "-//W3C//DTD HTML 4.01 Transitional//EN">
```

```html
<html>
  <head>
    <title>Test Flush</title>
  </head>
  <body>
  <%
    for(int i=0;i<20;i++){
        out.println("hello "+i);
        out.flush(); //可以去掉此行再测试,对比效果
        Thread.sleep(100);
    }
  %>
  </body>
</html>
```

代码中 Thread. sleep()让当前线程暂停,以模拟耗时的任务操作。大家可以将代码输入 Eclipse,测试效果。可以看到 hello 1、hello 2 等慢慢地依次出现。去掉 out. flush 一行后,页面会一次性的输出 hello 1 到 hello 20。

session 属性可以取 true 或 false 两个值。session 是保存会话信息的变量,我们会在后续详细讲解。该属性为 true 时,使用 session,否则不使用 session。该属性默认为 true。

errorPage 属性用来定义错误页面,即在当前页面出现错误时,跳转到何处。它的属性值为一个错误页的相对地址。

**程序清单 9-17(throw.jsp):**

```jsp
<%@page errorPage="error.jsp" import="java.lang.*"%>
<%
    if(true){
        throw new Exception("hello error");
    }
%>
```

这个页面也有颇多诡异之处值得探讨。一个是 throw,它是用来抛出一个异常的,这里的例子为了测试 errorPage 的作用,所以主动地抛出了一个异常。如果没有 errorPage 属性应该会看到如下异常:

```
javax.servlet.ServletException: java.lang.Exception: hello error
```

有了 errorPage 声明以后,会直接跳转到 error. jsp。当然前提是 error. jsp 必须存在且 isErrorPage 属性的值为 true。isErrorPage 属性表征当前页是否可以作为其他页面的错误页。它可以取 true 或 false 两个值。上面一个例子,还有一个重要属性,即 import。这个属性的功能等同于 Java 中的 import 语句。所有在 JSP 需要用到的类,都需要在这里声明。如需使用多个类,可以通过逗号隔开。

例如:

```jsp
<%@page errorPage="error.jsp" import="java.lang.*,com.yang.*"%>
```

language 属性的作用是指定页面使用的脚本语言,目前只能取值为 java。

```
<%@page language="java"%>
```

extends 属性指定 JSP 页面所生成的 Servlet 的超类(superclass)。这个属性一般为开发人员或提供商保留,由他们对页面的运作方式做出根本性的改变(如添加个性化特性)。一般人应该避免使用这个属性,除非引用由服务器提供商专为这种目的提供的类。它采用下面的形式:

```
<%@page language="com.yang.MyJSPBase"%>
```

isThreadSafe 属性控制由 JSP 页面生成的 Servlet 是允许并行访问,还是同一时间不允许多个请求访问单个 Servlet 实例(isThreadSafe="false")。默认为 true,即允许多人同时访问此页面。

### 9.4.2 include 指令

大约 8 年前,笔者尝试用 C 来实现面向对象的继承时,曾写下如下代码。
**程序清单 9-18(child. c):**

```
typedef struct{
    #include "parent.c"
    int c;
} Child;
```

**程序清单 9-19(parent. c):**

```
int a,b;
```

Child 类型包含 3 个整型变量 a、b、c,这个代码是正确的。具体如何实现面向对象的继承这里不再赘述,但这里的 #include 实在是神来之笔。我当时为我们项目组的成员如此解说:**include 即是替换**。将被引用文件的全部内容复制到 include 语句的位置和写一个 include 完全等价。理解了这句话就理解了上述代码。

JSP 中的 include 也是替换,被 include 的文件和主文件组合起来构成一个完整的 HTML。如下例:
**程序清单 9-20(include. jsp):**

```
<%@page buffer="none" import="java.lang.*" pageEncoding="utf-8"%>
<!DOCTYPE HTML PUBLIC "-//W3C//DTD HTML 4.01 Transitional//EN">
<html>
  <head>
    <title></title>
  </head>
  <body>
helo
<%@include file="mytail.jsp"%>
```

可以看到这个 HTML 并不完整,body 和 html 都没有关闭。但 mytail. jsp 中有以下内容。

　　**程序清单 9-21（mytail. jsp）：**

```
    </body>
</html>
```

　　将此内容替换 include 那条语句就是一个完整的 HTML，这就是 include 的灵魂。include 替换操作由 JSP 容器（如 Tomcat）在编译期完成。也就是说，如果 mytail. jsp 不存在的话，编译就会报错，而不是运行时才发现。

　　上述例子是为演示 include 的本质，在真实应用中 include 主要用于统一网站风格。我们也许注意到了某些网站的网页上半部分和下半部分经常是一致的，就是 include 实现的。

# 9.5　JSP 动作元素

　　JSP 动作元素是在运行期中执行某种操作的指令，其格式如下所示。与指令相对应，动作元素也包含一个名称，以及一连串的属性。与指令不同的是，JSP 动作元素是在运行期执行，而指令则是在编译期执行。

```
<jsp:action_name attribute="value" />
```

　　利用 JSP 动作可以动态地插入文件、重用 JavaBean 组件、把用户重定向到另外的页面、为 Java 插件生成 HTML 代码。常用的动作元素如表 9-3 所示。

表 9-3　JSP 指令列表

| 语　　法 | 描　　述 |
| --- | --- |
| jsp:include | 在页面被请求的时候引入一个文件 |
| jsp:useBean | 寻找或者实例化一个 JavaBean |
| jsp:setProperty | 设置 JavaBean 的属性 |
| jsp:getProperty | 输出某个 JavaBean 的属性 |
| jsp:forward | 把请求转到一个新的页面 |
| jsp:plugin | 根据浏览器类型为 Java 插件生成 OBJECT 或 EMBED 标记 |
| jsp:element | 定义动态 XML 元素 |
| jsp:attribute | 设置动态定义的 XML 元素属性 |
| jsp:body | 设置动态定义的 XML 元素内容 |
| jsp:text | 在 JSP 页面和文档中使用写入文本的模板 |

　　<jsp:include>用来动态地包含一个文件，其格式如下。page 属性给出引用哪个文件，flush 表示在包含资源前是否刷新。如果是 true，则等价于执行了语句 out. flush()。

```
<jsp:include page="relative URL" flush="true" />
```

　　为什么说是动态的呢？请看下面的例子。例子中字符串 s 的值由随机数决定。当 d>5

时,引用 b.jsp;否则引用 a.jsp。这一切都是运行时决定的。我们可以利用这个原理来做一些真正有意义的事情,比如如果发现用户没登录,就引用登录页,否则引用个人主页。

**程序清单 9-22(jspinclude.jsp):**

```
<%@page buffer="none" import="java.lang.*" pageEncoding="utf-8"%>
<%
    int d=(int)(Math.random()*1000%10);
    String s="hello.jsp";
    if(d>5){
        s="math.jsp";
    }
%>
<jsp:include page="<%=s%>" />
```

<jsp:useBean>、<jsp:setProperty>和<jsp:getProperty>都是用来操作 JavaBean 的,我们会在后面讲述。

<jsp:forward>用来跳转到其他页面。该动作只有一个属性,即 page,指定转到的页面。例如:

```
<jsp:forward page="Relative URL" />
```

<jsp:plugin>动作用来插入 Java 组件所必需的 OBJECT 或 EMBED 元素。如果需要的插件不存在,它会下载插件,然后执行 Java 组件。Java 组件可以是一个 Applet 或一个 JavaBean。plugin 动作有多个对应 HTML 元素的属性用于格式化 Java 组件。param 元素可用于向 Applet 或 Bean 传递参数。例如:

**程序清单 9-23(applet.jsp 代码片段):**

```
<jsp:plugin type='applet' codebase='.' code='HelloApplet.class' width="160"
height="80">
<jsp:params>
    <jsp:param name="hellotext" value="Yang is god!" />
</jsp:params>
  <jsp:fallback>
      Cannot initialize Java Plugin.
  </jsp:fallback>
</jsp:plugin>
```

如要测试这个页面,需先建立 HelloApplet.java 并输入以下代码。

**程序清单 9-24(HelloApplet.java):**

```
import java.applet.Applet;
import java.awt.Color;
import java.awt.Font;
import java.awt.Graphics;

public class HelloApplet extends Applet {
```

```
public HelloApplet() {
    super();
}
public void paint(Graphics g)
{
    String s=this.getParameter("hellotext");
    g.drawString(s, 10, 50);

}
}
```

将这个类编译出的 HelloApplet. class 放入 WebRoot 目录下,才可运行程序清单 9-23 中的例子。

JSP 动作元素中还有一组元素用来动态生成 XML 文件,使用不多,这里不再赘述。

## 9.6　习　　题

1. 简要描述 JSP 页面的访问过程。
2. 简要描述 JSP 页面的编译过程。
3. 简要描述 JSP 页面的生命周期。
4. 编写一个计算 10 的阶乘的 JSP 页面。
5. 参照书中 JSP 页面输出图片的程序绘制一个简单的“铜钱”。
6. 参照书中 JSP 页面输出图片的程序绘制一个随机的验证码。
7. 简要介绍使用 JSP 标记引用和<jsp:include>的区别。

# 第 10 章　JSP 内置对象——通于天地谓之神

**本章主要内容**
- JSP 内置对象的分类和组成。
- 运用 JSP 内置对象进行 JSP 编程。
- Page、Request、Session 和 Application 范围的区别。

## 10.1　JSP 内置对象简介

在凡人的世界里有一种东西称为"神"。"神"字左面为"示"表示祭祀,右面为"申",申字为田上下出头。"田"代表地,申字意味着上通青天,下至幽泉,能力通彻天地受人祭祀者为神。那么,JSP 内置对象为何命名为"神"?因为人们可以通过内置对象来访问 JSP 的天地(JSP 容器,如 Tomcat)。使用内置对象,可以"长生不死",放入 Application 对象中的对象可以直到 Tomcat 关闭才会毁灭。我们称这个为"与天地同寿,与日月同庚",不是长生不死又是什么?也有的朝生暮死,像 request 和 response。个中神妙寥寥几句难以尽述,且看本章仔细分解。

在 JSP 页面中,经常要处理 request 请求、response 响应等信息,为了简化程序设计,JSP 规范定义了常用的 9 个内置对象(implicit objects),这些隐含对象不需要在 JSP 页面中用 new 关键字来创建,而是由 Servlet 容器来创建与管理,并传递给 JSP 页面的 Servlet 实现类来直接使用。JSP 提供的内置对象分为 4 个主要类别,表 10-1 列出了 JSP 提供的 9 个内置对象及其分类。

**表 10-1　JSP 提供的 9 个内置对象及其分类**

| 与输入输出有关 | | |
|---|---|---|
| request | javax. servlet. http. HttpServletRequest | 请求端信息 |
| response | javax. servlet. http. HttpServletResponse | 响应端信息 |
| out | javax. servlet. jsp. JspWriter | 数据流的标准输出 |
| 与作用域通信有关 | | |
| pageContext | javax. servlet. jsp. PageContext | 表示此 JSP 的 PageContext |
| session | javax. servlet. http. HttpSession | 用户的会话状态 |
| application | javax. servlet. ServletContext | 作用范围比 session 大 |
| 与 Servlet 有关 | | |
| config | javax. servlet. ServletConfig | 表示此 JSP 的 ServletConfig |
| page | java. lang. Object | 如同 Java 的 this |
| 与错误有关 | | |
| exception | java. lang. Throwable | 异常处理 |

## 10.2　out 对象

### 10.2.1　输出信息的方法

#### 1. print()和 println()方法

print()和 println()用于打印输出信息,前者输出的信息在返回客户端的源代码中不换行,后者输出的信息在返回客户端的源代码中换行。被打印的信息可以是基本数据类型(如 int、double 等),也可以是对象(如字符串等)。例如,在 JSP 页面中有以下代码:

```
<body>
    <%
      out.print("123");
      out.print("456");
%>
</body>
```

预览页面后,在 IE 浏览器中看到的显示内容为 123456,服务器返回的 HTML 代码如下:

```
<body>
    123456
</body>
```

如果把 JSP 页面中的代码改为

```
<body>
    <%
      out.println("123");
      out.println("456");
%>
</body>
```

预览页面后,在 IE 浏览器中看到的显示内容为"123　456",服务器返回的 HTML 代码为

```
<body>
    123
456
</body>
```

也就是说,在服务器的返回源代码中,信息 123 和 456 是换行的。

println()不表示让 IE 浏览器换行显示信息,要实现这个功能,应该使用换行符<br>。例如:

```
<body>
<%
    out.print("123");
```

```
    out.print("<br>");
    out.print("456");
%>
</body>
```

预览后,IE 浏览器中显示的内容为

123
456

服务器返回的 HTML 代码为

```
<body>
    123<br>456
</body>
```

### 2. newLine()方法

newLine()表示输出一个回车换行符,例如:

```
<body>
  <%
    out.print("123");
    out.newLine();
    out.print("456");
  %>
</body>
```

服务器返回的 HTML 代码为

```
<body>
    123
456
</body>
```

## 10.2.2　与缓冲区相关的方法

### 1. flush()方法

flush()用于刷新流。Java 中把 I/O 操作转化为流操作。out. write()输出的信息暂时存储在流对象缓冲区中,刷新操作把缓冲区中的信息传递给目标对象处理,如果目标对象是另外一个字符流或字节流,同样刷新它,所以,调用 flush()方法会导致刷新所有输出流对象链中的缓冲区。如果缓冲区满了,这个方法被自动调用,输出缓冲区中的信息。

如果流已经关闭,调用 print()或 flush()会引发一个 IOException 异常,例如:

```
<%
    out.close();
    out.flush();
%>
```

在 Tomcat 命令行窗口中显示"警告：Internal error flushing the buffer in release()"的异常信息。

### 2. clear()方法

clear()表示清除缓冲区中的信息。如果缓冲区是空的，执行此方法会引发IOException 异常。

### 3. clearBuffer()

clearBuffer()的功能与 clear()相似，它将输出缓冲区清除后返回，与 clear()不同的是它不抛出异常。

### 4. getBufferSize()

getBufferSize()返回输出缓冲区的大小，单位为字节，如果没有缓冲区，则返回 0。

### 5. getRemaining()

getRemaining()返回缓冲区剩余的空闲空间，单位为字节。

### 6. isAutoFlush()

isAutoFlush()返回一个真假值，用于标识缓冲区是否自动刷新。例如：

```
<body>
<%
    out.print("缓冲区总容量="+out.getBufferSize()+"<br>");
    out.print("缓冲区空闲容量="+out.getRemaining()+"<br>");
    out.print("缓冲区是否自动刷新="+out.isAutoFlush());
%>
</body>
```

预览后，显示的信息为

缓冲区总容量=8192
缓冲区空闲容量=7883
缓冲区是否自动刷新=true

## 10.3　request 对象

### 10.3.1　用 request 读取客户端传递来的参数

客户端传递给服务器的参数最常见的是表单数据或附在 URL 中的参数，其中 URL 中的参数是指 URL"？"后面的参数，称之为查询串（query string）参数，例如 http://localhost/exam.jsp?name＝tomcat 中的 name＝tomcat。

**1. 用 request 读取单值参数**

单值参数是指一个变量最多有一个值。用 request 对象的 getParameter()方法读取这些参数。getParameter()用于读取指定变量名的参数值,方法的定义为

```
public java.lang.String getParameter(java.lang.String name)
```

方法的形参是参数的变量名,以 String 形式返回变量的值。如果 request 对象中没有指定的变量,则返回 null。

【例 10-1】 制作一个用户登录应用,用户在表单中输入用户名和口令后提交给下一个 JSP 页面读取并显示。

操作步骤如下。

(1) 新建 JSP 文件 example10_1.jsp。

**程序清单 10-1(example10_1.jsp):**

```
<%@ page contentType="text/html; charset=gb2312" language="java" import="
java.sql.*" errorPage=""%>
<!DOCTYPE html PUBLIC "-//W3C//DTD XHTML 1.0 Transitional//EN" "http://www.w3.
org/TR/xhtml1/DTD/xhtml1-transitional.dtd">
<html xmlns="http://www.w3.org/1999/xhtml">
<head>
<meta http-equiv="Content-Type" content="text/html; charset=gb2312" />
<title>无标题文档</title>
</head>


<body>
<form id="form1" name="form1" method="get" action="example10_2.jsp">
  用户名:
  <label>
  <input name="userName" type="text" id="userName" />
  </label>
  <p>口令:
    <label>
    <input name="password" type="password" id="password" />
    </label>
    <label>
    <input type="submit" name="Submit" value="提交" />
    </label>
  </p>
  <label></label>
</form>
</body>
</html>
```

(2) 新建 JSP 文件 example10_2.jsp。

**程序清单 10-2（example10_2. jsp）：**

```
<%@ page contentType="text/html; charset=gb2312" language="java" import="
java.sql.*" errorPage="empty.jsp"%>
<!DOCTYPE html PUBLIC "-//W3C//DTD XHTML 1.0 Transitional//EN" "http://www.w3.
org/TR/xhtml1/DTD/xhtml1-transitional.dtd">
<html xmlns="http://www.w3.org/1999/xhtml">
<head>
<meta http-equiv="Content-Type" content="text/html; charset=gb2312" />
<title>无标题文档</title>
</head>
<body>
  <%
      String name=request.getParameter("userName");
      String pw  =request.getParameter("password");
      if(name==null || name.length()==0)
        out.print("用户名为空");
      else
        out.print("用户名="+toChinese(name));
       if(pw==null || pw.length()==0)
        out.print("口令为空");
      else
        out.print("口令="+pw);
  %>
</body>
</html>
```

（3）预览。启动 Tocmat，预览 example10_1. jsp，在表单中输入用户名和口令，提交后
example10_2. jsp 中显示接收到的用户名和口令。

关于从 request 对象读取参数时的中文乱码问题。在本例中，如果用户名是中文，例如
"张历进"，则 example10_2. jsp 显示的是中文乱码。原因是 Java 在默认情况下采用的是
Unicode 编码标准，一般是 UTF-8，把它转换为 GB2312 简体中文编码即可。解决方法是写
一个转码方法，在显示字符串前，把字符串转换成简体中文后再显示，转码方法为 toChinese
（）。在 example10_2. jsp 中的代码中加入下述代码即可：

```
<%!
  public static String toChinese(String str)
  {
  try{
      byte s1[]=str.getBytes("ISO8859-1");
      return new String(s1,"gb2312");
    }
  catch(Exception e)
    { return str;}
  }
```

%>

在上述的例子中，example10_2.jsp 读取的参数来自客户端表单。参数也可以来自 URL 查询串，例如，在 IE 浏览器的地址栏中输入以下 URL 并按 Enter 键：

http://127.0.0.1:8080/exam302.jsp?userName=tom&password=33

在上述的例子中，用 request.getParameter() 读取表单传来的参数时，必须要给出参数的变量名，参数变量名是以硬编码形式嵌在代码中，缺乏灵活性。getParameterNames() 能返回 request 对象中的参数变量名，它的定义为

**public** java.util.Enumeration getParameterNames()

把例 10-1 改用 getParameterNames() 读取表单参数，代码为

```
<body>
  <%@page import="java.util.*"%>
   <%
        Enumeration e=request.getParameterNames();
        while(e.hasMoreElements())
        {
            String varName=(String)e.nextElement();
            String varValue=request.getParameter(varName);
            out.print(toChinese(varName)+"="+toChinese(varValue));
            out.print("<br>");
        }
   %>
</body>
```

预览 example10_1.jsp，提交表单后，修改后的代码运行结果如下：

```
password=123
Submit=提交
userName=tom
```

结果中多了一个提交按钮参数，它也属于 example10_1.jsp 中的表单元素，它默认的变量名为 Submit。

### 2. 用 request 读取多值参数

多值参数的典型代表是表单复选框，例如在会员注册信息表单中的"爱好"就是多值参数，爱好选项中的表单变量名均为 hobby，用户可以选定多个爱好。在服务器端读取多值参数，要用到 request.getParameterValues()，它的定义如下：

**public** java.lang.String[] getParameterValues(java.lang.String name)

形参为多值参数的变量名，多个参数值返回后存储在一个字符串数组中。

【例 10-2】 制作一个会员注册信息页面 example10_3.jsp，表单提交给 example10_4.jsp 处理。本例中制作 example10_4.jsp，读取表单中的信息显示在网页上。操作步骤如下：

（1）新建 JSP 文件 example10_3.jsp。

**程序清单 10-3（example10_3.jsp）：**

```
<%@page contentType="text/html; charset=gb2312" language="java" import="
java.sql.*" errorPage=""%>
<!DOCTYPE html PUBLIC "-//W3C//DTD XHTML 1.0 Transitional//EN" "http://www.w3.
org/TR/xhtml1/DTD/xhtml1-transitional.dtd">
<html xmlns="http://www.w3.org/1999/xhtml">
<head>
<meta http-equiv="Content-Type" content="text/html; charset=gb2312" />
<title>无标题文档</title>
</head>

<body>
<form id="form1" name="form1" method="post" action="example10_4.jsp">
  <p>会员注册信息</p>
  <p>用户名：
    <label>
    <input name="userName" type="text" id="userName" />
    </label>
</p>
  <p>口令：
    <label>
    <input name="password" type="password" id="password" />
    </label>
</p>
  <p>性别：
    <label>
    <input name="sect" type="radio" value="男" checked="checked" />
    </label>
  男
  <label>
  <input type="radio" name="sect" value="女" />
  </label>
  女</p>
  <p>爱好：
    <label>
    <input name="hobby" type="checkbox" id="hobby" value="篮球" />
    </label>
  篮球
  <label>
  <input name="hobby" type="checkbox" id="hobby" value="排球" />
  </label>
  排球
  <label>
```

```
            <input name="hobby" type="checkbox" id="hobby" value="足球" />
          </label>
          足球</p>
        <p>附言：
          <label>
          <textarea name="memo" id="memo"></textarea>
          </label>
          <label>
          <input type="submit" name="Submit" value="提交" />
          </label>
        </p>
    </form>
  </body>
</html>
```

（2）新建 JSP 文件 example10_4.jsp。

**程序清单 10-4（example10_4.jsp）：**

```jsp
<%@ page contentType="text/html; charset=gb2312" language="java" import="
java.sql.*" errorPage="">
<!DOCTYPE html PUBLIC "-//W3C//DTD XHTML 1.0 Transitional//EN" "http://www.w3.
org/TR/xhtml1/DTD/xhtml1-transitional.dtd">
<html xmlns="http://www.w3.org/1999/xhtml">
<head>
<meta http-equiv="Content-Type" content="text/html; charset=gb2312" />
<title>无标题文档</title>
</head>

<%!
  public static String toChinese(String str)
  {
  try{
      byte s1[]=str.getBytes("ISO8859-1");
      return new String(s1,"gb2312");
    }
    catch(Exception e)
    { return str;}
  }
%>
<body>
<%@page import="java.util.*"%>
  <%
      Enumeration e=request.getParameterNames();
      while(e.hasMoreElements())
      {
          String varName=(String)e.nextElement();
```

```
            if(! varName.equals("hobby"))
                {
                    String varValue  =request.getParameter(varName);
                    out.print(toChinese(varName)+"="+toChinese(varValue));
                    out.print("<br>");
                }
            else
                {
                    String varValue[]=request.getParameterValues(varName);
                    out.print(varName+"=");
                    for(int n=0;n<varValue.length;n++)
                    {
                        out.print("  "+toChinese(varValue[n]));
                    }
                    out.print("<br>");
                }
        }
    %>
    </body>
    </html>
```

预览 example10_3.jsp 页面,提交表单后,example10_4.jsp 中显示了表单中的数据。

在本例实验中,如果多值表单 hobby 没有选定任何值,则在服务器端的 request 对象中不存在 hobby 这个参数。如果要用 URL 传递多值参数,则每个参数值均按 name＝value 形式附加在 URL 查询串中。例如:

```
http://127.0.0.1:8080/exam303.jsp?hobby=11&hobby=22& hobby=33& hobby=44
```

## 10.3.2 request 作用范围变量

服务器端的两个 JSP(Servlet)程序间要交换数据时,可通过 request 作用范围变量来实现。request 作用范围变量也称为 request 属性(attributes),是类似于 name＝value 的属性对,由属性名和属性值构成,属性值一般是一个 Java 对象,不是 Java 基本数据类型数据。

Servlet 程序 A 要把数据对象传递给 Servlet 程序 B 时,程序 A 通过调用 request. setAttribute()把数据对象写入 request 作用范围,并通过 request 转发跳转到程序 B,程序 A 的 request 对象被转发给程序 B,在程序 B 中通过 request. getAttribute()从 request 作用范围读取数据对象。通过 request. setAttribute()方法将一个属性值对象写入 request 对象中,或者说把一个属性值对象定义为 request 作用范围变量,实际上是把属性值对象与 request 对象绑定,使属性值对象本身的生命周期和 request 对象的生命周期直接相关,在当前 request 对象有效的范围内,与之绑定的属性值对象也是有效的,可通过 reuqest. getAttribute()方法读取这些有效的属性值对象,当 request 对象生命期结束时,与之绑定的 request 属性变量会变成垃圾对象而被回收。request 作用范围变量的变量名可以采用 Java 包的命名方式,例如,com. abc. mis. login. name、com. abc. mis. login. pw 等,变量名尽可能唯一,并且不要与 Java 及 J2EE 的包名/类名相同。

在 JSP 中,除了 request 作用范围变量外,还有 page、session 和 application 作用范围变量,它们的基本含义都是把属性值对象与某个有生命周期的 JSP 内置对象绑定,使属性值对象有一定的生命周期,或者说使属性值对象在一定的作用范围内有效。定义作用范围变量一般是调用 JSP 内置对象中的 setAttribute()方法,读取作用范围变量一般是调用 getAttribute()方法。

### 1. setAttribute()/getAttribute()方法

request. setAttribute()用于把一个属性对象按指定的名字写入 request 作用范围,它的语法为

```
public void setAttribute(java.lang.String name, java.lang.Object o)
```

第一个形参是作用范围变量名,名字要唯一;第二个形参是属性值对象。

request. getAttribute()从 request 作用范围读出指定名字的属性对象,它的语法为

```
public java.lang.Object getAttribute(java.lang.String name)
```

形参是属性值对象的变量名,方法返回的对象是 Object 类型,一般要进行强制类型转换,还原属性值对象的原本数据类型。例如:

```
<body>
  <%
        request.setAttribute("loginName","tom");
        String s=(String)request.getAttribute("loginName");
     out.print(s);
  %>
</body>
```

### 2. getRequestDispatcher()方法

两个 Servlet 程序间要利用 request 作用范围变量来传递数据时,要用转发跳转操作实现从第一个 Servlet 程序 A 跳转到第二个 Servlet 程序 B,跳转时,程序 A 中的 request 和 response 对象会被自动转发给程序 B。

request 转发器(RequestDispatcher)的作用是获得目标资源的转发器,通过转发器将当前 Servlet 程序的 request 和 response 对象转发给目标资源,并跳转至目标资源上运行程序,这样,目标资源就可通过 request 对象读取上一资源传递给它的 request 属性。request. getRequestDispatcher()的作用是返回目标资源的 RequestDispatcher 对象,语法为

```
public requestDispatcher getRequestDispatcher(java.lang.String path)
```

形参是当前 Web 应用目标资源的 URI,可以使用相对路径或绝对路径。RequestDispatcher 中主要的方法如下:

```
public void forward(ServletRequest request,ServletResponse response)
      throws ServletException,java.io.IOException
```

该方法能够把当前 Servlet 程序的 request 和 response 对象转发给目标资源,并跳转至

目标资源运行代码。形参是当前 Servlet 程序的 request 和 response 对象。

forward() 方法在 response 信息提交前调用。如果在调用 forward() 之前已经刷新了 response 输出缓冲区,那么转发会引发异常。在执行跳转动作前,当前 response 对象输出缓冲区中的信息将被清空。

例如,假定在 a.jsp 中有以下代码:

```
<body>
    <%
        out.print("a第1次输出<br>");
        out.flush();
        RequestDispatcher go=request.getRequestDispatcher("b.jsp");
        go.forward(request,response);
        out.print("a第2次输出");
    %>
</body>
```

预览 a.jsp 后,无法跳转至 b.jsp,只是显示"a第1次输出"信息。因为第4行在转发前刷新了 response 输出缓冲区,导致转发跳转失败,但 a.jsp 第3行中的输出信息在转发动作执行前,已经因刷新而返回给客户端显示。

```
public void include(ServletRequest request, ServletResponse response)
            throws ServletException,java.io.IOException
```

该方法用于包含目标资源。形参是当前 JSP/Servlet 程序的 request、response 对象。如果目标资源是 JSP 页面,它会被编译成 Servlet 程序后再运行。进行包含操作前,允许对当前 JSP/Servlet 程序的 response 输出缓冲区进行刷新。

例如,假定有 a.jsp 页面,代码如下:

```
<body>
    <%
        out.print("a第1次输出<br>");
        out.flush();
        RequestDispatcher go=request.getRequestDispatcher("b.jsp");
        go.include(request,response);
        out.print("a第2次输出<br>");
        out.print(request.getAttribute("dd"));
    %>
</body>
```

假定在 b.jsp 中有以下代码:

```
<body>
    <%
        out.print("b输出<br>");
        request.setAttribute("dd","123");
    %>
</body>
```

预览 a.jsp 后,输出信息为

a 第 1 次输出
b 输出
a 第 2 次输出
123

**【例 10-3】** 利用 request 作用范围变量在两个 JSP 页面间传递数据。操作步骤如下。
(1) 新建 JSP 文件 example10_5.jsp。
**程序清单 10-5(example10_5.jsp):**

```
<%@ page contentType="text/html; charset=gb2312" language="java" import="
java.sql.*" errorPage=""%>
<!DOCTYPE html PUBLIC "-//W3C//DTD XHTML 1.0 Transitional//EN" "http://www.w3.
org/TR/xhtml1/DTD/xhtml1-transitional.dtd">
<html xmlns="http://www.w3.org/1999/xhtml">
<head>
<meta http-equiv="Content-Type" content="text/html; charset=gb2312" />
<title>无标题文档</title>
</head>

<body>
<%
    out.print("在 example10_5.jsp 的 request 中写入一个属性");
    request.setAttribute("name","tom");
    RequestDispatcher go=request.getRequestDispatcher("/example10_6.jsp");
    go.forward(request,response);
%>
</body>
</html>
```

(2) 新建 JSP 文件 example10_6.jsp。
**程序清单 10-6(example10_6.jsp):**

```
<%@ page contentType="text/html; charset=gb2312" language="java" import="
java.sql.*" errorPage=""%>
<!DOCTYPE html PUBLIC "-//W3C//DTD XHTML 1.0 Transitional//EN" "http://www.w3.
org/TR/xhtml1/DTD/xhtml1-transitional.dtd">
<html xmlns="http://www.w3.org/1999/xhtml">
<head>
<meta http-equiv="Content-Type" content="text/html; charset=gb2312" />
<title>无标题文档</title>
</head>

<body>
<%
    String s=(String)request.getAttribute("name");
```

```
    out.print("在 example10_6.jsp 中读到 example10_5.jsp 传来的值="+s);
%>
</body>
</html>
```

预览后,IE 浏览器显示的内容为

在 example10_4.jsp 中读到 example10_3.jsp 传来的值=tom

### 3. removeAttribute()方法

此方法的作用是从 request 作用范围中删除指定名字的属性,它的语法为

**public void** removeAttribute(String name)

形参是属性名。例如:

```
request.removeAttribute("name");
```

### 4. setCharacterEncoding()方法

定义 request 对象中的 parameter 参数的字符编码标准。例如,parameter 参数如果有中文,在读取参数前调用此方法,设置参数的编码标准为 GB2312,可以解决以 POST 方式提交参数的中文乱码问题。

## 10.3.3 用 request 读取系统信息

### 1. getProtocol()

返回 request 请求使用的协议及版本号,方法的语法为

**public** java.lang.String getProtocol()

例如:

```
<%
    out.print(request.getProtocol());
%>
```

### 2. getRemoteAddr()方法

返回客户端或最后一个客户端代理服务器的 IP 地址,方法的语法为

**public** java.lang.String getRemoteAddr()

例如:

```
<%
    out.print(request.getRemoteAddr());
%>
```

预览后显示 127.0.0.1。

### 3. getRemoteHost()方法

返回客户端主机名或最后一个客户端代理服务器的主机名,如果主机名读取失败,则返回主机的 IP 地址。方法的语法为

```
public java.lang.String getRemoteHost()
```

### 4. getScheme()方法

返回当前 request 对象的构造方案,例如 http、https 和 ftp 等,不同的构造方案有不同的 URL 构造规则。例如:

```
<%
    out.print(request.getScheme());
%>
```

预览后显示 http。

### 5. getQueryString()方法

返回 URL 的查询字串,即 URL 中"?"后面的 name=value 对。例如,客户端请求的 URL 为

```
http://127.0.0.1:8080/untitled.jsp?dd=22&ff=2
```

目标资源 untiltled.jsp 中有以下代码:

```
<%
    out.print(request.getQueryString());
%>
```

预览后显示 dd=22&ff=2。

### 6. getReuquestURI()方法

返回 URL 请求中目标资源的 URI。例如,有以下 HTTP 请求:

```
http://127.0.0.1:8080/untitled.jsp?dd=22&ff=2
```

目标资源 untiltled.jsp 中有以下代码:

```
<%
    out.print(request.getReuquestURI());
%>
```

预览后显示/untitled.jsp。

### 7. getMethod()方法

返回 request 请求的提交方式,如 GET、POST 等。

**8. getServletPath()方法**

返回调用 Servlet 程序的 URL 请求,例如:

```
http://127.0.0.1:8080/untitled.jsp
```

目标资源 untitled.jsp 中有如下代码:

```
<%
    out.print(request.getServletPath());
%>
```

预览后显示/untitled.jsp。

**9. getRealPath()方法**

返回虚拟路径在服务器上的真实绝对路径,例如:

```
http://127.0.0.1:8080/untitled.jsp
```

目标资源 untitled.jsp 中有如下的代码:

```
<%
    out.print(request.getRealPath(request.getServletPath()));
%>
```

预览后显示 C:\tomcat\webapps\ROOT\untitled.jsp。

## 10.3.4 用 request 读取 HTTP 请求报头信息

客户端浏览器向服务器请求资源的过程一般分为 3 步来完成。

(1) 发出请求。浏览器通过 HTTP 向服务器提交请求,例如:

```
http://127.0.0.1:8080/exam.jsp
```

(2) HTTP 报头信息交换。JSP 服务器接收到客户端的资源请求后,判断请求是否合法,如果请求有效,则进行报头信息交换。客户机用 HTTP 向服务器传递的报头信息称为HTTP 请求报头,服务器给客户机返回的报头信息称为 HTTP 响应报头。

(3) 信息传输,例如把 JSP 页面的输出信息从服务器上传回浏览器,或把客户机上的文件上传到服务器。

关于 HTTP 报头的详细信息请参阅 RFC 2616 文档。在 JSP 中要读取 HTTP 请求报头中的信息,可以使用 getHeaderNames()和 getHeader()等方法。

**1. getHeader()方法**

返回指定的 HTTP 报头信息,语法为

```
public java.lang.String getHeader(java.lang.String name)
```

该方法的形参为报头名字。关于 HTTP 的报头名字信息请参考相关的 RFC 文档。

**2. getHeaderNames( )方法**

返回 HTTP 报头的名字,名字存储在一个枚举型对象中。以下代码读出 HTTP 请求报头中的信息:

```
<body>
<%@page import="java.util.*"%>
<%
    Enumeration e=request.getHeaderNames();
    while(e.hasMoreElements()){
        String t=(String)e.nextElement();
        out.print(t+":"+request.getHeader(t));
        out.print("<br>");
    }
%>
</body>
```

### 10.3.5  用 request 读取 Cookie

Cookie 或称 Cookies,在 Web 技术中指 Web 服务器暂存在客户端浏览器内存或硬盘文件中的少量数据。Web 服务器通过 HTTP 报头来获得客户端中的 Cookie 信息。

HTTP 是无状态的,无法记录用户的在线信息,利用 Cookie 可以解决这个问题,把待存储的信息封装在 Cookie 对象中并传回客户端保存,需要时再从客户端读取。Cookie 信息的基本结构类似于 name=value 对,每个数据有一个变量名。Cookie 信息有一定的有效期,有效期短的直接存于 IE 浏览器内存中,关闭浏览器后,这些 Cookie 信息也就丢失。有效期长的信息存储在硬盘文件上,例如 Windows XP 中,用关键字 Cookies 搜索 C 盘,会发现有一个 C:\Documents and Settings\admin\Cookies 文件夹,文件夹中存储有曾经访问过的网站的 Cookie 文件( * .txt)。在 JSP 中使用 Cookie 的基本过程如下:

在服务器端生成 Cookie 对象,把待保存信息写入 Cookie 对象中;

必要时设置 Cookie 对象的生命期;

把 Cookie 对象传给客户端浏览器保存;

服务器端程序需要 Cookie 信息时,用代码读取 Cookie 信息。

**1. Cookie 类**

javax. servlet. http. Cookie 类用来生成一个 Cookie 对象,这个类中常用的构造方法的语法为

```
Cookie(java.lang.String name,java.lang.String value)
```

第一个形参是 Cookie 数据的变量名;第二个形参是待保存的数据,字符串类型。

```
public void setMaxAge(int expiry)
```

这个方法定义 Cookie 对象的生命期,形参是生命时间数,单位为秒。如果生命周期为

负整数,表示这个 Cookie 对象是临时的,不要保存在硬盘文件中,关闭 IE 浏览器后 Cookie 数据自动丢失。如果生命期为零,表示删除这个 Cookie。默认值为−1。

Cookie 的生命期定义要在 Cookie 对象传回客户端前进行。用 getMaxAge() 方法可读取 Cookie 对象的生命时间。

**public void** setSecure(boolean flag)

形参取值 true 时,表示用 https 或 SSL 安全协议将 Cookie 传回服务器;取 false 时表示用当前默认的协议传回 Cookie。

**public** java.lang.String getName()

返回当前 Cookie 对象的变量名。

**public** java.lang.String getValue()

返回当前 Cookie 对象的值。

### 2. 将 Cookie 对象传回客户端

将 Cookie 对象传回客户端,要用到另外一个 JSP 隐含对象 response,用到的方法为

**public void** addCookie(Cookie cookie)

形参是待保存的 Cookie 对象。例如:

```
<body>
<%
    Cookie msg=new Cookie("login","tom");
    msg.setMaxAge(60 * 60 * 60 * 60);
    response.addCookie(msg);
%>
</body>
```

### 3. 读取 Cookie 对象

读取客户端存储的 Cookie,用 request 对象的 getCookies() 方法,它的语法为

**public** Cookie[] getCookies()

该方法返回的是一个 Cookie 对象数组,当前浏览器中所有有效的 Cookie 会通过 HTTP 请求报头返回给服务器,每个数组分量是一个返回的 Cookie 对象。如果客户端没有有效的 Cookie,则返回 null 值。例如:

```
<body>
<%
    Cookie c[]=request.getCookies();
    if(c!=null){
        for(int i=0;i<c.length;i++)
            out.print(c[i].getName()+"="+c[i].getValue()+"<br>");
```

```
        }
    else
        out.print("没有返回 Cookie");
%>
</body>
```

【例 10-4】 定义一个 Cookie 对象,存储用户的登录名,生命期为 30 天,在另一个页面中查询这个 Cookie,如果读取的 Cookie 不为空,则显示用户登录名,否则显示"没有登录"信息。再定义一个 Cookie 对象,记录客户最近浏览过的 5 本图书的编号:AB001、KC981、DE345、RD332 和 PC667,如果已经登录,则显示编号,Cookie 生命期为 30 天。操作步骤如下:

(1) 新建一个 JSP 文件 example10_7.jsp。

**程序清单 10-7(example10_7.jsp):**

```
<%@ page contentType="text/html; charset=gb2312" language="java" import="
java.sql.*" errorPage=""%>
<!DOCTYPE html PUBLIC "-//W3C//DTD XHTML 1.0 Transitional//EN" "http://www.w3.
org/TR/xhtml1/DTD/xhtml1-transitional.dtd">
<html xmlns="http://www.w3.org/1999/xhtml">
<head>
<meta http-equiv="Content-Type" content="text/html; charset=gb2312" />
<title>无标题文档</title>
</head>

<body>
<%
    String myName="Jhon";
    String visitedBook="AB001,KC981,DE345,RD332,PC667";
    Cookie c1=new Cookie("loginName",myName);
    c1.setMaxAge(30 * 24 * 60 * 60);
    Cookie c2=new Cookie(myName,visitedBook);
    c2.setMaxAge(30 * 24 * 60 * 60);
    response.addCookie(c1);
    response.addCookie(c2);
    out.print("成功将用户名、书目 Cookie 传回客户端,有效期 30 天");
%>
</body>
</html>
```

(2) 预览 example10_7.jsp,网页上显示信息"成功将用户名、书目 Cookie 传回客户端,有效期 30 天"。用 Windows XP 的开始菜单在 C 盘中搜索有 Cookies 关键字的文件夹,会找到类似于 C:\Documents and Settings\admin\Cookies 的文件夹。打开此文件夹,会看到类似于 admin@127.0.0[1].txt 的一个文件,admin 是当前登录 Windows XP 的登录用户名,127.0.0[1]表示本机。打开此文件,会看到被保存的数据。

(3) 新建一个 JSP 文件 example10_8.jsp。

## 程序清单 10-8（example10_8.jsp）：

```jsp
<%@ page contentType="text/html; charset=gb2312" language="java" import="
java.sql.*" errorPage=""%>
<!DOCTYPE html PUBLIC "-//W3C//DTD XHTML 1.0 Transitional//EN" "http://www.w3.
org/TR/xhtml1/DTD/xhtml1-transitional.dtd">
<html xmlns="http://www.w3.org/1999/xhtml">
<head>
<meta http-equiv="Content-Type" content="text/html; charset=gb2312" />
<title>无标题文档</title>
</head>

<body>
<%
    String  myName=null;
    String  visitedBook=null;
    Cookie c[]=request.getCookies();
    if(c==null)
    { out.print("没有返回 Cookie");  }
    else
     {
        for(int i=0;i<c.length;i++)
        {
            String temp=c[i].getName();
            if(temp.equals("loginName"))
                { myName=c[i].getValue();
                }
            if(myName!=null && temp.equals(myName))
                {
                    visitedBook=c[i].getValue();
                }
        }
    if(myName!=null)
      {
        out.print("您已经登录,用户名="+myName+"<br>");
        if(visitedBook !=null)
           out.print("您最近浏览过的图书编号是: "+visitedBook);
      }
    else
      {
        out.print("您没有登录");
      }
    }
%>
</body>
</html>
```

（4）启动 Tomcat，预览 example10_8.jsp，浏览器中显示的信息为

您已经登录，用户名=John
您最近浏览过的图书编号是：AB001,KC981,DE345,RD332,PC667

（5）Cookie 生命期验证。

关闭所有的浏览器窗口。

关闭 Tomcat。

重启 Tomcat。

新打开一个 IE 浏览器窗口，在地址栏中输入 http://127.0.0.1:8080/ example10_8. jsp 后按 Enter 键，浏览器中还能看到用户信息。说明 Cookie 信息存储在客户端，由客户端浏览器维护。

在 Windows XP 中，把当前机内日期向前调整两个月以上，如把三月改为五月。

新打开一个 IE 浏览器窗口，在地址栏中输入 http://127.0.0.1:8080/ example10_8. jsp 后按 Enter 键，发现 Cookie 信息因过期而没有返回给服务器的信息。

### 10.3.6 用 request 选择国际化信息

request 对象可以读取客户端浏览器的语言类型，并据此选择适当的语言信息给客户阅读，这项工作称为信息国际化。request 对象中的 getLocale() 方法返回客户端的语言信息，并存储在 public java.util.Locale 对象中。java.util.Locale 是 JDK 中的一个类，Locale 对象表示了特定的地理、政治和文化地区。Locale 类中定义了一些类属性来表达各国语言，例如，中文为 Locale.CHINA，英文为 Locale.ENGLISH 或 Locale.US 等。

以下例子是根据客户端的语言类型决定显示中文还是英文信息：

```
<body>
<%@page import="java.util.*"%>
<%
    Locale a=request.getLocale();
    if(a.equals(Locale.CHINA))
        out.print("使用简体中文信息");
    else
        out.print("English Information");
%>
</body>
```

# 10.4 response 对象

### 10.4.1 输出缓冲区与响应提交

输出缓冲区用于暂存 Servlet 程序的输出信息，减少服务器与客户端的网络通信次数。传送给客户端的信息称为响应信息，如果输出缓冲区中的响应信息已经传递给客户端，称响应是已经提交的。刷新操作强制把输出缓冲区中的内容传送回客户端。response 对象中和输出缓冲区相关的方法有 4 个。

### 1. flushBuffer()方法

**public void** flushBuffer() **throws** java.io.IOException

刷新输出缓冲区,把信息传回客户端。out.flush()也具有刷新缓冲区的功能。

### 2. setBufferSize()方法

**public void** setBufferSize(**int** size)

定义输出缓冲区的大小,单位为字节。

### 3. isCommitted()方法

**public boolean** isCommitted()

返回缓冲区中的响应信息是否已经提交。

### 4. getWriter()方法

**public** java.io.PrintWriter getWriter() **throws** java.io.IOException

返回一个 PrintWriter 对象,Servlet 程序通过此对象向客户端输出字符信息,调用对象中的 flush()方法实现响应提交。

## 10.4.2　HTTP 响应报头设置

服务器通过 HTTP 响应报头向客户端浏览器传送通信信息。在默认情况下,JSP 服务器响应信息是以字符形式传送。如果要用 HTTP 响应报头传输二进制数据,应该通过 response.getOutputStream()获得一个 ServletOutputStream 输出流对象输出二进制信息。

### 1. setContentType()方法

**public void** setContentType(java.lang.String type)

定义返回客户端的信息类型及编码标准,默认是 text/html;charset＝UTF-8。如果返回给客户端的是二进制信息,则应该调用此方法进行适当的设置。信息类型为 MIME-type 中定义的类型,浏览器会根据信息类型自动调用匹配的软件来处理,或将信息另存为一个文件。

### 2. setCharacterEncoding()方法

**public void** setCharacterEncoding(java.lang.String charset)

定义返回客户端信息的编码标准。如果已经用 response.setContentType()定义字符集,则调用此方法将重新设置字符集。信息字符集的定义要在缓冲区刷新前进行。

### 3. sendError()方法

**public void** sendError(**int** sc) **throws** java.io.IOException

向客户端返回 HTTP 响应码,并清空输出缓冲区。HTTP 响应码由三位的十进制数构成:

1××:请求收到,继续处理。

2××:成功,请求被成功地接受和处理。

3××:重定向,为了完成请求,必须进一步执行的动作。

4××:客户端错误。

5××:服务器出错。

例如,在 IE 浏览器地址栏中输入 http://127.0.0.1:8080/aabb.jsp,企图访问 Tomcat 服务器中不存在的资源 aabb.jsp,则 Tomcat 会给客户端返回一个 HTTP 响应码 404,在 IE 浏览器上显示 HTTP 响应码及错误信息。

如果要人为地返回 HTTP 响应码,则调用 sendError(int sc)方法,例如:

```
<body>
<%
    out.print("返回一个 404 响应码");
    response.sendError(404);
%>
</body>
```

预览后,在 IE 浏览器中显示 404 状态码信息。如果要自定义响应码的返回信息,则调用方法:

**public void** sendError(**int** sc,java.lang.String msg)　　**throws** java.io.IOException

第一个形参是响应码,第二个形参是响应码的信息。例如:

```
<%
    response.sendError(404,"您访问的资源找不到");
%>
```

如果要自定义一个 488 响应码,代码如下:

```
<%
    response.sendError(488,"您访问的资源找不到");
%>
```

如果希望出现某个响应码时,服务器自动转至某页面显示信息,需要在 Web 应用中的 WEB-INF\web.xml 部署文件中作出定义。例如,当出现 404 错误码时,转至 error.jsp 显示信息,在 web.xml 的<web-app></web-app>标记内添加一项部署信息:

```
<error-page>
    <error-code>404</error-code>
    <location>/error.jsp</location>
</error-page>
```

这项配置信息表示,当出现 404 响应码时,自动跳转至/error.jsp 页面。

#### 4. setHeader()方法

**public void** setHeader(java.lang.String name, java.lang.String value)

第一个形参为报头名,第二个形参是报头值。关于 HTTP 报头的定义请参考 RFC 2047(http://www.ietf.org/rfc/rfc2047.txt)。HTTP 报头中有一个名为 Refresh 的响应报头,它的作用是使 IE 浏览器在若干秒后自动刷新当前网页或跳转至指定的 URL 资源。这个报头的语法为

response.sendHeader("Refresh","定时秒数;url=目标资源的 URL");

方法的第一个形参是响应报头名 Refresh,第二个形参由两部分组成:第一部分定义秒数,即若干秒后自动刷新;第二部分为目标资源的 URL,缺少时默认刷新当前页。例如:

```
<%!
    static int number=0;
%>
<body>
<%
    number=number+1;
    out.print("number="+number);
    response.setHeader("Refresh","2");
%>
</body>
```

如果要实现若干秒后自动跳转至目标页,代码如下:

```
<body>
<%
    out.print("2 秒钟后自动跳转至 www.aa.com");
    response.setHeader("Refresh","2;url=http://www.aa.com");
%>
</body>
```

**【例 10-5】**　用 response 返回 Excel 文档形式的学生成绩表。操作步骤如下。
(1) 新建 JSP 文件 example10_9.jsp

**程序清单 10-9(example10_9.jsp):**

```
<%@page import="java.io. * "%>
<%
    response.setContentType("application/vnd.ms-excel");
try
{
    PrintWriter out2=response.getWriter();
    out2.println("学号\t 姓名\t 平时成绩\t 考试成绩\t 期评");
    out2.println("S001\t 张进有\t87\t65\t=round(C2 * 0.3+D2 * 0.7,0)");
    out2.println("S002\t 李轩明\t76\t98\t=round(C3 * 0.3+D3 * 0.7,0)");
```

```
   out2.println("S003\t 赵林杰\t66\t76\t=round(C4 * 0.3+D4 * 0.7,0)");
 }catch(Exception e)
 {
    out.print("出错:"+e);
 }
%>
```

（2）预览 example10_9.jsp，IE 浏览器接收到返回的 Excel 数据后，会自动嵌入 Excel 软件显示数据，如果 Excel 启动失败，浏览器提示把接收到的信息另存为磁盘文件。

## 10.4.3　用 response 实现文件下载

在 JSP 中实现文件下载最简单的方法是定义超链接指向目标资源，用户单击超链接后直接下载资源，但直接暴露资源的 URL 也会带来一些负面的影响，例如容易被其他网站盗链，造成本地服务器下载负载过重。

另外一种下载文件的方法是使用文件输出流实现下载，首先通过 response 报头告知客户端浏览器，将接收到的信息另存为一个文件，然后用输出流对象给客户端传输文件数据，浏览器接收数据完毕后将数据另存为文件，这种下载方法的优点是服务器端资源路径的保密性好，并可控制下载的流量以及日志登记等。

### 1. 二进制文件的下载

用 JSP 程序下载二进制文件的基本原理：首先将源文件封装成字节输入流对象，通过该对象读取文件数据，获取 response 对象的字节输出流对象，通过输出流对象将二进制的字节数据传送给客户端。

首先，把源文件封装成字节输入流对象。

将源文件封装成字节输入流，用 JDK 中的 java. io. FileInputStream 类，常用的方法如下：

**public** FileInputStream(String name)　　**throws** FileNotFoundException

构造方法，形参是源文件的路径和文件名，注意路径分隔符使用//或\\，例如：

```
FileInputStream inFile=new FileInputStream("c:\\temp\\my1.exe");
```
**public int** read(**byte**[] b)　　　　**throws** IOException

从输入流中读取一定数量的字节数据并将其缓存在数组 b 中。方法返回值是实际读取到的字节数。如果检测到文件尾，返回−1。

**public void** close()　　**throws** IOException

关闭输入流并释放相关的系统资源。

其次，读取二进制字节数据并传输给客户端。

response 对象的 getOutputStream()方法可返回一个字节输出流对象，语法为

**public** ServletOutputStream getOutputStream()　　**throws** java.io.IOException

返回的字节输出流对象是 javax. servlet. ServletOutputStream。ServletOutputStream

继承 java. io. OutputStream，主要供 Servlet 程序向客户端传送二进制数据，子类由 Servlet
容器实现。例如：

```
ServletOutputStream myOut=response. getOutputStream();
```

ServletOutputStream 中常用的方法如下：

**public void** write(**byte**[] b)　**throws** IOException

这个方法将数组中的 b. length 个字节写入输出流。write(b)与调用 write(b,0,b.
length) 的效果相同。

**public void** close()　**throws** IOException

关闭输出流并释放相关的系统资源。关闭的流不能再执行输出操作，也不能重新打开。

【例 10-6】　用 response 把 ROOT\d. zip 文件传送回客户端。操作步骤如下。

(1) 新建 JSP 文件 example10_10. jsp。

**程序清单 10-10(example10_10. jsp)：**

```
<%@page contentType="application/x-download"  import="java.io. * "%>
<%
    int status=0;
    byte   b[]=new byte[1024];
    FileInputStream in=null;
    ServletOutputStream out2=null;
    try
    {
        response. setHeader ( " content - disposition "," attachment; filename = d.
zip");
        in=new FileInputStream("C:\\tomcat\\webapps\\ROOT\\d.zip");
        out2=response.getOutputStream();
        while(status !=-1 )
          {
              status=in.read(b);
              out2.write(b);
          }
        out2.flush();
    }
    catch(Exception e)
    {
        System.out.println(e);
        response.sendRedirect("downError.jsp");
    }
    finally
    {
        if(in!=null)
            in.close();
```

```
            if(out2 !=null)
                out2.close();
    }
%>
```

（2）新建 JSP 文件 downError.jsp，输入一些下载出错提示文字。保存文档并关闭。

### 2. 文本文件的下载

文本文件下载时用的是字符流，而不是字节流。首先取得源文件的字符输入流对象，用 java. io. FileReader 类封装，再把 FileReader 对象封装为 java. io. BufferedReader，以方便从文本文件中一次读取一行。字符输出流直接用 JSP 的隐含对象 out，out 能够输出字符数据。FileReader 类的基本用法如下：

**public** FileReader(String fileName)　　**throws** FileNotFoundException

构造方法，取得文件的字符输入流对象，形参是文件的路径和文件名，路径分隔符用// 或\\。如果打开文件出错，会引发一个异常。

【例 10-7】　用 JSP 下载 ROOT\ee. txt 文件。

操作步骤如下。

新建 JSP 文件 example10_11. jsp。

**程序清单 10-11（example10_11. jsp）：**

```
<%@page contentType="application/x-download"  import="java.io.*"%><%
    int status=0;
    String temp=null;
    FileReader in=null;
    BufferedReader in2=null;
    try
    {
        response.setHeader("content-disposition","attachment; filename=ee.
        txt");
        response.setCharacterEncoding("gb2312");
        in=new FileReader("C:\\tomcat\\webapps\\ROOT\\ee.txt");
        in2=new BufferedReader(in);
        while((temp=in2.readLine()) !=null )
            {
                out.println(temp);
            }
     out.close();
    }
    catch(Exception e)
    {
        System.out.println(e);
        response.sendRedirect("downError.jsp");
    }
```

```
    finally
    {
        if(in2!=null)
            in2.close();
    }
%>
```

# 10.5    application 对象

## 10.5.1    用 application 访问 Web 应用的初始参数

Tomcat 启动时，会自动加载合法的 Web 应用。在 web.xml 文件中，定义一些全局的初始化参数，让 Tomcat 在启动 Web 应用时自动加载到 Servlet 容器中，Web 应用中的 Servlet 程序通过访问 Servlet 容器获得这些全局初始化参数。

### 1. Web 应用初始化参数的定义

Web 应用初始化参数是在 Web 应用的部署文件 WEB-INF\web.xml 中定义，基本语法格式为

```
<context-param>
  <param-name>参数名</param-name>
  <param-value>参数值</param-value>
</context-param>
```

例如，如果要定义 3 个初始化参数 DBLoginName＝user1、DBLoginPassword＝123 和 msg＝/msg.properties，相关的代码为

```
<context-param>
    <param-name>DBLoginName</param-name>
    <param-value>user1</param-value>
</context-param>
<context-param>
    <param-name>DBLoginPassword</param-name>
    <param-value>123</param-value>
</context-param>
<context-param>
    <param-name>msg</param-name>
    <param-value>/msg.properties</param-value>
</context-param>
```

### 2. 读取 Web 应用的初始化参数

读取 Web 应用中的初始化参数，要用到的方法如下。

**public** java.util.Enumeration getInitParameterNames()

返回初始化参数的变量名,并存储在枚举型对象中,如果没有初始化参数,则返回 null。

**public** java.lang.String getInitParameter(java.lang.String name)

方法的形参是初始化参数的变量名,方法返回指定变量名的初始化参数值。例如,要读取上述定义的 3 个初始化参数,相关的代码如下:

```
<body>
<%@page import="java.util.*"%>
<%
    Enumeration e=application.getInitParameterNames();
    out.print("读取 Web 应用初始化参数:<br>");
    while(e.hasMoreElements())
    {
        String n=(String)e.nextElement();
        String v=(String)application.getInitParameter(n);
        out.print(n+"="+v+"<br>");
    }
%>
</body>
```

### 10.5.2　application 作用范围变量

application 作用范围变量能够被 Web 应用中的所有程序共享。application 对象提供的存储方法主要有 4 种。

**1. getAttributeNames()方法**

**public** java.util.Enumeration getAttributeNames()

返回当前上下文中所有可用的 application 作用范围变量名,并存储在枚举型对象中。

**2. getAttribute()方法**

**public** java.lang.Object getAttribute(java.lang.String name)

**3. setAttribute()方法**

**public void** setAttribute(java.lang.String name,java.lang.Object object)

把一个属性写入 application 作用范围。第一个形参 name 是属性名,第二个形参 object 是属性值,它是一个 Java 对象。如果属性值 object 为 null,则相当于删除一个属性名为 name 的属性。如果容器中已经存在指定名字的属性,写入操作会用当前的属性值替换原有的属性值。

**4. removeAttribute()方法**

**public void** removeAttribute(java.lang.String name)

从 Servlet 容器中删除指定名字的属性。形参是属性名,字符串形式。

【例 10-8】　用 application 实现一个简单的站点计数器,当访问 JSP 页面时,页面进行访问次数统计,并打印当前计数值。操作步骤如下。

(1) 新建 JSP 文件 example10_12.jsp。

**程序清单 10-12(example10_12.jsp):**

```
<%@ page contentType="text/html; charset=gb2312" language="java" import="
java.sql.*" errorPage=""%>
<!DOCTYPE html PUBLIC "-//W3C//DTD XHTML 1.0 Transitional//EN" "http://www.w3.
org/TR/xhtml1/DTD/xhtml1-transitional.dtd">
<html xmlns="http://www.w3.org/1999/xhtml">
<head>
<meta http-equiv="Content-Type" content="text/html; charset=gb2312" />
<title>无标题文档</title>
</head>

<body>
<%
    int n=0;
    String counter=(String)application.getAttribute("counter");
    if(counter!=null)
        n=Integer.parseInt(counter);
    n=n+1;
    out.print("您是第"+n+"位访客");
    counter=String.valueOf(n);
    application.setAttribute("counter",counter);
%>
</body>
</html>
```

(2) 启动 Tomcat,预览 example10_12.jsp,出现访问计数值。另打开一个 IE 窗口,在地址栏中输入访问 URL: http://127.0.0.1:8080/example10_12.jsp,发现计数值加 1。两个 IE 窗口表示当前有两个客户端,存储在 Servlet 容器中的 application 属性能被 Web 应用中所有的 Servlet 程序所共享,计数值会累加。

(3) 重启 Tomcat,再访问 example10_12.jsp,发现计数从 1 开始计数。application 属性是存储在 Servlet 容器中(内存中),关闭 Tomcat 会导致 application 属性丢失,所以计数器重新计数。

## 10.5.3　用 application 对象读取 Servlet 容器信息

application 对象可以读取 Servlet 容器的系统信息,相关方法如下。

### 1. getMajorVersion()方法

**public int** getMajorVersion()

返回 Servlet 容器支持的 Servlet API 的主版本号。

## 2. getMinorVersion()方法

**public int** getMinorVersion()

返回 Servlet 容器支持的 Servlet API 子版本号。

## 3. getServerInfo()方法

**public** java.lang.String getServerInfo()

返回当前 Servlet 容器的名字与版本号。

## 10.5.4 用 application 记录操作日志

Servlet 程序运行过程中如果需要把一些信息记录在日志文件中,一个可行的方法是使用 application 中的方法。

### 1. log()方法

**public void** log(java.lang.String msg)

形参是待记录的日志信息。例如:

```
<%
    application.log("成功访问数据库!");
%>
```

### 2. 带参数的 log()方法

**public void** log(java.lang.String message,java.lang.Throwable throwable)

这个方法用于记录日志信息及异常堆栈信息。第一个形参是用户自定义的日志信息,第二个是异常对象。例如:

```
<body>
<%
    try{
        String s=null;
        out.print(s.length());
    }
    catch(Exception e)
    {
        application.log("发现以下异常:",e);
    }
%>
</body>
```

# 10.6 session 对象

session 是指一个终端用户与后台某交互式系统进行通信的时间间隔,通常把从登录进入系统到注销退出系统之间所经历的时间,称为一次 session 通信周期。如何把一个操作步中产生的有用信息保存下来,供后续的操作步使用,以及如何标识当前 session 通信等,这些问题称为 session 跟踪(Session Tracking)问题。

## 10.6.1 用 URL 重写实现 session 跟踪

URL 重写(URL Rewriting)就是把 session 数据编码成 name=value 对,当作 URL 的查询串附在 URL 后,用带有查询串的 URL 访问下一个目标资源时,附在 URL 查询串中的 session 数据自然被传送给下一页。

例如,当前的 a.jsp 页面中程序产生了一个 session 数据 status=90,现要重定向至 http://127.0.0.1:8080/k.jsp,并且 k.jsp 要用到 status=90 这个 session 数据,则新的 URL 应该为

```
http://127.0.0.1:8080/k.jsp?status=90
```

在 a.jsp 中产生此 URL 的代码为

```
<%
    String status="90";
    String myURL="http://127.0.0.1:8080/k.jsp?status="+status;
    response.sendRedirect(myURL);
%>
```

【例 10-9】 写一个简单的登录页面,效果如图 10-1 和图 10-2 所示。

图 10-1 登录页面

图 10-2 成功登录后的信息

(1) 新建 JSP 文件 example10_13.jsp。

**程序清单 10-13(example10_13.jsp):**

```
<%@ page contentType="text/html; charset=gb2312" language="java" import="
java.sql.*" errorPage=""%>
<!DOCTYPE html PUBLIC "-//W3C//DTD XHTML 1.0 Transitional//EN" "http://www.w3.
org/TR/xhtml1/DTD/xhtml1-transitional.dtd">
<html xmlns="http://www.w3.org/1999/xhtml">
```

```
<head>
<meta http-equiv="Content-Type" content="text/html; charset=gb2312" />
<title>无标题文档</title>
</head>

<body>
<form id="form1" name="form1" method="post" action="example10_14.jsp">
    用户名:
    <label>
    <input name="userName" type="text" id="userName" />
    </label>
    <p>口令:
      <label>
      <input name="pw" type="password" id="pw" />
      </label>
      <label>
      <input type="submit" name="Submit" value="提交" />
      </label>
    </p>
</form>
<%
    String  name=request.getParameter("userName");
    String  pw=  request.getParameter("pw");
    if((name!=null && name.length()!=0) && (pw !=null && pw.length()!=0))
    {
        if(name.equals("tom")&& pw.equals("123"))
          response.sendRedirect("exam313.jsp?name=tom");
        else
          out.print("您登录失败,请重试!");
    }
    else
        out.print("您没有登录.");
%>
</body>
</html>
```

(2) 新建 JSP 文件 example10_14.jsp。

**程序清单 10-14(example10_14.jsp):**

```
<%@ page contentType="text/html; charset=gb2312" language="java" import="
java.sql.*" errorPage=""%>
<!DOCTYPE html PUBLIC "-//W3C//DTD XHTML 1.0 Transitional//EN" "http://www.w3.
org/TR/xhtml1/DTD/xhtml1-transitional.dtd">
<html xmlns="http://www.w3.org/1999/xhtml">
<head>
<meta http-equiv="Content-Type" content="text/html; charset=gb2312" />
```

```
<title>无标题文档</title>
</head>

<body>
<%
    String name=request.getParameter("name");
    if(name==null || name.length()==0)
        response.sendRedirect("example10_13.jsp");
    else
        out.print("欢迎"+name+"<br>");
    String pageNO=request.getParameter("pageNO");
    if(pageNO==null || pageNO.length()==0)
        pageNO="1";
    out.print("这些信息是第"+pageNO+"页<br>");
    for(int i=1;i<=10;i++)
    {
    String temp="<a href='example10_14.jsp?name="+name+"&pageNO="+i+"'>"
    +i+"</a>";
    out.print(temp);
    }
%>
</body>
</html>
```

（3）启动 Tomcat，预览 example10_13.jsp，输入几个非法用户名或口令，均无法成功登录，用户名输入 tom、口令输入 123 后，单击"提交"按钮登录成功，并转至 example10_14.jsp。在 example10_14.jsp 中，单击 10 个超链接，发现 URL 上均带有两个 session 数据。

## 10.6.2　用 cookie 实现 session 跟踪

用 cookie 实现 session 跟踪的基本原理：把一个 session 数据封装在一个 cookie 对象中，将 cookie 对象传回客户端存储，需要用到时用代码从客户端读回。

**【例 10-10】**　题目同例 10-9，此处要求用 cookie 保存用户成功登录的 session 数据 name＝tom。只需要修改 example10_13.jsp 和 example10_14.jsp 中的代码即可。

（1）修改 example10_13.jsp 如下。

**程序清单 10-15（修改后的 example10_13.jsp）：**

```
<%@page contentType="text/html; charset=gb2312" language="java" import="
java.sql.*" errorPage=""%>
<!DOCTYPE html PUBLIC "-//W3C//DTD XHTML 1.0 Transitional//EN" "http://www.w3.
org/TR/xhtml1/DTD/xhtml1-transitional.dtd">
<html xmlns="http://www.w3.org/1999/xhtml">
<head>
<meta http-equiv="Content-Type" content="text/html; charset=gb2312" />
<title>无标题文档</title>
```

```
</head>

<body>
<form id="form1" name="form1" method="post" action="exam312.jsp">
  用户名:
  <label>
  <input name="userName" type="text" id="userName" />
  </label>
  <p>口令:
    <label>
    <input name="pw" type="password" id="pw" />
    </label>
    <label>
    <input type="submit" name="Submit" value="提交" />
    </label>
  </p>
</form>
<%
    String  name=request.getParameter("userName");
    String  pw=  request.getParameter("pw");
    if((name!=null && name.length()!=0) && (pw !=null && pw.length()!=0))
    {
        if(name.equals("tom")&& pw.equals("123"))
        {
            Cookie a=new Cookie("name","tom");
            response.addCookie(a);
            response.sendRedirect("example10_14.jsp");
        }
        else
          out.print("您登录失败,请重试!");
    }
    else
      out.print("您没有登录.");
%>
</body>
</html>
```

（2）修改 example10_14.jsp 如下。

**程序清单 10-16（修改后的 example10_14.jsp）：**

```
<%@ page contentType="text/html; charset=gb2312" language="java" import="
java.sql.*" errorPage=""%>
<!DOCTYPE html PUBLIC "-//W3C//DTD XHTML 1.0 Transitional//EN" "http://www.w3.
org/TR/xhtml1/DTD/xhtml1-transitional.dtd">
<html xmlns="http://www.w3.org/1999/xhtml">
<head>
```

```
<meta http-equiv="Content-Type" content="text/html; charset=gb2312" />
<title>无标题文档</title>
</head>

<body>
<%
    String name=null;
    Cookie c[]=request.getCookies();
    if(c!=null)
    {
        for(int i=0;i<c.length;i++)
        {
        String n=c[i].getName();
        if(n.equals("name")) name=c[i].getValue();
        }
    }
    else
        response.sendRedirect("example10_13.jsp");
    if(name==null || name.length()==0)
        response.sendRedirect("example10_13.jsp");
    else
        out.print("欢迎"+name+"<br>");
    String pageNO=request.getParameter("pageNO");
    if(pageNO==null || pageNO.length()==0)
        pageNO="1";
    out.print("这些信息是第"+pageNO+"页<br>");
    for(int i=1;i<=10;i++)
    {
        String temp="<a href='exam313.jsp?name="+name+"&pageNO="+i+"'>"+i+"
        </a>";
        out.print(temp);
    }
%>
</body>
</html>
```

（3）安全性检验。

在例 10-9 中，不需要在 example10_13.jsp 页面上登录，在浏览器地址栏中直接手工输入 URL：http://127.0.0.1:8080/example10_14.jsp?name=dd 就能直接访问 example10_14.jsp。在本例中，直接输入此 URL 后，发现被重定向至登录页，无法通过浏览器地址栏直接访问。此时 cookie 数据 name=tom 保存在浏览器内存中，不是保存在 URL 的查询串中，所以数据安全性有所提高。

## 10.6.3　用隐藏表单域实现 session 跟踪

隐藏表单域在页面上不可视，它相当于一个变量，如果把一个 session 数据存储在其中，则提交表单时,隐藏表单域中的数据也会被提交给服务器。

【例 10-11】 设计一个 example10_15.jsp 页面实现猜数游戏,如图 10-3 所示。首次启动页面时,example10_15.jsp 产生一个 0～100 间的整数让用户猜。用户在表单中输入数据,提交后页面判断是否正确,如果猜小了或猜大了则给出提示,如果猜中,则显示目标数据和用户输入的数据。页面还显示用户总共猜了多少次。

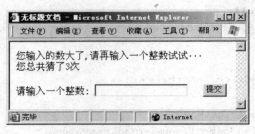

图 10-3 猜数游戏页面

(1) 新建 JSP 文件 example10_15.jsp。

**程序清单 10-17(example10_15.jsp):**

```jsp
<%@ page contentType="text/html; charset=gb2312" language="java" import="
java.sql.*" errorPage=""%>
<!DOCTYPE html PUBLIC "-//W3C//DTD XHTML 1.0 Transitional//EN" "http://www.w3.
org/TR/xhtml1/DTD/xhtml1-transitional.dtd">
<html xmlns="http://www.w3.org/1999/xhtml">
<head>
<meta http-equiv="Content-Type" content="text/html; charset=gb2312" />
<title>无标题文档</title>
</head>

<body>
<%
    int theNumber=0;
    int counter=0;
    String b=request.getParameter("counter");
    if(b==null || b.length()==0 )
    {
        counter=0;
    }
    else
        counter=Integer.parseInt(b);
    String getNumber=request.getParameter("guess");
    if(getNumber==null || getNumber.length()==0 )
    {
        theNumber=(int)(Math.random() * 100);
    }
    else
```

```
        theNumber=Integer.parseInt(getNumber);
    String yourNumber=request.getParameter("yourNumber");
    if(yourNumber==null || yourNumber.length()==0)
        out.print("请输入一个 0~ 100 整数,开始猜数游戏.");
    else
    {
        int temp=Integer.parseInt(yourNumber);
        if(temp>theNumber)
            { out.print("您输入的数大了,请再输入一个整数试试…<br>");
              counter++;
              out.print("您总共猜了"+counter+"次");
            }
        else if(temp<theNumber)
            {   out.print("您输入的数小了,请再输入一个整数试试…<br>");
                counter++;
                out.print("您总共猜了"+counter+"次");
            }
        else
            {
                out.print("猜对了,您输入的数="+yourNumber+",目标数="+
                theNumber+"<br>");
                counter++;
                out.print("您总共猜了"+counter+"次<br>");
                out.print("下面开始猜另一个数…");
                theNumber=(int)(Math.random() * 100);
                counter=0;
            }
    }
%>
<form id="form1" name="form1" method="post" action="example10_15.jsp">
    请输入一个整数:
    <label>
    <input name="yourNumber" type="text" id="yourNumber" />
    </label>
    <input name="guess" type="hidden" id="guess" value="<%=theNumber%>" />
    <input name="counter" type="hidden" id="counter" value="<%=counter%>" />
    <label>
    <input type="submit" name="Submit" value="提交" />
    </label>
</form>
</body>
</html>
```

(2) 启动 Tomcat,预览 example10_15.jsp,出现了图 10-3 中的猜数游戏,实现了用隐藏
表单域保存 session 数据。

隐藏域有一定的安全缺陷,例如在本例中,预览页面后,使用 IE 浏览器的菜单"查看"→"源文件",可查看到隐藏表单域的 HTML 代码及其取值。

### 10.6.4　session 作用范围变量与 session 跟踪

session 隐含对象是实现 session 跟踪最直接的方法。session 隐含对象由 Web 服务器创建,并存储在服务器端,功能强大,在后续的学习中,提到 session 时,如果不特别说明,就是指 session 对象。session 作用范围变量也称为 session 属性。

#### 1. isNew()方法

```
public boolean isNew()
```

判断 session 对象是新创建的,还是已经存在。返回 true 时,表示 session 对象是刚创建的,也表示本次客户端发出的请求是本次 session 通信的第一次请求。这个方法返回 true,并不表示客户端浏览器窗口是新打开的。

【例 10-12】　在例 10-8 中我们设计了一个站点计数器,但这个计数器存在一个缺陷,当刷新当前 IE 窗口时,计数器的值会增加,这是不合理的。现在用 session.isNew()来修订这个缺陷,防止刷新窗口时计数值增加。原理:isNew()方法返回 true 值时,表示这是一次新的访问,此时允许计数器加 1 计数。例 10-8 中的代码修改为 example10_16.jsp。

**程序清单 10-18(example10_16.jsp):**

```jsp
<%@ page contentType="text/html; charset=gb2312" language="java" import="
java.sql.*" errorPage=""%>
<!DOCTYPE html PUBLIC "-//W3C//DTD XHTML 1.0 Transitional//EN" "http://www.w3.
org/TR/xhtml1/DTD/xhtml1-transitional.dtd">
<html xmlns="http://www.w3.org/1999/xhtml">
<head>
<meta http-equiv="Content-Type" content="text/html; charset=gb2312" />
<title>无标题文档</title>
</head>
<body>
<%
    int n=0;
    String counter=(String)application.getAttribute("counter");
    if(counter!=null)
        n=Integer.parseInt(counter);
    if(session.isNew())
    {
        n=n+1;
    }
    out.print("您是第"+n+"位访客");
    counter=String.valueOf(n);
    application.setAttribute("counter",counter);
%>
```

```
</body>
</html>
```

**2. getId()方法**

返回当前 session 对象的 ID 号。

**【例 10-13】**　通过 session 对象的 ID 号理解 JSP 服务器识别 session 客户端的方法。
操作步骤如下。

（1）新建 JSP 文件 example10_17.jsp。

**程序清单 10-19（example10_17.jsp）：**

```
<%@ page contentType="text/html; charset=gb2312" language="java" import="
java.sql.*" errorPage=""%>
<!DOCTYPE html PUBLIC "-//W3C//DTD XHTML 1.0 Transitional//EN" "http://www.w3.
org/TR/xhtml1/DTD/xhtml1-transitional.dtd">
<html xmlns="http://www.w3.org/1999/xhtml">
<head>
<meta http-equiv="Content-Type" content="text/html; charset=gb2312" />
<title>无标题文档</title>
</head>

<body>
<%
    String id=session.getId();
    out.print(id);
%>
</body>
</html>
```

（2）启动 Tomcat，打开两个 IE 浏览器窗口，分别预览 example10_17.jsp，浏览器上显
示的一串字符串就是随机生成的 session ID 号，两个浏览器窗口中显示的 ID 号均不相同。
说明在 JSP 中，不同的浏览器窗口表示不同的客户端。

**3. getLastAccessedTime()方法**

**public long** getLastAccessedTime()

返回客户端最后一次请求的发送时间，是一个 long 型的整数，单位为毫秒，是从格林尼
治时间 1970-1-1 00：00：00 到当前所经历的毫秒数。例如，以下代码取得 session 通信中
最后一次请求时间。

**程序清单 10-20（example10_18.jsp）：**

```
<%@ page contentType="text/html; charset=gb2312" language="java" import="
java.sql.*" errorPage=""%>
<!DOCTYPE html PUBLIC "-//W3C//DTD XHTML 1.0 Transitional//EN" "http://www.w3.
org/TR/xhtml1/DTD/xhtml1-transitional.dtd">
<html xmlns="http://www.w3.org/1999/xhtml">
```

```
<head>
<meta http-equiv="Content-Type" content="text/html; charset=gb2312" />
<title>无标题文档</title>
</head>

<body>
<%@page import="java.util.*"%>
<%
    long a=session.getLastAccessedTime();
    Calendar kk=Calendar.getInstance();
    kk.setTimeInMillis(a);
    int year=kk.get(Calendar.YEAR);
    int month=kk.get(Calendar.MONTH)+1;
    int day=kk.get(Calendar.DAY_OF_MONTH);
    int hour=kk.get(Calendar.HOUR_OF_DAY);
    int min=kk.get(Calendar.MINUTE);
    int sec=kk.get(Calendar.SECOND);
    int msec=kk.get(Calendar.MILLISECOND);
    out.print(year+"年"+month+"月"+day+"日,"+hour+":"+sec+":"+msec);
%>
</body>
</html>
```

### 4. invalidate()方法

**public void** invalidate()

使当前 session 无效,session 作用范围变量也会随之丢失。

### 5. setMaxInactiveInterval()方法

**public void** setMaxInactiveInterval(int interval)

形参是一个整数,定义 session 对象的超时时间,单位为秒。如果客户端从最后一次请求开始,在连续的 interval 秒内一直没有再向服务器发送 HTTP 请求,则服务器认为出现了 session 超时,将删除本次的 session 对象。如果超时时间为负数,表示永不超时。session 对象的超时检测由服务器实现,这会增加系统开销。Tomcat 默认的超时时间是 30min。

### 6. getMaxInactiveInterval()方法

**public int** getMaxInactiveInterval()

读取当前的 session 超时时间,单位为秒。

### 7. setAttribute()方法

**public void** setAttribute(java.lang.String name,java.lang.Object value)

定义 session 作用范围变量,第一个形参 name 是 session 作用范围变量名,第二个形参

value 是 session 属性。如果 value 为 null,则表示取消 session 属性和 session 的绑定关系。例如:

```
<%
    session.setAttribute("name","tom");
%>
```

### 8. getAttribute()方法

**public** java.lang.Object getAttribute(java.lang.String name)

读取一个 session 作用范围变量,返回一个 Object 类型的对象,必要时要进行强制类型转换,如果找不到指定名字的数据对象,则返回 null。例如:

```
<%
    String v=(String)session.getAttribute("name");
%>
```

### 9. getAttributeNames()方法

**public** java.util.Enumeration getAttributeNames()

将当前合法的所有 session 作用范围变量名读到一个枚举型对象中。

### 10. removeAttribute()方法

**public void** removeAttribute(java.lang.String name)

解除指定名字的数据对象与 session 的绑定关系,即删除一个指定名字的 session 属性。

**【例 10-14】**  用 session 保存例 10-9 中登录成功的信息。操作步骤如下。

(1) 修改 example10_13.jsp 中的代码,修改后如下。

**程序清单 10-21(修改后的 example10_13.jsp):**

```
<%@ page contentType="text/html; charset=gb2312" language="java" import="
java.sql.*" errorPage=""%>
<!DOCTYPE html PUBLIC "-//W3C//DTD XHTML 1.0 Transitional//EN" "http://www.w3.
org/TR/xhtml1/DTD/xhtml1-transitional.dtd">
<html xmlns="http://www.w3.org/1999/xhtml">
<head>
<meta http-equiv="Content-Type" content="text/html; charset=gb2312" />
<title>无标题文档</title>
</head>

<body>
<form id="form1" name="form1" method="post" action="example10_14.jsp">
  用户名:
  <label>
  <input name="userName" type="text" id="userName" />
```

```
    </label>
    <p>口令:
      <label>
      <input name="pw" type="password" id="pw" />
      </label>
      <label>
      <input type="submit" name="Submit" value="提交" />
      </label>
    </p>
  </form>
<%
    String  name=request.getParameter("userName");
    String  pw=  request.getParameter("pw");
    if((name!=null && name.length()!=0) && (pw !=null && pw.length()!=0))
    {
        if(name.equals("tom")&& pw.equals("123"))
        {
            session.setAttribute("name","tom");
            response.sendRedirect("example10_14.jsp");
        }
        else
          out.print("您登录失败,请重试!");
    }
    else
        out.print("您没有登录");
%>
</body>
</html>
```

(2) 修改 example10_14.jsp 的代码,修改后如下。

**程序清单 10-22(修改后的 example10_14.jsp):**

```
<%@ page contentType="text/html; charset=gb2312" language="java" import="
java.sql.*" errorPage=""%>
<!DOCTYPE html PUBLIC "-//W3C//DTD XHTML 1.0 Transitional//EN" "http://www.w3.
org/TR/xhtml1/DTD/xhtml1-transitional.dtd">
<html xmlns="http://www.w3.org/1999/xhtml">
<head>
<meta http-equiv="Content-Type" content="text/html; charset=gb2312" />
<title>无标题文档</title>
</head>

<body>
<%
    String name= (String)session.getAttribute("name");
    if(name==null)
```

```
    response.sendRedirect("example10_13.jsp");
else
    out.print("欢迎"+name+"<br>");
String pageNO=request.getParameter("pageNO");
if(pageNO==null || pageNO.length()==0)
    pageNO="1";
out.print("这些信息是第"+pageNO+"页<br>");
for(int i=1;i<=10;i++)
{
    String temp="<a href='example10_14.jsp?name="+name+"&pageNO="+i+"'>"
    +i+"</a>";
    out.print(temp);
}
%>
</body>
</html>
```

### 11. session 失效的主要原因

session 对象是有生命周期的,生命周期结束,则 session 对象被删除,与之绑定的 session 作用范围变量也随之丢失。影响 session 对象生命期的主要因素有 4 种。

(1) 客户端浏览器窗口关闭。一般是用户主动结束 session。

(2) 服务器关闭。session 对象存在服务器内存中,关闭服务器会直接导致 session 对象丢失。

(3) session 超时。用户从最后一次请求开始,在指定的时间内若未向服务器发出过 HTTP 请求,会导致 session 超时,服务器发现超时后,会删除超时的 session 对象。

(4) 程序主动结束 session。程序调用 session.invalidate()等结束 session。

# 10.7　其他 JSP 内置对象

## 10.7.1　config 隐含对象

config 隐含对象是 javax.servlet.ServletConfig 类型的,常用于给一个 Servlet 程序传送初始化参数。如果将 JSP 页面当作 Servlet 程序用,需要在 ROOT\web.xml 中写出部署信息。例如,把 a.jsp 当作 URL 名为/go 的 Servlet 程序用,在 web.xml 中的部署信息为

```
<servlet>
  <servlet-name>go</servlet-name>
  <jsp-file>/a.jsp</jsp-file>
  <init-param>
    <param-name>loginName</param-name>
    <param-value>tom</param-value>
  </init-param>
  <load-on-startup>2</load-on-startup>
```

```
</servlet>
<servlet-mapping>
  <servlet-name>go</servlet-name>
  <url-pattern>/go</url-pattern>
</servlet-mapping>
```

在 JSP 页面中读取＜init-param＞＜/init-param＞中定义的初始化参数要用到 config 隐含对象。config 对象中关键的方法有两个。

### 1. getInitParameter()方法

**public** java.lang.String getInitParameter(java.lang.String name)

形参为初始化参数名,本例中是 loginName,返回初始化参数值,本例中是 tom。如果找不到指定的初始化参数,则返回 null。

### 2. getInitParameterNames()方法

**public** java.util.Enumeration getInitParameterNames()

读取所有的初始化参数名并存于枚举型对象中。

要在本例的 a.jsp 中打印所有初始化参数值,代码为

```
<%@page import="java.util.*"%>
<%
    Enumeration e=config.getInitParameterNames();
    while(e.hasMoreElements())
    {
        String name=(String)e.nextElement();
        String value=config.getInitParameter(name);
        out.print(name+"="+value+"<br>");
    }
%>
```

预览后显示:

```
folk=false
xpoweredBy=false
loginName-tom
```

## 10.7.2  exception 隐含对象

JSP 页面在运行时发生异常,系统会生成一个异常对象,把相关的运行时异常信息封装在异常对象中,这个异常对象被传递给异常处理页进一步处理。

exception 隐含对象是 java.lang.Throwable 类型的,Throwable 是 Java 中所有异常类的父类,Throwable 中关键的方法有:getStackTrace()方法。

**public** StackTraceElement[] getStackTrace()

这个方法返回堆栈跟踪元素的数组,每个元素表示一个堆栈帧。数组的第零号元素(假定数据的长度为非零)表示堆栈顶部,堆栈顶部的帧表示生成堆栈跟踪的执行点,异常信息一般是通过访问数组的零号元素而得。

StackTraceElement 类中常用的方法有 4 个。

**public** String getClassName()

返回发生异常的类名。

**public** String getMethodName()

返回发生异常的方法名。

**public** String getFileName()

返回发生异常的文件名。

**public int** getLineNumber()

返回异常发生点在 *.java 源码文件中的行号。

## 10.7.3　page 隐含对象

JSP 页面会被翻译成 Servlet 程序运行,最终会以一个"对象"的身份运行在 JVM 中,page 对象表示"当前"Servlet 程序对象,相当于 Java 中的 this 关键字。

## 10.7.4　pageContext 隐含对象

pageContext 对象是 javax. servlet. jsp. PageContext 类型的,在 JSP 页面的 Servlet 实现类中调用 JspFactory. getPageContext()取得一个 PageContext 对象。PageContext 中常用的方法有两个。

### 1. 获得其他隐含对象

调用 pageContext 对象中的 getException()、getPage()、getRequest()、getResponse()、getSession()和 getServletConfig()方法可获得相应的 JSP 隐含对象。

例如,在 JSP 页面的 Servlet 实现类中,发现如下的初始化操作:

```
application=pageContext.getServletContext();
config=pageContext.getServletConfig();
session=pageContext.getSeesion();
out=pageContext.getOut();
```

### 2. 实现转发跳转或包含

实现转发跳转的方法为

**public abstract** void forward(java.lang.String relativeUrlPath)
　　　　**throws** javax.servlet.ServletException,java.io.IOException

relativeUrlPath 为目标资源的 URI,例如,在 a. jsp 中有以下代码:

```
<%
    request.setAttribute("loginName","tom");
    pageContext.forward("/b.jsp");
%>
```

在 b.jsp 中读取 request 属性的代码为

```
<%
    out.print(request.getAttribute("loginName"));
%>
```

实现包含的方法为

```
public abstract void include(java.lang.String relativeUrlPath)
        throws javax.servlet.ServletException,java.io.IOException
```

例如,在 a.jsp 中有以下代码

```
<%
    request.setAttribute("loginName","tom");
    pageContext.include("/b.jsp");
%>
```

在 b.jsp 中读取属性的代码为

```
<%
    out.print(request.getAttribute("loginName"));
%>
```

## 10.8 习　题

1. 试比较 session 对象、page 对象、request 对象和 application 对象的作用范围。

2. 简要描述 JSP 的九大内置对象及其作用。

3. 编写一段汉字转换代码解决 JSP 中的汉字乱码问题。

4. 用 response 编写一个刷新页面,实现每两秒刷新一次。

5. 编写一个程序,使用 session 制作网站计数器。

6. 本程序求数字的平方根运算。当用户将求平方根的数字输入到文件框中时,单击 Enter 按钮,将在页面中显示出该数字的平方根。请根据程序所实现的功能,将程序补充完整:

在 A 处填写所要接收的数据变量为_____。

在 B 处填写将 textContent 变量强制转换成 double 型的命令_____。

在 C 处填写应输出的数据的变量名为_____。

```
<%page contentType="test/html;charset=GB2312"%>
<html>
<body><font size=5>
```

```
<form action="" method=post name=form>
    <input type="test" name="girl">
    <input type="submit" value="Enter" name="submit">
</form>
<%
    String testContent=request.getParameter("___A___");
    double number=0,r=0;
    If(testContent==null)
        {testContent=≫≫; }
    try{
        number=___B___(testContent);
        if(number>=0)
        {
            r=Math.sqrt(number);
            out.print("<BR>"+String.valueOf(___C___)+"的平方根：");
            out.print("<BR>"+String.valueOf(r));}
        else
        {
            out.print("<BR>"+"请输入数字字符");
        }
        }
    catch(NumberrFormatException e)
    {
        out.print("BR"+"请输入数字字符");
    }
    %>
</font>
</body>
</html>
```

7. 本程序实现统计网站的客户在线流量功能。用户访问本站点时,改程序判断是否是新客户。如果为新客户,将 number 变量加 1;如果是访问过的老客户其变量值不变。在本程序中,主要使用了 session 对象,请根据代码所示功能将程序补充完整。

在 D 处填写使用程序完成统计功能的代码_____。

在 E 处填写 if 的条件判断语句_____。

在 F 处填写显示数据的变量名_____。

```
<%@page contentType+"test/html;charset=GB2312"%>
<html>
<body>
<%!
    int number=0;
    Synchronized void countPeople(){
        ___D___;}
%>
```

```
<%
    if(____E____){
        countPeople();
        String str=String.valueOf(number);
        Session.setAttribu-te("count",str);
    }
%>
<p>您是第<%(String)session.getAttribute("____F____")%>个访问本站的人
</body>
</html>
```

# 第 11 章　JavaBean——矩不正,不可为方; 规不正,不可为圆

**本章主要内容**

- JavaBean 的定义。
- JavaBean 在 JSP 中的声明。
- JavaBean 的属性获取。
- JavaBean 的属性设置。

## 11.1　JavaBean 的定义

古语道:不以规矩,不能成方圆。本章要介绍的 JavaBean 就是遵循了某种规矩的 Java 类。

在声明 Java 类的时候,可以将类的成员变量设置为 public 或者 private 的。对于一个 public 的变量,其他类可以直接设置和获取它的值,而 private 的属性则不能如此操作。

**程序清单 11-1(使用公共属性的类 Person):**

```java
public class Person {
    public int height;      //单位为 cm
}
```

一个属性设置为 public 是很危险的。对于一个规模较大的软件项目,你可能很难知道到底是谁会去改它,因为大家都有权限去修改,而大家在修改这个值的时候,往往会忽略这个值是否合法,或者他对这个值的含义并不完全理解。如下例中,将人的身高设置为−1,大家都知道人的身高最多是矮一点,但不能是负值。但对于一个 public 的属性,你无法阻止其他的类胡作非为。

**程序清单 11-2(直接使用属性的例子):**

```java
public class Main {
    public static void main(String[] args) {
        Person p=new Person();
        p.height=-1;
    }
}
```

解决这一问题的办法,就是将这个属性设置为 private。但设置为 private 就会导致其他人无法去修改它,而在系统中有时候需要去修改它。怎么办呢? 给出修改和获取这个变量的方法(method)。

程序清单 11-3（使用设置和获取函数的 Person 类）：

```
package com.yang;
public class Person {
    private int height;           //单位为 cm
    public void setHeight(int height){
        if(height<=0){
            System.err.println("Height can not be a navigate value"+height);
            return;
        }
        this.height=height;
    }
    public int getHeight(){
        return height;
    }
}
```

上面的例子中，使用 setHeight 方法去修改 height 的值，使用 getHeight 方法去获取这个值。因为 height 是私有的，其他类的对象只能通过这两个方法去操作这个属性。当用户给出一个不合法的身高（即小于 0）时，setHeight 会作出判断，并打出错误提示，而不对属性值做任何修改。这就保证了 Person 中 height 属性的合法性。

程序清单 11-4（使用 set 函数设置非法值的例子）：

```
public class Main {
    public static void main(String[] args) {
        Person p=new Person();
        p.setHeight(-1);
    }
}
```

通过上面的讨论，了解了为何要使用方法去间接操作属性，而不是直接操作。那么应当使用什么样的方法名呢？上面例子中给出的方法名 setHeight 和 getHeight 对应于属性 height 就是一种比较约定俗成的写法。这种命名清晰而明确，让人对这个函数的功能一望而知。所以这是一种值得提倡的命名。

在一些较大的系统中，人们经常要处理大量的类，一个具有较好的命名规范的类无疑更容易使用。在 JSP 这种环境下，人们有时候需要通过页面或其他途径去修改一个类的属性，它可能不是使用 Java 语言写的，那么就更需要一个命名的规范。

若想在页面中将 Person 类的对象 p 的 height 属性修改为 170，该怎么去做呢？Web 服务器会先根据属性名 person 和命名规范得知设置函数是 setHeight，然后使用 Java 中的反射机制调用这个函数，这就完成了设置操作。

可能读者会有疑问，设置属性为何不直接调用 setHeight 方法，而要使用什么"反射机制"来做呢？我们在后面的 JSP 中使用 JavaBean 会有一个清楚的认识，这里先存疑待学吧！

总结上面的思考，得到了一套标准，这就是 JavaBean 标准。

（1）JavaBean 是一个 Java 类。

（2）JavaBean 中属性有其对应的设置和获取方法。

（3）对于一个属性×××，它的获取方法的返回值应与其类型相同，方法名为 get×××的形式，其中属性名的第一个字母大写。该方法没有参数。

（4）对于一个属性×××，它的设置方法的返回值应为 void，方法名应为 set×××，应具有一个参数，参数类型与属性类型相同。

（5）JavaBean 的某个属性可以只有获取函数，没有设置函数。这样这个属性就是"只读"属性。

# 11.2 在 JSP 中使用一般 Java 类

我们有时需要有大量的代码需要书写，将这些代码全部写入 JSP 中，一方面会使得 JSP 臃肿，另一方面无法重用其中的功能。基于这一原因，可以将一些重复使用的功能从 JSP 中分离出来，单独写一个类。我们来做个对比，程序清单 11-5 是在 JSP 中计算 1 累加到 100 的和。

**程序清单 11-5（在 JSP 中写大量的代码）：**

```
<%@page language="java" import="java.util.*" pageEncoding="ISO-8859-1"%>
<!DOCTYPE HTML PUBLIC "-//W3C//DTD HTML 4.01 Transitional//EN">
<html>
  <head>
    <title>My JSP 'old.jsp' starting page</title>
  </head>
  <body>
<%
    int s=0;
    for(int i=0;i<=100;i++){
        s+=i;
    }
    out.println(s);
%>
  </body>
</html>
```

如何简化这个 JSP 呢？我们的原则是在 JSP 中尽量少用 Java 代码。因为会很乱，而且将业务逻辑和视图结合得过于紧密，使得人们很难改换表现方式。我们先新建一个类 Sum。

**程序清单 11-6（为辅助 JSP 而写的 Sum 类）：**

```
package com.yang;

public class Sum {
    public static int getSum(int s,int e){
        int r=0;
        for(int i=s;i<e;i++){
            r+=i;
```

```
        }
        return r;
    }
}
```

**程序清单 11-7（使用了辅助类的 JSP）：**

```
<%@page language="java" import="java.util. * ,com.yang. * " pageEncoding="ISO-
8859-1"%>
<!DOCTYPE HTML PUBLIC "-//W3C//DTD HTML 4.01 Transitional//EN">
<html>
  <head>
    <title>Simple JSP</title>
  </head>

  <body>
<%=Sum.getSum(1, 100)%>
  </body>
</html>
```

可以看到，使用 JSP 以后，整个程序变得非常清晰。真正起作用的只有一行<%=Sum.getSum(1,100)%>。这行代码调用了 Java 类完成了较为复杂的功能。需要注意，如果想在 JSP 中使用 Java 类，需要先在 page 标记中添加引用，将这个包引用到 JSP 页面中。这和在 Java 中想使用其他 Java 包的时候添加 import 包是一个道理。

上面的例子是使用静态方法的例子，如果需要使用一般的成员方法，就需要定义一个类的对象。

**程序清单 11-8（使用了辅助类的成员方法的 JSP）：**

```
<%@page language="java" import="java.util. * " pageEncoding="ISO-8859-1"%>
<!DOCTYPE HTML PUBLIC "-//W3C//DTD HTML 4.01 Transitional//EN">
<html>
  <head>
    <title>Test Date</title>
  </head>
  <body>
<%
    Date d=new Date();
    out.println(d.toGMTString());
%>
  </body>
</html>
```

# 11.3　在 JSP 中使用 JavaBean

一个 HTML 文档就是由若干个标签组成的，标签之间有层次关系，最上层的标签是<html>，它包含<head>和<body>，这两个标签又包含其他标签。在 JSP 页面中，使用特殊的＜％ ％＞标签添加 Java 代码。但在 JSP 出现 Java 代码会显得很难看，如下面的例子。

**程序清单 11-9（丑陋的 JSP）：**

```
<%@page language="java" import="java.util.*,com.yang.*" pageEncoding="ISO-
8859-1"%>
<!DOCTYPE HTML PUBLIC "-//W3C//DTD HTML 4.01 Transitional//EN">
<html>
  <head>
    <title>Simple JSP</title>
  </head>

  <body>
  <%for(int i=0;i<12;i++){%>
    <font size="<%=i%>">Haha</font><br>
  <%}%>
  </body>
</html>
```

JSP 为了解决这一问题，提出了 JSTL 技术，即 Java 标准模板库。它试图使用自定义标签标示所有的 Java 代码。这个技术的内容并不在本书的编写范围之内。有兴趣的读者可以去相关网站学习其技术①。

在 JSP 中使用 JavaBean 可以使用 11.2 节介绍的方法直接在 JSP 中书写 Java 代码。本节介绍使用 JSP 标签的方式创建 JavaBean 类的方法。

**程序清单 11-10（使用标签访问 JavaBean）：**

```
<%@page language="java" import="java.util.*" pageEncoding="utf-8"%>
<!DOCTYPE HTML PUBLIC "-//W3C//DTD HTML 4.01 Transitional//EN">
<html>
  <head>
    <title>Test Bean</title>
  </head>

  <body>
    <jsp:useBean id="person" class="com.yang.Person" scope="request" />
    <jsp:setProperty name="person" property="height"
                     value="180"/>
    身高是<jsp:getProperty name="person" property="height"/>
  </body>
</html>
```

在上面的例子中，我们看到了 3 个从未见过的标签 ＜jsp：useBean＞、＜jsp：setProperty＞和＜jsp：getProperty＞。它们都是以 jsp 为前缀，这个前缀说明它们是 JSP 标

---

① http://www.w3cschool.cc/jsp/jsp-jstl.html

签库中定义的。它们的功能我们完全可以望文生义，useBean 是"使用 Bean"，setProperty 是"设置属性"，getProperty 是"获取属性"。那么，下面来详细学习这几个标签。

＜jsp:useBean＞负责创建或获取已有的 Bean。"创建"等同于在 Java 代码中 new 一个对象。那么何时为获取以后的 Bean 呢？我们看到上面例子中有一个 scope 标签属性，它的值是 request。

scope 代表这个 JavaBean 存活的时间长度。它的合法取值有 page、request、session、application。

page 代表当前页面内有效，即这个标签在本页中存在，当本页面执行完成后就消失了，假设某人访问了此页，这个标签创建了一个 JavaBean 的对象，当这个页面处理完成后，这个类的对象就被销毁了，当此用户再次访问这个类的时候，系统会重新创建一个对象。这个对象和上一次的对象并非同一个对象。

scope 取值为 request 时，该 Bean 在一次请求的响应中有效。如当前页面 A 使用 RequestDispatcher 将当前请求转交给页面 B 处理，则 B 页面仍可以使用在 A 页面中定义的 scope 取值为 Request 的 JavaBean。

session 代表这个 JavaBean 只在一个会话中有效。会话会在用户第一次访问整个站点的任何一个页面时创建（需要该页面有创建 session 的能力），在浏览过程中一直有效，直到会话超时。在某个 session 中创建的 JavaBean 对象会一直保持到这个会话销毁才会消失。

当 scope 取 application 这个值的时候，这个 JavaBean 对象一旦被创建，就会一直存在，直到服务器关闭。

这让我想起了仙人。传说中的仙人与日月同寿，与天地同辉。这句话的意思是他们的寿命相当长，一直会存在到整个世界毁灭。如果 scope 取值为 Application，那么这个对象就"成仙"了。

scope 为 session，就相当于圣人：尽其天年，春秋皆度百岁乃去。它一直会活到 session 超时。

scope 取 request 和 page 值的时候，这个对象几乎就是朝生暮死，生命很短。

这里留给我们很多思考。

（1）世界上的仙人为什么那么少？因为它们一直不死，不死就会占用系统资源，而系统资源有限，如果仙人太多，资源就耗尽了，系统没办法正常运行。所以定义 scope 为 application 时一定要谨慎。

（2）人的寿命那么短，人类为何还能迅速发展？HTTP 之所以击败了众多协议脱颖而出，就在于其朝生暮死（无连接的协议）。因为对象使用完后迅速销毁，使得系统非常轻松。同样配置的机器 HTTP 远比其他协议要节省系统资源，相应的负载能力得到提升。

我们回到＜jsp:useBean＞标签，这个标签还有一个 id 属性，它定义了 JavaBean 的名字，相当于 Java 中的变量名。下面的例子会给大家演示这一点。

**程序清单 11-11（useBean 的 id 就代表变量名）：**

```
<%@page language="java" import="java.util.*" pageEncoding="utf-8"%>
<!DOCTYPE HTML PUBLIC "-//W3C//DTD HTML 4.01 Transitional//EN">
<html>
  <head>
```

```
    <title>Test Bean</title>
  </head>

  <body>
    <jsp:useBean id="person" class="com.yang.Person" scope="request" />
    <%
        person.setHeight(190);
    %>
  </body>
</html>
```

这个例子让我们看到，标签式的声明和 Java 代码可以混用。

<jsp：useBean>的 class 属性告诉 JSP 的处理程序，在这里需要声明哪一个类的对象。scope 上面讲过，是生命周期。

下面的两个标签<jsp：getProperty>的几个属性：name 代表需要设置谁的属性，其实就是 useBean 的 id 属性。property 指明了需要修改 JavaBean 对象的哪一个属性。上面例子是需要修改 person 对象的 height 属性。Value 属性指明了要将对象的属性设置为什么值。这就相当于调用了 Person 的 setHeight 方法。

<jsp：getProperty>有几个属性，name 代表需要设置属性的 JavaBean 对象的 id 值。Property 代表属性名，这个标签在执行后会被替换为这个属性的结果，所以上面的例子会让大家看到如图 11-1 所示的运行截图。

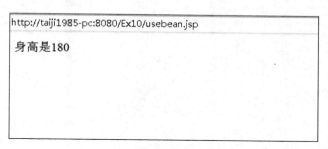

图 11-1　usebean.jsp 运行截图

在程序清单 11-11 中，<jsp：getProperty>输出了 180(或者说被替换为了 180)。这就是对象 person 的 height 的属性值。

JavaBean 在 JSP 信息系统中占用的比重很大，但一般是结合其他的 MVC 框架、数据持久化层等使用。JavaBean 在这些框架中一般充当了数据持有者的角色(即保存有数据)。我们会在下面几章详细介绍。

# 11.4 习　题

1. 编写一个描述学生信息的 JavaBean，以一个学生管理系统为背景，思考这个 JavaBean 应具有何种属性。

2. 在 JSP 页面中使用 JavaBean，设置其属性，并将设置好的属性重新获取到并输出，以测试其功能。

3. 编写一个描述包子的 JavaBean。有句俗话说：皮薄馅大滋味好。请大家仔细思考并描述这个对象（开发项目的过程中有一大部分是对现实世界的抽象，请借助例子多多练习吧，这会让你在开发中不那么无所适从）。

4. 在 JSP 页面中测试第 3 题中定义的 JavaBean。

# 第 12 章　数据持久化——志不强则智不达

**本章主要内容**

- 数据持久化的必要性。
- Java 中的文件读写。
- JSP 中如何确定文件位置。
- 数据库思想与信息系统的设计原理。
- JSP 中连接数据库。
- JSP 中完成数据库操作。

## 12.1　为何要做数据持久化

"志不强则智不达"原是墨子说的志向与智慧的关系。这里要曲解一下,《黄帝内经》中说"肾主志",即肾功能决定记忆力。人如果记忆力差了就会很难积累经验,并升华为智慧。所以说"记忆力差则智慧就不能通达"也是有一定的歪理的。好多同学学习时常常不注意记忆,最后导致无法理解,这是很显然的事情。对于一个信息系统,如果不能存储数据,则功能就极为有限,而不能称为信息系统。

数据持久化是较专业的说法,通俗点讲就是"如何保存数据"。本章为大家介绍,如何通过文件读写和数据库读写的方式来存储数据。

## 12.2　文 件 存 储

在计算机中,文件存在硬盘和光盘等存储介质。操作系统使用文件的概念来在不同文件中保存不同的数据。文件是一个存储的单位。那么 JSP 中如何存储文件呢?可以用简单的一句话介绍:和 Java 中一模一样。虽然一模一样,但为了这本书的完整性,这里还是做一些介绍。

### 12.2.1　文件读取

BufferedReader 或 Scanner 可以用来实现从控制台的读取,同样它们也可以用于文件的读取。Java 使用不同 InputStream 来实现对不同介质的读取。通常使用的 System.in 就是一个系统默认的从控制台输入的流。下面建立一个从文件读取的流 FileInputStream,它也是一个 InputStream。

**程序清单 12-1**（输入流演示 **TestStream. java**）：

```java
package com.yang;

import java.io.*;
import java.util.Scanner;

public class TestStream {

    /**
     * @param args
     */
    public static void main(String[] args) {
        try {
            BufferedReader br=new BufferedReader(new
                    InputStreamReader(new FileInputStream("a.txt")));

            String line=br.readLine();
            br.close();
        } catch (FileNotFoundException e) {
            //TODO Auto-generated catch block
            e.printStackTrace();
        } catch (IOException e) {
            //TODO Auto-generated catch block
            e.printStackTrace();
        }

        try {
            Scanner sc=new Scanner(new FileInputStream("a.txt"));
            double d=sc.nextDouble();
            sc.close();
        } catch (FileNotFoundException e) {
            //TODO Auto-generated catch block
            e.printStackTrace();
        }

    }

}
```

其中，FileInputStream 根据给出的文件路径 a. txt 建立一个 InputStream，然后传入 InputStreamReader 变成一个阅读器，再将阅读器传递给 BufferedReader。这个具有缓存的 Reader 就可以完成一些类似读取一整行的功能。

为何不直接使用 FileInputStream 呢？大家看它的函清单，如表 12-1 所示。

可以看到，它只能用 read 方法来读取。如果希望以二进制方式读取的话，可以使用这个方法。需要注意的是，使用 FileInputStream 只能顺序读取，即从头到尾读。能设置文件的读取位置的读取方式称为随机读取，这将在后面章节介绍。

**表 12-1 FileInputStream 的方法**

| 序号 | 方 法 及 描 述 |
|------|------------------|
| 1 | public void close() throws IOException{}<br>关闭此文件输入流并释放与此流有关的所有系统资源,抛出 IOException 异常 |
| 2 | protected void finalize()throws IOException {}<br>这个方法清除与该文件的连接。确保在不再引用文件输入流时调用其 close 方法。抛出 IOException 异常 |
| 3 | public int read(int r)throws IOException{}<br>这个方法从 InputStream 对象读取指定字节的数据。返回为整数值。返回下一字节数据,如果已经到结尾则返回—1 |
| 4 | public int read(byte[] r) throws IOException{}<br>这个方法从输入流读取 r.length 长度的字节。返回读取的字节数。如果是文件结尾则返回—1 |
| 5 | public int available() throws IOException{}<br>返回下一次对此输入流调用的方法可以不受阻塞地从此输入流读取的字节数。返回一个整数值 |

Scanner 对象的构建更为简单,直接将 FileInputStream 传递给 Scannner 就可以像读取控制台一样读取文件。

读取操作完成后要关闭这个流,释放资源。这一点与读取 System.in 不同,System.in 不需要手工关闭,程序结束后即被直接关闭。如果在程序中关闭了 System.in,那么在后面的程序中就不能使用它读取了。

下面为大家演示一个非常常用的功能:读取文件的全部内容。

```
public static String readAll(String f,String charset)
{
    if(!FileTool.exists(f))return null;
    BufferedReader  br=null;
    StringBuffer sb=new StringBuffer();
    try {
        InputStreamReader reader = new InputStreamReader (new FileInputStream
        (f),charset);
        br=new BufferedReader (reader);
        while(br.ready())
        {
            sb.append(br.readLine()+"\n");
        }
        reader.close();
    } catch (Exception e) {
        e.printStackTrace();
        return null;
    }

    return sb.toString();
}
```

　　这个方法放入了笔者自己的类库 com. yang. FileTool 中，并被频繁使用。这个方法使用的时候需要给出文件路径和文件编码。大家需要注意如果读取时的编码和存储的编码不同，就会有乱码，所以大家首先要清楚的存储的编码，这里建议大家统一采用 utf-8 方式存储。这个函数的使用方式如下。"String s＝FileTool. readAll("a. txt","utf-8");"（注意用英文引号）。

　　在 Web 开发中，这个功能极为常用，比如用文本来做页面缓存，直接读取全部文件然后输出即可完成 Web 请求操作。那么，页面缓存在何时使用呢？一般是访问数据库非常多的地方，在高并发高负载情况下，数据库成为性能瓶颈。这时就需要做一个页面缓存，让用户在访问时如果缓存不失效就直接读取缓存，减少对数据库的访问。

　　采用缓存会有可能会占用大量存储空间，这其实是用空间换时间，即浪费存储空间来换取性能的提升。

## 12.2.2　文件写入

　　控制台输出全部都使用了 System. out. print 和 println 这一组函数。那么 out 是一个什么类型的变量呢？它是一个 PrintStream。在 Java 中取名都是很有规律的，以 Stream 为后缀的往往都是流，那么如何建立一个 PrintStream 呢？OutputStream。这个 OutputStream 可以输出到控制台，也可以输出到文件，还可以输出到网络上的某个客户端。看下面向文件写数据的例子。

　　**程序清单 12-2（输出流演示 TestWriteFile. java）：**

```
import java.io.*;
public class TestWriteFile {
    public static void main(String[] args) {
        try {
            PrintStream ps=new PrintStream(new FileOutputStream("a.txt"));
            ps.println("hello");
            ps.close();
        } catch (FileNotFoundException e) {
            //TODO Auto-generated catch block
            e.printStackTrace();
        }
    }
}
```

　　这个例子中使用一个文件路径 a. txt 构建一个 FileOutputStream，然后使用这个 Stream 构建了一个 PrintStream 对象，在这句话之后就可以像使用 System. out 一样使用它。使用 println、print、write 等函数可以实现输出。我们执行这个程序就会在当前路径发现一个 a. txt 文件，文件中有一行 hello。

　　这里面没有涉及编码的问题，如果需要输出特定编码的文字，就需要使用 PrintWriter 的另一个构造函数：

```
PrintStream ps=new PrintStream(
    new FileOutputStream("a.txt"),
```

```
    true,
    "utf-8"
);
```

其中第二个参数代表是否自动地将内容推送到输出流中，默认为 true，如果设置为 false，则需要手工调用 flush 方法进行输出。第三个参数为输出的编码格式。我们仍然推荐使用 utf-8 的编码输出。

如果使用 write 方法，就可以实现二进制写文件，但和 FileInputStream 一样，它同样是顺序读写的，不能实现修改写文件位置的功能。

## 12.2.3 文件随机读写

12.2.1 和 12.2.2 两节给出了顺序读取和写入文本及文件的例子，也简要介绍了如何输出二进制数据。那么当我有一个 20MB 的文本文件，如何分段显示到屏幕上？或者有一个 1GB 的数据文件，需要读取第 500MB 位置的 10MB 数据，该怎么做？这两个问题其实都可以用一个方法解决：只要能使用程序修改读取和写入的位置就可以实现上述功能，这就是随机读写。

**程序清单 12-3（随机写文件 TestRandomFile. java）：**

```java
import java.io.*;

public class TestRandomFile {
    public static void main(String[] args) {
        File f=new File("a.bin");
        RandomAccessFile rf;
        try {
            rf=new RandomAccessFile(f, "rw");
            rf.seek(100);
            byte[] data=new byte[1024];
            int rb=rf.read(data);

            rf.seek(200);
            rf.write(data);

            rf.close();
        } catch (FileNotFoundException e) {
            //TODO Auto-generated catch block
            e.printStackTrace();
        } catch (IOException e) {
            //TODO Auto-generated catch block
            e.printStackTrace();
        }
    }
}
```

上例中，最核心的就是建立了一个名为 RandomAccessFile 类的对象，使用它的 seek 方法设定了读写头的位置。在建立 RandomAccessFile 时,给出了两个参数,第一个是一个 File 类对象,第二个是一个权限字符串,rw 表示允许读和写。如果只想读取可以使用 r。这个和 C 语言中的 fopen 中的参数类似。

Web 应用中有一些嵌入式的数据库,比如 SQLite 就采用了这种随机读写功能来实现其数据管理功能。

### 12.2.4　网页中的读写

上面演示了在控制台下的随机读写,在网页中的读写其实也是一样的。唯一要做的就是将读写代码嵌入到 JSP 中。看下面例子。

**程序清单(12-4 testwrite1.jsp):**

```
<%@page language="java" import="java.util. * ,java.io. * " pageEncoding="ISO-8859-1"%>
<!DOCTYPE HTML PUBLIC "-//W3C//DTD HTML 4.01 Transitional//EN">
<html>
  <head>
    <title>My JSP 'index.jsp' starting page</title>
  </head>

  <body>
<%
        PrintStream ps=new PrintStream(new FileOutputStream("a.txt"));
        ps.println("hello");
        ps.close();

  </body>
</html>
```

这里与上面的文件写入例子很相似,都是向 a.txt 中写入了 hello 这一行。但运行后,如果刷新 MyEclipse 工程发现,并没有在工程中出现,这个 a.txt 去哪里了? 这是一个谜。那么是不是在 Web 项目发布到的目录下呢? 为了得到 Web 项目的目录,使用 application.getRealPath("/")获取当前路径并输出,上面的程序可以改写为如下所示。

**程序清单(12-4 testwrite2.jsp):**

```
<%@page language="java" import="java.util. * ,java.io. * " pageEncoding="utf-8"%>
<!DOCTYPE HTML PUBLIC "-//W3C//DTD HTML 4.01 Transitional//EN">
<html>
  <head>
    <title>My JSP 'index.jsp' starting page</title>
  </head>

  <body>
当前 Web 应用的物理路径: <%=application.getRealPath("/")%><br>
```

```
<%
    File f=new File("a.txt");
    out.println("a.txt 的路径"+f.getAbsolutePath());

    PrintStream ps=new PrintStream(new FileOutputStream("a.txt"));
    ps.println("hello");
    ps.close();

%>OK!
    </body>
</html>
```

运行后发现,这个项目是被发布到了这个工程自身目录下的.metadata\.me_tcat\webapps\TestFile\目录下。那么找一下发现这里面也没有 a.txt。为了搞清楚这个问题,我们又使用了一种办法,使用 a.txt 建立一个 File 对象,然后使用 getAbsolutePath 方法输出其全路径,结果发现是:MyEclipse 中集成的那个 Tomcat 的 bin 目录下。也就是说,我们直接这么写 a.txt 会建立到 Tomcat 目录下。那么如何建立到这个 Web 项目的目录下呢?可以使用上面的 getRealPath 获取。看下面例子。

**程序清单 12-5(testwrite3.jsp):**

```
<%
    String fname=application.getRealPath("/a.txt");
    PrintStream ps=new PrintStream(fname);
    ps.println("hello");
    ps.close();
%>
```

到对应的.metadata\.me_tcat\webapps\TestFile\目录下就可以找到这个 a.txt 文件。

至此就将网页中如何读写文件介绍完毕了,其与在控制台程序中唯一的不同就在于文件路径的获取。

## 12.2.5　文件数据存储格式

12.2.4 节介绍了文件中读写操作,可以使用这种技术将数据存储到文件中。但这种方式存在一个问题,如果需要存储多个数据,比如某人的身高、体重、姓名、生日等信息,就需要给出一种存储数据的格式,同时需要自己解析格式。如果仅仅是简单的上述几个人的信息,可以使用"姓名,身高,体重,生日"这种以逗号分隔的文本格式来存储。读取到文本后,采用 String 的 split 方法进行分隔。这是一种简单的解决方案,见程序清单 12-6。

**程序清单 12-6(file_format.jsp):**

```
<%@page language="java" import="java.util.*,java.io.*" pageEncoding="utf-
8"%>
<!DOCTYPE HTML PUBLIC "-//W3C//DTD HTML 4.01 Transitional//EN">
<html>
```

```
<head>
 <title>Test Data Read and Write</title>
</head>

<body>
<%
    String name="张无忌";
    int height=150;
    String nickname="张矮子";
    int weight=200;

    String fname=application.getRealPath("/a.txt");
    PrintStream ps=new PrintStream(fname,"utf-8");
    String data=String.format("%s,%s,%d,%d",name,nickname,height,weight);
    out.println("data write to file is "+data+"<br>");   //向网页输出,用来调试
    ps.println(data);        //向文件输出
    ps.close();

    Scanner sc=new Scanner(new FileInputStream(fname),"utf-8");
    String odata=sc.nextLine();        //读取文件
    out.println("data read from file is "+odata+"<br>");   //向网页输出,用来调试
    String[] da=odata.split(",");
    String oname=da[0];
    String onickname=da[1];
    int oheight=Integer.parseInt(da[2]);
    int oweight=Integer.parseInt(da[3]);

    out.println("read name is "+oname+"<br>");
    out.println("read nickname is "+onickname+"<br>");
    out.println("read height is "+oheight+"<br>");
    out.println("read weight is "+oweight+"<br>");

%>
</body>
</html>
```

例子中,首先将数据拼接为一个字符串,然后将其写入文件中,到这里存储数据已经完成,下面的演示是如何读取并解析数据。使用 Scanner 读取数据,并使用 split 解析数据,结果得到一个 String 的数组,对于相应的整数数值,又进行了类型转换。

通过这个例子可以看出直接使用文件存取数据是很烦琐的,需要自己写大量代码,当然也可以将这些代码封装为一个辅助的类,这样会大大简化操作。所以如果数据规模较小,是可以用文件存取的。面对大量数据,如某校所有学生的信息,以两万个学生每个学生 10 个属性为例,就需要大概存取 20 万个属性。如果使用文本文件,那么属性数量是相当大的,针对需求"找到第 10000 个学生的姓名"这种操作,数据的存取效率就很低。这种情况需要使

用数据库。

# 12.3 数据库读写

## 12.3.1 数据库之思想

12.2.5节的结尾分析了文件读写与数据库读写相比的缺点和优点,也介绍了使用数据库的原因。数据库擅长处理大量数据,并具有良好的检索功能,而且发展到现在,数据库已经有了一整套技术来描述自然界的事物。这其中关系型数据库的理论基础大家需要了解。

关系型数据库基于关系模型。那么什么是关系模型呢?维基百科如是说:

关系模型的基本假定是所有数据都表示为数学上的关系,就是说 $n$ 个集合的笛卡儿积的一个子集,有关这种数据的推理通过二值(就是说没有 null)的谓词逻辑来进行,这意味着对每个命题都没有两种可能的求值:要么是真要么是假。数据通过关系演算和关系代数的一种方式来操作。关系模型是采用二维表格结构表达实体类型及实体间联系的数据模型。

关系模型允许设计者通过数据库规范化的提炼,去建立一个信息的一致性的模型。访问计划和其他实现与操作细节由 DBMS 引擎来处理,而不应该反映在逻辑模型中。这与 SQL DBMS 普遍的实践是对立的,在它们那里性能调整经常需要改变逻辑模型。[①]

这个定义充斥了大量数学术语,难以理解。通俗地讲,我们可以使用"(张三,王敏,夫妻)"这种元组形式表示"张三和王敏存在夫妻关系"。如果表示夫妻的集合中包含这个元组,那么就说明他们存在夫妻关系,如果不存在就不具备这种关系。使用这种逻辑,就能将"是否存在某种关系"这件事转换为"集合中是否存在此元组"。那么实现时用"数据表"来表示集合,用"行"来表示一个元组,就可以使用"表的查询"来实现判断"是否有某种关系"。上例中,我们建立一个数据库表,如表12-2所示。

表 12-2 表示人员关系的数据表

| 人员 1 | 人员 2 | 关 系 |
| --- | --- | --- |
| 张三 | 王敏 | 夫妻 |
| 张三 | 张二 | 父子 |

查询"人员 1='张三' and 人员 2='王敏' and 关系='夫妻'"返回结果不为空等价于张三和王敏存在夫妻关系。

大家可以看到上述表格可以表示多种关系,既可以表示夫妻关系,又可以表示父子关系。如果这个表仅仅需要表示夫妻关系,那么"关系"这一列就可以省略(因为关系一列取值都是夫妻),如表12-3所示。

---

① http://zh.wikipedia.org/wiki/。

表 12-3 夫妻表

| 人员 1 | 人员 2 |
|--------|--------|
| 张三 | 王敏 |
| 郭靖 | 黄蓉 |

这个夫妻关系表,有两列数据。表中表示了两对夫妻,每一行表示一对夫妻。夫妻表中存在这一行就表示这一行写的两个人存在夫妻关系。

理解了这种关系数据库的理念才能正确设计数据库,并学会如何在信息系统中使用数据库。举个简单的例子——用户管理。在教学实践中发现,虽然学生学过数据库,也学过开发,但仍然无法实现简单的用户登录功能,那么问题在哪里?在于他们根本不了解这种转换的逻辑。需求和程序之间就是通过问题的等价转换一步步地建立关联。一旦建立关联,那么程序的实现思路就清楚了。

"用户登录"功能可以转换为"用户在表单中输入的用户名和密码对应的用户是否存在",这个存在问题可以转换为"数据库表中是否存在存储的用户名等于用户输入的用户名,存储的密码等于用户输入的密码的这一行"。那么这个存在问题如何实现,我们可以直接用查询来实现,如果查询到这样的一行,则说明输入的用户名和密码正确,否则要么是密码不正确,要么是不存在这样的用户。

```
select * from user_table
where name='用户输入的名字'
and pwd='用户输入的密码'
```

当然,上面讲述的仅仅是一种实现方案,还可以用其他逻辑来实现。如用户输入了用户名和密码,可以根据用户名查询数据库,如果查到则比较查询到的数据库中的密码和用户输入的密码,如果相等,则登录成功;如果不相等则密码输入错误;如果没查到这个用户,则该用户不存在。

## 12.3.2 建立数据库

这部分内容教授大家如何建立一个数据库。这部分内容本来属于"数据库原理与应用"这门课的范畴,这里还是详细讲解一下。

这里以 MySQL 为例,介绍使用命令行和图形化工具 Navicat 进行数据库创建。

### 1. 使用命令行建立 MySQL 数据库

当安装好 MySQL 数据库后,打开命令提示并切换到 MySQL 安装路径的 bin 目录下,然后使用 create database 创建一个数据库 teach、使用 use 切换到这个数据库下、使用 create table 创建一个表格 book、使用 insert 插入一条记录,并使用 select 查询其内容,如图 12-1 所示。至此只包含一个数据库表格的数据库建好了。如果需要包含更多表格的数据库,请使用 create table 继续添加。

### 2. 使用 Navicat 建立 MySQL 数据库

可以看到使用命令行方式操作 MySQL 数据库极为不便,且需要记住大量命令,那么更

图 12-1　使用命令行建立数据库和表格

好的方式就是使用图形化界面，MySQL 并没有给出默认的图形化界面。在前面的章节中，我们已经教会了大家如何安装 Navicat，这里教大家如何使用该工具建立数据库。

　　我们首先第一步做的是建立连接。打开 Navicat Premium，单击 Connection 按钮，并选择 MySQL，如图 12-2 所示。

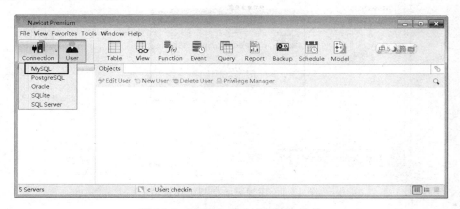

图 12-2　Navicat 建立 MySQL 连接

　　在打开的对话框中输入连接的名称、数据库所在主机的域名或 IP、数据库的用户名和密码，如图 12-3 所示，单击 Test Connection 按钮。这个密码是在安装数据库时确定的，如果忘记了密码，那么需要重装数据库。

　　如果连接成功，则会提示 Connection Successful，如图 12-4 所示，单击 OK 按钮关闭此提示，并单击对话框上的 OK 按钮完成整个连接操作。

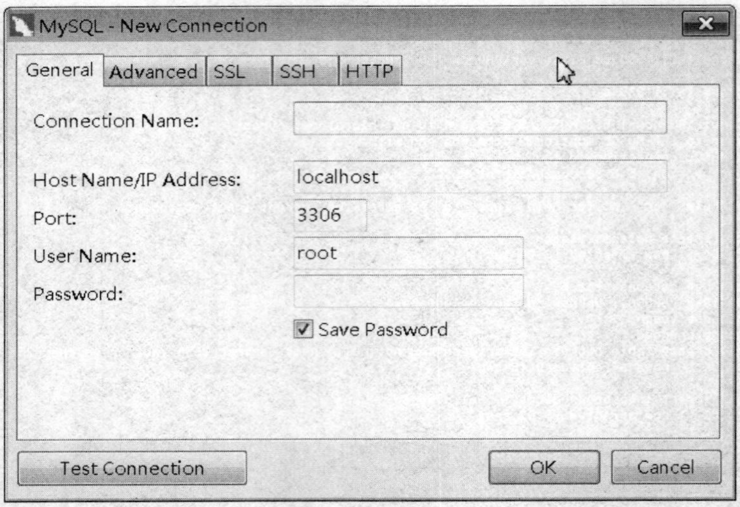

图 12-3　"连接"对话框

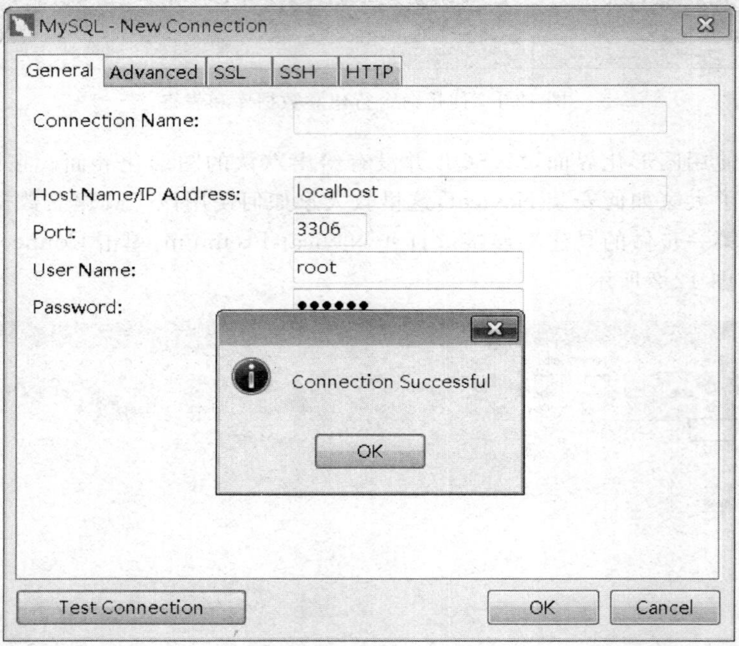

图 12-4　连接对话框测试连接结果

　　双击建立的 Connection，可以看到图标变为绿色，如图 12-5 所示。

　　右击连接名并选择 New Database，如图 12-6 所示。

　　可以看到建立数据库对话框，如图 12-7 所示，填入名称并选择字符集和整理集。这个建议选择 utf8 和 utf8_general_ci。如果不填写字符集，则有可能不能表示中文。可以表示中文的格式有 GB2312 和 UTF-8，一般使用 UTF-8，因为 UTF-8 可以兼容世界上多个国家的字符。

图 12-5　建立好的连接 Teach

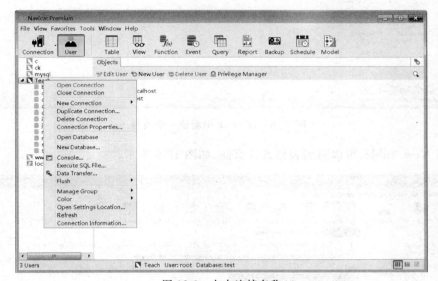

图 12-6　右击连接名称

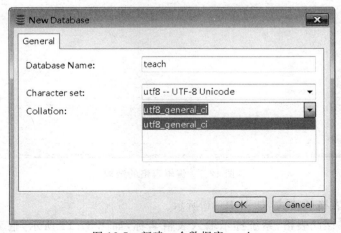

图 12-7　新建一个数据库 teach

单击 OK 按钮完成建立数据库操作。双击建立的数据库，并选择 Tables，右击，如图 12-8 所示。

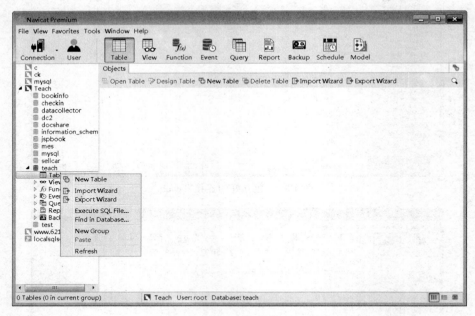

图 12-8　在 teach 中新建一个表格

单击 New Table，可以看到表格设计页面，如图 12-9 所示。

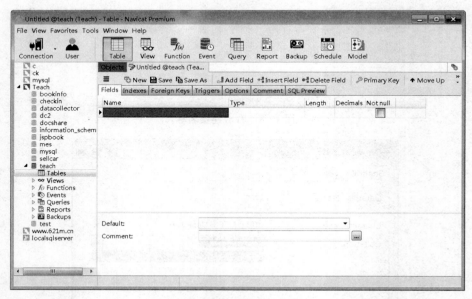

图 12-9　编辑表格的结构

输入数据库表格的格式，如图 12-10 所示。

单击 Save 保存此表格，系统提示输入表格名称，如图 12-11 所示，输入 book，单击 OK 按钮。

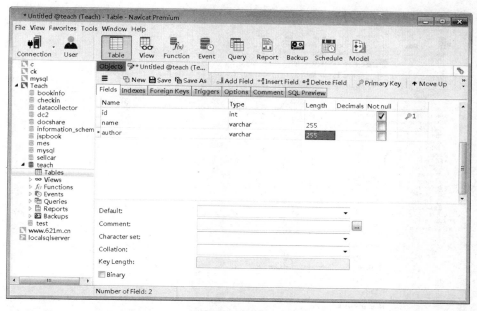

图 12-10　编辑表单结构

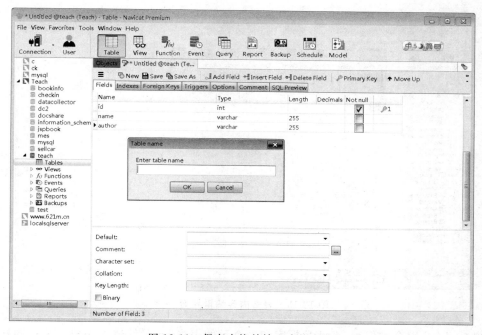

图 12-11　保存表格并输入表格名称

　　现在可以在左边树形图中看到此表格,如图 12-12 所示。

　　双击此表格名称进入数据编辑页面,也可以通过右击弹出的 Design Table 选项重新回到上面的设计页面,如图 12-13 所示。

　　在其中输入数据,如图 12-14 所示。

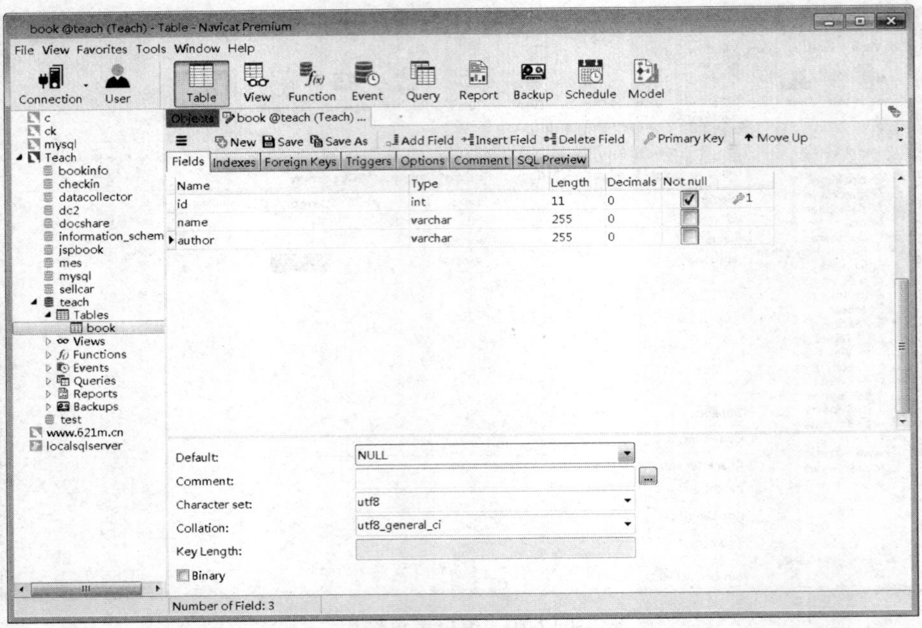

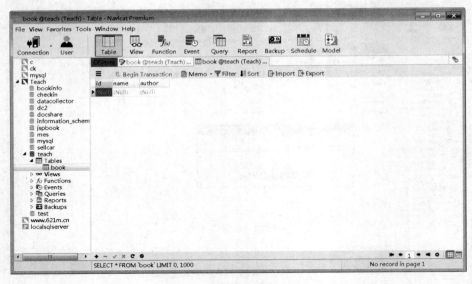

图 12-12　保存表格 book 后

图 12-13　表格内容编辑界面(一)

　　按 Ctrl＋S 组合键保存,至此数据库和一个示例表格 book 就建立完成。采用同样的方式可以建立其他表格,如 usr 表格,这个表格用来存储用户信息。一个完善的系统中会记录这个用户更多的信息,这里为演示方便仅记录用户名、密码、生日和性别,如图 12-15 所示。

　　需要注意的是,不要在名为 mysql 的数据库中建立表格,这个 mysql 数据库是 MySQL 软件中用以保存系统信息、用户信息、权限信息、表格信息的系统数据库表。

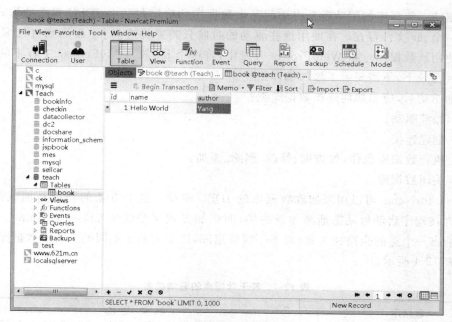

图 12-14　表格内容编辑界面(二)

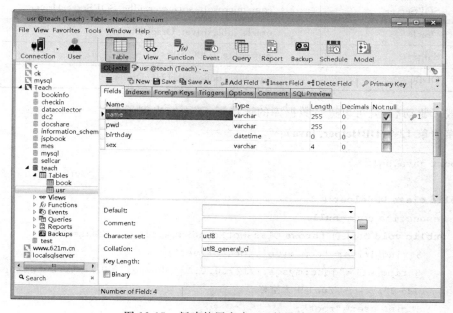

图 12-15　新建的用户表 usr 的设计视图

## 12.3.3　连接数据库

市面上存在数量众多的数据库,如果为每个数据库提供一种编程接口,会导致什么后果呢? 每个数据库的读写方式都不一样,最后编程人员的学习负担加重了!Java 为避免这种问题,给出了名为 JDBC 的机制。基于 JDBC,Java 程序可以访问任意数据库,只要有这个数据库的驱动。数据库的驱动就是将访问某个数据库的接口封装成 JDBC 要求的形式,这些驱动以一个 jar 文件存在。在使用这些驱动的时候只需要将这些 jar 添加到自己编译路径下即可使用该数据库。在 Web Project 开发中,将这个 jar 放入 MyEclipse 工程下的 WEB-INF/libs 目录下,不需要手工添加编译路径。

添加驱动后,应当如何连接数据库呢?

(1) 加载驱动。

(2) 创建连接。

(3) 执行数据库操作,如查询、修改、删除、添加。

(4) 关闭数据库。

Class.forName 可以用来加载数据库的 JDBC 驱动。这个方法的功能是加载某个类。Java 允许在程序启动后动态地添加新的类,而添加方式就是这个 Class.forName。这个方法需要给出一个类的全路径名称,对于不同数据库,这个类名是不同的。若干数据库的驱动类名如表 12-4 所示。

表 12-4　若干数据库的驱动类名

| 数据库 | 驱动类名 |
|---|---|
| MySQL | com. mysql. jdbc. Driver |
| SQLServer | com. microsoft. sqlserver. jdbc. SQLServerDriver |
| Oracle | oracle. jdbc. driver. OracleDriver |
| Sqlite | org. sqlite. JDBC |
| ODBC | sun. jdbc. odbc. JdbcOdbcDriver |

加载了驱动后,就可以进行数据库的连接了,下面给出例子。

**程序清单 12-7(DBHelper. java)**:

```
import java.sql.*;

public class DBHelper {
    Connection conn=null;
    public void conn() throws ClassNotFoundException, SQLException{
        String driver="com.mysql.jdbc.Driver";
        String url="jdbc:mysql://127.0.0.1:3306/hellodb? characterEncoding=
        utf-8";       //url 中无空格
        String user="root";
        String pwd="123456";

        Class.forName(driver);
        conn=DriverManager.getConnection(url, user, pwd);

    }
}
```

这个类是人们自定义的一个工具类,它包含了连接数据库、执行 SQL 查询、关闭数据库等功能。程序清单 12-7 给出的只有连接数据库功能。在本例中使用 Class. forName 方法加载了 MySQL 的驱动,然后使用 getConnection 建立了连接,建立连接时,传入了连接 URL。连接字符串是有特定格式的:

`jdbc:mysql://主机名:端口/数据库名?参数列表`

问号前面,jdbc:mysql 是协议名称,表示 jdbc 协议的子协议 mysql。下面主机名是 MySQL 数据库所处的服务器。如果是本地可以写 localhost 或 IP 地址 127.0.0.1。主机名还可以写域名,如 www. docshare. org 或 IP 地址,MySQL 的默认端口号为 3306。可以配置 MySQL 改变此端口。

例子中 hellodb 是在 MySQL 数据库中的数据库名,在新建数据库时指定。参数列表可以包含编码方式、用户名和密码。如果在 getConnection 给出了用户名和密码就不需要在这里写入。但推荐添加 characterEncoding 参数,这个参数说明,当前程序以何种编码与数据库通信,如果不设,有可能引起网页乱码。

这里还建议使用 utf-8 格式,这种格式是全世界通用的,兼容世界上各种语言,另外一种选择是 GBK,这是我们自行定制的中文编码,只能显示英文字符和中文字符,不支持其他语言。Windows 操作系统中文版用的默认编码方式是 GBK。GBK 的早期版本称为 GB2312,它们俩互相兼容。但 GB2312 不能表示某些不常见汉字,所以有时会间歇性的出现乱码(大多数字显示正常,但某些字表示不出来)。表 12-4 中列出的其他数据库的连接字符串格式是类似的,区别在于 jdbc:后面的具体数据库类型和参数的种类。

ODBC 是一种 Windows 提供的通用数据库接口。它的初衷和 JDBC 是相同的,都是为了屏蔽不同数据库的差异,建立共同的连接界面。ODBC 的连接字符串差别稍大,且有多种合法格式,其中一种格式如下:

`jdbc:odbc:数据源名称`

数据源名称是在 Windows 下 ODBC 管理器中配置得到的,ODBC 管理器可以在控制面板中找到,其界面如图 12-16 所示,单击"添加"按钮。

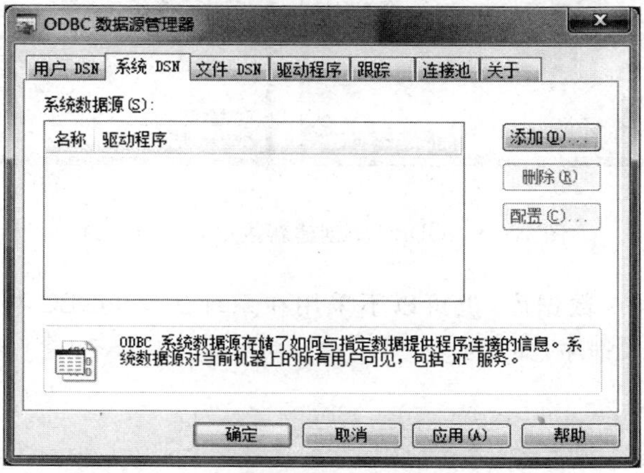

图 12-16 ODBC 管理器界面

可以看到选择数据库类型的对话框，如图 12-17 所示。如果要连接 Access 数据库，则可选择 Microsoft Access Driver( ＊.mdb)这一项；如果想使用 ODBC 连接 MySQL 或者 SQL Server 同样可以找到相应驱动，但并不建议这么做，因为数据经过 JDBC 和 ODBC 两次中转会比直接连接要慢得多，且这种方式只能在 Windows 下做。JSP 开发的网站天生具有跨平台性，如果使用了 ODBC，那么只能用 Windows Server 了，而 Windows Server 在企业级应用中很少使用。同样负载能力的服务器，Windows 服务器要比 Linux 服务器配置要求高得多，相应成本要高得多。稳定性方面，Windows 也不如 Linux。

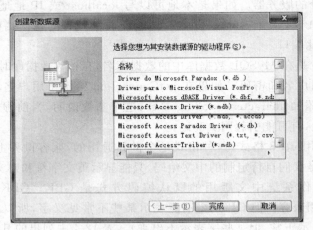

图 12-17　ODBC 中创建新数据源向导(一)

单击"完成"按钮后，如果选择了 Access 数据库，就会跳出对话框让输入这个 ODBC 数据源的名字，这个名字是自己起的，写好名字后，单击"选择"按钮，选中自己建立的 Access 数据库，如图 12-18 所示。

(a)　　　　　　　　　　　　　　(b)

图 12-18　ODBC 中创建新数据源向导(二)

如果要连接 Access 数据库，也可以不采用在系统建立 ODBC 数据源的方式，直接将 ODBC 连接字符串写入程序，如下：

```
Class.forName("sun.jdbc.odbc.JdbcOdbcDriver");
String url="jdbc:odbc:driver={Microsoft Access Driver (＊.mdb)};DBQ="+"e://
student.mdb ";
Connection con=DriverManager.getConnection(url);
```

其中,URL 中的 driver 就是 ODBC 连接具体数据库用的信息,其中包含驱动方式和 Access 文件的位置。

这里虽然介绍了 Access 连接数据库的方式,但并不赞同大家采用此数据库建立动态网站,因为它是为单用户设计,其性能很低。它唯一的好处就是可以让非计算机人员学会使用。

作者建立的第一个网站"六二网"刚开始就是用这种方式写的,结果网站经常性地出现 Service Unavailable 错误,就是因为资源不够用了,这并不代表我的用户量有多么大,只是因为碰到了搜索引擎的抓取,使用这种低效率的数据库每次被抓取网页就会死掉。所以只能采用加网页缓存的方式来缓解这个问题。到目前为止这个网站仍然存在①。

值得一提的是,这个网站原本的数据是一堆标记好章节的书籍,刚开始采用了直接从文件中读取然后解析文件的方式,这种方式比使用 Access 更糟。此网站经过了 $n$ 次改版和 $n$ 次的数据导入导出。目前采用的是 PHP+MySQL 的前台和部分 ASP.NET 的内容整合而成。

所以,对于项目来说,采用何种技术在刚开始是至关重要的,如果你的数据量超过千万,那么 MySQL 都不要用了,用 Oracle 是首选,但如果你要做个人网站,又无法负担一个独立的 Oracle 数据库,那么就用 SQL Server 吧。如何自由地在多个数据库之间切换呢?可以用下面讲的 Hibernate。

从另一个角度,如果作为一个新手,不妨采用简单一点的方式来开发,因为开发难度较低,且能积累经验。刚开始就入手大型的框架会导致一事无成。

## 12.3.4 数据库查询

数据库查询就是把满足某种条件的数据从数据库中读取出来。在建立了数据库连接以后,数据库的读取功能过程基本相同。我们首先需要创建一个 Statement,然后使用它执行 SQL 语句,在上面的 DBHelper 中添加以下函数:

```
public ResultSet getRS(String sql) throws SQLException {
    Statement s=conn.createStatement();
    return s.executeQuery(sql);
}
```

使用这个函数就可以简单地执行 SQL 查询。注意这个函数不能执行修改操作,否则会报错。经过一定的练习就会体会到 SQL 拼接一个字符串有时是很困难的。那么对于参数很多的情况下,可以使用以下语句:

```
PreparedStatement ps=conn.prepareStatement("select * from book where id=? and
lastdata<? and authorname=?");
    ps.setInt(1, 12);
    Date tm=new Date(2014,9,12);
    ps.setDate(2, tm);
```

---

① http://www.621.cn

```
        ps.setString(3, "wang");
```

例子中 select 语句有 3 个参数，一个是数字，一个是时间，最后一个是字符串。使用问号占位 SQL 语句，然后使用 setInt 设置整数参数，使用 setDate 设置时间参数，setInt 和 setDate 的第一个参数表示"我用第二个参数中的值替换哪一个问号"。这是一个整数，第一个问号对应编号 1，第二个问号对应编号 2，这里并不是从 0 开始编号的，例子中使用 3 个 set 设置了 SQL 语句中 3 个问号的具体值。在 SQL 语句中字符串需要用单引号括起来，但我们不需要手工做这件事，PreparedStatement 会根据人们给出的参数的类型自动地调整 SQL 格式。

通过 getRS 方法可以得到 ResultSet，这个就是查询的结果集，一条查询的结果常常是多条记录，每条记录有多个项，如何遍历它呢？请看例子：

```
ResultSet rs=getRS("select * from usr_tb");
while(rs.next()){
    String name=rs.getString("name");
    Date d=rs.getDate("lastdata");
}
```

如果仅需要知道一个数据集是否为空，则可以简单地使用如下方式判断：

```
ResultSet rs=getRS("select * from usr_tb");
if(rs.next()){
    //查询结果集不为空时的操作
}else{
    //查询结果集为空时的操作
}
```

## 12.4  登录案例

下面以用户登录功能为例为大家讲解如何在实际开发过程中使用查询操作。在 12.3.1 节的分析中得知，可以使用查询方式来实现用户的用户名和密码的验证。首先需要分析用户的行为和系统需要完成的事情。

用户为了登录系统，需要系统为用户提供一个登录界面，这个界面需要至少允许用户输入用户名和密码，然后还要有一个"提交"按钮。用户提交后，系统要处理用户的提交并给出登录成功或不成功的结果，如果登录成功则跳转到个人主页，否则留在登录页中并提示用户重新输入用户名与密码。这个过程可以用 UML 时序图来展示(见图 12-19)，这个图中包含 3 个角色：用户、浏览器和 Web 服务器。用户需要的操作有两个：浏览表单和填入并提交数据，浏览器的操作并不需要关心，需要做的是 Web 服务程序：为用户准备一个注册表单(步骤 6)，处理用户提交的注册数据并返回结果(步骤 7)。

下面就来实现上述两个功能。首先为用户准备一个表单，那么这个表单应当包含什么内容呢？参照平日上网时见到的其他网站的登录表单，它们几乎都由输入用户名、密码的文本框和一个提交按钮组成。代码如下。

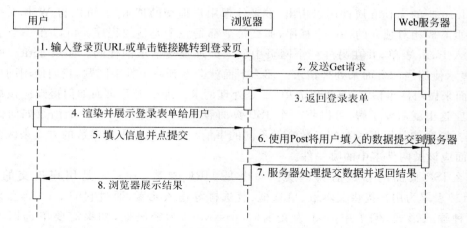

图 12-19　用户登录的 UML 顺序图

**程序清单 12-8（login. jsp）：**

```
<%@page language="java" import="java.util. * " pageEncoding="utf-8"%>
<!DOCTYPE HTML PUBLIC "-//W3C//DTD HTML 4.01 Transitional//EN">
<html>
  <head>
    <title>登录</title>
  </head>
  <body>
    <form method='post' action=''>
        <label for='name'>姓名</label>
        <input type='text'  name='name' id='name'/><br/>
        <label for='pwd'>密码</label>
        <input type='password'  name='pwd' id='pwd'/><br/>
        <input type='submit' value='提交' />
    </form>
  </body>
</html>
```

这个表单的运行结果如图 12-20 所示。

代码中＜form＞标签用来定义一个表单，所有的文本框按钮等元素均需包含在 form 中。＜form＞使用 method 属性指明是以何种方式提交数据，是 get 方式还是 post 方式。这是 HTTP 的两个操作。在使用 get 方式提交表单时，浏览器会使用 URL 参数的方式将表单中的数据提交给服务器；使用 post 方式时，浏览器会发

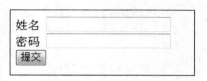

图 12-20　用户登录表单

出一个 post 请求，并在请求尾部加入表单数据。一般表单操作都采用 post 方式，因为其可以发送大量数据，而 URL 参数形式能保存的数据有限。另外，如果使用 get 方式，用户输入的密码会以明文形式显示在 URL 中，并被浏览器记录到"历史记录"中，这常常导致密码泄露。

<form>的 action 属性用以指出"谁来处理用户提交的请求"。可以将 Web 工程中所有的网页看成相对独立的一段小程序,那么每个都是一个完整的程序。可以在一个 JSP 文件中放入 form 表单,并在另外一个网页中放入处理提交请求的代码。如果 action 属性为空,则表示使用当前页面来处理请求。那么下面就会遇到一个棘手问题,我们使用同样一个 JSP 页面来做两件事情,一是提供表单,二是处理请求。那么 JSP 页面如何得知应该做哪个操作呢? 这里就需要了解,可以将一个 JSP 页面看成一个函数,对于一个函数如何做不同事情的? 答案就是根据函数的参数来做不同的事情。我们同样采用参数的方式来区分这个 JSP 页面应该做两件事中的哪一件。

那么 JSP 页面的参数有哪些呢? 一个是 URL 参数,另一个是用户提交的表单。<input>表单为用户提供文本框、单选框、复选框等输入元素,通过它的 type 属性来决定是哪一种输入形式,例子中 text 为文本框,password 为密码框,如果需要单选框可以用 radio,复选框可以用 checkbox。例子中使用了文本框让用户输入用户名,密码框让用户输入密码。例子中的<label>用来显示 input 的对应标签。<input>使用 name 属性来定义用户输入的这个数据的名字,使用 id 来给他一个编号(可以是文本),这个 id 要求整个 HTML 文档中没有重复,但 name 可以重复。对于多选框来说,同一个 name 的不同多选框会被认为是一组。其他如 text 类型的多选框则不允许 name 在同一个表单中重复。我们看到例中还有一个<input>,它的值是"提交"二字,它的类型是 submit,这个<input>会被浏览器翻译(渲染)为一个提交按钮。用户单击此按钮后,浏览器就会根据 action 指向的网页将内容提交过去。服务器的相应 JSP 收到请求后就会开始执行。

为了方便管理,我们将表单和表单处理放在同一个页面中。那么,如何区分用户的行为是哪一个呢?

使用 request. getParameter 获取用户提交的数据,那么使用 request. getParameter ("name")就可以获取用户输入的用户名。如果用户正在获取表单,那么用户肯定未提交这个名为 name 的数据,所以这个 getParameter 就会返回 null,所以我们检查它是否为 null 就可以判断用户是正在浏览表单还是已经提交了数据。代码如下。

**程序清单 12-9(login. jsp 修改版):**

```
<% @ page language ="java" import ="java. util. * , com. yang. * , java. sql. * "
pageEncoding="utf-8"%>
<%
    String name=request.getParameter("name");
    String pwd=request.getParameter("pwd");

    String msg="";
if(name==null){
    //这是用户在浏览表单,什么也不干,可以直接采用 if(name!=null)来写这个语句
}else{
    //这是用户在提交数据
    String sql=String.format("select * from usr where name='%s' and pwd=
    '%s'", name,pwd);
    DBHelper db=new DBHelper();
```

```
                db.conn();
                ResultSet rs=db.getRS(sql);
                if(rs.next()){
                    //只要能查到和用户输入匹配的,就说明有这个用户
                    session.setAttribute("uid", name);
                    response.sendRedirect("main.jsp");
                }else{
                    //登录失败
                    msg="登录失败";
                }
            }

    %>

    <!DOCTYPE HTML PUBLIC "-//W3C//DTD HTML 4.01 Transitional//EN">
    <html>
      <head>
        <title>登录</title>
      </head>
      <body>
        <%=msg%>
        <form method='post' action=''>
            <label for='name'>姓名</label>
            <input type='text'  name='name' id='name'/><br/>
            <label for='pwd'>密码</label>
            <input type='text'  name='pwd' id='pwd'/><br/>
            <input type='submit' value='提交' />

        </form>
      </body>
    </html>
```

将这段代码替换原有的 login.jsp,然后单击绿色箭头启动 Tomcat,在 MyEclipse 打开的浏览器页中看到如图 12-21 所示的效果。

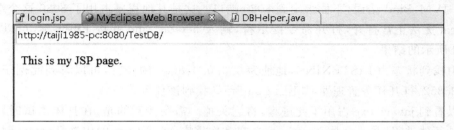

图 12-21　启动调试后 MyEclipse 弹出的浏览器

这个页面为何不显示表单呢? 答案是这个页面显示的是 index.jsp,而不是上面的 login.jsp。地址栏显示 http://taiji1985-pc:8080/TestDB/,其中 taiji1985 是计算机名,在

不同机器上可能会有所不同,8080 为 MyEclipse 集成的 Tomcat 的监听端口号,TestDB 为项目名称,后面如果不写具体页面,那么默认会显示 index. jsp。这个默认页是在 WEB-INF/web. xml 文件中定义的,一般不需要改变默认页。为了浏览 login. jsp,将地址栏的地址改为 http://taiji1985-pc:8080/TestDB/login. jsp,或者改为 http://127.0.0.1:8080/TestDB/login. jsp,或者改为 http://localhost:8080/TestDB/login. jsp 都可以。

下面来解释一下代码。使用 request. getParameter 获取了用户输入的用户名和密码。随后使用 String. format 拼接出一个合法的 SQL 语句,这个函数的用法和 C 语言中的 printf 类似,第一个参数是格式化字符串,后面的参数是需要替换格式化字符串中内容的真正数值。格式化字符串中%s 表示需要使用一个字符串变量替换这里的%s,例子中我们使用从用户获取的 name 替换第一个%s,使用密码 pwd 替换第二个。这样这个 SQL 语句的功能就实现了:在数据库中查询数据库中存储的用户名和密码与用户输入相同的记录。

如果有记录返回,则说明数据库中确实存在这么一个用户,它的密码和用户输入的相同,这说明是登录成功。

登录成功要做两件重要的事情,一件是使用 session 记录我已经登录了这个事实,让其他需要权限的页面知道,已经有人登录了,这个人的用户名是什么。其他页面可以使用 session. getAttribute("uid")获取到这里存入的用户名。如果这个函数返回 null 则说明系统从未在 session 中存储名为 uid 的变量。因为我们只会在登录成功后才设置此变量,所以不存在就代表着没有成功登录。就可以根据此判断提示:"你的操作不合法",或者直接让他回到 login 页面。另一件重要的事就是跳转到个人主页 main. jsp。这里使用 response. sendRedirect 来实现跳转。

需要注意到是,常常出现以下错误。

(1) 大小写错误。JSP 区分大小写,有一个字母大小写不一致都会出现 404 文件未找到错误。

(2) 不写项目名 TestDB,也会出现 404 错误。

(3) 8080 前的符号是冒号,不是分号。

(4) 使用英文标点符号,不要用中文标点符号。

修改地址后看到图 12-20。先在 Navicat 中在表格 usr 中添加一个用户 yang,密码为 123(相当于注册用户)。然后在表单中填写这个用户,并提交。这时候也许会出现一些错误。

(1) JVM_Bind 错误,不能绑定到 8080 端口。这是其他程序占用了 8080 这个端口,使得 Tomcat 无法正常打开,打开命令提示符,输入 netstat -ano 并按 Enter 键,可以看到如图 12-22 所示的结果。

从中找到状态为 LISTENING,地址为 0.0.0.0:8080 的一行,可以看到此例子中它的 PID 为 25352,打开任务管理器,如图 12-23 所示,找到该任务。

可以看到 javaw. exe 占用了此进程,将它关掉。需要注意的是,在具体测试时,这个进程可能是其他进程,并非全是 javaw. exe。在多次重启 MyEclipse 的内置 Tomcat 时会导致 javaw. exe 占用此端口并引发 JVM_Bind 错误。其他诸如迅雷等软件也可能占用此端口。

另外一个常见的错误是,在机器上已经安装了一个 Tomcat,它占用了 8080 端口,在 MyEclipse 中启动内置 Tomcat,也会出现上述绑定端口失败的错误。解决方法是,在任务管理器中将自己装的独立 Tomcat 服务器的服务项 Tomcat 停止。

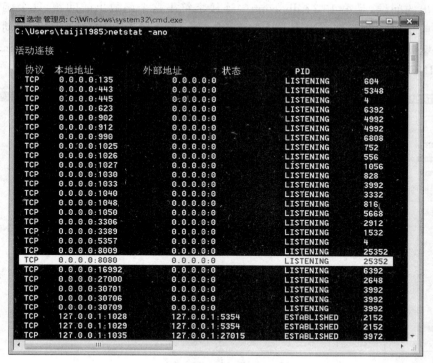

图 12-22　netstat 返回结果

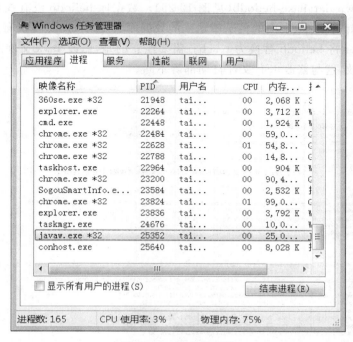

图 12-23　任务管理器

（2）ClassNotFoundException。大家注意看图 12-24 所示的错误页面，上面指出了是哪一行代码出的问题，是第 13 行 db. conn()连接字符串这个函数出的问题，这个函数内容大家可以向前查找。后面 root cause 中给出了是 com. mysql. jdbc. Driver 这个驱动没有。那么解决方案就是将从网上下载的 mysqljdbc 驱动（mysql-connector-java-5.1.7-bin.jar）复制到 WEB-INF 下的 lib 目录下。

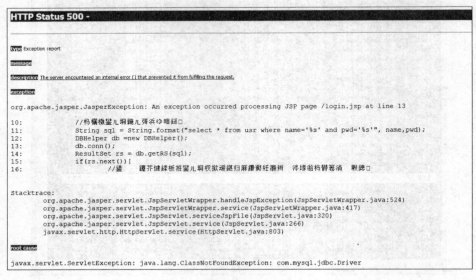

图 12-24　ClassNotFoundException

（3）Unknown database hellodb（见图 12-25）。数据库 hellodb 没有找到，这个 hellodb 是写到了 DBHelper 类中，上面的例子中建立的数据库名是 teach，这里没有建立 hellodb，那么修改 DBHelper 将 hellodb 替换为 teach。需要注意的是，修改 Java 文件需要重启内置的 Tomcat 才能生效，这与修改 JSP 文件自动部署不同。

```
exception

org.apache.jasper.JasperException: An exception occurred processing JSP page /login.jsp at line 13

10:          //档欄橫鋻儿峒鐁儿彌派ゆ瞎鎈□
11:          String sql = String.format("select * from usr where name='%s' and pwd='%s'", name,pwd);
12:          DBHelper db =new DBHelper();
13:          db.conn();
14:          ResultSet rs = db.getRS(sql);
15:          if(rs.next()){
16:               //蓋    纏芥燡鐵板揩鋻儿峒杈撒遆鎈归麻鐯鬌纴灝辨    浮堚淄杩臂篜涓   靯鏓□


Stacktrace:
     org.apache.jasper.servlet.JspServletWrapper.handleJspException(JspServletWrapper.java:524)
     org.apache.jasper.servlet.JspServletWrapper.service(JspServletWrapper.java:417)
     org.apache.jasper.servlet.JspServlet.serviceJspFile(JspServlet.java:320)
     org.apache.jasper.servlet.JspServlet.service(JspServlet.java:266)
     javax.servlet.http.HttpServlet.service(HttpServlet.java:803)

root cause

javax.servlet.ServletException: com.mysql.jdbc.exceptions.jdbc4.MySQLSyntaxErrorException: Unknown database 'hellodb'
     org.apache.jasper.runtime.PageContextImpl.doHandlePageException(PageContextImpl.java:850)
     org.apache.jasper.runtime.PageContextImpl.handlePageException(PageContextImpl.java:779)
     org.apache.jsp.login_jsp._jspService(login_jsp.java:109)
     org.apache.jasper.runtime.HttpJspBase.service(HttpJspBase.java:70)
     javax.servlet.http.HttpServlet.service(HttpServlet.java:803)
     org.apache.jasper.servlet.JspServletWrapper.service(JspServletWrapper.java:393)
     org.apache.jasper.servlet.JspServlet.serviceJspFile(JspServlet.java:320)
     org.apache.jasper.servlet.JspServlet.service(JspServlet.java:266)
     javax.servlet.http.HttpServlet.service(HttpServlet.java:803)
```

图 12-25　Unknown database 错误

（4）SQL 语句语法错误（见图 12-26）。在 root cause 中看到 MySQLSyntaxException 这个错误，一般是人们拼接 SQL 语句时出错了，可以使用 System.out.println 将拼接好的 SQL 语句打印到 Console 中输出，仔细看拼接后的 SQL 语句存在哪些错误，并根据观察修改 SQL 语句的拼接语句。常见错误是字符串类型的变量忘记加单引号，或者加了双引号。

图 12-26　SQL 语法错误

（5）404 错误，找不到 main.jsp。在程序中写的是：如果登录成功，跳转到 main.jsp，如果 main.jsp 不存在，则会报此错误，解决方法是在 WebRoot 下添加一个 main.jsp 文件即可。

（6）找不到 DBHelper，这是因为页面头部的 import 语句中没有添加 com.yang.*。如果提示找不到 ResultSet，则说明没有引用 java.sql.*。

至此，登录功能就实现了。那么注册功能如何实现呢？读者可以根据上述分析过程自行分析和实现。下面给予几点提示。

（1）同样需要一个表单和一个提交数据的处理程序。

（2）注册一个用户与在用户表添加一行等价。

（3）使用表单提交数据拼接一个 insert 的 SQL 语句，并执行它。

（4）使用 Statement 的 execute 语句来实现非查询的其他 SQL 语句。该函数返回的整数值表示这个语句影响了多少行，如果是插入操作，影响了一行以上就说么插入成功。如果返回 0，说明插入没成功。根据这个判断是否注册成功。

那么如何修改密码呢？下面给出一些提示。

（1）同样需要一个表单和提交数据处理。

（2）修改操作等价于更新数据库中的某一行。

（3）使用 update 语句更新数据库，在其中添加 where 语句来确定更新哪一个用户。

可以看到，Web 应用中，某一个功能一般需要一个表单和一个表单处理程序。有的复杂功能需要一些辅助，例如，修改某本书的详细信息，就需要先确定修改哪一本书。一般做法是先提供一个书籍列表，用户单击待修改的书籍对应的修改链接。下面给出书籍列表的代码。

**程序清单 12-10（booklist. jsp）：**

```
<%@ page language="java" import="java.util.*,com.yang.*,java.sql.*"
pageEncoding="utf-8"%>
<!DOCTYPE HTML PUBLIC "-//W3C//DTD HTML 4.01 Transitional//EN">
<html>
  <head>
    <title>书籍列表</title>
  </head>


  <body>
  <table border='1'><tr><th>编号</th><th>名称</th><th>作者</th><th>操作</
th></tr>
<%
    String sql="select * from book";
    DBHelper db=new DBHelper();
    db.conn();
    ResultSet rs=db.getRS(sql);
    while(rs.next()){
%>
    <tr>
        <td><%=rs.getInt("id")%></td>
        <td><%=rs.getString("name")%></td>
        <td><%=rs.getString("author")%></td>
        <td><a href='editbook.jsp?id=<%=rs.getInt("id")%>'>编辑</a></td>
    </tr>
<%}%>
</table>
  </body>
</html>
```

可以看到，上面的代码中直接使用了 DBHelper 这个用户自己定义的类。使用这个类大大地简化了数据库操作。并不需要在每个页面填写加载驱动，建立连接的具体代码。这些细节全部被 DBHelper 封装了。这就是建立 DBHelper 的原因。

写一个查询所有图书表中数据的 SQL 语句，并使用 DBHelper 执行这条语句，得到一个记录集，使用 while(rs. next()) 可以遍历这个结果集的所有记录。这个 while 的写法是一个非常固定的写法，几乎所有 Java 中访问数据库的代码都如此编写，所以请大家记住。大家可以看到在第一个＜% %＞之间，while 语句是不完整的，在最后一个＜% %＞中，while 语句只有一个引号，这给我们展示了一种不一样的代码编写方式，中间的＜tr＞其实可以看成 out. print("＜tr＞")，其他行也是类似的。使用＜%＝%＞可以输出一个 JSP 的变量值，使用 getInt 和 getString 获取当前记录的相关列的值，使用 next 方法移向下一个记录。

这个例子也为大家展示了如何修改特定的某个书籍的信息，就是在新闻的列表后加入修改某书籍的链接。使用 editbook. jsp 来修改书籍（这个页面大家可以尝试实现），使用参数 id 来区分修改哪一本书籍。

需要大家记住的一句话是：**JSP 页面的目的就是为了根据计算或数据库内容动态地生成一个格式正确的 HTML 文档**。在浏览器端，只能看到 HTML 代码，即 JSP 的运行结果，看不到源代码。我们先看一下显示效果，如图 12-27 所示。

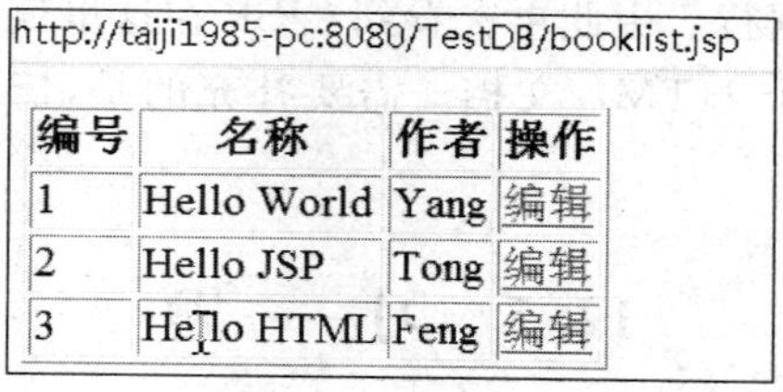

图 12-27 书籍列表效果图

可以看到这是一个 4 行的表格，其中包含 1 行头部和 3 行数据。查看一下该页的源代码。

**程序清单 12-11（booklist 在浏览器端的代码）：**

```
<!DOCTYPE HTML PUBLIC "-//W3C//DTD HTML 4.01 Transitional//EN">
<html>
  <head>
    <title>书籍列表</title>
  </head>

  <body>
  <table border='1'><tr><th>编号</th><th>名称</th><th>作者</th><th>操作
</th></tr>
    <tr>
        <td>1</td>
        <td>Hello World</td>
        <td>Yang</td>
        <td><a href='editbook.jsp?id=1'>编辑</a></td>
    </tr>
    <tr>
        <td>2</td>
        <td>Hello JSP</td>
        <td>Tong</td>
        <td><a href='editbook.jsp?id=2'>编辑</a></td>
    </tr>
    <tr>
        <td>3</td>
        <td>Hello HTML</td>
        <td>Feng</td>
        <td><a href='editbook.jsp?id=3'>编辑</a></td>
    </tr>
  </table>
```

```
    </body>
    </html>
```

可以看到这个代码和服务端写的代码并不完全相同,所有和 JSP 相关的标签都消失了,在<%%>外的内容都被原封不动地保存,<%%>里的代码都被执行了,while 语句一共循环 3 次,生成 3 个数据行。由此再次看到:JSP 在这里就是一个生成 HTML 的文本处理程序,它的输出就是一个 HTML 文档。需要补充的是,JSP 还能动态生成诸如 Excel 文档、图片等(如验证码)。

## 12.5 习　　题

1. 简要分析集中数据持久化技术的优缺点。

2. 使用文件存储方式实现(学号,姓名,出生日期,性别,班级)这个学生信息表格的存储,请自行确定存储方式。要求能正确地写入和读取。

3. 使用数据库存储方式实现(用户名,密码,性别,出生日期)这个用户表,并实现用户注册功能。

4. 根据习题 3 中定义的用户表实现用户信息修改功能。

5. 根据习题 3 中定义的用户表实现用户密码修改功能。

6. 根据习题 3 中定义的用户表实现用户列表查看功能。

# 第13章 Hibernate——镜花亦花，水月亦月

**本章主要内容**

- Hibernate 安装。
- Hibernate 在控制台程序中对数据库的写、改、删、查操作。
- Hibernate 在 JSP 页面中的使用。

## 13.1 使用 Hibernate 进行数据库读写

人们常用镜花水月比喻那些虚幻不真的东西，殊不知，镜中花也反映了花的信息，水中月也能反映月的信息。观镜可以正衣冠，见水中满月而知月中至。对于一个信息系统而言，Hibernate 使用对象来映射数据库的表，开发人员可以通过直接访问数据库表映射的对象来访问数据库，这样大大便利了开发工作。

第 12 章介绍了如何编写连接数据库实现信息管理功能的代码编写方法。可以看到，使用这种方法在开发过程中需要编写大量的 SQL 语句。那么有没有更好的解决方法呢？上面例子中数据库中有一张表格 book，设想有一个类 Book(或者说一个 JavaBean)，这个类的属性和表格中的列一一对应。然后可以使用它的 save 方法来修改或者保存数据，使用 get 方法来获取数据库中的某几行数据，那么读写数据库就变得美好起来，再也不需要关心如何书写长长的 SQL 语句了。再也不用自己做数据类型转换了。可以手工建立这么一个 Book 类，但这样仍然很麻烦。事实上笔者曾在某个项目中干过这种事情，为了简化业务逻辑层的代码，而手工编写这个"数据化持久层"的类。假设有这么一个工具可以动态地生成这样一个类，那么是不是就很好了？事实上，Hibernate 就是这么做的，它首先可以借助工具自动生成与数据库表相对应的类，然后可以使用一个称之为 Session 工厂的类对这个对象进行写、改、删、查操作。

## 13.2 Hibernate 的配置

要使用 Hibernate，首先需要为项目加入 Hibernate 支持。对于 MyEclipse 而言，这件事并不难。

(1) 首先使用 MyEclipse 建立一个 Java Project。我们知道不止是在 Web 应用中会用到数据库，桌面应用同样如此。所以为了更简单地演示 Hibernate 的使用，这里建立的是 Java Project。

(2) 在 MyEclipse 的 Windows→Show View 菜单中打开 DB Explorer，如图 13-1 所示。

(3) 在打开的 DB Browser 中新建一个数据源，如图 13-2 所示。

图 13-1　ShowView 界面

图 13-2　DB Browser 界面

（4）在打开的对话框中填入前面建立的 MySQL 数据库的相关信息，如图 13-3 所示。

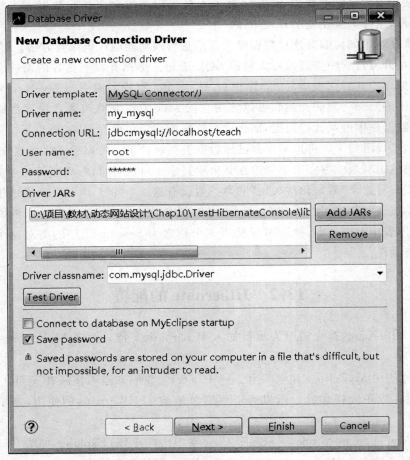

图 13-3　新建数据源界面（一）

（5）其中的 Driver JARs 要添加入从网上下载的 MySQL 的驱动，单击 Next 按钮，进入图 13-4 中。

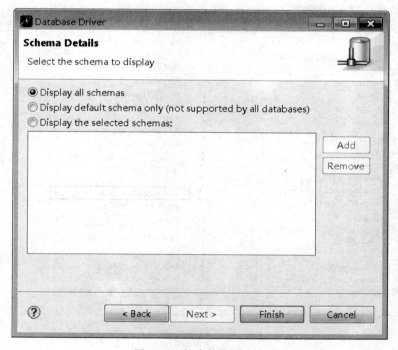

图 13-4　新建数据源(二)

（6）直接单击 Finish 按钮，在 DB Browser 中已经可以看到刚才建立的数据源，如图 13-5 所示。

（7）双击 my_mysql 即可建立连接，展开的后 DB Browser 界面如图 13-6 所示。

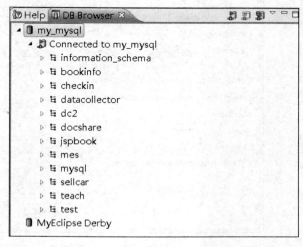

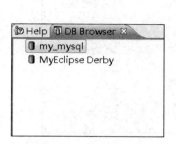

图 13-5　DB Browser 界面　　　　　　图 13-6　展开后的 DB Browser 界面

（8）选中刚才建立的 Java Project 右击，在弹出的快捷菜单中选择 MyEclipse→Add Hibernate Capability，如图 13-7 所示。

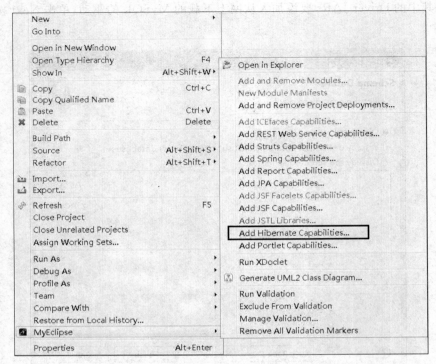

图 13-7　添加 Hibernate 支持(一)

（9）在弹出对话框中选中刚才建立的数据源 my_mysql，如图 13-8 所示。

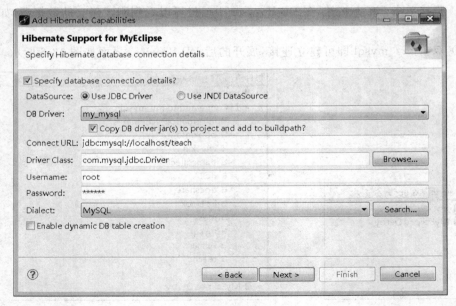

图 13-8　添加 Hibernate 支持(二)

（10）单击 Next 按钮，选择建立的这个工程的 src 目录作为存放配置文件目录，输入包名，如图 13-9 所示。

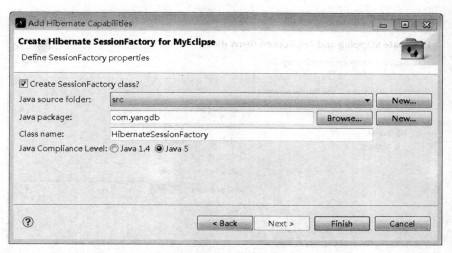

图 13-9　添加 Hibernate 支持（三）

（11）在 DB Brower 中，右击一个表格，在弹出的快捷菜单中选择 Hibernate Reverse Engineering（根据数据库建立 Hibernate 的 xml 文件），如图 13-10 所示。

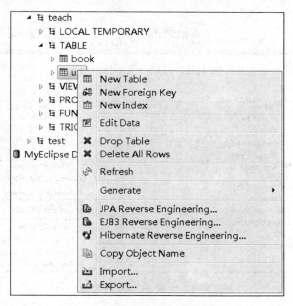

图 13-10　DB Browser 的右键菜单

（12）在对话框中选择源代码存储路径，输入包名，选中 Create POJO 这一项，如图 13-11 所示，单击 Next 按钮。

（13）选中 book 这个表，在右侧填入类名 Book，Id Generator 设为 identity，如图 13-11 所示。这个类型是在数据库设置了主键为自增的情况下作的，如果主键没有设置或者没有设置主键自增都会使得随后的程序运行失败。单击 Finish 按钮结束向导。使用相同的方式可以建立数据库中两个表的配置文件，右击选中配置文件，并在弹出的快捷菜单中选择 MyEclipse→Generate POJOs，如图 13-12 所示，这是用来生成表格对应的类。

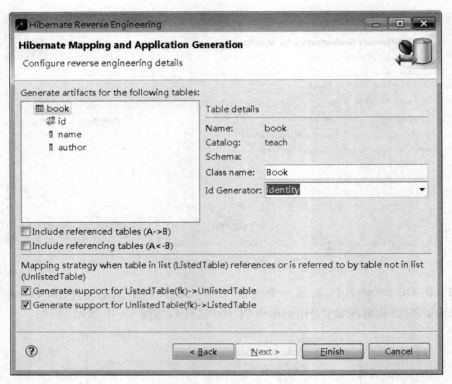

图 13-11　Hibernate 反向引擎

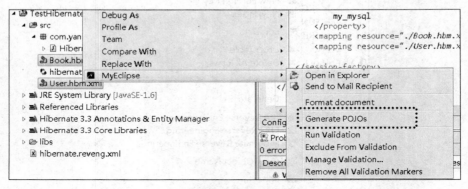

图 13-12　生成 POJOs 的界面(一)

(14) 在弹出的对话框中,取消 Create abstract class 这个选项,如图 13-13 所示。如果不取消这个选项,每个数据库表格立两个对应的 Java 类。对于这个简单的例子,不需要使用这种方式。但对于下面章节要讲到的 Spring 来说,它就需要选中这个选项以建立抽象类(因为 Spring 要求 JavaBean 有抽象类)。

(15) 单击 Finish 按钮就可以得到建立的 Java 文件。默认情况下,建立的 Java 类会出现在 src 下的 default package 中,如果要修改生成 Java 类的位置,可以双击某个表对应的描述文件,比如上面的 Book. hbm. xml。可以看到这个配置界面如图 13-14 所示。

在 Package 后的文本框中,输入你希望让这些 POJO 类生成的位置,然后重新生成。

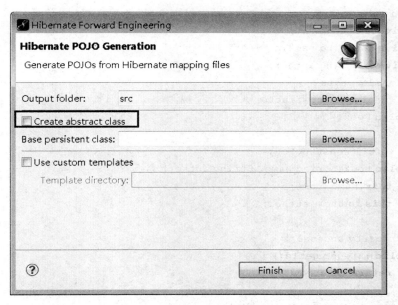

图 13-13　生成 POJOs 的界面（二）

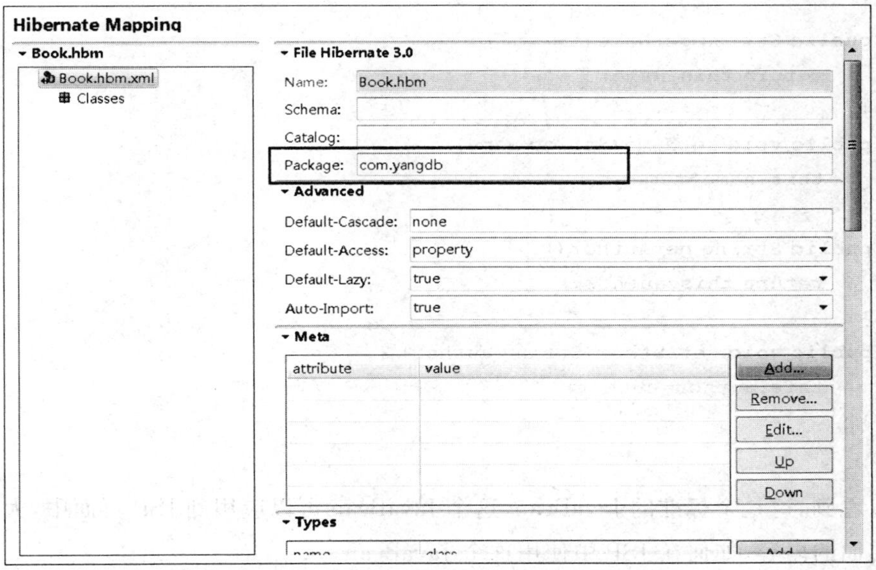

图 13-14　生成 POJOs 的界面（三）

（16）下面是生成好的 Java 类 Book.java。

**程序清单 13-1（Book.java）：**

```java
package com.yangdb;
/**
 * Book entity. @author MyEclipse Persistence Tools
 */
public class Book implements java.io.Serializable {
```

```
//Fields
private Integer id;
private String name;
private String author;
//Constructors
/* * default constructor */
public Book() {
}
/* * full constructor */
public Book(String name, String author) {
    this.name=name;
    this.author=author;
}
//Property accessors
public Integer getId() {
    return this.id;
}
public void setId(Integer id) {
    this.id=id;
}
public String getName() {
    return this.name;
}
public void setName(String name) {
    this.name=name;
}
public String getAuthor() {
    return this.author;
}
public void setAuthor(String author) {
    this.author=author;
}
}
```

可以看到,这是个标准的 JavaBean,这个 JavaBean 可以应用到 JSP 页面中,大家可以回忆一下前面的内容,如何在 JSP 中使用这个 JavaBean。

## 13.3　使用 Hibernate 进行开发

通过上面的步骤,将 Hibernate 配置好,并根据表格自动生成了对应配置文件和对应的 Java 类(称之为 POJO)。当然,如果强悍一点,也可以手工写这些配置文件和 JavaBean 类,但无疑会使得使用 Hibernate 反而让开发复杂化,所以工具是必需的。

下面给出了一个简单的插入数据的操作的例子。在前面建立的项目中添加此类。

**程序清单 13-2（TestInsert. java）：**

```java
package com.yangdb;

import org.hibernate.Session;

public class TestInsert {

    public static void main(String[] args){
        Book b=new Book();
        b.setAuthor("周易");
        b.setName("周文王");
        Session sess=HibernateSessionFactory.getSession();
        sess.save(b);
        sess.close();
        System.out.println("OK");
    }

}
```

其中，new Book()新建了一个 Book 类的对象，并使用标准的 setter 函数设置了作者和书名属性，随后建立了一个 Session 对象。这个 Session 相当于前面学到的数据库连接，只不过它包含更多的功能。下面是最核心的代码 sess. save()将数据插入了表格中。需要注意的是，如果 session 不关闭，那么 **Hibernate 只会缓存，不会真正修改数据库**。如果 Session 下面还需要用，又需要将数据写入数据库，可以使用 flush 方法，强制 Hibernate 清空缓存。

奇怪，为何是乱码（见图 13-15）？这其实与第 12 章的乱码具有相同的原因：连接 MySQL 数据库的时候没有设定编码方式。那么如何修改呢？在使用 Hibernate 时，

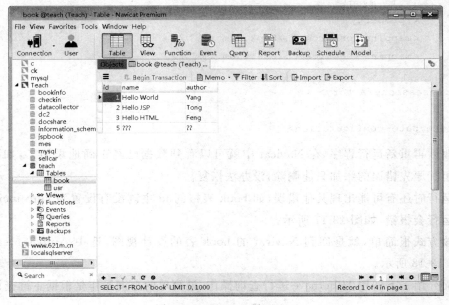

图 13-15　Navicat 界面（一）

hibernate. cfg. xml 是配置连接信息的,修改连接 URL,如程序清单 13-3,黑体部分为修改的内容。为 URL 添加了参数 charsetEncoding＝utf-8。

**程序清单 13-3(hibernate. cfg. xml):**

```xml
<?xml version='1.0' encoding='UTF-8'?>
<!DOCTYPE hibernate-configuration PUBLIC
        "-//Hibernate/Hibernate Configuration DTD 3.0//EN"

"http://hibernate.sourceforge.net/hibernate-configuration-3.0.dtd">

<!--Generated by MyEclipse Hibernate Tools.        -->
<hibernate-configuration>

    <session-factory>
        <property name="dialect">
            org.hibernate.dialect.MySQLDialect
        </property>
        <property name="connection.url">
            jdbc:mysql://localhost/teach?characterEncoding=utf-8
        </property>
        <property name="connection.username">root</property>
        <property name="connection.password">123456</property>
        <property name="connection.driver_class">
            com.mysql.jdbc.Driver
        </property>
        <property name="myeclipse.connection.profile">
            my_mysql
        </property>
        <mapping resource="./Book.hbm.xml" />
        <mapping resource="./User.hbm.xml" />


    </session-factory>


</hibernate-configuration>
```

修改后再重新运行程序,在 Navicat 中就可以看到数据已经正确地添加了,如图 13-16 所示。至于原先错误的添加只能删除,没办法恢复。

在运行时还有可能出现其他错误,如 book 表格的 id 主键没有设置为 auto increase,那么程序运行会报错,如图 13-17 所示。

修改方式很简单,就是回到 Navicat 的 book 表的设计视图,选中 Auto Increase 复选框,如图 13-18 所示。

下面介绍一下使用 Hibernate 进行查询操作,最简单的查询操作是根据主键查询:

图 13-16　Navicat 界面(二)

```
log4j:WARN No appenders could be found for logger (org.hibernate.cfg.Environment).
log4j:WARN Please initialize the log4j system properly.
Exception in thread "main" org.hibernate.exception.GenericJDBCException: could not insert: [com.yangdb.Book]
	at org.hibernate.exception.SQLStateConverter.handledNonSpecificException(SQLStateConverter.java:126)
	at org.hibernate.exception.SQLStateConverter.convert(SQLStateConverter.java:114)
	at org.hibernate.exception.JDBCExceptionHelper.convert(JDBCExceptionHelper.java:66)
	at org.hibernate.id.insert.AbstractReturningDelegate.performInsert(AbstractReturningDelegate.java:64)
	at org.hibernate.persister.entity.AbstractEntityPersister.insert(AbstractEntityPersister.java:2176)
	at org.hibernate.persister.entity.AbstractEntityPersister.insert(AbstractEntityPersister.java:2656)
	at org.hibernate.action.EntityIdentityInsertAction.execute(EntityIdentityInsertAction.java:71)
	at org.hibernate.engine.ActionQueue.execute(ActionQueue.java:279)
	at org.hibernate.event.def.AbstractSaveEventListener.performSaveOrReplicate(AbstractSaveEventListener.java:321)
	at org.hibernate.event.def.AbstractSaveEventListener.performSave(AbstractSaveEventListener.java:204)
	at org.hibernate.event.def.AbstractSaveEventListener.saveWithGeneratedId(AbstractSaveEventListener.java:130)
	at org.hibernate.event.def.DefaultSaveOrUpdateEventListener.saveWithGeneratedOrRequestedId(DefaultSaveOrUpdateEventListener.java:210)
	at org.hibernate.event.def.DefaultSaveEventListener.saveWithGeneratedOrRequestedId(DefaultSaveEventListener.java:56)
	at org.hibernate.event.def.DefaultSaveOrUpdateEventListener.entityIsTransient(DefaultSaveOrUpdateEventListener.java:195)
	at org.hibernate.event.def.DefaultSaveEventListener.performSaveOrUpdate(DefaultSaveEventListener.java:50)
	at org.hibernate.event.def.DefaultSaveOrUpdateEventListener.onSaveOrUpdate(DefaultSaveOrUpdateEventListener.java:93)
	at org.hibernate.impl.SessionImpl.fireSave(SessionImpl.java:563)
	at org.hibernate.impl.SessionImpl.save(SessionImpl.java:551)
	at org.hibernate.impl.SessionImpl.save(SessionImpl.java:547)
	at com.yangdb.Main.main(Main.java:12)
```

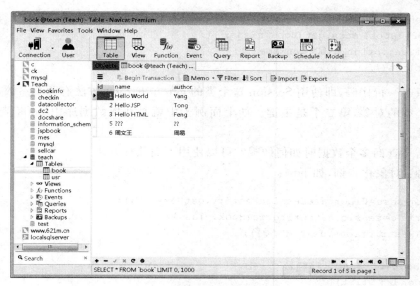

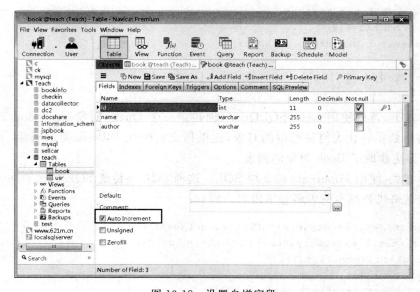

图 13-17　错误提示

图 13-18　设置自增字段

```
Session sess=HibernateSessionFactory.getSession();
Book b2=(Book) sess.get(Book.class, 1);
System.out.println(b2.getName());
sess.close();
```

核心只有一行代码，即使用 Session 这个类的 get 方法。get 方法有两个参数，第一个是获取哪种类型的对象，第二个是主键。如上面例子中就是获取数据库中 book 表格中主键为 1 的对象。

那么需要查询多个数据时如何做呢？可以使用下面几种方法。

第一种：对象化查询，如下例：

```
Session sess=HibernateSessionFactory.getSession();
Criteria c=sess.createCriteria(Book.class);
c.add(Restrictions.ge("id", 2));

List<Book>blist=c.list();
for(Book b : blist){
    System.out.println(b.getName());
}

sess.close();
```

对象化查询就是查询结果以对象 Criteria 来表述查询条件。上例使用 Restrictions 建立了一个 id＞2 的查询并插入到 Criteria 中。Restrictions.ge 表达了第一个参数 id 大于第二个参数 2 这个条件。

第二种方式，使用同样可以采用最原始的 SQL 语句来建立查询：

```
Session sess=HibernateSessionFactory.getSession();
Query q=sess.createSQLQuery("select * from book where id>2")
                .addEntity(Book.class);
List<Book>blist=q.list();
for(Book b : blist){
    System.out.println(b.getName());
}

sess.close();
```

这种方式下，首先使用 createSQLQuery 创建了一个 Query 对象，使用 addEntity 指定了 Query 将以数据转化为何种类型的对象，这里指定它转化为 Book 类的对象。随后调用了它的 list 方法获取了 Book 对象的列表。

第三种方式，使用 Hibernate 的高层 SQL。这种 SQL 与传统 SQL 的区别在于，它使用类名和属性名来代替原本的表名和字段名。例如：

```
Session sess=HibernateSessionFactory.getSession();
Query q=sess.createQuery("from Book where id>2");
List<Book>blist=q.list();
for(Book b : blist){
    System.out.println(b.getName());
```

```
}

sess.close();
```

我们看到不管哪种方式，都可以得到一个 Book 对象的列表，针对对象列表的操作就比 ResultSet 要容易得多了。当然，Hibernate 中查询的方式还有很多种，这里就不再深入介绍了，有兴趣的同学可以翻阅相关资料。

下面介绍如何进行修改。在 Hibernate 中，想要修改数据库的某一行，先要把这一行取出来，所以我们使用上面的查询操作获取一个对象，然后修改这个对象的属性，然后保存。可以看到我们使用了 sess.get 获取了对象，然后建立了一个 Transaction 对象，修改属性后使用 update 语句更新，然后使用 Transaction 的 commit 方法提交。提交后数据库中的数据就相应修改了。这里如果不使用 Transaction 就不会生效，且 update 函数可以改用 save。save 函数会检查这个对象是否已存在，如果不存在则为插入，否则则为修改。

```
Session sess=HibernateSessionFactory.getSession();
Book b= (Book) sess.get(Book.class, 1);
System.out.println(b.getName());
b.setName("Haha2");
Transaction tran=sess.beginTransaction();
sess.update(b);
tran.commit();

sess.close();
System.out.println("OK");
```

删除数据同样要求先将此数据取到，然后删除，将上述代码中的 update 改为 delete 即可完成删除操作。

那么如果想执行大批量的删除和修改怎么办？可以直接使用 SQL 语句去做。

```
Session sess=HibernateSessionFactory.getSession();

Transaction tran=sess.beginTransaction();
int count=sess.createQuery("delete from book where id<2").executeUpdate();
tran.commit();

sess.close();
```

下面为大家介绍在 Web Project 中如何使用 Hibernate。首先，需要先创建一个 Web Project，并按照上面类似的方法为这个工程添加 Hibernate 支持，随后使用 DB Explorer 自动创建 POJO 类，这个过程基本和上面相同，唯一不同的是，这一次要尝试建立一些 DAO 类，如图 13-19 所示。

在这一步中，将 Java Data Object 和 Java Data Access Object 复选框都选中。这样这个向导会同时生成：数据表的映射 xml 文件，Java 类和用以帮助我们访问存取操作的 DAO 类。经过这次操作后会得到 DAO 基础的接口、BaseHibernateDAO 基础类和每个表的 DAO 类，如图 13-20 所示。

图 13-19　Hibernate 反向引擎

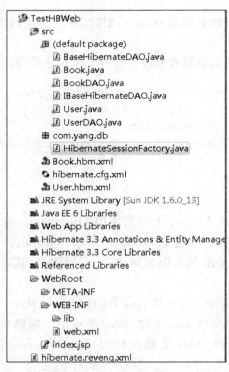

图 13-20　Hibernate 反向引擎生成结果

下面修改 index.jsp 为下面内容。大家可以看到只是将原本在 Java 文件中的代码复制到了 JSP 之中而已。开发 Web Project 和 Java Project，对于操作数据库而言，没有本质区别。

```jsp
<%@ page language="java" import="java.util.*,com.yang.db.*,org.hibernate.
*,org.hibernate.criterion.*" pageEncoding="utf-8"%>
<!DOCTYPE HTML PUBLIC "-//W3C//DTD HTML 4.01 Transitional//EN">
<html>
  <head>
  </head>
  <body>
<%
        Session sess=HibernateSessionFactory.getSession();
        Criteria c=sess.createCriteria(Book.class);
        c.add(Restrictions.ge("id", 2));

        List<Book>blist=c.list();
        for(Book b : blist){
            out.println(b.getName()+"<br>");
        }
        sess.close();
        System.out.println("OK");
%>
  </body>
</html>
```

## 13.4 习　　题

1. 简要分析集中基于 Hibernate 的数据持久化技术的优缺点。

2. 使用文件存储方式实现（学号，姓名，出生日期，性别，班级）这个学生信息表格的存储。自行确定存储方式。要求能正确的写入和读取。

3. 使用数据库存储方式实现（用户名，密码，性别，出生日期）这个用户表，并实现用户注册功能。

4. 使用 Hibernate 实现第 3 题中用户表所对应的用户信息修改功能。

5. 使用 Hibernate 实现第 3 题中用户表所对应的用户密码修改功能。

6. 使用 Hibernate 实现第 3 题中用户表所对应的用户列表查看功能。

# 第 14 章　MVC 架构与 Struts——三权分立，各司其职

**本章主要内容**

- MVC 模式思想。
- JSP 中 MVC 的实现。
- Struts 简介。
- Struts 配置和入门。

## 14.1　MVC 模式简介

### 14.1.1　MVC 的产生原因

西方人使用三权分立建立了能够相互制衡的稳定三角政治制度。每个角色负责他自己的事情，协同处理整个国家的事物。千古政治体制都不外权责二字。权责处理得好，整个系统就可以有序运行。MVC 架构试图把模型（数据）、视图（外观）和控制（功能、逻辑）分离开。这 3 个角色各司其职，协同工作，使系统具有了易于维护，方便扩展等特征。

前面讲述的知识已足以开发几乎所有的中小型应用。下面给出一个企业中真实可能存在场景：当项目组历经数月的艰辛开发，做出了一套 Web 应用——"山寨起点网"。老板突然宣布，他不想"山寨起点网"了，想要"山寨纵横网"。那么整个项目组就悲催了，因为代码（业务逻辑）和你的页面显示杂糅在一起，想要修改界面非常困难。请看下例。

**程序清单 14-1（界面和控制混杂的例子）：**

```
<%@ page language="java" import="java.util.*" pageEncoding="utf-8"
contentType="text/html;charset=utf-8"%>
<!DOCTYPE HTML PUBLIC "-//W3C//DTD HTML 4.01 Transitional//EN">
<html>
  <head>
    <title>My Qidian</title>
    <style>
    .book{float:left;width:100px;margin-right:20px;border: 1px solid;}
    .name{background-color:#555599;}
    </style>
  </head>
  <body>
<%
    String[] names={"人道天堂","焚天","阳神"};
    String[] authors={"荆轲守","流浪的蛤蟆","梦入神机"};
    for(int i=0;i<names.length;i++){
```

```
%><div class='book'>
    <div class='name'><%=names[i]%></div>
    <div class='author'><%=authors[i]%></div>
    </div>
<%}%>
  </body>
</html>
```

这是做的第一种效果，如图 14-1 所示。

图 14-1　程序清单 14-1 的效果图

老板说让做成列表形式，于是修改代码如下。

**程序清单 14-2**（界面和控制混杂的例子 2）：

```
<%@ page language="java" import="java.util.*" pageEncoding="utf-8"
contentType="text/html;charset=utf-8"%>
<!DOCTYPE HTML PUBLIC "-//W3C//DTD HTML 4.01 Transitional//EN">
<html>
  <head>
    <title>My Zongheng</title>
  </head>
  <body>
  <table border="1">
<%
    String[] names={"人道天堂","焚天","阳神"};
    String[] authors={"荆轲守","流浪的蛤蟆","梦入神机"};
    for(int i=0;i<names.length;i++){
%>
    <tr>
    <td><%=names[i]%></td>
    <td><%=authors[i]%></td>
    </tr>
<%}%>
  </table>
</html>
```

可以看到核心的代码并未改变，但关于外观的代码却改得面目全非。上面这个例子因为代码逻辑并不复杂，所以修改不难，但如何想重做整个站点的外观也需要花费大量时间。另外，如果业务逻辑复杂，也很难修改。所以从开发和项目维护的角度来说，将代码（业务逻辑)和外观(视图)分离势在必行。程序清单 14-3 给出了一个作者早期开发的项目"豆沙网①"的某个页面,当时并没接触 MVC 技术,使用 PHP 开发,可以看到代码中源代码和 HTML 代码交错显示,看起来非常混乱,如果想更改界面非常困难。

另外一种情况是,同样一组数据,需要用不同的外观显示,例如一组整数,需要用柱状图和饼图显示。这种情况,在两个页面中就需要包含同样的数据处理代码,一旦需要修改数据处理,就需要同时修改这两个页面。软件工程有一个准则:不要功能相同的重复代码。这个时候必须要做代码和外观的分离。

**程序清单 14-3(真实案例——豆沙网的书架页):**

```php
<?php
error_reporting(E_ERROR | E_WARNING);
require_once '_txt2fav.php';
require_once '_cache.php';
require_once '_setting.php';

$uid=$_SESSION['uid'];
$actionret="";
if($uid){
    $hashuid=hash("md5",$uid);
    $dfirst=substr($hashuid, 0,1);
    $cachename="tmpfav2/$dfirst/$hashuid";
}

if($_POST['removetmp_v2'])
{
    $check_book=$_POST['TmpBookList'];
    if(is_array($check_book)){
        foreach($check_book as $b)
        {
            remove_fav_v2($uid,$b,2);
        }
    }else{
        remove_fav_v2($uid,$check_book,2);
    }
    if($uid){
        cache_clear($cachename);
    }
}
if($_POST['addtodb_v2'])
{
    $check_book=$_POST['TmpBookList'];
    if(is_array($check_book)){
```

① http://www.docshare.org

```php
        foreach($check_book as $b)
        {
            if(!has_fav($uid, intval($b))){
                add_fav_v2($uid, intval($b), 0);
            }
        }
    }else{
            if(!has_fav($uid, intval($check_book))){
                add_fav_v2($uid, intval($check_book), 0);
            }
    }
    if($uid){
        cache_clear($cachename);
    }
    $actionret="<div style='color:red;margin:0 auto;width:100px;'>添加成功
</div>";
}


if($_POST['cleartmp_v2'])
{
    $sql="delete from fav where uid='$uid' and iszhu=2";
    yang_query($sql);
    if($uid){
        cache_clear($cachename);
    }
}


    if($uid){
        $favname="我的临时书架<!--n-->";
        if(!cache_output($cachename, 20)){
            cache_start();

            $setting=loadSetting($uid);
            $hidelastread=$setting->hidelastread;
?>
    <form action="" method="post">
    <?php echo $actionret;?>
        <table width=860 align=center cellpadding=0 cellspacing=0
        bgcolor=#ffffff>
        <?php if($hidelastread){?>
        <tr><td width=200 class=bt>   <b><?php echo
        $favname?></b></td><td class=bt>最新章节</td>
        <td width=150 class=bt>更新</td>
        <td class=bt width=100>更新时间</td>
        </tr>
```

```php
<?php }else{?>
<tr><td width=200 class=bt>   <b><?php echo
$favname?></b></td><td class=bt width=280>最新章节</td>
<td class=bt>最后阅读</td><td class=bt width=100>更新时间</td>
</tr>

<?php }?>

<?php

$zhustr=" and iszhu=2 ";
$sql="select * from fav,book where uid='$uid' and book.bookid=
fav.bookid $zhustr order by update_time desc";
if(!$nohighlight){
    $hl='onmouseout="c(this,0);" onmouseover="c(this,1);"';
}

$ret=yang_query($sql);
while($row=mysql_fetch_array($ret))
{
    //print_r($row);
    $tm=$row['update_time'];
    $tm=strtotime($tm);
    $tm=date('Y-m-d',$tm);
    $bid=$row['bookid'];
    $viewtm=$row['viewtm'];

    $lastscid=$row['lastscid'];
    //echo "select lastscid  from fav where  uid='$uid'";
    if(!$lastscid){
        $lastscid=0;
    }
    //echo "viewtm=$viewtm<br>";

    $ct=$row['scap_count']-$row['last_sc_count'] ;
    echo "<!--s-l=$ct-->";
    debuglog($sql);

    debuglog("lc:" . $row['last_captitle']);
    if($ct>0){
        $ct="+". $ct ."章";            //"有更新";

        $ct="<span
        style='color:red;font-size:larger;font-weight:bold;'>$ct</
        span>";
```

```php
    }else{
        $ct='';
    }

    if(str_replace(" ", "", $row['last_captitle'])==str_replace(" ","",
    $row['lastreadtitle']))
    {
        $ct='';
    }

    if($setting && $setting->bookshowtype==1 && $row['last_captitle']
    && mb_strlen($row['last_captitle'],"utf-8")>16){
    $row['last_captitle']=mb_substr($row['last_captitle'],0,16,"utf-8");
    }
    $lastread=$row['lastreadtitle'];
    if($setting && $setting->bookshowtype==1 && $lastread && mb_strlen
    ($lastread,"utf-8")>16){
        $lastread=mb_substr($lastread,0,16,"utf-8");
    }

    $bookurl="book_" . $row['pinyin'] .".html";
    $sbookurl="books_" . $row['pinyin'] .".html";
?>
    <tr height=30<?php echo $hl;?>>
        <td class="xt" style='padding-left:16px'> <input class='
        checkit' type="checkbox" name="TmpBookList[]" value="<?php echo
        $row['bookid']; ?>"></input> 
        <a href="<?php echo $sbookurl?>"><?php echo $row['bookname']?>
        </a></td>
        <td class="xt"><a href="<?php echo $bookurl;?>"><?php echo $row['
        last_captitle']?><?php if(!$hidelastread) echo $ct;?></a></td>
        <?php if($hidelastread){?>
        <td class='xt'><?php echo $ct?></td>
        <?php }else{?>
        <td class="xt"><?php echo $lastread?></td>
        <?php } ?>
        <td class="xt"><?php echo $tm?></td>
    </tr>
<?php
    }

?>      <tr>
        <td align="center" colspan="5"><input name="removetmp_v2" type="
        submit" value="下架" />    <input onclick="javascript:
        location.href='fav.php';" type="button" value="我的书架">
```

```
            <input name='cleartmp_v2' type="submit" value="清空书
架" onclick="return confirm('确实要清空书架吗?')">

          <?php
              if($_SESSION['uid'])
              {
                  echo "<input name='addtodb_v2' type='submit' value='添加到永
久书架'>  ";
                  echo '<input name="indexdbfav" type="submit" value="首页显示
永久书架"/>';
              }

          ?>
          <a href='#tmpfav' onclick=' selectall();'>全选</a>
          <a href='#tmpfav' onclick=' selectleft();'>反选</a>
          </td>
      </tr>
      </table>
  </form>

  <script>
  function selectall(){
      var v=document.getElementsByName('TmpBookList[]');
      for(var i=0;i<v.length;i++)
      {
          v[i].checked=true;
      }
  }
  function selectleft(){

      var v=document.getElementsByName('TmpBookList[]');
      for(var i=0;i<v.length;i++)
      {
          v[i].checked=!v[i].checked;
      }
  }
  </script>
  <br>
  <?php
      cache_end($cachename);
  }//end cache
}?>
```

## 14.1.2  MVC 基本概念

代码和外观分离了,但它们还是要协同工作,那么由谁来协调两者呢?这就需要第三个角色——控制器。处理数据的代码称为模型（Model），负责外观的部分称为视图，协调两者的角色称为控制器，MVC 关系图如图 14-2 所示。

在软件中，模型负责保存应用程序的数据，包含用户输入的数据、中间结果和最终结果。模型的这种角色使得它天然具备了数据持久化的责任。数据持久化可以采用文件的形式，但更多的是采用数据库形式。模型至少应具备从数据库表格中的一个字段自动转换

图 14-2　MVC 关系图

为模型类对象的功能。这个可以由成熟的组件 Hibernate 来实现。数据模型不依赖于控制器和视图，也就是说它不关心如何显示，或如何操作。但模型中数据的变化会通过一种刷新机制被视图获取到，进而刷新页面。

视图能将数据按照某种格式显示，当然有些视图也可以不依赖于任何数据显示，比如注册用户页面，它因为不需要根据数组作出不同的显示，故而不依赖数据。在设计视图的时候，一般不要放入数据的处理逻辑等代码内容，让视图只做数据显示。

在桌面应用中，视图一般需要监视它所显示的模型，可以使用"观察者模式[①]"实现这种功能。在 Web 应用开发中一般不需要监视。因为 Web 应用的页面并非一个持续运行的程序，而是重复"请求-响应，请求-响应"这样一个循环，所以一般 Web 应用中的 MVC，都是先用控制器调用模型获取数据，将获取到的数据传递给视图并显示。

控制器一般起一个组织作用，即调用何时的模式和视图完成特定功能。它是事件响应的负责者。对于 Web 应用，只有一个事件，那就是请求事件。Web 应用的控制器一般都会有一个 URL 映射的功能。我们知道，用户通过访问某个 URL，或者提交数据访问 Web 应用的功能。那么 URL 和控制器如何对应，就需要一个约定，这个约定一般通过一个配置文件来实现。

理论的介绍往往很难理解，但它不可或缺。人们往往从大量的软件开发实践中发现了一些共有的问题，并针对这些问题提出了一些解决问题的思路和想法，然后才是如何用代码去实现它。

从根本上讲，MVC 还是借鉴了管理学的方法，将复杂问题分解各个模块，让每个模块各司其职协同工作，这样避免了混乱，带来了秩序，减少了工作量，提高了效率。而分解的依据就是"低耦合，高内聚"。低耦合就是在模块之间要尽量关联少，在模块内部要加强合作。

举例来说，一个企业的领导，想为企业设置若干部门，那么最好的方法是部门之间不需要频繁地跑动，而部门的权责清晰，这样可以尽可能地提高工作效率。另外，如果某个部门有人员变动，因为权责清晰，那么可以找替代这个人的工作人员来做，就是找相应职位的人来解决，而不是找特定的人。例如，办公室缺把椅子，就去找后勤，不论是谁在做后勤。

上面的论述侧重于"责任"，下面讲述"权利"。通俗地讲，就是不该自己管的事不要乱管。对于 MVC 架构的程序，视图里不要放逻辑处理的代码，而是交给控制器来做，这就是"不乱伸手"。接着上面的例子，自己缺椅子，自己去买了报销，不经过后勤，那么后勤就不知道你手里到底有多少把椅子。这样就导致了"上不知下"的后果，最后导致"欺上瞒下"。

---

① http://zh.wikipedia.org/wiki.

### 14.1.3 历史上的 MVC

首先,大家要了解的 MVC 并非 Java 独创。笔者最早遇到的 MVC 其实是 MFC。这是微软公司为应用程序开发设计的一个开发框架,用 VC 6.0 可以自动生成,其中包含了 Document 和 View。Document 就是模型,View 包含了视图和控制器。从 MVC 的角度看,这是一个失败的设计作品,视图和控制器没有分离,导致不管将控制器放到视图里还是文档中,都会导致视图和文档绑死,这就使得 MVC 的松耦合的优势丧失了。

PHP 是一款非常优秀的 Web 开发语言,下面例子中变量 b 的值会变成"hello world, are you ok?"。如果用 Java,那么要用 String.format。这在字符串处理非常频繁的 Web 开发中,优势尤其明显。市面上有很多优秀的 PHP 的 MVC 框架,有兴趣可以学习,如 CakePHP、YII。

```php
<?php
$a="world";
$b="hello $a, are you ok?";
?>
```

这段代码等价于以下 Java 代码:

```java
String a="world";
String b=String.format("hello%s, are you ok?",a);
```

ASP.NET 中也采用了 MVC 结构设计,每个网页包含两个文件,一个 aspx 文件,一个 cs 文件。aspx 充当视图,对应的 cs 文件充当控制器。ASP.NET 不严格规定一定要有模型,但也可通过新建 cs 文件建立模型。

Windows Form 也包含 MVC 的设计思想,使用 Visual Studio 等工具,可以根据界面设计器的操作自动生成视图代码,这些代码被 IDE 隐藏起来作为视图部分,而另一部分可编辑的部分用来做控制器。

Python 语言也有很多 MVC 框架,如 Django、TurboGears。

可以看到,MVC 不依赖于某个特定语言,但特定语言里往往有已经设计好的 MVC 框架。

## 14.2 自己动手实现 MVC

在讲解成熟的 JSP 的 MVC 框架之前,我们先利用自己所学知识和 MVC 理念自己设计一个 MVC 框架,如果你设计得好,不妨也开源让别人使用。

首先,此 MVC 需要实现一个控制器,它负责将用户对 URL 的请求转换到一个 Java 类中处理。那么在我们所学知识中 Servlet 可以做这件事情。如何区分访问哪一个控制器呢?这有多种处理方式,可以通过 URL 路径也可以通过 URL 参数。我们采用最简单的一种方式,就是根据 URL 参数来演示 MVC 的功能。

首先,建立一个 Servlet,这是所有基于我们框架的类的访问入口。这是 Servlet 重载了父类 HttpServlet 的 service 方法:首先获取名为 action 的 URL 参数,然后根据这个参数判

断使用哪一个控制器。例子中如果 action 参数没有或者等于 index，则生成一个
IndexController 类的对象并执行它的 execute 方法。

**程序清单 14-4（自己写的控制器入口 ServletDoor. java）：**

```java
package mymvc;

import java.io.IOException;
import java.io.PrintWriter;
import javax.servlet.ServletException;
import javax.servlet.http.HttpServlet;
import javax.servlet.http.HttpServletRequest;
import javax.servlet.http.HttpServletResponse;

public class ServletDoor extends HttpServlet {
    public void service (HttpServletRequest request, HttpServletResponse
    response) throws ServletException, IOException {
        String action=request.getParameter("action");
        Controller c=null;
        if(action==null || action.equals("index")){
            c=new IndexController();
            c.execute(request, response);
        }
    }
}
```

web. xml 中包含了 Servlet 的声明和 URL 映射，为了方便，我们设置了一个比较简短
的路径。

**程序清单 14-5（web. xml）：**

```xml
<servlet>
  <servlet-name>ServletDoor</servlet-name>
  <servlet-class>mymvc.ServletDoor</servlet-class>
</servlet>
<servlet-mapping>
  <servlet-name>ServletDoor</servlet-name>
  <url-pattern>/m</url-pattern>
</servlet-mapping>
```

Controller 是自定义的 MVC 结构中所有的控制器的父类。为什么使用继承机制呢？
这方便人们在 ServletDoor 中动态地选择一个控制器来执行。

下面看一下 Controller 的实现。

**程序清单 14-6（Controller. java）：**

```java
package mymvc;

import java.io.IOException;
```

```
import javax.servlet.RequestDispatcher;
import javax.servlet.ServletException;
import javax.servlet.http.HttpServletRequest;
import javax.servlet.http.HttpServletResponse;

public class Controller {
    public void execute(HttpServletRequest request
            , HttpServletResponse response){
        //DO NOTHING
    }
    public void render(String url,HttpServletRequest request
            , HttpServletResponse response){
        try {
            RequestDispatcher d=request.getRequestDispatcher(url);
            d.forward(request, response);
        } catch (ServletException e) {
            //TODO Auto-generated catch block
            e.printStackTrace();
        } catch (IOException e) {
            //TODO Auto-generated catch block
            e.printStackTrace();
        }
    }
}
```

这个控制器包含 execute 和 render 两个方法,execute 是处理请求,给予相应的主要函数,主要的业务逻辑都在这里实现。render 函数用来调用相应的 View。所有控制器需要重载 execute 方法以便给予不同的响应。默认的 IndexController 如下。

程序清单 14-7(IndexController. java):

```
package mymvc;

import javax.servlet.http.HttpServletRequest;
import javax.servlet.http.HttpServletResponse;

public class IndexController extends Controller {
    public void execute (HttpServletRequest request, HttpServletResponse
response){
        Book b=new Book();
        b.setName("Bible");
        b.setAuthor("Disciples");

        request.setAttribute("book", b);
        render("/ch14/mvc_index.jsp",request,response);
    }
}
```

IndexController 继承了 Controller，这就说明它是一个控制器。它重载了 execute 方法。在此方法中，首先声明了一个 Book 类的对象，然后设置它的属性，并最后将它通过 Attribute 传递给视图。

视图 mvc_index.jsp 只是通过 request 的 getAttribute 方法获取了这个 Book 对象，然后将它显示出来。

**程序清单 14-8（mvc_index.jsp）：**

```
<%@page language="java" import="java.util.*,mymvc.*" pageEncoding="utf-8"
contentType="text/html;charset=utf-8"%>
<!DOCTYPE HTML PUBLIC "-//W3C//DTD HTML 4.01 Transitional//EN">
<html>
  <head>
    <title>MVC Index</title>
  </head>
  <body>
    <%Book b=(Book)request.getAttribute("book");%>
    Book name is<%=b.getName()%><br>
    Author is<%=b.getAuthor()%>
  </body>
</html>
```

Book 属于 MVC 结构中的 Model，它是一个标准的 JavaBean，包含两个属性，以及这两个属性的 Gettter 和 Setter 方法。当然，并没有人要求 Model 必须是一个 JavaBean，可以定义任意的类来承装数据，不过我们推荐用 JavaBean，因为它有优良的特性，而且几乎所有的数据化持久层都要求它是一个 JavaBean。

**程序清单 14-9（Book.java）：**

```
package mymvc;
public class Book {
    private String name,author;

    public String getName() {
        return name;
    }
    public void setName(String name) {
        this.name=name;
    }
    public String getAuthor() {
        return author;
    }
    public void setAuthor(String author) {
        this.author=author;
    }
}
```

上述就是我们给出的自己定义的 MVC,其中使用了 Servlet 作为入口,自己定义了 Controller 的基类,给出了一个控制器 IndexController 的实现和一个视图 mvc_index.jsp 的实现。不过需要知道的是,这里给出的 MVC 架构仅仅是最初级形态,有好多需要完善的地方。

在商业应用的 MVC 架构中,一般不使用判断的方法来决定用哪个控制器,一般采用配置文件的方式。首先读取配置文件,获取 action 和 Controller 的对应关系,然后根据配置文件中制定的类的名字动态生成。比如上例,可以在配置中存储 index 对应 mymvc. IndexController。然后当 action 的值为 index 时,则使用反射机制动态生成那个 Index-Controller。

下面给出代码,其中 HashMap 本应从配置文件中读取,为了减少代码,降低大家的理解难度,直接用 put 函数向其中添加了一条记录。下面一个 for 语句遍历了哈希表的所有键值,然后依次和 action 匹配。如果相等,则说明找到了对应的映射项,那么用 Class. forName 加载对应的类,并使用 newInstance 创建实例。这句话其实相当于" new IndexController();",但因为通过字符串配置所得,所以耦合非常小,也不需要事先知道有这么一个控制器。这就是反射机制的魅力。几乎所有插件系统都是如此实现,包括 JSP 容器也是通过这种机制实现的。

程序清单 14-10(ServletDoorWithConfig. java):

```java
package mymvc;

import java.io.IOException;
import java.io.PrintWriter;
import java.util.HashMap;

import javax.servlet.ServletException;
import javax.servlet.http.HttpServlet;
import javax.servlet.http.HttpServletRequest;
import javax.servlet.http.HttpServletResponse;

public class ServletDoorWithConfig extends HttpServlet {

    public void service(HttpServletRequest request, HttpServletResponse response)
            throws ServletException, IOException {
        String action=request.getParameter("action");
        Controller c=null;
        if (action==null) {
            action="index";
        }
        HashMap<String, String>map=new HashMap<String, String>();
        map.put("index", "mymvc.IndexController"); //This simulate load data
        from config
        for (String key : map.keySet()) {
            if (key.equals(action)) {
                //Find it
                try {
```

```
        c=(Controller)
        Class.forName(map.get(key)).newInstance();
        c.execute(request,response);
      } catch (Exception e) {
        e.printStackTrace();
      }
      break;
    }
  }
}
```

# 14.3 Struts 入门

## 14.3.1 Struts 简介

简单地说，Struts 就是基于 JSP/Servlet 的 MVC 框架。它是 Apache 软件基金会（ASP）赞助第一个项目，最初为 Jakarta 项目的子项目，并与 2003 年成为 ASF 的顶级项目。Struts 的结构图如图 14-3 所示。

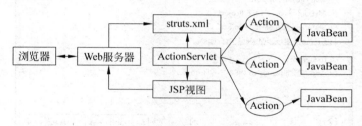

图 14-3  Struts 结构图

浏览器通过 HTTP 访问 Web 服务器时，Web 服务器交给 ActionServlet 处理，ActionServlet 根据 URL 交给不同的 Action（控制器）来处理，Action 通过读取数据库等获取需要的 JavaBean（充当模型）然后交给 JSP 处理。

看了这一段，我们感到惊讶，这不就是 13.2 节讲述的内容吗？是的，没什么区别，只是 Struts 做得更完善一些。

14.2 节讲到 ServletDoorWithConfig 类根据配置动态生成控制器。Struts 中的 ActionServlet 和 ServletDoorWithConfig 等价，它的配置文件称为 struts.xml。Action 类和 Controller 对应。

为了避免陷入技术细节的泥潭，我们对 Struts 的简介就到此为止。14.3.2 节将为大家演示 Struts 环境的配置，通过实例让大家认识 Struts。

## 14.3.2 Struts 环境配置

由于 Struts 不同版本存在差异，特别是 Struts 1.x 和 2.x 之间差异巨大，所以需要选定一个版本。为了不至于出了书就过时，我们选择了较新的 Struts 2.1 选用版本。在配置环境之前,需要打开 J2EE 开发的神器 MyEclipse,新建一个 Web Project,并为这个工程添加 Struts 2.1 支持。

(1) 右击,在弹出的快捷菜单中选择 New→Web Project,打开"新建 Web Project"对话框,如图 14-4 所示。

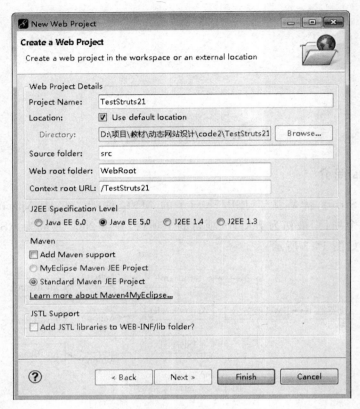

图 14-4 "新建 Web Project"对话框

(2) 填写工程名为 TestStruts21,选择 J2EE 版本为 Java EE 6.0,并单击 Finish 按钮,得到一个完成的初始 Web 工程。

这时,MyEclipse 界面如图 14-5 所示。

(3) 右击工程,在弹出的快捷菜单中选择 MyEclipse→Add Struts Capabilities 选项,打开添加 Struts 功能的对话框,如图 14-6 所示。

(4) 选择 Struts 2.1 后,界面变化为图 14-7。Struts Filter 的名字可以修改,但没什么意义,所以一般保持不动。URL pattern 决定了以后添加的 Struts 控制器的 URL 方式。例如,一个 action 的名字为 hello,那么它可以通过 hello. action、hello. do 和/hello 3 种方式访问。在这里可以配置它的 URL 类型,本例选择了默认的 * . action。

(5) 单击 Finish 按钮,可以看到工程中已经加入了 struts 支持,如图 14-8 所示。

Struts 的支持体现在如下几个方面。

(1) 在 src 目录下出现了一个 struts. xml,这个就是前面我们讲到的用来配置控制器 URL 路径的地方,默认如下。

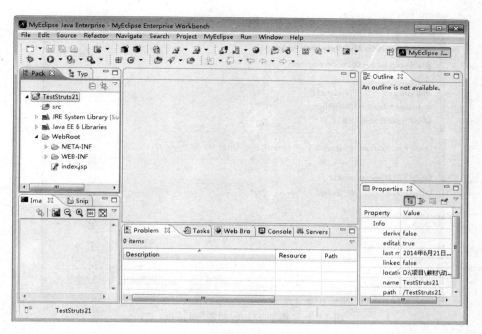

图 14-5　MyEclipse 界面

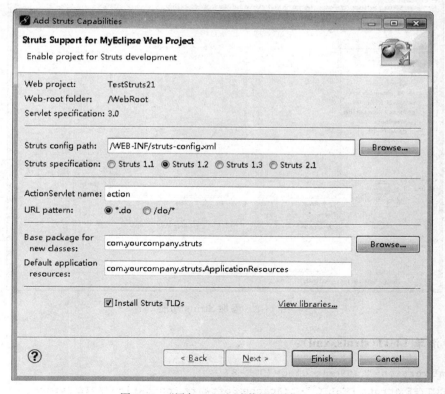

图 14-6　"添加 Struts 功能"对话框(一)

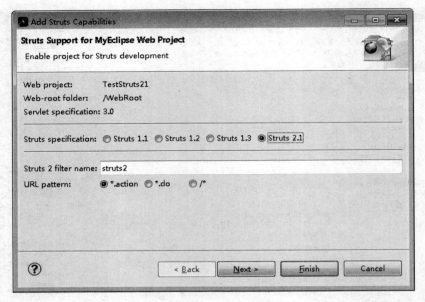

图 14-7 "添加 Struts 功能"对话框(二)

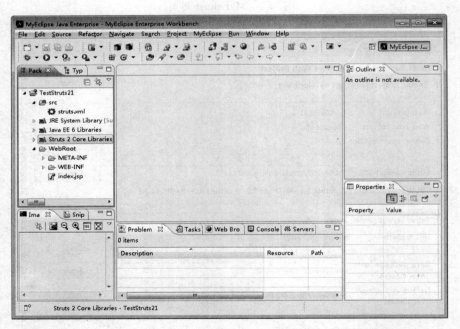

图 14-8 添加 Struts 功能

**程序清单 14-11(struts. xml):**

```xml
<?xml version="1.0" encoding="UTF-8" ?>
<!DOCTYPE struts PUBLIC "-//Apache Software Foundation//DTD Struts
Configuration 2.1//EN" "http://struts.apache.org/dtds/struts-2.1.dtd">
<struts>
```

```
</struts>
```

（2）项目中出现了 Struts 2 的类库。MyEclipse 因为集成了 Struts，所以添加 Struts 支持如此简便，如果直接使用 Eclipse，那么需要新建一个文件夹如 libs，将 Struts 的类库复制到这个目录下，再全选这个类库并添加到编译路径中。

（3）WEB-INF 下的 web.xml 中，加入了 Struts 2.1 的过滤器。可以看到过滤器的名字为 struts 2，路径映射为 *.action。这与我们在上面向导中设置的相同。也可以在这里修改路径映射和过滤器名称。如果没有 MyEclipse 这样的工具，不妨自己添加，效果是相同的。

**程序清单 14-12（web.xml）：**

```xml
<?xml version="1.0" encoding="UTF-8"?>
<web-app version="3.0"
    xmlns="http://java.sun.com/xml/ns/javaee"
    xmlns:xsi="http://www.w3.org/2001/XMLSchema-instance"
    xsi:schemaLocation="http://java.sun.com/xml/ns/javaee
    http://java.sun.com/xml/ns/javaee/web-app_3_0.xsd">
  <display-name></display-name>
  <welcome-file-list>
    <welcome-file>index.jsp</welcome-file>
  </welcome-file-list>
  <filter>
    <filter-name>struts2</filter-name>
    <filter-class>
        org.apache.struts2.dispatcher.ng.filter.StrutsPrepareAndExecuteFilter
    </filter-class>
  </filter>
  <filter-mapping>
    <filter-name>struts2</filter-name>
    <url-pattern>*.action</url-pattern>
  </filter-mapping>
</web-app>
```

至此，Struts 2.1 的开发环境就搭建完成了。

## 14.3.3　Hello Struts

下面为大家介绍一个最基本的 Struts 例子，随后将为大家逐渐完善，并最终形成一个常用的形态。在开始这个例子之前，请确保已经按照上面的步骤配置了环境。

（1）新建一个名为 jspbook 的 package，如图 14-9 所示。

（2）添加一个类 HelloAction 作为控制器，这个类继承自 ActionSupport，如图 14-10 所示，单击 Finish 按钮。

（3）修改得到的代码，重载 execute 方法。该方法即是处理请求作出响应的核心，它返回一个字符串，这个字符串将决定用何种视图显示。

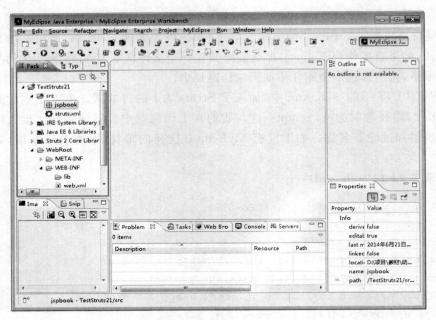

图 14-9　添加 Struts 功能后的工程

图 14-10　新建一个 Action

**程序清单 14-13（HelloAction. java）：**

```java
package jspbook;
import com.opensymphony.xwork2.ActionSupport;
public class HelloAction extends ActionSupport {
    @Override
    public String execute() throws Exception {
        //TODO Auto-generated method stub
        return "success";
    }
}
```

（4）修改 struts. xml，添加 Action 的定义。其中 name＝"hello"定义了 action 的名称，这个名称决定了最后访问 Action 的 URL 为 hello. action。class 定义了这个 action 所对应的类，这个类必须是 ActionSupport 类的子类。result 定义了 execute 返回不同结果时，调用的视图的路径。显然 execute 方法只能返回 success，那么也只能显示 success. jsp 的内容。

**程序清单 14-14（修改后的 struts. xml）：**

```xml
<?xml version="1.0" encoding="UTF-8" ?>
<!DOCTYPE struts PUBLIC "-//Apache Software Foundation//DTD Struts
Configuration 2.1//EN" "http://struts.apache.org/dtds/struts-2.1.dtd">
<struts>
<package name="default" extends="struts-default">
        <action name="hello"
            class="jspbook.HelloAction">
            <result name="success">success.jsp</result>
            <result name="input">index.jsp</result>
        </action>
    </package>
</struts>
```

（5）添加 success. jsp。这个文件只输出一个 Success 字样。

**程序清单 14-15（success. jsp）：**

```jsp
<%@page language="java" import="java.util.*" pageEncoding="ISO-8859-1"%>
<!DOCTYPE HTML PUBLIC "-//W3C//DTD HTML 4.01 Transitional//EN">
<html>
  <head>
    <title>Struts 2.1 Hello Success</title>
  </head>
  <body>
    Success
  </body>
</html>
```

（6）启动工程，并访问 hello. action。需要注意的是，MyEclipse 的 Web 工程默认的路径 URL 地址是"/工程名"的形式(在新建工程时可配置)。因为这个测试工程名为 TestStruts21,所以路径名为/TestStruts21/hello. action。运行结果如图 14-11 所示。

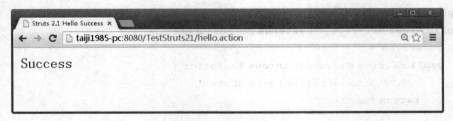

图 14-11　运行结果

此例至此结束。结合这个例子就可以大体了解 Struts 的运行机制:首先用户提交了一个/hello. action 的请求。Web 服务器收到这个请求后,先在 web. xml 中规定的 filter 中寻找匹配的项,如果找不到会匹配 Servlet。那么因为在 web. xml 中定义的 struts 2 的 filter 的 URL 模板为 * . action 可以和 hello. action 匹配,所以这个请求就交给了 struts 2 过滤器执行。这个过滤器的类名为 StrutsPrepareAndExecuteFilter。这个类查找 struts. xml 定义的 action,并找到名字为 hello 的 action,它对应于 HelloAction 类,经过一系列的预处理后,它调用了这个类核心的 execute 方法。此方法返回一个字符串给 struts 2 的过滤器,struts 过滤器根据 struts. xml 定义的相应 result,决定由 success. jsp 执行。success. jsp 输出了一个包含 Success 字样的网页。浏览器将此网页显示到窗口上,至此整个请求-响应过程完成。

虽然使用了 Struts 框架的请求响应处理过程远比普通 JSP 处理方式复杂,但这种复杂换取了开发效率的提高。有人问:程序跑得慢怎么办? 答:换配置更好的机器。当然,一个好的框架应具有较高的执行效率,Struts 在这方面就很优秀。

## 14.4　Struts 进阶

### 14.4.1　Struts 处理表单和 URL 参数

前面章节讲述了使用内置对象 request 获取 URL 参数和表单数据,使用此对象需要调用其 getParameter 方法获取属性的值,这种操作相当烦琐。Struts 对这一使用频率极高的操作进行了封装。

Struts 2 使用 Action 对象中的属性值来接受 URL 参数和表单数据。使用名称匹配的方式自动将表单数据赋值到对象的属性值中。这样在 Action 中就可以通过访问自身属性(即变量)来访问网页参数,这无疑相当便利。

需要注意的是,在 Action 中添加属性必须满足 JavaBean 规范,即为每个座位属性的变量书写 setter 和 getter 函数。

### 14.4.2　Action 属性的输出

为了能根据 Action 结果的不同而显示不同的外观,Struts 需要允许 JSP 页面输出 Struts 的属性。在这一点上,Struts 2 做得很完善,JSP 页面中可以直接使用 EL 表达式来输出。

EL 表达式是为使 JSP 页面书写简单的一种方式。使用嵌入 Java 代码方式输出一个变量是很麻烦的，如＜％＝request. getParameter（"usr"）％＞，而使用 EL 表达式可以这么写：

```
${requestScope.usr}
```

requestScope 代表了 request 对象。相应的 sessionScope 代表 session 对象，application-Scope 代表 application 对象。可以看到这种写法非常简单。

Struts 2 的 Action 属性更简单，直接可以写成这样：

```
${usr}
```

## 14.4.3 用户登录实例

下面将以用户登录为例演示 Struts 表单处理和属性输出。首先建立一个支持 Struts 的 WebProject。可以直接复制 14.3 节的项目，在其基础上修改。

为了验证用户信息必须提供一个允许用户输入用户名和密码的表单。

**程序清单 14-16（login. jsp）：**

```
<%@page language="java" contentType="text/html;charset=utf-8" import="java.
util.*" pageEncoding="utf-8"%>
<!DOCTYPE HTML PUBLIC "-//W3C//DTD HTML 4.01 Transitional//EN">
<html>
  <head>
    <title>登录系统</title>
  </head>
  <body>
  ${err }
    <form method="post" action="login.action">
    <label>用户名</label>
    <input type="text" name="usr" />
    <label>密码</label>
    <input type="password" name="pwd" />
    <input type="submit" value="登录"/>
    </form>
  </body>
</html>
```

上述代码中 ${err} 就是准备输出一个 err 变量，如果这个变量不存在则什么也不输出。这种处理方式无疑相当便利。如果这个变量不存在会报错，那么我们就必须处理这个错误，这无疑增加了程序的复杂度。

下面编写了一个 form，它的提交方式是 post，处理数据的页面是 login. action。到目前为止，这个 action 还不存在，我们将在下面建立它。

这个 form 包含了一个名为 usr 的文本框，一个名为 pwd 的密码框，还有一个提交按钮。

下面新建一个 Action。首先建立一个 Java 类 LoginAction。程序清单 14-16 给出了此程序。其中定义了 3 个属性和与之相关的 6 个 setter 和 getter。usr 和 pwd 属性用来承载表单中提交的数据，err 属性用来存储错误信息。

这个类还有一个处理函数 login，注意它的格式与 14.4.2 节所述 execute 相同，都是 public，返回值为 String，没有参数。下面将在 struts.xml 的配置中让其代替 execute 处理请求。

login 函数一般是通过访问数据库方式对用户名和密码进行验证，这里为了突出重点，易于学习，就不写数据库相关的东西，其实可以采用第 13 章所述 Hibernate 进行密码验证。这里只是硬编码了一个用户名 yang，密码 123。用户登录有 3 种后果，一为成功；二为用户名不存在；三为用户名正确但密码不对，代码里体现了这一点，并将错误信息写入了 err 这个属性。

**程序清单 14-17（LoginAction.java）：**

```
package com.yang;

import com.opensymphony.xwork2.ActionSupport;

public class LoginAction extends ActionSupport {
    private String usr,pwd;
    private String err="";

    public String getUsr() {
        return usr;
    }

    public void setUsr(String usr) {
        this.usr=usr;
    }

    public String getPwd() {
        return pwd;
    }

    public void setPwd(String pwd) {
        this.pwd=pwd;
    }

    public String getErr() {
        return err;
    }

    public void setErr(String err) {
        this.err=err;
    }
```

```java
    public String login(){
        System.out.println("usr="+usr);
        System.out.println("pwd="+pwd);
        //可以通过访问数据库的方式验证用户名和密码是否正确
        if(usr.equals("yang")){
            if(pwd.equals("123")){
                return SUCCESS;
            }else{
                err="密码错误";
                return "fail";
            }
        }else{
            err="没有该用户";
            return "fail";
        }
    }
}
```

　　随后在 struts. xml 中配置这个 Action。HelloAction 是 14. 4. 2 节所添加的 Action。login 这个 Action 是这次需要添加的。＜action＞标签的名称为 login，class 属性指向了相对应的 Action 类 com. yang. LoginAction。下面一个属性 method 未曾提及，它指明了我们会使用 Action 类中的哪一个方法去处理这次请求。如果不写这个属性，默认为 execute。这里为了演示此功能，采用 login 这个方法。

　　**程序清单 14-18（struts. xml）：**

```xml
<?xml version="1.0" encoding="UTF-8" ?>
<!DOCTYPE struts PUBLIC "-//Apache Software Foundation//DTD Struts
Configuration 2.1//EN" "http://struts.apache.org/dtds/struts-2.1.dtd">
<struts>
    <package name="default" namespace="/" extends="struts-default">
        <action name="HelloAction" class="com.yang.HelloAction">
            <result>test.jsp</result>
        </action>
        <action name="login" class="com.yang.LoginAction" method="login">
            <result name="success">main.jsp</result>
            <result name="fail">login.jsp</result>
        </action>
    </package>
</struts>
```

　　14. 4. 2 节的 login 方法会有两种返回值 SUCCESS 和 fail，SUCCESS 是一个预定义的常量，它的值就是 success。在 struts. xml 中，定义了两个＜result＞标签，它们的 name 就对应了 login 函数的返回值。Struts 根据 login 函数返回值的不同选择不同的 result，并将请求交给指定的 JSP 页面去处理。这种转发是使用 RequestDispatcher 实现的。用户无法通过浏览器地址看到此转发。这与 response. sendRedirect 这个重定向不同。Request-

Dispatcher是服务器的暗箱操作,客户端的浏览器没有参与。

试举一例:某日你妈让你做红烧肉,你对自己的丈夫说,你去做红烧肉。你的丈夫做好了红烧肉,你端着此红烧肉对你妈说,红烧肉做好了。你妈说:原来我女儿做的饭也不难吃。这种方式就是 RequestDispatcher 的方式,你妈根本就不知道是你丈夫做的红烧肉,以为是你做的。而 redirect 方式是这样的:某日你妈让你做红烧肉,你说你的丈夫做的好,于是你妈找到了你的丈夫说你做红烧肉。你丈夫做了红烧肉,你妈说,我女婿做的真好。在这种情况下,你妈清楚地知道是你丈夫做的红烧肉,而不是你。

Struts 也可以通过配置 result 的 type 类型来设置转发类型,例如:

```
<result name="success" type="redirect">main.jsp</result>
```

这里的 main.jsp 还未实现,于是新建一个 main.jsp,在其中输入如下内容。

**程序清单 14-19(struts.xml):**

```
<%@page language="java" import="java.util.*" pageEncoding="ISO-8859-1"%>
<!DOCTYPE HTML PUBLIC "-//W3C//DTD HTML 4.01 Transitional//EN">
<html>
  <head>
    <title>Main page</title>
  </head>
<body>
  Welcome ${usr}<br>
</body>
</html>
```

$\{usr\}$输出了登录成功的用户的用户名,即 LoginAction 中的 usr 属性的值。

做好上述几步,就可以测试此程序了。单击 MyEclipse 运行或调试。输入网址(因为工程名的不同 StrutsHello 需要替换成你工程的 Context Root Path,这个路径一般和项目名相同),运行结果如图 14-12 所示。

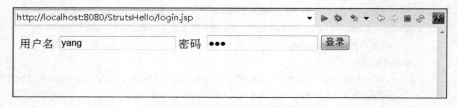

图 14-12　login.jsp 运行结果

输入用户名和密码正确的信息后,单击"登录"按钮,可以看到如图 14-13 所示页面。

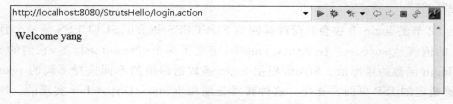

图 14-13　验证通过的结果页面

如果使用了 redirect 方式，会看到如图 14-14 所示的结果，请注意地址栏的地址和 Welcome 后面没有具体的用户名。这说明在重定向方式下，不能传递 Action 的属性值。

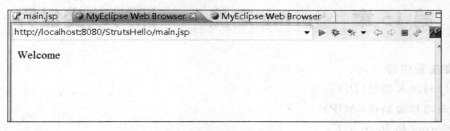

图 14-14　使用重定向的运行结果

## 14.5　习　　题

1. 简要叙述 MVC 的概念。

2. 简要叙述配置 Struts 的基本流程。

3. 查阅相关资料，编写一个可以根据 URL 参数作出不同响应的基于 Struts 的 Web 程序。

# 第15章 Spring 之旅——保姆改变世界

**本章主要内容**

- 依赖注入思想(DI)。
- 面向切面编程(AOP)。
- Spring 的 Bean 工厂。
- Spring 中的 AOP。
- Spring MVC。

## 15.1 依赖注入思想

### 15.1.1 "吃饭问题"的硬编码

有部动画片名为《机器人总动员》,里面描述了一个机器辅助人类活动的世界。车不需要自己开,衣服帮你穿,饭自动送到嘴边,飞船自动驾驶。其实,这既是天堂,也是地狱。说是天堂是因为人只需要做自己擅长的事即可,说是地狱因为实际上所有的人都受到整个系统的掌控。本章将带您体验 Spring 的控制反转和面向切面编程,体验框架带来的天堂地狱。

考虑这样一个场景:一个系统描述"人吃饭"这个业务逻辑的系统。首先要描述实体"人"和"食物",其中"食物"这里允许有多种,如"馒头"、"包子"、"鸡蛋"。那么一个最简单的实现方式是设计一个 Person 类描述"人",它有一个方法 eat。设计一个接口 Food,其中定义一个方法 eaten,所有食物类都要实现这个接口。那么,下面要解决的问题就是"人在吃饭时吃什么食物",这个"食物"如何产生,如何送给"人"。最简单的做法是在 Person 中直接创建一个具体的食物类,如 Egg。

**程序清单 15-1(Food. java):**

```java
package com.yang;

public interface Food {
    public void eaten();
}
```

**程序清单 15-2(Egg. java):**

```java
package com.yang;

public class Egg implements Food{

    @Override
    public void eaten() {
```

```
            System.out.println("Egg is eaten");
        }
    }
```

**程序清单 15-3（Person. java）：**

```
package com.yang;

public class Person {

    public void eat(){
        Food f=new Egg();
        f.eaten();
    }
}
```

## 15.1.2  "吃饭问题"的工厂模式

上述写法要求，在这个 Person 对象书写的时候，且需要先知道有"鸡蛋"这种食物，而实际情况是，人可以在吃饭时才去想自己要吃什么，人也可以吃自己以前不知道的食物。上述写法在 eat 方法中硬编码了 new Egg()，导致这个人只能吃鸡蛋。

为解决此问题，我们使用工厂模式。简言之，工厂模式就是定义一个工厂类，这个类的职责就是创建实现了某个接口的类的对象。在上面例子中，可以建立一个"食品厂"FoodFactory，如程序清单 15-4 所示。此类提供了 getFood 这个方法用以根据食物名称提供食物。

**程序清单 15-4（FoodFactory. java）：**

```
package com.yang;

public class FoodFactory {

    public Food getFood(String name){
        Food f=null;
        if(name.equals("Egg")){
            return new Egg();
        }else{
            return null;        //其他食物暂时不实现
        }
    }
}
```

那么在 Person 中的 eat 方法可以改成如下。

**程序清单 15-5（Person 中的 eat 方法的工厂模式）：**

```
public void eat(){
    FoodFactory fc=new FoodFactory();
```

```
    Food f=fc.getFood("egg");
    f.eaten();
}
```

这样，Person 类就可以不需要知道有 Egg 这个类，却可以吃到 Egg（即松耦合），不过 Person 需要给出一个"egg"字符串。上例中，在代码中硬编码了"egg"这个字符串同样导致我们需要先知道食品类型（虽然我们不需要知道 Egg 这个类）。

下面继续改进。其实这个表示食品种类的字符串可以从配置文件中读出，这样就不需要在 eat 方法中硬编码了。那么这个方法可以改为如下程序清单。

**程序清单 15-6（Person 中的 eat 方法的带配置文件的工厂模式）：**

```
public void eat() throws InvalidPropertiesFormatException,
FileNotFoundException, IOException{
    FoodFactory fc=new FoodFactory();
    Properties p=new Properties();
    //调试此代码时请建立好 food.prop 文件
    p.loadFromXML(new FileInputStream("food.prop"));
    Food f=fc.getFood(p.getProperty("food"));
    f.eaten();
}
```

这样，如果 Person 想吃点别的，可以直接修改配置文件，而不需要修改程序。修改程序只有程序员能做到，而修改配置可以交给维护这个软件的管理人员。如此，Person 类彻底地脱离 Egg 类的直接关联。

人们称这种方式为"松耦合"，称上述处理为"解耦和"。通俗地讲，耦合就是两个对象之间的相互关系。为了完成某个功能，对象之间必然有通信行为，它们之间就因此发生关系。

在最开始的例子中，Person 和 Egg 类紧密结合，这种方式称为紧耦合，如果 Person 想吃点别的，就需要改代码。紧耦合带来的是代码很难改变，也不容易做组件化。所以对象之间既要通信，又需要它们之间的关系"不那么紧密"。所以采用了工厂模式，并通过读取配置得知需要哪些类。

### 15.1.3 "食品厂"的反射机制实现

其实上述实现还存在问题：FoodFactory 需要知道所有的食物才可以，这也是硬编码。FoodFactory 和所有的食品类紧耦合。显然对于大型的"食品工厂"，有可能有几百种食物，而将这些食物都写入代码明细是不合适的，因为在"食品工厂"生产过程中，它会根据需求变更自己提供的商品，添加某种商品，或者停产某种商品。而这些操作按照上面的例子就需要改代码，这是不合适的。那么，怎样才能解决这个问题呢？可以使用 Java 中的反射机制实现。

**程序清单 15-7（FoodFactoryByReflect.java）：**

```
package com.yang;

public class FoodFactoryByReflect {
```

```
public Food getFood(String name){
    Food f=null;
    try {
        f=(Food)Class.forName(name).newInstance();
    } catch (Exception e) {
        e.printStackTrace();
    }
    return f;
}
```

要使用这个工厂,需要在调用 getFood 时给出食物的全路径类名。如果要吃鸡蛋,那么需要给 com.yang.Egg 这个类名。这样,Class.forName 就会根据这个类名产生对应的类——鸡蛋类。这个类的名字存在哪里呢? 从哪里获取呢? 结合 15.1.2 节所述技术可以存在配置文件中。这样,配置文件可以在出现了新的食物后修改,而不需要改变程序本身,而且程序可以动态地添加新的食物种类而不需要修改食物工厂。如此,程序的扩展性得到加强。以此技术实现的软件就可以实现“动态更新”和“配置式开发”。

现在企业软件的开发已经实现了组件化,因为对于某个应用,如 ERP 系统,甲公司需要其中的 100 个功能,而乙公司需要另外的 150 个功能。一旦各个功能之间存在紧耦合,制作一个满足用户特定需求的系统就非常困难,即使这些功能已经被实现过。

所以,比较提倡的做法是:将所有功能开发为组件,组件之间通过配置文件松耦合,也可以通过配置文件装配软件的功能。

## 15.1.4　“吃饭问题”的反转控制

到这里似乎已经完美,上述方法也是大量大型软件项目采用的方式:Person 自己决定自己要吃什么,但它必须自己使用食物工厂(FoodFactory)获取食物。其实呢,Person 类只需要知道怎么样去吃就好了,如何获取食物,这是另外一个问题。所以,我们考虑这么一个场景,Person 回到家中,妈妈就给他端上了食物,妈妈给什么,Person 就吃什么,这样 Person 就不需要关心如何获取食物的问题了。那么妈妈通过什么方式把食物给 Person 呢? 我们需要为 Person 添加一个 setFood 方法允许别人把食物给他,那么为了区分 Person 类的不同对象,还需要为他定义一个名字属性 name。

**程序清单 15-8(Person.java):**

```
package com.yang;

public class Person {

    private String name="god";
    private Food food=null;

    public Person(String name){
        this.name=name;
    }
```

```
    public void setFood(Food f){
        food=f ;
    }

    public void eat(){
        food.eaten();
    }

}
```

这样 eat 方法就简化为一句话。那么由谁来负责调用 setFood 将食物给用户呢？答案是 Mother，定义一个 Mother 类来将食物送给 Person。

至此程序和 15.1.3 节的例子已经很不相同。在前面的例子中，Person 需要自己去获取食物，Person 或许还要去上学，还要去钓鱼，那么他需要去找到学校这个类，需要找到池塘这个类。这个人就太辛苦了。我们想达到这么一种目的，让别人把食物送给 Person，Person 吃就可以了。别人把学校安排好，只要去上学就可以了。Person 只关注自己的核心逻辑，其他事情由别人来服务。

这种将控制权移交给别人，自己只关心自己逻辑的思路称为"控制反转"（Inversion of Control，IoC），那么是什么"反转"了呢？Person 依赖的食物、学校，这些物体都不是由 Person 控制，而是由框架管理（这不禁让我想起了计划经济），所以控制反转也称为依赖注入（Dependency Injection，DI），由框架将对象依赖的类注入给它。

## 15.2　Spring 中的依赖注入实现

### 15.2.1　Spring 安装

Spring 书面化的简介这里不再赘述，因为会带出一大堆术语，让人头昏脑涨。这里仅将其归结为一句话：Spring 支持控制反转（或依赖注入）。

那么首先要将 Spring 配置好。需要说明的是，虽然本书讲授 Web 应用开发技术，但 Spring 并非仅仅支持 Web 开发。实际上几乎所有类型的应用中都可以使用 Spring，比如控制台程序，比如图形化的程序。当然，是用控制台的方式来学习某种技术是首选，因为它的结构最简单，易于使学习者把握核心。下面给出一个控制台程序在 MyEclipse 中添加 Spring 支持的过程。

首先，打开 MyEclipse，建立一个 Java Project，在工程名上右击，在弹出的快捷菜单中选择 MyEclipse→Add Spring Capabilities，如图 15-1 所示。

本书采用 Spring 2.0 讲述，当然也可以采用 Spring 3.0，书上的例子仅仅是配置文件有些不同，其他都可以正常运行。

默认选中了 Spring Core，这个已经可以支持反转控制。单击 Next 按钮，并选择 Spring 配置文件的存放位置，默认存储在 src 这个源代码根目录下，编译后配置文件会被复制到编译好的 class 文件的根目录下，如图 15-2 所示。

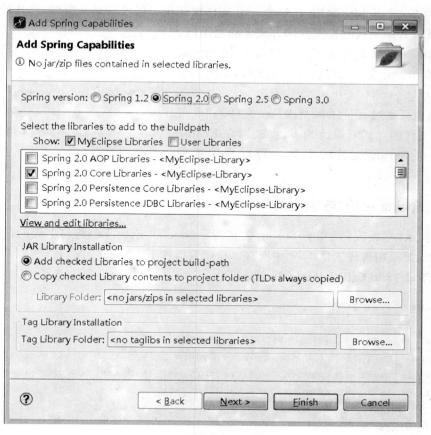

图 15-1　添加 Spring 功能（一）

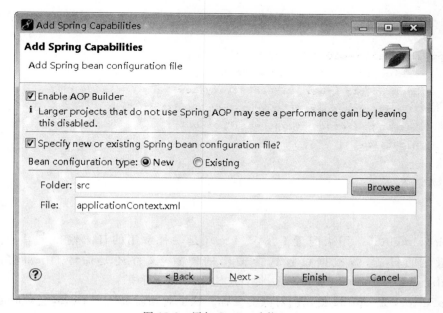

图 15-2　添加 Spring 功能（二）

在本例中，将 Folder 留空，让这个 xml 文件保存在工程根目录。当然，将其放在 src 目录下也可以，只是加载配置文件的方式会随之不同。单击 Finish 按钮结束添加向导，即可看到 Spring 2.0 的类库和 xml 文件已经插入到了工程，如图 15-3 所示。

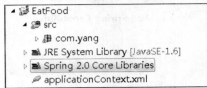

当然，也可通过直接添加类库（jar 文件）和手工建立 xml 文件的方式来添加 Spring 支持，在 Eclipse 等没有默认 Spring 支持的 IDE 中可以采用这种方式。

图 15-3　添加 Spring 功能后的目录结构

## 15.2.2　Spring 中的"吃饭问题"

下面演示"吃饭问题"基于 Spring 的实现。Food 和 Egg 两个类与上面的代码并无不同。Person 类采用程序清单 15-8 中所写。程序入口如下。

程序清单 15-9（EatFoodMain. java）：

```java
package com.yang;

import org.apache.log4j.BasicConfigurator;
b org.springframework.beans.factory.BeanFactory;
import org.springframework.beans.factory.xml.XmlBeanFactory;
import org.springframework.core.io.FileSystemResource;

public class EatFoodMain {

    /**
     * @param args
     */
    public static void main(String[] args) {
        BasicConfigurator.configure();
        BeanFactory f=new XmlBeanFactory(new
        FileSystemResource("applicationContext.xml"));
        Person p=(Person) f.getBean("person");
        p.eat();

    }

}
```

其中 BasicConfigurator 用来配置 Log4j。Log4j 是一种常用的日志输出工具，它可以输出不同级别的日志，并根据设置选择输出的位置（文件还是命令行）和输出格式。BasicConfigurator 是一种偷懒的方法，将日志输出到命令行中。

BeanFactory 是 Spring 提供的对象的工程。这个对象需要一个 Bean，它对应的配置文件是 applicationContext. xml。然后使用 getBean 获取 person 对象。这个对象在配置文件中存在。

程序清单 15-10（applicationContext. xml）：

```xml
<?xml version="1.0" encoding="UTF-8"?>
<beans
    xmlns="http://www.springframework.org/schema/beans"
    xmlns:xsi="http://www.w3.org/2001/XMLSchema-instance"
    xmlns:p="http://www.springframework.org/schema/p"
    xsi:schemaLocation="http://www.springframework.org/schema/beans http://
    www.springframework.org/schema/beans/spring-beans-2.0.xsd">

    <bean id="egg" class="com.yang.Egg">
    </bean>
    <bean id="person" class="com.yang.Person">
        <constructor-arg  value="yang" />
        <property name="food" ref="egg" />
    </bean>
</beans>
```

Beans 标签是 Spring 配置的根节点。Bean 标签包含每个 bean 的配置。这个配置文件中存在 id 为 person 的 bean。这个 bean 在代码中可以通过 getBean 获取。这个例子与程序清单 15-6 和 15-7 中的原理是相同的。配置文件使用 class 属性记录 bean 对应的全路径类名，BeanFactory 通过配置和用户给出的编号 person 找到这是一个 com. yang. Person 的对象，然后工厂会使用程序清单 15-7 中类似的方法生成 Bean 并将其返回。

可以看到 person 这个 bean 的标签中还包含了子标签：constructor-arg 和 property。其中 constructor-arg 为构造函数参数，value 属性给出了这个参数的具体值。我们对照程序清单 15-8 中的 Person 类可以找到，这个参数代表的是姓名。Property 标签定义了需要为 person 这个 bean 设置的属性，标签的 name 属性表示需要设置的 person 类的属性名为 food，这样 Spring 会自动地调用 setFood 方法来设置属性。food 和 setFood 的对应关系是 Java Bean 的规范制定的。那么值设置为什么呢？如果是一个字符串或者整数之类的简单变量，可以使用 value="××"的方式设置，如果是另外一个 bean，可以使用 ref="egg"的方式设置。ref 的值为另外一个 bean 的 id。Spring 会自动地创建那个 bean 的对象 egg，并将此对象传递给 setFood，这就相当于如下程序清单。

程序清单 15-11（没有框架的对象装配）：

```java
Food egg=new Egg();
Person p=new Person("yang");
p.setFood(egg);
```

这些工作都是由 Spring 完成的。在 Spring 中这个称为 Bean 装配。Spring 通过配置的方式建立关联，Bean 自己并不了解自己和谁建立了关联。这种方式大大地简化各个组件的开发，一个大的应用可以通过一个配置文件将需要的功能装配起来实现。

## 15.2.3 "吃饭问题"之我的鸡蛋你别吃

上面的例子中为大家演示了"人吃鸡蛋"这个逻辑，其中"鸡蛋"是定义在 applicationContext. xml 中的一个对象。如果扩充例子,建立一个表示狗的类 Dog,并允许"狗吃鸡蛋"。那么就会出现人和狗都吃了同样一个鸡蛋的问题,而在上面的例子中,整个系统仅存在一个 Egg 实例。这种状况明显是不行的,对于鸡蛋这种消费品,需要给人和狗不同的鸡蛋,这里就可以使用 Spring 中的"内部 Bean 注入"来实现这一功能。下面将程序清单 15-10 中 person 这个 bean 的说明进行修改。

**程序清单 15-12(内部 Bean 的注入):**

```
<bean id="person" class="com.yang.PersonImpl">
    <constructor-arg  value="yang" />
    <property name="food"  >
        <bean class="com.yang.Egg" />
    </property>
</bean>
```

可以看到与前面的配置相比,这个配置中 food 这个对象属性的 ref 消失了,而在内部添加了一个 bean 的声明。这里声明的 bean 可以没有 id,因为即使有 id,外部也无法使用它,因为它是内置的 bean。

### 15.2.4  "吃饭问题"之花样繁多

上面的例子中,人如果想吃饭只能吃一种食物,而实际上,人每顿饭吃的食物种类有可能是多种,如早餐吃油条、鸡蛋、豆腐脑。那么在程序中一般会使用一个列表来实现。在 Java 中可以使用数组和 ArrayList 来实现列表。下面将 Person 类中修改属性 food 为 foods。

**程序清单 15-13(Java 中的列表):**

```
private Food[] foods=null;
```

或

```
private ArrayList<Food>foods=null;
```

作为一个 JavaBean 这个属性当然需要相应的 setter 和 getter 方法,这里不再细述。那么,如何在配置文件中为这个属性装配具体的值呢? 来看下面代码。

**程序清单 15-14(使用列表的 Person 定义):**

```
<bean id="person" class="com.yang.PersonImpl">
    <constructor-arg  value="yang" />
    <property name="food"  >
        <bean class="com.yang.Egg" />
    </property>
    <property name="foods"  >
        <list>
            <bean class="com.yang.FStick" />
            <ref bean="egg" />
            <bean class="com.yang.egg" />
        </list>
```

```
      </property>
  </bean>
```

可以看到,使用了一个<list>标签来表示一个列表属性,这个列表中有 3 个元素,其中第一个是一个内置的 FStick 油条对象;第二个是一个引用的 egg;第三个是一个内置的 Egg 对象。这里使用 ref 和 bean 是为了给大家展示这里面既可以引用也可以写内置的 Bean,并非吃鸡蛋还要吃出两种花样,这顿饭就是一根油条两个鸡蛋而已。如果需要将这个例子跑起来记得要建立一个 FStrick 类,这个类实现了 Food 接口。

同样地,还可以使用<set>来定义集合属性,使用<map>来定义哈希表,使用<props>来定义属性列表。篇幅所限,就不再详述,有兴趣的同学可以参照 *Spring in Action* 中的例子学习。

## 15.3  面向切面的编程

在软件开发中,人们往往需要多个模块,每个模块负责一项功能,但有的模块作为辅助性质,它与其他所有模块相关,那么这个模块和其他模块的耦合就是非常严重的。下面举例说明。

在一个成熟的软件中,日志是必不可少的,它记录程序的运行状况和用户操作等信息,并作为系统错误的诊断,系统安全管理的依据。

在前面的例子中,我们叙述了"人吃鸡蛋"这件事,那么吃鸡蛋这件事需要记录到日志中,如何去做呢? 在吃鸡蛋前记录"我要吃鸡蛋了",在吃鸡蛋后记录"我吃完了鸡蛋",这是一种比较常见的记录,这种记录中往往还包含时间信息。那么事后,通过查看日志就可以清晰地知道什么时候吃了鸡蛋,又是什么时候吃完,进而可以知道吃这个鸡蛋花了多长时间。下面我们对程序清单 15-8 中的 eat 方法进行修改。

**程序清单 15-15(eat 方法):**

```
public void eat(){
    Logger log=Logger.getLogger(Person.class);
    log.info("start to eat");
    food.eaten();
    log.info("eat finish");
}
```

黑体部分是添加的内容,几乎所有需要记录日志的动作都需要进行如下修改,可以想象所有的模块对 Logger 这个模块的依赖有多么严重。一旦要针对某个模块进行日志记录,就需要修改该模块的内容,也就是说所有模块都要关心如何记录自己日志的问题。但这其实是日志模块的职能。

在做软件开发时,一个很重要的原则就是"权责分明",各个模块应具备的功能应当很明确。上例中的问题尽管是确切地定义了功能:日志模块用来管理整个系统的日志。但在真正实现时却无法做到,这是实现方式受限了。

针对上面的问题,软件工程的研究者提出了"面向切面"的编程理念,即这个功能是横跨整个软件的,这看起来像将所有模块切了一刀似的。所有模块仅关心自己的事情,人只需要知道吃鸡蛋就可以了,不需要自己去记录此事,此事应由日志模块自行完成。

那么难点在于如何在编程语言中实现。如果是在 C 或者 C++ 中遇到此问题,那么只能叹一句"苍天无眼",但在 Java 中是有这种功能的,就是截获一个方法的调用,某个方法被调用,这个可以通过 java.lang.reflect.Proxy 来调用。Reflect 这个包是 Java 中实线反射机制的类库,这其中包含了许多非主流的类,如 Class 类。你能想象代码里这样写吗?

**程序清单 15-16(Class 类):**

```
class Class{


}
```

Class 是一个类名,这个类用来描述一个类。那么可以想象每个类都有属性和方法,这个包有 Method 类来表示方法,有 Field 类来表示属性。而 Proxy 类就可以截获函数的调用。具体原理涉及较为高深的东西,需要对 Java 虚拟机有较深的理解,这里不再详述。

面向切面这种机制需要从外部对每个模块的方法进行监控,这可以用 Proxy 实现。15.4 节为大家介绍 Spring 中的面向切面编程。

## 15.4  Spring 中的面向切面的编程

15.3 节我们了解了面向切面编程出现的原因和必要性。这里为大家介绍 Spring 中的面向切面编程。

下面继续"吃鸡蛋"这一实例。定义一个 Father 类,这个类用来记录 Person 吃鸡蛋的行为。

**程序清单 15-17(Father.java):**

```java
public class Father {

    public void startEat(Person p){
        System.out.println("My son start to eat!");
    }
    public void endEat(Person p){
        System.out.println("My son has eaten");
    }
}
```

为了对 Person 的 eat 方法进行监听,需要将 Person 做一些修改,将 Person 类名改为 PersonImpl,并为它提取一个接口 Person。这是 Proxy 要求的,这里不详细解释。

**程序清单 15-18(Person.java):**

```java
package com.yang;

public interface Person {
    public abstract void setFood(Food f);
    public abstract int eat();
```

```
public abstract void setFoods(ArrayList<Food>fs);
```

}

下面在 applicationContext. xml 中添加 Father 的 Bean 定义：

```
<bean id="fat" class="com.yang.Father"></bean>
```

然后定义切面,切面使用＜aop:config＞标签描述,切面的处理类用＜aop:aspect＞来声明,
ref 属性指向了上面定义的 Father 类的对象 mom,＜aop:pointcut＞定义了一个切入点,就
是我要监听什么。Expression 描述了监听信息,其中第一个 * 表示返回值任意, * . eat 表示
任意类中的 eat 方法,target 表示传入 mom 的时候应给的参数,这里说明会把发生事件的
类传递给 mom。＜aop:before＞定义了一个具体事件,即在调用和上面那个 execution 表达
式中匹配的方法前触发此事件,它会调用 method 规定的 startEat 方法,这个方法是 mom
的类方法。同样地,after 定义调用结束后事件,调用 endEat 方法。

```
<aop:config>
    <aop:aspect id="TestAspect" ref="fat">
        <aop:pointcut id="person_eat" expression="execution( * * . * (..)) and
        target(bean)" />
        <aop:before pointcut-ref="person_eat" method="startEat" arg-names="bean" />
        <aop:after pointcut-ref="person_eat" method="endEat" arg-names="bean" />
    </aop:aspect>
</aop:config>
```

修改完这个配置后,还需要为这个工程添加 AOP 支持,遗憾的是,MyEclipse 很难在建
立工程后再简单地添加 Spring 中的某个支持。可以采用两种办法解决：①自己将相关的
jar 包加入；②新建一个新的工程,在图 15-1 中选中 AOP 即可添加 AOP 支持。

完成上面的修改后,运行程序会发现,startEat 和 endEat 并未执行,这是什么原因呢?
原因在于 BeanFactory 并不支持切面,要使用切面,需要换一个比 BeanFactory 功能更强大
的类——ApplicationContext。看下面代码。

```
BasicConfigurator.configure();
//BeanFactory f=new XmlBeanFactory(new
FileSystemResource("applicationContext.xml"));
ApplicationContext ctx=new ClassPathXmlApplicationContext(
                "com/yang/applicationContext.xml");
ctx.getBean("fat");
Person p=(Person) ctx.getBean("person");
p.eat();
```

运行此代码,即可得到结果：

```
My son start to eat!
You eat Egg
My son has eaten
```

# 15.5　在 Web 中使用 Spring

Web 应用开发是本书主题,那么如何在 Web 中使用 Spring 框架呢? 尽管 Spring 有其自己的 MVC,但因为前面已经介绍了 Struts,就不再对其进行介绍。同时使用两套 MVC 势必带来混乱。

15.4 节的例子中,简单地使用 ApplicationContext 就可以初始化 Spring。那么在 Web 开发中应以何种方式初始化呢? Web 应用启动后就就需要初始化 Spring,以便在整个 Web 应用里使用它。

在 JSP 网站中可以通过 web.xml 来配置 Servlet 和 Listener,Listener 在初始化时即被调用,Servlet 往往是被调用到对应的 URL 才会执行,看起来 Listener 更适合一些,事实也的确如此。实际上 Servlet 也可以自动启动,配置方法很简单,就是在<servlet>标签中加入<load-on-startup>标签。下面给出 3 种在 Web 使用 Spring 的方法。

## 15.5.1　自定义 Servlet 初始化 Spring

既然 Servlet 可以"开机自启动",那么项目中就可以在 Servlet 中加入初始化。下面先配置 Servlet。

**程序清单 15-19(web.xml):**

```xml
<?xml version="1.0" encoding="UTF-8"?>
<web-app version="3.0"
    xmlns="http://java.sun.com/xml/ns/javaee"
    xmlns:xsi="http://www.w3.org/2001/XMLSchema-instance"
    xsi:schemaLocation="http://java.sun.com/xml/ns/javaee
    http://java.sun.com/xml/ns/javaee/web-app_3_0.xsd">
<display-name></display-name>
<servlet>
  <servlet-name>HelloServlet</servlet-name>
  <servlet-class>com.yang.servlet.HelloServlet</servlet-class>
  <load-on-startup>1</load-on-startup>
</servlet>

<servlet-mapping>
  <servlet-name>HelloServlet</servlet-name>
  <url-pattern>/hello</url-pattern>
</servlet-mapping>

<welcome-file-list>
  <welcome-file>index.jsp</welcome-file>
</welcome-file-list>

</web-app>
```

其中的 HelloServlet 就会在 Web 应用启动 1s 后被初始化，相应的 HelloServlet 的 init 方法会被调用。下面给出 HelloServlet 的定义。

程序清单 15-20（web. xml）：

```java
package com.yang.servlet;

import java.io.IOException;
import java.io.PrintWriter;

import javax.servlet.ServletException;
import javax.servlet.http.HttpServlet;
import javax.servlet.http.HttpServletRequest;
import javax.servlet.http.HttpServletResponse;
import org.springframework.context.support.*;
import com.yang.Person;

public class HelloServlet extends HttpServlet {

    private static ClassPathXmlApplicationContext context;

    public HelloServlet() {
        super();
    }

    public void destroy() {
        super.destroy(); //Just puts "destroy" string in log
        //Put your code here
    }

    @Override
    public void init() throws ServletException {
        String[] locations={"applicationContext.xml"};
        context=new ClassPathXmlApplicationContext(locations);
    }

    public void doGet(HttpServletRequest request, HttpServletResponse response)
            throws ServletException, IOException {

        Person person=(Person) context.getBean("person");
        response.getWriter().println("person name:"+person.getName());
        System.out.println("hello");
    }
}
```

程序中 init 函数因为设置了＜load-on-startup＞，在 Web 应用开始时被调用，init 使用 ClassPathXmlApplicationContext 对 spring 进行初始化并返回 context 对象。context 对象是 HelloServlet 的静态成员变量，其他类或者 JSP 中就可以使用 HelloServlet. context 访问

Spring 的上下文,并使用 getBean 获取 Spring 的 Bean。

上面的 Bean 要求将 Spring 配置文件放到类路径里,对应于 MyEclipse 就是放到工程中 src 目录下,这样 ClassPathXmlApplicationContext 可以自动找到这个文件,否则会报错。

在 doGet 方法中,给出使用 Spring 的实例,其代码与前面桌面应用中使用 Spring 的方式基本相同。Person 类具有一个属性 name,前面的例子中并没有给出 getName 方法,请同学们自行添加此方法。

需要注意的是,前面章节提到可以使用<jsp:useBean>等标签访问 Bean,但在 Spring 框架中的 Bean 由 Spring 负责装配,JSP 中就不能使用上述标签访问。

使用浏览器访问/hello 这个 URL 即可看到 yang 这个字样。这个字符是从何而来呢?答案是从 applicationContext.xml 中来。

### 15.5.2 使用 Spring 给出的 Listener 初始化

Spring 给出了相应的 Listener 来初始化自己。要使用这个包需要在添加 Spring 支持时,选中 Spring 的 Core、AOP 和 Web 3 个包,并选择复制 lib 到 WEB-INF/libs 下。如果上述步骤出错,可能导致启动调试时报出 ClassNotFoundException 错误。

添加 Spring 功能时选择项的改变如图 15-4 所示。

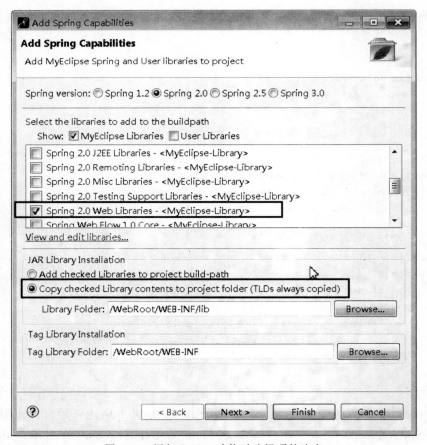

图 15-4　添加 Spring 功能时选择项的改变

添加完 Spring 支持后,将 MyEclipse 自动生成的 applicationContext. xml 文件移动到 WebRoot/WEB-INF 目录下。因为 Spring 在 Web 应用中的默认位置是这里。如果位置不同,需要在 web. xml 中添加配置;如果有多个配置文件,可以在<param-value>中以英文的逗号分隔。

```
<context-param>
    <param-name>contextConfigLocation</param-name>
    <param-value>/haha/applicationContext.xml</param-value>
</context-param>
```

做完以上操作后,在 web. xml 中添加 listener,这里贴出全部 web. xml 文件。

**程序清单 15-21(添加 Spring 监听器后的 web. xml):**

```
<?xml version="1.0" encoding="UTF-8"?>
<web-app version="3.0" xmlns="http://java.sun.com/xml/ns/javaee"
    xmlns:xsi="http://www.w3.org/2001/XMLSchema-instance"
    xsi:schemaLocation="http://java.sun.com/xml/ns/javaee
    http://java.sun.com/xml/ns/javaee/web-app_3_0.xsd">
    <display-name></display-name>
    <welcome-file-list>
        <welcome-file>index.jsp</welcome-file>
    </welcome-file-list>
    <listener>
    <listener-class>org.springframework.web.context.ContextLoaderListener</
    listener-class>
    </listener>
</web-app>
```

这里其实贴出<listener>标签的代码即可,但初学者往往会犯很多错误。比如将<listener>标签添加到</web-app>下面。<listener>标签是<web-app>的子标签。在配置 web. xml 时一定要注意其层次关系。同样的<web-app>只允许出现一次,不能有多个<web-app>的现象。

这里还要提示的是,**请不要在一个 myeclipse 工作区中添加多个 Web Project**,因为启动一个 WebProject 时,会运行整个工作区中所有的 Web 应用(因为其他应用也会被配置到同一个 Tomcat 的 webapps 目录下),这是很可怕的,特别是在多个工程里都使用了 Spring。解决方法就是找到对应的 webapps 目录并清空它。

添加完上述程序,Spring 就配置好了,那么下面将前几节使用到的 Person 等类全部复制到现有工程的 src 目录下。将原有的 applicationContext. xml 复制到这里的 WebRoot/WEB-INF/ 目录下覆盖原有文件。

在 index. jsp 中调用 Bean 的代码。

**程序清单 15-22(添加调用 Bean 代码的 index. jsp):**

```
<%@page language="java" import="java.util.*" pageEncoding="ISO-8859-1"%>
<%@page import="org.springframework.web.context.WebApplicationContext"%>
<%@page import="org.springframework.web.context.support.
```

```
WebApplicationContextUtils"%>
<%@page import="com.yang.*"%>
<!DOCTYPE HTML PUBLIC "-//W3C//DTD HTML 4.01 Transitional//EN">
<html>
  <head>
    <title>Test Spring</title>
  </head>

  <body>
  <%
      WebApplicationContext wac=WebApplicationContextUtils.
      getWebApplicationContext(this.getServletContext());
      Person ds=(Person)wac.getBean("person");
      out.println(ds.getName());
  %>
  </body>
</html>
```

其中使用了 WebApplicationContextUtils 来获取 ApplicationContext 的对象 wac,然后使用 wac 的 getBean 方法获取名为 person 的对象,并将其 name 属性输出。运行结果如图 15-5 所示。

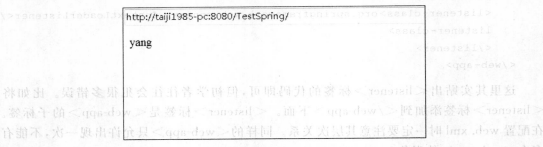

图 15-5　运行结果

如果在尝试上述例子时出现错误,请仔细核查相关的类是否已经复制过来,Spring 的配置是否正确,web.xml 中是否添加了 listener。

### 15.5.3　使用 Spring 对 Servlet 初始化

在 15.4.1 节中,本书定义了一个 Servlet 来初始化 Spring,实际上 Spring 已经包含了相应的 Servlet,配置 Spring 方法与 15.4.2 节基本相同,不同在于 web.xml 中的配置。

**程序清单 15-23(使用 Servlet 方式引入 Spring 的 web.xml):**

```
<?xml version="1.0" encoding="UTF-8"?>
<web-app version="3.0" xmlns="http://java.sun.com/xml/ns/javaee"
    xmlns:xsi="http://www.w3.org/2001/XMLSchema-instance"
    xsi:schemaLocation="http://java.sun.com/xml/ns/javaee
```

```
http://java.sun.com/xml/ns/javaee/web-app_3_0.xsd">
<display-name></display-name>
<welcome-file-list>
    <welcome-file>index.jsp</welcome-file>
</welcome-file-list>
<context-param>
    <param-name>contextConfigLocation</param-name>
    <param-value>
      /WEB-INF/applicationContext.xml
  </param-value>
</context-param>

<servlet>
    <servlet-name>context</servlet-name>
    <servlet-class>org.springframework.web.context.ContextLoaderServlet
    </servlet-class>
        <load-on-startup>5</load-on-startup>
</servlet>
</web-app>
```

其中 ContextLoaderServlet 是 Spring Web 类库给出的。获取 Spring Bean 的方法则与
15.4.2 节的相同。

## 15.6　习　　题

1. 简述控制反转技术的产生原因和控制反转的概念。
2. 简要描述 Spring 中如何使用控制反转。
3. 简述面向切面技术产生的原因。
4. 简要描述面向切面技术如何在 Spring 中使用。
5. 就"人穿衣服"这件事进行建模。
6. 开动脑筋，发挥想象，就贾宝玉、林黛玉、薛宝钗三人的感情纠葛进行建模，并上机
实现。
7. 就学生、老师、辅导员、课程、班级进行建模，并上机实现。

# 参 考 文 献

[1] 杨选辉. 网页设计与制作教程[M]. 2 版. 北京：清华大学出版社，2012.

[2] 郏真，王国辉. JSP 程序设计教程[M]. 北京：人民邮电出版社，2009.

[3] 樊月华，刘雪涛. Web 技术应用基础[M]. 3 版. 北京：清华大学出版社，2014.

[4] http://www.w3cschool.cc.

[5] Ted Husted. Struts 2 实战[M]. 北京：人民邮电出版社，2010.

[6] Hans Bergsten. JSP 设计[M]. 北京：中国电力出版社，2010.

[7] 林上杰. JSP 2.0 技术手册[M]. 北京：电子工业出版社，2005.

[8] Craig Walls. Spring 实战[M]. 北京：人民邮电出版社，2013.

[9] 何丽. 精通 DIV+CSS 网页样式与布局[M]. 2 版. 北京：清华大学出版社，2014.

[10] 刘贵国. DIV+CSS 网页样式与布局完全学习手册[M]. 北京：清华大学出版社，2014.

[11] 宜亮等. DIV+CSS 网页样式与布局实战详解[M]. 北京：清华大学出版社，2013.

[12] 钟协良. ExtJS 开发实战[M]. 北京：清华大学出版社，2012.

[13] 徐会生. 深入浅出 ExtJS[M]. 3 版. 北京：人民邮电出版社，2013.

[14] 黄灯桥. ExtJS 4.2 实战[M]. 北京：清华大学出版社，2014.

[15] 孙卫琴. Tomcat 与 Java Web 开发技术详解[M]. 北京：电子工业出版社，2009.

[16] 王石磊. Java Web 开发技术详解[M]. 北京：清华大学出版社，2014.

[17] 刘京华. Java Web 整合开发王者归来[M]. 北京：清华大学出版社，2010.

[18] 冯庆东，李根福. Java Web 程序开发参考手册[M]. 北京：机械工业出版社，2013.